MANUEL
DES VÉGÉTAUX,
OU CATALOGUE
LATIN ET FRANÇOIS,

DE toutes les Plantes, Arbres & Arbrisseaux connus sur le Globe de la terre jusqu'à ce jour, rangés selon le système de Linné, par classes, ordres, genres & espéces, avec les endroits où ils croissent ; les Plantes des environs de Paris y sont spécialement indiquées, avec une Table Françoise.

OUVRAGE très-utile aux Botanistes, pour leur faciliter l'arrangement d'un Herbier, d'un Grainier & d'un Jardin.

PAR M. J. J. DE ST. GERMAIN.

A PARIS,

Chez P. M. DELAGUETTE, Libraire-Imprimeur, rue de la Vieille-Draperie.

M. DCC. LXXXIV.

Avec Approbation & Privilége du Roi.

DISCOURS PRÉLIMINAIRE.

La Botanique est une ſcience qui traite des végétaux, de la maniere dont les germes des plantes ſe développent, de ce qui concerne leur accroiſſement & leur multiplication, de la ſtructure de chacune de leurs parties en particulier, du mouvement & de la qualité de la ſéve ; enfin, du terrein & du climat qui leur conviennent. Salomon en fit ſon étude particuliere, rien ne lui échappa, depuis le cedre juſqu'à l'hyſſope.

La Botanique ſe diviſe en trois parties ; la premiere, traite des noms des plantes ; la ſeconde, de leur culture ; & la troiſiéme, de leurs propriétés.

Les ſyſtêmes botaniques les plus vantés, ſont ceux de Tournefort & de Linné, ce dernier remporte la palme par ſa clarté & ſon étendue.

Linné range les plantes par claſſes & par familles.

Pour former les claſſes, il conſidere dans les plantes ſept objets, qui dépendent uniquement des étamines.

Les étamines ſont les parties mâles de la génération, compoſées de trois piéces, le filet, le ſommet & la pouſſiere : le pyſtil renferme les parties femelles, & eſt formé du germe, du ſtylet & du ſtigmate.

On remarque, 1°. dans toutes les plantes, que les organes de la génération ſont, ou viſibles, ou peu apparens. Parmi ceux qui ſont viſibles, les uns contiennent dans une même fleur les deux ſexes, c'eſt-à-dire, les étamines & les pyſtils, & pour cette raiſon, on les appelle *hermaphrodites*; d'autres n'ont qu'un ſexe; ſi c'eſt des *étamines*, on les appelle *mâles*; ſi c'eſt des *piſtils*, on les appelle *femelles*.

2°. Que les plantes qui n'ont que les organes d'un ſexe portent leurs fleurs mâles ou femelles, ſur le même pied ou ſur des pieds différens ou indifféremment, tantôt les mâles ſur des pieds différens des femelles, tantôt ſur le même.

3°. Les étamines ſe trouvent ordinairement attachées au réceptacle, quelquefois elles s'inſerent dans le calice. On appelle *réceptacle*, l'extrêmité du péduncule ſur laquelle repoſent immédiatement la fleur & le fruit, ou tous deux enſemble; ordinairement c'eſt le centre du calice, qui eſt quelquefois convexe; on l'appelle auſſi *placenta*, lorſqu'il reçoit les vaiſſeaux ombilicaux qui traſmettent la nourriture aux ſemences. Le calice eſt un corps évaſé à l'extrêmité du péduncule, par l'épanouiſſement ou renflement duquel il eſt formé.

4°. Il arrive quelquefois que les étamines ſont totalement ſéparées les unes des autres; d'autrefois elles sont liées par quelques-unes de leurs parties, & réunies de cinq manieres, ou en un seul corps, ou en deux corps, ou en plusieurs, ou en forme de cylindre, ou liées au pistil.

5°. Que les étamines sont toutes de même hauteur, sans avoir entr'elles aucune proportion de grandeur respective, ou bien elles sont d'une inégale grandeur déterminée, & pour lors il s'en trouve deux toujours plus petites, les plus grandes étant quelquefois au nombre de deux, quelquefois au nombre de quatre.

6°. Le nombre des étamines varie dans les fleurs, soit *mâles*, soit *hermaphrodites*; voilà d'où Linné a tiré les caracteres distinctifs des vingt-quatre classes.

Les treize premieres sont divisées uniquement par le nombre des étamines. Si on en excepte la 12e. & la 13e., qui ont encore pour caractere distinctif l'insertion des étamines. Les 14e. & 15e. ne se distinguent que par la proportion respective des étamines. Les 16e., 17e., 18e., 19e. & 20e., sont formées par la réunion des étamines en quelques parties. Les 21e., 22e. & 23e., tirent leur distinction de l'union des étamines avec le pistil, ou de leur séparation d'avec lui. La 24e. n'a pour tout caractere que l'absence ou le peu d'apparence des étamines.

Les treize premieres classes comprennent donc

les fleurs visibles hermaphrodites, dont les étamines ne sont réunies par aucune de leurs parties, & n'observent entr'elles aucune proportion de grandeur : elles se divisent par le nombre des étamines.

La premiere classe s'appelle *monandrie*, parce qu'elle ne renferme que les plantes d'une seule étamine ; la seconde s'appelle *diandrie*, parce qu'elle ne renferme que les plantes à deux étamines ; la troisiéme, *triandrie*, elle comprend les plantes à trois étamines, les graminées font partie de cette classe ; la quatriéme se nomme *tetrandrie*, elle comprend les plantes à quatre étamines ; la cinquiéme, celles à cinq étamines ; la sixiéme, à six étamines ; la septiéme, à sept étamines ; la huitiéme, à huit ; la neuviéme, à neuf ; la dixiéme, à dix ; la onziéme, à douze étamines. L'insertion des étamines, indépendamment du nombre, constitue le caractere de la douziéme classe, ordinairement il y en a vingt attachées au calice ; la treiziéme s'appelle *polyandrie*, parce qu'elle renferme des plantes depuis vingt jusqu'à cent étamines, qui ne tiennent pas au calice.

Les quatorziéme & quinziéme classes sont destinées aux plantes, dont les fleurs sont visibles, hermaphrodites, & dont les étamines ne sont réunies par aucune de leurs parties, mais dont la longueur est inégale, de sorte qu'il y en a deux plus petites que les autres ; la quatorziéme se nomme *didynamie*, à cause des deux puissances qu'on remarque dans les proportions des étamines ; la quinziéme, *tetradynamie*, à cause de quatre. Les plantes qu'elle renferme ont six étamines, dont deux petites opposées l'une à l'autre, & quatre plus grandes.

Depuis la seiziéme classe jusqu'à la vingtiéme, sont renfermées les fleurs visibles *hermaphrodites*, qui ont leurs étamines à peu près égales en hauteur, réunies par quelque partie.

La seiziéme renferme celles dont les étamines sont réunies par leurs filets dans un corps : elle se nomme *monadelphie ;* c'est-à-dire, plante qui n'a qu'un frere, quand les étamines sont réunies par leurs filets en deux corps. Ces plantes sont de la dix-septiéme classe, qui se nomme *diadelphie ;* c'est-à-dire, qui a deux freres. Lorsque les étamines sont réunies en trois ou plusieurs corps, la classe se nomme *Polyadelphie ;* c'est-à-dire, qui a plusieurs freres.

Lorsqu'on remarque plusieurs étamines réunies en forme de cylindre par les sommets, rarement par les filets, la classe se nomme *syngenesie ;* c'est-à-dire ensemble ; & on appelle *gynandrie*, ou classe à femelle mari, celle qui renferme les plantes qui ont plusieurs étamines réunies & attachées au pistil, sans adhérer au sommet.

Les 21e., 22e. & 23e. classes, sont destinées

aux plantes, dont les fleurs visibles ne sont point hermaphrodites, & n'ont qu'un sexe mâle ou femelle; c'est-à-dire des pistils & des étamines séparés dans différentes fleurs.

La vingt-uniéme comprend les fleurs mâles & femelles séparées sur un même individu, on l'appelle *monœcie*; c'est-à-dire, qui n'a qu'une maison. La vingt-deuxiéme comprend celles qui sont séparées sur différens individus; on l'appelle *diœcie*, qui a deux maisons. La vingt-troisiéme, celles qui sont sur un ou plusieurs individus, avec des fleurs hermaphrodites; elle se nomme *polygamie*, ou à plusieurs noces.

La vingt-quatriéme classe est destinée aux plantes, dans lesquelles on ne distingue que difficilement, ou même point du tout, les étamines; elle se nomme *cryptogamie*, ou mariage caché.

Linné a ajouté à toutes ces classes un appendice pour toutes les plantes, dont les caracteres essentiels ne sont pas encore suffisamment déterminés.

Ces classes se divisent par ordres. Les ordres sont fondés sur les pistils; on remarque qu'ils varient en nombre, & c'est de-là que se forment les ordres; il faut observer que le nombre des pistils se prend à la base du style, & non à son extrêmité supérieure, nommée *stigmate*, qui se trouve quelquefois divisée, sans qu'on puisse compter plusieurs pistils. Lorsqu'ils sont dénués du style, leur nombre se compte par celui des stygmates, qui en ce cas sont adhérens au germe.

Le caractere le plus général des ordres, se tire du nombre des pistils ; ainsi, le premier ordre d'une classe comprend les fleurs qui n'ont qu'un pistil ; le second, comprend celles qui en ont deux, ou deux femelles, & se nomme *digynie* ; le troisiéme, celles qui en ont trois, & se nomme *trigynie* ; le quatriéme, quatre, & se nomme *tetragynie* ; le cinquiéme, cinq, & se nomme *pentagynie* ; le sixiéme, *exagynie* ; enfin, *polyginie*, l'ordre des fleurs qui ont un nombre de pistils indéterminés, c'est-à-dire, plusieurs femelles.

On subdivise ainsi les treize premieres classes. On appelle une plante *monandrique* monogynique, celle dont la fleur n'a qu'une étamine & un pistyl, & ainsi du reste ; la quatorziéme classe, appellée *didynamie*, se subdivise en deux ordres, dont la distinction est tirée de la disposition des graines ; si les quatre graines nues à découvert sont au fond du calice, on l'appelle *gymnospermie*, & si elles sont renfermées dans un péricarpe, *angiospermie*. La quinziéme classe se nomme *tetradynamie*, elle se divise en deux ordres ; le premier, s'appelle *siliculeux*, lorsque le péricarpe est presque arrondi, garni d'un style à peu près de sa longueur, & *siliqueux*, lorsque le péricarpe est allongé avec un style court.

Les classes depuis la seiziéme jusqu'à la vingt-troisiéme inclusivement, excepté la dix-neuviéme, ont pour caractere distinctif de leur ordre, ceux qui constituent les classes précédentes; la seiziéme, nommée *monadelphie*, contient les plantes dont les fleurs ont les étamines réunies par leurs filets dans un seul corps, elle se subdivise en trois ordres; la *pentandrie*, quand elles ont cinq étamines réunies par leurs filets en un seul corps; la *décandrie*, quand elles en ont dix; & *polyandrie*, quand elles en ont plusieurs. La vingt-uniéme classe, appellée *monœcie*, se subdivise en *monandrie*, *diandrie*, *monadelphie*, *syngenesie*, *gynandrie*. La monoecie monandrique, est celle dont les fleurs mâles n'ont qu'une étamine ou deux; s'il y en a plusieurs, elle s'appelle *monoecie monadelphie*; si elles sont réunies en forme de cylindre par leurs anthieres, elles sont de la monoecie *singénesie*, & si la fleur est hermaphrodite, de la *monoecie gynandrie*. La vingt-troisiéme classe, appellée POLYGAMIE, se divise en polygamie *monoecie*, & en polygamie *dioecie*.

Les ordres de la dix-neuviéme classe, appellée *syngenesie polygamie*, ont des caracteres distincts assez difficiles à connoître, elle comprend les fleurs formées de plusieurs petites, elle se divise en POLYGAMIE *égale*, *ſuperflue*, *fauſſe* & *néceſſaire*, & la *monogamie*. La polygamie *égale*, comprend les fleurons qui ſont hermaphrodites, tant dans le diſque que dans la circonférence de la fleur. La polygamie *ſuperflue* renferme les fleurs dont les fleurons du diſque ſont hermaphrodites, & ceux de la circonférence femelles; la fauſſe comprend les plantes dont les fleurons hermaphrodites ſont dans le diſque, & les neutres ou ſtériles, dans la circonférence; la *néceſſaire* a les fleurons du diſque mâles, & ceux de la circonférence femelles; & la *monogamie* comprend les fleurs, qui, ſans être compoſées de fleurons, ont leurs étamines réunies au cylindre par leur anthere; la derniere claſſe s'appelle *cryptogamie*, n'ayant pas de caracteres apparens qu'on puiſſe tirer de la fructification, ſe ſubdiviſe en fougeres, en mouſſes, en algues & en champignons.

Les ORDRES qui ont ſervi à ſubdiviſer les claſſes, ſe ſubdiviſent eux-mêmes en GENRES. Linné pour les conſtituer, conſidere les parties de la fructification, & les obſerve chacune en particulier dans tous leurs rapports. *Niſi in ordines, & veluti caſtrorum acies in ſuas claſſes redigantur plantæ, omnia fluctuari neceſſe eſt.* (Cæſalpin.) On ne peut mieux comparer, ſuivant Ceſalpin, les claſſes des plantes qu'à une armée. Une armée comprend tous les régimens qui forment autant de classes, chaque régiment se divise en bataillons, ce sont les ordres, & chaque bataillon se divise en compagnies, & ce sont les genres, &c.

Pour les former, Linné considere, 1°. le *calice*, qui est un corps évasé à l'extrêmité du péduncule, par l'épanouissement duquel il est formé, il porte & enveloppe en partie les organes de la fructification. Le péduncule est la tige qui supporte la fleur & les fruits; 2°. la *corolle* est la partie la plus apparente de la fleur, ordinairement colorée, quelquefois odorante, souvent divisée en feuilles, elle est portée par le calice avec lequel les jardiniers la confondent quelquefois; on distingue dans la corolle, la *pétale* & le *nectar*; la *pétale* est une production mince, une espéce de feuille ordinairement colorée, composée d'un grand nombre de vaisseaux, & d'un tissu cellulaire; la *pétale* constitue réellement la corolle. Le nectar est une partie de la corolle, destinée à contenir le miel : toutes les fleurs n'en sont pas pourvues. Il se présente sous plusieurs formes; 3°. les *étamines*; 4°. les *pistils*; 5°. le *péricarpe*, qui est la partie du germe développé; 6°. les *semences*. La semence est l'œuf végétal, qui fecondé par la poussiere des étamines, vivifié par le pistil, & pour ainsi dire couvé par la chaleur de la terre, doit reproduire une plante ſemblable à celle qui lui donna naiſſance ; 7°. le *réceptacle*, qui eſt le centre de la cavité du calice : voilà ce que conſidere Linné, pour former les genres. Par cette méthode, il a décrit 1239 genres ; chaque genre admet encore pluſieurs eſpéces. Il tire les caracteres de chaque eſpéce de toutes les parties extérieures de la plante ; par cette méthode, parmi 20,000 ou environ d'eſpéces de plantes qui ſe trouvent ſur la ſurface du globe, on peut, quelque plante donnée que ce ſoit, en ſçavoir le nom ; avec les traités des genres & des eſpéces de Linné, on trouve la clef de toutes les plantes. Pour connoître une plante quelconque, ſelon *Linné*, il faut d'abord ſçavoir de quelle claſſe elle eſt ; la claſſe connue, découvrir l'ordre, de l'ordre aller par gradation au genre, & du genre à l'eſpéce ; prenons v. g. l'*ixia*, cueillons-en pluſieurs pieds qui ayent des fleurs & des fruits ; l'apparence de ces parties de la fructification m'annonce d'abord qu'il ne faut pas la chercher dans la vingt-quatriéme claſſe ; en examinant, j'y diſtingue des étamines & des piſtils, elles ſont donc hermaphrodites, & par conſéquent elles ne ſont pas partie des 21e., 22e. & 23e. claſſes ; en examinant les étamines en particulier, j'obſerve qu'elles ne ſont point attachées au piſtil, & qu'elles occupent la place du réceptacle qui leur eſt deſtiné ; ces fleurs ne ſont donc pas de la vingtiéme claſſe. Je m'apperçois auſſi que les étamines ne ſont réunies dans aucune de leurs parties, ni par les filets, ni par les antheres ou ſommets ; je conclue donc que la plante n'eſt pas des 16e., 17e., 18e. & 19e. claſſes. Je compare leurs grandeurs reſpectives, je n'y découvre aucune proportion déterminée ; elles ſont à peu près égales entr'elles ; la plante n'eſt donc pas de 14e. ni de 15e. claſſe. Je n'ai donc plus que le nombre des étamines pour me décider, qui eſt le caractere des treize premieres claſſes : j'en trouve trois, la plante eſt donc de la troiſiéme claſſe, de la *triandrie.*

Il s'agit à préſent de déterminer l'*ordre*, je porte mes regards ſur le piſtil, parce que je ſçais que dans la *triandrie* le nombre des piſtils fixe les ordres ; j'obſerve le ſtyle juſqu'à ſa baſe, pour m'aſſurer du nombre des piſtils, je n'en trouve qu'un, ainſi ma plante eſt de la *triandrie monogynie ;* me voilà réduit à la comparaiſon de dix-huit genres, pour ſçavoir celui que je cherche à reconnoître.

Je parcoure les caracteres de ces dix-huit genres décrits par Linné, je les compare à ceux de ma plante ; un ſpathe-vivalve, une corolle à ſixpétales, une capſule ſubovale à trois côtés, diviſée en trois loges applaties & en trois valvules, des ſemences obrondes m'apprennent avec certitude que ma plante eſt dès *ixia*.

Quelle eſt ſon eſpéce? on n'en trouve que neuf dans Linné; je cherche une plante qui ait les feuilles en forme d'épée, les fleurs éloignées & appuyées ſur un péduncule, la panicule dichotome, ou fourchue, & je trouve que cet *ixia* eſt celui de la Chine, ou la neuviéme eſpéce.

Mon goût pour la culture des plantes & la clarté de ce ſyſtême me l'ont fait ſuivre. J'ai commencé par faire un catalogue des plantes de mon jardin, pour mon uſage, afin de ranger mon grainier & mon herbier; un de mes amis voyant l'ordre que j'y avois mis, tant dans la diviſion des claſſes, des genres, que des eſpéces & variétés, me détermina à le faire imprimer; on y trouvera les genres numérotés d'un caractere plus gros; la quantité de genres de chaque claſſe, de même que les eſpéces & variétés numérotés d'un caractere plus petit, le nom des pays où chaque plante croît, avec des marques qui déſignent ſi la plante eſt vivace, annuelle, ou biſannuelle, ſi c'eſt un arbre ♄, ſi c'eſt une plante annuelle ⊙, biſannuelle ♂, vivace ♃: celles des environs de Paris ſont déſignées par la lettre P.

La table françoiſe qui eſt très-conſidérable, ſera très-utile pour les Cultivateurs qui ne ſçavent pas le latin.

On y a joint la table latine des noms génériques, les numéros de la page, des claſſes & des genres.

EXPLICATION

DES CLASSES DE LINNÉ.

Les Claſſes dans ladite méthode ſont établies ſur ces principes, & renferment les Plantes ſuivant le nombre, la proportion & la ſituation des étamines;

SÇAVOIR:

Pour les Plantes qui portent des fleurs hermaphrodites.

I. MONANDRIA, Monandrie, une étamine.
II. Diandria, Diandrie, deux étamines.
III. Triandria, Triandrie, trois étamines.
IV. Tetrandria, Tetrandrie, quatre étamines.
V. Pentandria, Pentandrie, cinq étamines.
VI. Hexandria, Héxandrie, ſix étamines égales, ou alternativement plus longues & plus courtes.
VII. Heptandria, Heptandrie, ſept étamines.
VIII. Octandria, Octandrie, huit étamines.
IX. Enneandria, Ennéandrie, neuf étamines.
X. Decandria, Décandrie, dix étamines.
XI. Dodecandria, Dodecandrie, douze étamines.
XII. Icoſandria, Icoſandrie, vingt étamines attachées aux pavois internes du calice, & non pas au Placenta.
XIII. Polyandria, Polyandrie, plus de douze étamines attachées au Placenta.

Pour les Plantes qui portent des fleurs dans lesquelles il se trouve constamment deux étamines plus courtes que les autres.

XIV. Didynamia, Didynamie, deux étamines plus longues.
XV. Tetradynamia, Tetradynamie, quatre étamines plus longues.

Pour les Plantes dont les étamines sont unies, soit entr'elles par quelqu'une de leurs parties, soit avec le pistil.

XVI. Monadelphia, Monadelphie, toutes les étamines réunies par leurs filets en un seul corps.
XVII. Diadelphia, Diadelphie, toutes les étamines réunies par leurs filets en deux corps.
XVIII. Polyadelphia, Polyadelphie, toutes les étamines réunies par leurs filets en trois ou en plusieus corps.
XIX. Syngenesia, Syngenesie, toutes les étamines unies par leurs sommets en forme de Cylindre.
XX. Gynandria, Gynandrie, les étamines portées sur le pistil même, & non pas sur le Placenta.

Pour les Plantes qui ont des fleurs de différent sexe.

XXI. Monoecia, Monoecie, fleurs mâles & fleurs femelles sur le même individu.
XXII. Dioecia, Dioecie, fleurs mâles & fleurs femelles, chacune sur des individus séparés.
XXIII. Polygamia, Polygamie, fleurs hermaphrodites, avec fleurs d'un seul sexe, mâles ou femelles, sur le même individu.

Pour les Plantes dont les fleurs sont presque invisibles.

XXIV. Cryptogamia, Cryptogamie, fleurs renfermées dans le fruit, ou que leur petitesse empêche d'appercevoir.

EXPLICATION DES ORDRES DE LINNÉ.

Les Ordres Sous-Divisions des Classes, sont établis sur les pistils, comme les Classes le sont sur les étamines.

Les nombre des pistils se prend à la base du style : & quand il n'y a point de style, on compte les stigmates.

Les ordres des 13 premieres Classes sont :

1 Monogynia, Monogynie, un pistil.
2 Digynia, Dyginie, deux pistils.
3 Trigynia, Trigynie, trois pistils.
4 Tetragynia, Tetragynie, quatre pistils.
5 Pentagynia, Pentagynie, cinq pistils.
6 Hexagynia, Hexagynie, six pistils.
7 Heptagynia, Heptagynie, sept pistils.
8 Octagynia, Octagynie, huit pistils.
9 Enneagynia, Enneagynie, neuf pistils.
10 Decagynia, Decagynie, dix pistils.
11 Dodecagynia, Dodecagynie, douze pistils.
12 Polyginia, Polyginie. pistils sans nombre.

La 14e. Classe (Didynamie) se divise en deux ordres.

1 Gymnospermia, Gymnospermie, quatre graines à découvert au fond du calice.

2 Angiospermia, Angiospermie, les graines renfermées dans une péricarpe.

La 15e. classe (Tetradynamie) se divise aussi en deux ordres.

1 Siliculosa, Silicules, à Péricarpe, sous-orbiculaire, garni d'un style à peu près de même longeur.

2 Siliquosa, à Siliques, Péricarpe très-long avec un style peu apparent.

La 19e. classe (Syngénésie) se divise en cinq ordres, Polygamia, Polygamie, fleur composée de plusieurs fleurons.

1 Polygamia æqualis, Polygamie égale, fleur composée de fleurons hermaphrodites, tant dans son disque qu'à sa circonférence.

2 Polygamia superflua, Polygamie superflue, fleur composée de fleurons hermaphrodites, dans le disque, & de fleurons femelles à la circonférence.

3 Polygamia frustranea, Polygamie fausse, fleur composée de fleurons hermaphrodites dans le disque, & de fleurons neutres à la circonférence.

4 Polygamia necessaria, Polygamie nécessaire, fleur composée de fleurons mâles dans le disque, & de fleurons femelles à la circonférence.

5 Monogamia, Monogamie, fleur qui n'est point composée de fleurons.

La 16e. classe, (Monadelphie,) la 17e., (Diadelphie,) la 18e., (Polyadelphie,) la 20e., (Gynandrie,) la 21e., (Monoæcie,) la 22e., (Dioecie,) & la 23e., (Polygamie,) établissent leurs ordres sur les caracteres classiques des classes qui les précédent.

Enfin, la derniere classe (Cryptogamie,) se divise en autant d'ordres qu'il y a de familles qui la composent.

NOMS DES PRINCIPAUX PAYS

OU CROISSENT LES PLANTES,

CITÉES DANS CE CATALOGUE.

Abrégé.	*Latin.*	*François, &c.*
	A.	
ABRA.	Abraham.	Abraham.
Abi.	Abiete.	Agria en Allemand.
Aby.	Abyssinia.	Abyssinie, Afrique.
Abo.	Aboæ.	Aboæ, en Norvège.
Ac.	Acadia.	Acadie, presqu'Isle d'Amérique septentrionale.
Ace.	Acerra, Acerræ.	Acerra, ville du Royaume de Naples, terre de Labour.
Aca.	Académie.	
Adf.	Adscensionis.	Isle de l'Ascension sur l'Océan entre l'Afrique & le Brésil.
Adri.	Adrianopolis.	Andrinople, ville de Thrace.
Æg.	Ægyptus.	Egypte, pays d'Afrique.
Æt.	Æthiopia.	Æthiopie, G. pays d'Afrique.
Ætn.	Ætna.	l'Etna ou Mont-Gibel.
Æd.	Ædium.	qui habite autour des maisons.
Af.	Afr. Afra, Africanum.	Afrique, une des quatre parties du monde.
Agg.	Aggero.	entasser, accumuler, mettre en tas.
Agr.	Agrosus, Agris.	Terre grasse, riche-bonne.
Ale.	Aleppo, Alepium.	Alep. G. V. de Turq. en Asie.
Alp.	Alpinus.	Alpes, montagnes entre l'Italie & la France.
Alf.	Alsatia, æ.	Alsace, Province de France.
Allo.	Allobrogicis.	Savoye & Dauphiné.
Arv.	Arvernia, æ.	Auvergne.

Abrégé.	*Latin.*	*François, &c.*
Alex.	Alexandria, æ.	Alexandrie, G. ville d'Egypte.
Ale.	Alemannia.	Allemagne.
Alm.	Almeria.	Almerie, ville du Royaume de Grenade.
Æq.	Æquinoctialis.	terre équinoxiale.
Alg.	Algeriæ.	Alger en Afrique.
Amſt.	Amſtelodamus.	Amſterdam, capitale de Hollande.
Amb.	Amboina.	Amboine, Iſle d'Aſie.
Am. 7.	Americana ſeptentr.	Amérique ſeptentrionale.
Am. m.	Amer. meridional.	Amérique méridionale.
Am, æ.	Amer. æquinoct.	Amérique équinoxiale.
Am. c.	Amer. calidior.	Amérique Chaude.
Ang.	Anglia, æ.	Angleterre, Royaume d'Europe.
Ant.	Antillis, æ.	Iſle Antille d'Amérique.
Ant.	Antuerpia.	Anvers, ville d'Allemagne.
Apu.	Apulia, æ.	la Pouille, provin. de Naples.
Ap.	Apenninus.	l'Apennin, mont d'Italie.
Apr.	Aprutium, ii.	Abruſſe, au Royaume de Naples.
Aq. Aqu.	Aquitania, æ.	Aquitaine, Guyenne.
Apr.	apricis.	expoſé au ſoleil.
Aq. aqu.,	aquoſa, aquaticum.	fort humide ou dans l'eau.
Ara. f.	Arabica felix.	Arabie heureuſe, g. pays d'Aſie.
Arm.	Armenia.	Armenie, g. pays d'Aſie.
Arch.	Archipelagus.	Iſle de l'Archipel, ſur la Méditerranée.
Ar.	Arvopicis.	Karnarvan, ville d'Angleterre.
Arb.	Arbores, Arboribus.	arbre, parmi les arbres.
Arb. arb.	Arbor.	arbre.
Ari.	aridus, a. um.	terre aride, ſeche, ſtérile.
Aro.	Arundines.	entre les roſeaux.
Arv.	Arvis.	qui croît dans les champs.
Are.	Arenoſa.	des ſables, endroits ſableux.
Arg.	Argentoratum.	Straſbourg, capitale d'Alſace.
Arg.	Argentuaria.	Harbourg, ville d'Allemagne.

Abrégé.	*Latin.*	*François, &c.*
Ard.	Arduitas, atis.	éminence, hauteur, élévation.
Asi.	Asia.	Asie, une des quatre parties du monde.
Ast.	Astracan.	Astracan en Moscovie.
Ass.	Assyria.	Assyrie, Turquie d'Asie.
Asp.	Asperis sterilibus.	qui croît dans les lieux aspres, stériles, rudes.
Atl.	Atlanticum.	mer atlantique.
Aus.	Austria, æ.	Autriche, pays d'Allemagne.
Aust.	Australis.	terre ou mer australe.
Astr.	Astrachanensis.	Lac d'Astrachan, en Russie.
Arg.	argillosis.	qui croît dans les terres argileuses.
Atti.	Attica, Atticus.	Athenes, d'Athenes.
	B.	
Bat.	Batavia.	Batavia, ville d'Asie.
Ba. Bal.	Balearica.	Isles Baleares, Majorque & Minorque.
Bar.	Barbaria.	Barbarie, g. pays d'Afrique.
Barb.	Barbadensis.	Isle Barbade.
Bab.	Babylon.	Babylone, en Asie.
Barr.	Barrancas, circa.	Barrancas, autour du pied de St. Croix.
Bava.	Bavaria, æ.	Baviere, état d'Allemagne.
Bah.	Bahama.	Bahama, Isle d'Amérique.
Basi.	Basilea, æ.	Bâle, g. ville de Suisse.
Berb.	Berbiche.	en terre ferme.
Balt.	Balticum.	mer baltique.
Bad.	Badensibus.	Bade, ville d'Allemagne.
Bel.	Belgium. ii.	Belg., pays-bas.
Ben.	Benghala, æ.	Bengale, Royaume d'Asie.
Ber.	Bermudensium.	Bermudes, Isles d'Amérique.
Belg.	Belgica-Bætis.	Belgique, Picardie, en France.
Bæt.	Bætica.	Bétique, ancienne Andalousie.
Bis.	Bisnagaria, æ.	Bisnagar, g. ville d'Asie.
Barc.	Barcino, onis.	Barcelone, capitale de Catalogne.

Abrégé.	*Latin.*	*François, &c.*
Biſc.	Biſcaia.	Biſcaye.
Biz.	Bizantium, ii.	Conſtantinople, capitale de Turquie.
Bie.	Bielgrode.	Bielgrode, en Ruſſie.
Bon.	Bononiæ, enſe, ſibus.	Bologne, ancienne ville d'Italie.
Bon.	Bonarienſis.	Buenos-ayres, province de la Plata.
Bohe.	Bohemia, æ.	Bohême, Royaume d'Europe.
Boſ.	Boſphorus.	Boſphore, en Thrace.
Bor.	Boruſſia.	La Pruſſe.
Bore.	Borealis.	Boréal, du ſeptentrion du nord.
Bot.	Bothnia.	Bothnie, golfe & province de Suède.
Ble.	Bleſia, æ.	Blois, ville de France ſur Loire.
Bra.	Braſilia.	Bréſil, g. pays d'Amérique méridionale.
Brab.	Brabantia.	Brabant.
Brand.	Brandeburgica.	Brandebourg, ville d'Allemagne.
Bri. Brit.	Britannia, æ.	Bretagne, province de France.
Brita.	Britannus, a, um.	de la Grande-Bretagne, Angleterre.
Brix.	Brixienſis.	de Breſce, en Lombardie.
Bur.	Burdigalenſis.	de Bordeaux, ville de France.
Burg.	Burgundia.	Bourgogne, prov. de France.
Burg.	Burgi, orum.	Burgos, ville d'Eſpagne.
Bota.	Botaniſte.	
Bout.	officinarum.	des boutiques.

C.

Car.	Carolina. æ.	Caroline, contrée d'Amérique.
Caſ.	Caſpium mare.	Mer Caſpienne.
Can. d.	Canadenſis.	Canada, nouvelle France, Amérique ſeptentrionale.
Cap. d. B. Eſp.		Cap-de-Bonne-Eſpérance, extrêmité d'Afrique.

Abrégé,	*Latin.*	*François, &c.*
Cari.	Caribæis.	Caraïbes ou Cannibales, Isles Antilles.
Cart.	Carthaginensis.	de Carthagene, royaume de Tunis.
Can.	Canariensis, iense.	de Canarie.
Cas.	Castella.	Castille, province d'Espagne.
Camp.	Campechia.	Campeche, province d'Amérique méridionale.
Cap.	Cappadocia.	Cappadoce, en Asie.
Cani.	Canisio, Kanisca.	Canisa, ville de Hongrie.
Clam.	Claromontium.	de Clermont en Auvergne.
Cams.	Camschatea.	Camschaka en Asie.
Camb.	Cambria, æ.	Cambrige, pays de Galles, en Angleterre.
Camp.	Campania.	Champagne, g. province de France.
Cam. a.	Campis arinosis.	qui croît dans les lieux sableux & argilleux.
Carn.	Carniola, æ.	Carniole, province du cercle d'Autriche.
Caj.	Cajenna.	Cayenne, en Amérique.
Car. æ.	Carinthia, æ.	Carinthie, province d'Allemagne.
Car.	Carmelus.	Mont-Carmel, en Asie.
Cala.	Calabria.	Calabre, province d'Italie.
Calc.	Calcaris.	calcaire.
Cal.	Calidiore.	pays le plus chaud.
Cata.	Catalonia.	Catalogne, prov. d'Espagne.
Cas.	Cassubia.	Cassubie, dans le cercle de la haute Saxe.
Cau.	Cautibus.	pente, côte de rocher.
Ch. Chi.	Chinensis.	Chine, g. empire d'Asie.
Chil.	Chi.	Chilly, royaume d'Amérique méridionale.
Cal.	Calcedonius.	Calcedoine de l'Asie mineure.
Carp.	Carpaticis.	Mont-Carpak, qui environne la Hongrie & la Transylvanie.
Casp.	Caspicis.	mer Caspienne.

Abrégé.	Latin.	François, &c.
Chi.	Chios.	Chio, belle isle de l'Archipel.
Cir.	Circa.	aux environs, autour d'un endroit.
Cos.	Cossacorum.	Cosaques, peuples situés aux confins de la Pologne, de la Russie, &c.
Cong.	congelida.	eau épaisse, congelée.
Cav.	caverna.	caverne, antre, trou.
Cori.	Corinthiacus, i.	Corinthe, langue de terre dans la Morée.
Cor.	Corsica.	Isle de Corse, mer Méditerranée.
Cornu.	Cornubia.	Cornouailles, contrée de Bretagne.
Cons.	Constantinopolis.	Constantinople, g. ville de Turquie.
Colli.	Collibus, latis.	Colline, petit-mont, colline élevée.
Con.	Confragosi.	dans un lieu raboteux, rude, aspre.
Cord.	Corduba.	Cordoue, ville d'Espagne.
Ces.	Cespititis.	en forme de Gason.
Cre.	Creta.	Crête, Candie, g. Isle d'Europe.
Cret.	cretaceis.	qui croît dans la craie.
Cur.	Curassavicum.	Curassao, Isle d'Amérique.
Cu.	Cumana.	Cumana, en Amérique.
Cub.	Cuba, ense.	grande Isle de l'Amérique méridionale.
Cul.	cultis.	terre cultivée.
Col. pl.	colibus planis.	coline plate.
Cy.	Cyprus, i.	Isle de Cypre.
Cam. Ro.	campania Romana.	campagne de Rome.
Cel.	Celebris.	célébre.

D.

Dau.	Dauria.	Daurie, en Grèce.
Dale.	Dalecarlica.	Dalecarlie, en Norvege.
Dal.	Dalmaticus.	Dalmatie, province d'Europe.
Dane.	Dania, æ.	Danemarck, R. du Nord.

Abrégé.	*Latin.*	*François, &c.*
Dant.	Dantiſcum, i.	Dantzick, ville de Pologne.
Danu.	Danubius, ii.	Danube, fleuve d'Europe.
Del.	Delphinatus.	Dauphiné, province de France.
Der.	Derbentum.	Derbent, g. ville de Perſe, Aſie.
Dev.	Devionia, æ.	Devonshire, province d'Angleterre.
Deſ.	deſertum, i.	déſert, lieu abandonné.
Dep.	depreſſus.	endroit bas, abaiſſé, abbatu, profond.
Do.	Dominica.	la Dominique, Iſle de l'Amérique méridionale.
S. Do.	St. Domingo.	St. Domingue, Iſle de l'Amérique méridionale.
Dum.	dumetorum.	parmi les buiſſons.
	E.	
Eb.	Iber.	l'Ebre, fleuve célébre d'Eſpagne.
Ep.	Epidaure.	Epidaure, ville de Grece.
Eu.	Europa.	Europe, une des quatre parties du monde.
Eu. b.	Europa borealis.	Europe boréale.
Eu. auſ.	Europa auſtralis.	Europe auſtrale.
Euga.	Euganeis.	Montagne de Padoue.
Eri.	ericetis.	lieux où croît la bruyere.
Exa.	exaridis.	lieux très-ſecs.
	F.	
Fa.	fagetis.	lieux où croiſſent les hêtres.
Fa.	Farentia.	Fayence, ville d'Italie.
Fer.	Fernande.	Fernandes, (Iſle de) mer du ſud.
Fert.	fertilliſſimis.	prés & terres très-fertiles.
Fel.	felici.	heureuſe.
Fil.	Filandiæ ou Finnonia.	Finlandre, province de Suéde.
Form.	Formoſa.	Iſle Formoſe, mer de la Chine.

Abrégé.	*Latin.*	*François, &c.*
For.	forma, æ.	qui a la forme de quelque chose.
Fort.	fortuna, alis.	fortune, qui vient au hasard.
Fos. in.	fossis inundatis.	dans des fossés, inondé d'eau.
Fla.	Flandria.	Flandre, g. province des pays-bas.
Flo.	Florentia, æ.	Florence, ville célébre d'Italie.
Flu. vi.	ad fluviorum ripas.	près des rivages.
Flu.	fluvius, ii.	fleuve, riviere.
Fri. St.	frigidis, sterilibus.	des endroits froids & stériles.
Fra.	Franconia.	Franconie, cercle d'Allemagne.
Fran.	Francia.	France, g. Royaume d'Europe.
Fl.	flos.	fleur.
Fo.	folium.	feuille.
Fru.	fructus.	fruit.
	G.	
Gal.	Galliæ.	de la France.
Gall.	Gallo-provincia.	Languedoc, province de France.
Gala.	Galatia.	Galatie, de l'Asie mineure.
Gad.	Gades.	Cadix, g. ville d'Espagne.
Gar.	Gargano.	Gargan, mont St. Ange en Asie.
Gan.	Gangeticus.	Gange, fleuve dans l'Inde.
Ger.	Germanica.	d'Allemagne, g. province.
Gen.	Geneva, æ.	Geneve, en Suisse.
Ged.	Gedanum.	Dantzic, ville de la Prusse Royale.
Geo.	Georgia, æ.	Georgie, mer Caspienne, pont Euxin.
Gib.	Gibraltariæ.	Gibraltar, ville aux Anglois.
Got.	Gotlandiæ.	Gothland, Isle de la mer Baltique.
Gla.	glareosa.	terre glaireuse.
Go.	Gothardo.	St. Gothard, montagne des Alpes.

Abrégé.	*Latin.*	*François, &c.*
Græ.	Græcia, æ, Grecum.	Grèce, pays considérable d'Europe.
Grœl.	Groelandia.	Groenlande, terre voisine du pole Arctique froide.
Gra.	Granata.	Grenade, province d'Espagne.
Grat.	Gratianopolis.	Grenoble, capitale du Dauphiné.
Gui.	Guinea.	Guinée, pays d'Afrique.
Gua.	Guadaloupa. am.	Guadeloupe, Estramadour.
Gui.	Guianensis.	Guyanne, Amérique méridionale.
Gu. Au.		Guyanne Aublet.
G.		Grand.
	H.	
Ha.	Havana.	Havane, ville capitale de Cuba.
Hal.	Halepum.	Halep, ville d'Egypte.
Hel.	Helvetia, æ.	Suisse, g. pays d'Europe.
Har.	Harlemum, i.	Harlem, ville de Hollande.
Hell.	Helespont ou Dardanelles.	deux Châteaux aux Turcs.
Hele.	Helena.	St. Hélene, mer antartique.
His.	Hispania.	Espagne.
Hisp.	Hispalis.	Seville, g. ville d'Andalousie en Espagne.
Hib.	Hibernia, æ.	Irlande, Isle Britanique.
Hir.	Hircania.	Hircanie, province d'Europe.
Hol.	Hollandia.	Hollande, Provinces Unies.
Hor.	Horto Dei Monspeliensis.	Jardin de Dieu à Montpelier.
Huu.	Hungaria.	Hongrie, royaume d'Europe.
Hum.	Humentibus.	des endroits humides, moites, mouillés.
	J.	
Jam.	Jamayqua.	Jamaique, Isle de l'Amérique méridionale.
Jap.	Japonia.	Japon, g. pays de l'Asie orientale.
Jav.	Javanica.	Java, Isle de la mer des Indes.

Abrégé.	*Latin.*	*François, &c.*
St. Ja.	Stus. Jacobus.	Isle St. Jacques en Galice.
Ibe.	Iberiacum.	Ibérie-Georgie, en Europe.
Ist.	Istria.	Istrie, presqu'Isle d'Italie, & Venise.
In.	Indiæ.	Indes orientales.
Ing.	Ingria.	Ingrie, province de Russie.
Ita.	Italia.	Italie, presqu'Isle de l'Europe.
Ins.	Insulis.	Isle, ou terre entourée d'eau.
Jud.	Judea.	Judée, province d'Asie.
Jug.	jugis.	endroits montagneux.
Jun.	Juniperetis.	endroits où il croît des genets.
Ins. Stæ,	Insulis Stæchadum.	Isles Stæchades, Isles d'Hyer-res.
Isl.	Islandia.	Islande, Isle du nord.
Inf.	Inferior, oris.	inférieur ou le bas d'un pays.
Int.	Inter.	entre un lieu & un autre.
Inu.	inundatum.	inondé d'eau.
Ins. No.	Insula Norfolk.	Isle Norfolk.
Ins. Sau.	Insula Sauvagia.	Isle Sauvage d'Islande.
Irt.	Irtin.	fleuve Irtin, en Siberie.
Isl. St. T.	Thomæ.	Isle St. Thomas.
J.		Jussieux.

L.

Lap	Lapponia, æ.	Lapponie, au nord de l'Eu-rope.
Lapi.	lapidum.	de pierre, ou dans les pierres.
Lap.	lapides, lapidosus.	qui croît dans les pierres.
Lan.	Lancastria.	Lancastre, ville d'Angleterre.
Le.	Lemnos.	Isle de l'Archipel.
Lig.	Liguria, æ, norum.	Ligurie, Montferrat, Sei-gneurie de Gènes.
Lib.	Libanus.	Liban, Montagne célébre de l'Asie.
Lip.	Lipsia, æ.	Léipsick, célébre ville d'Alle-magne.
Libu.	Liburnia.	la Croatie, partie de Dal-matie.
Lacu.	Lacustris.	qui croît dans les lacs.

Abrégé.	*Latin.*	*François, &c.*
Lac.	Laconia.	Laconie en Morée.
Lim.	Lima, æ. ensis.	Lima, g. ville d'Amérique méridionale, C. du Pérou.
Li. ma.	Litoribus maritimis.	rivage de la mer.
L. F.		Linné, le fils.
Lit.	litoralis.	rivage, bord des rivieres.
Lig.	lignis.	qui croît sur le bois.
Lon.	Londinum.	Londres, ville capitale d'Angleterre.
Lu.	Lusatia.	Lusace, province d'Allemagne en Saxe.
Lus.	Lusitania.	Portugal, royaume d'Europe à l'occident.
Lug.	Lugdunum.	Lyon.
Lyb.	Lybia.	Lybie, province d'Afrique.
Lys.	Lysia.	Lysie, province d'Asie.
Lac.	lacubus.	qui croît dans les lacs.
Loc.	locus.	lieu d'une chose.
Lim.	limosa.	terre limoneuse.
Lut.	Lutosus, a, um.	bourbeux, qui croît dans la boue.

M.

Mad.	Madagascaria.	Madagascar, grande Isle d'Afrique.
Mal.	Malabarica.	Malabar, beau pays des Indes.
Mart.	Martinica.	Martinique, Isle d'Amérique.
Mau.	Maure.	Maurée, presqu'Isle, ancienne Peloponese.
Mari.	Marilandica.	Mariland, province de l'Amérique septentrionale.
Mar.	Mariana.	Isle Marianne, sud de la mer océane.
Made.	Madraspatanum.	Madere, Isle de l'océan Atlantique.
Mace.	Macedonia, æ.	Macédoine, en Turquie, Grèce.
Mad.	Madritum, i.	Madrid, capitale d'Espagne & Castille.

Abrégé.	*Latin.*	*François, &c.*
Maſ.	Maſſilia, æ, enſis.	Marſeille, ville maritime de Provence.
Ma. in.	maris inferioribus.	qui croît dans les lieux bas de la mer.
Maj.	Major.	majeur, plus grand.
Mar.	inter margines.	qui croît aux bords des chemins.
Madi.	madidis.	qui croît dans les lieux mouillés, humides.
Mon. St. Th.	Mons St. Thomæ.	Mont St. Thomas.
Ma.	maritimis.	maritime, de la mer.
Mac.	macris.	maigre.
Med.	Mediolanum, ni.	Milan, capitale d'Italie.
Marc.	Marchia.	la Marche, province de France.
M. B.	mare Balticum.	mer Baltique.
Medi.	Media, æ.	Médie, ou Perſe Royale d'Aſie.
Mex.	Mexicana, æ.	Mexique, g. pays d'Amérique méridionale.
Me.	Mediteraneum, i.	mer Méditerranée.
Miſi.	Miſina, æ.	Miſene, en Sicile.
Miſ.	Miſnia.	Miſnie, prov. d'Allemagne.
Mel.	Melita, enſis.	Malthe, Iſle de la mer Méditerranée.
Meſ.	Meſopotamia, æ.	Méſopotamie, en Sirie.
Mer.	Merviniæ.	Mérionetshire, province d'Angleterre.
Meſſ.	Meſſanæ.	Meſſine, g. ville d'Italie en Sicile.
Mon.	Monſpelienſis.	Montpelier, ville de France.
Mede.	Medelpadia.	Medelpadie, province maritime de Suède.
Mi.	Miſſiſſipius.	Miſſiſſipi, g. fleuve d'Amérique ſeptentrionale.
Min.	Minorca.	Minorque, Iſle & capitale d'Eſpagne.
Mont.	Mons-Albanus.	Montauban, haut Languedoc.
Mol.	Moluccæ, arum.	Moluques, Iſles des Indes.

Mog.

Abrégé.	*Latin.*	*François, &c.*
Mog.	Moguntia.	Mayence, g. ville d'Allemagne.
M. A.	Monte Aureo.	Mont-d'Or, en Auvergne.
Mo.	Mona.	Anglesey, côte d'Angleterre.
Mah.	Maho.	Port-Mahon, dans l'isle de Minorque.
Mus.	muscosus, a. um.	couvert de mousse.
Mur.	muris.	qui croît sur les murs.
Mo. umb.	montium umbrosis.	montagne ombragée.
Mus. mu.	muscis, muscos.	qui croît dans la mousse.
M. Sy.	Mons-Sypileus.	Mont-Sypille.
M. Pi.	Mont-Picot.	Mont-Picot, très-haute montagne.
	N.	
Nar.	Narbo.	Narbonne, ville de France en Languedoc.
Nat.	Natolia.	Natolie, de l'Asie mineure.
Ne.	Neapolis.	Naples, capitale du royaume du même nom.
Nov. bor.	Nove boraco Nebrodensis.	nouvelle Edimbourg.
No.	Norvegia.	Norwege, entre la Suède & la mer.
No.	Zeelandia.	nouvelle Zéelande dans la mer du Sud.
No. Gra.	nova Granata.	nouvelle Grenade.
No. Cal.	nova Caledonia.	Irlande.
N. C.	nova Cæsarea.	Ausbourg, en Allemagne.
Nov.	Nova, Novæ.	Nouvelle.
Ne. um.	nemoribus umbrosis.	qui croît à l'ombre des forêts.
Norf.	Norfolk.	Norfolk, province maritime d'Angleterre.
Nor.	Normania.	Normandie, province de France.
Nub.	Nubia.	Nubie, g. royaume, traversé par le Nil.
	O.	
Oce.	Oceanus.	Océan, de la mer baltique.
Oel.	Oelandia, Oelandicus.	Oéland, Isle.

Abrégé.	Latin.	François, &c.
Ol.	Olbia.	Sardaigne, royaume d'Europe.
Oly.	Olympus.	Mont-Olympe.
Oru.	Orubæ, ica.	Oruba, petite Isle d'Amérique méridionale.
Orie.		Orient, port de France en Bretagne.
Or.	Orbis.	qui croît par-tout le monde.
Opa.	opacis.	qui croît dans les lieux couverts.
Ole.	oleraceis.	herbe potagere.
	P.	
Par.	Parisii, orum.	Paris, capitale de France.
Pal.	Palæstina.	Palestine, la Judée ou Terre-Sainte.
Pan.	Pannonia.	Hongrie, royaume d'Allemagne.
Parr.	Parra.	Ville du Brésil.
Pala.	Palatinatus.	Palatinat, en Allemagne.
Pata.	Patavium.	Padoue, ville d'Italie.
Pan.	Panama.	Ville sur la Baye du même nom.
Per.	Persis.	Perse, g. pays d'Asie.
Pa. ma.	paludibus maritimis.	endroits marécageux de la mer.
Pin.	pinguibus.	qui aime les terres grasses.
Par.	partibus.	partie de telle ou telle chose.
Pas.	pascuis.	terrein où l'on fait paître les troupeaux.
Pag. urb.	pagos & urbes.	Plante, qui croît aux environs des villes.
Para.	parasitica.	Plante parasite.
Pas. hu.	pascuis humidiis.	dans les pâtures humides.
Peru.	Peruviana.	Pérou, g. pays de l'Amérique méridionale.
Pen.	Pensilvanica.	Pensilvanie, province de l'Amérique septentrionale.
Ped.	Pedemontium.	Piémont, contrée d'Italie.
Pel.	Peloponnesus.	Péloponnese ou la Morée.

Abrégé.	*Latin.*	*François, &c.*
Pet.	minor.	Petite.
Petr.	petræ, pitrosis.	qui croît dans les pierres ou pierrailles.
Phi.	Philippinæ.	Philipines, Isles de la mer des Indes, au-delà du Gange.
Phil.	Philadelphia.	Philadelphie, Capitale de la Pensylvanie.
Phr.	Phrygia, Mont.-Sipylo.	Phrygie, Mont-Sipyle, Asie mineure.
Pl.	Planta.	Plante.
Pol.	Polonia.	Pologne, g. royaume d'Europe.
P. R.	Porto-Ricco.	Port-Riche, Isle d'Amérique.
Pom.	Pomarium, ii.	jardin fruitier.
Prov.	Provincia.	Provence, prov. de France.
Por.	Lusitanicus.	Portugal, Prov. d'Europe.
Pra. hu.	pratis humidis.	des prés humides.
Pra. cul.	pratis cultis.	des prés cultivés.
Præ.	præceps, cipitis.	qui va en penchant.
Pro.	profundioribus.	les endroits profonds.
Præs.	præsertim.	principalement.
Put.	putrescentibus.	qui croît dans les endroits puans.
Pur.	puritas, atis, oribus.	qui est pur, pureté.
Pyr.	Pyrenæi.	Pyrennées, g. chaîne de montagnes.
Pru.	Prussia.	Prusse.
	Q.	
Qu.	quercubus.	de chêne.
Qua.	quatuor.	quatre.
	R.	
Ras.	Rastadiensis.	Rastale, en Allemagne.
Rat.	Ratisbona, æ.	Ratisbonne, ville Impériale.
Rar.	rarus.	rare.
R. T.	Regnum Tunetanum.	Royaume de Tunis.
Rhæ.	Rhæticis.	montagne des Grisons.
Rhe.	Rhenus.	Rhin, g. fleuve d'Europe.
Rho.	Rhodus.	Rhodes, Isle d'Amérique méridionale.

Abrégé.	Latin.	François, &c.
Rom.	Roma.	Rome, g. ville d'Italie.
Rof.	Roftockium.	Roftock, en Allemagne.
Ruf.	Ruffia.	Ruffie ou Mofcovie.
Rut.	Ruthenica.	Ruthenie en Ruffie.
R. V.	Rupe Victoriæ.	Mont de la Victoire.
Rud.	ruderatis.	qui croît dans les décombres ou pierres.
Rup.	rupibus.	qui croît dans les rochers.
Rip.	ripæ.	rivages.
Ror.	rorida.	de la rofée.
Rá. mon.	radices montium.	racine ou le bas des montagnes.
Riv.	rivulus.	petit ruiffeau, courant d'eau.
	S.	
Salt.	Saltzburgenfibus.	Saltzbourg, en Baviere.
Sal.	Salmantica.	Salamanque, ville d'Efpagne.
Sax.	Saxonia.	Saxe, g. pays d'Allemagne.
Sam.	Samos, i.	Samos, Ille de l'Archipel.
Sar.	Sardinia.	Sardaigne, Ifle de la mer Méditerranée.
Sab.	Saboda, icis.	Savoye, Duché Souverain d'Europe.
Sale.	Salernum.	Salerne, ville d'Italie au royaume de Naples.
Sca.	Scania Schonen.	Schonen, province de Suède.
Saxo.	Saxofis.	qui croît dans les roches ou cailloux.
Sali.	falinas.	endroits où l'on fait le fel.
Sab.	fabuletis.	endroits fablonneux.
Sco.	Scotia.	Ecoffe, royaume d'Angleterre.
Scy.	Scythia.	Scythie, en Tartarie.
Scop.	fcopulis.	qui croît dans les rochers.
Sep.	fepium, fepes.	des haies, parmi les haies.
Seg.	fegetes.	parmi les bleds.
Scat.	fcaturigo, inis.	fource d'eau.
Sen.	Senegal ou Daradus.	Sénégal, g. fleuve d'Afrique.
Sib.	Sibirica.	Siberie, Ruffie & Afie.

Abrégé.	*Latin.*	*François.*
Sci.	Sicilia, Siculus.	Sicile, g. Isle Méditerranée & Afrique.
Sia.	Siamum.	Siam, Royaume d'Asie.
Sil.	Silesia.	Silesie, Duché d'Allemagne.
Silv.	Silvis.	qui croît dans les bois & forêts.
Sin.	Sinensis.	de la Chine.
Sty.	Styria, æ.	Styrie, province d'Autriche.
Sto.	Stocholmia.	Stockolm, g. ville de Suède.
Sicc.	siccis, siccus.	terre seche & aride.
Ster.	Stercoreus.	de fumier.
Stæ.	Stæchadum.	Isles d'Hyeres.
Sol.	Soloniense.	Sologne en Orléanois.
Sor.	Sordidus.	malpropre, sal.
Spi.	Spitsbergenbibus.	Spitzberg, pays le plus septentrional de l'Europe.
Ster.	sterilibus.	qui croît dans les terres séches, stériles.
Sim.	similis, le, lior.	qui est semblable, pareil ou de même.
Sue.	Suevia.	Suabe, g. pays d'Allemagne.
Smy.	Smyrna.	Smyrne, ville de Turquie en Natolie.
Sus.	Susannea.	en Asie.
Sur.	Surinama.	Surinam, colonie dans la Guiane.
Suc.	Succia, æ.	Suède, g. royaume d'Europe septentrionale.
Sam.	Samara.	Somme, rivière de Picardie.
Sura.	Surattensis.	Surate, ville des Indes.
Sud.	Sudermania.	Sudermanie, prov. de Suède.
Sum.	Sumatra.	Isle de la mer des Indes.
Syr.	Syria.	Syrie, province de la Turquie asiatique.
Syr.	Syracusa, æ.	Syracuse, fameuse ville de Sicile.
Sil. h.	Sylvis humentibus.	qui croît dans les bois & forêts humides.
Sup.	superior.	terrein élevé, supérieur.

Abrégé.	*Latin.*	*François.*
Scu.	ſcuculentis.	qui croît dans les terres ſucculentes.
Sta.	ſtagnis.	qui croît dans les eaux dormantes.
Squ.	ſqualidis, dus.	qui croît dans les lieux malpropres.
Su. mu.	ſupra muros.	ſur le haut des murs.
	T.	
Tau.	Taurinorum-Auguſta.	Turin, g. ville capitale d'Italie.
Tar.	Tarentus.	Tarente, royaume de Naples.
Tah.	Taheiti.	Taheiti, dans la mer Pacifique.
Ter. fue.	terra del Fuego.	terre de feu, près du détroit de Magellan.
Tan.	Tanaïs.	Tanaïs, le Don, fleuve de Ruſſie.
Tat.	Tartaria.	Tartarie, g. pays d'Europe & d'Aſie.
Ten.	Tenda.	Tende, ville d'Italie en Piedmond.
Ter.	Ternateis.	Ternatte, Iſle de la mer des Indes.
Tec.	tectis.	qui croît ſur les toîts.
Tem.	temperatura.	température.
Thr.	Thracia, æ.	Thrace, la Romanie.
Thu.	Thuringia, æ.	Thuringe, province d'Allemagne.
Tho.	Iſl. St. Thomæ.	Iſle St. Thomas.
Terr.	Terrenus, a, um.	terreſtre ou de terre.
Tin.	Tingis.	Tanger, ville de Barbarie, côte d'Afrique.
Tig.	Tigur, is.	Zurich, ville de Suiſſe.
Tol.	Toletum.	Tolede, ville d'Eſpagne.
Tolo.	Tolofa, æ.	Toulouſe, ville de France en Languedoc.
Tob.	Tobolsko.	Tobolsk, en Siberie.
Tra.	Tranſylvania.	Tranſilvanie, province de Hongrie.
Tri.	Tridentum, i.	Trente, g. ville d'Italie.
Trap.	Trapezus, untis.	Trebizonde, ville de Turquie.

Abrégé.	Latin.	François.
Trip.	Tripolis.	Tripoli, ville d'Afrique sur la Méditerranée.
Tria.		Trianon, château Royal.
Tur.	Turcomania.	Armenie Turque.
Tyr.	Tyrrhenia.	Toscane, Duché.
Tyro.	Tyrolensibus.	le Tirol.
Traj.	Trajectum, i.	Utrecht, en Hollande.
Tro.	Tropicum.	Tropique.
Ten.	Teneriffa.	Teneriffe, l'une des Isles des Canaries.
Tyb.	Tyberium.	Tybre.
U.		
Ubi.	Ubique.	par-tout, en tous lieux.
Ud.	udus, udis.	qui croît dans les lieux humides, moites, mouillés.
Ukr.	Ukrania.	Ukraine.
Uly.	Ulyssipona.	Lisbonne, Capitale de Portugal.
Uli.	Uliginosus.	qui croît dans les lieux humides, marécageux.
Umb.	Umbrosis.	des endroits ombrés, sauvages.
Ups.	Upsale.	Upsal, en Suède.
Ung.	Ungaria, æ.	Hongrie, Royaume d'Allemagne.
Upl.	Uplandia, æ.	Upelande, province de Suède.
V.		
Val.	Valantina.	Valancienne, ville des Pays-Bas.
Vall.	Vallesia.	Valiais, République de Suisse.
Wal.	Wallia.	pays de Galles, province d'Angleterre.
Vap.	vaporariis.	serre-chaude pour les plantes.
Vari. ou va.	varietas, atis.	variété de plantes.
Ver.	Veronna, æ.	Vérone, ville d'Italie.
Ven.	Ventoso.	Ventou (mont).
V. C.	Vera-Crux.	Vera-Cruz, ville de l'Amérique.
Ver.	Vermelandia.	Vermeland, prov. de Suède.
Wes.	Wesmorlandicis.	Wesmoland, en Angleterre.
Ves.	Vesuvius.	Vesuve (mont).

Abrégé.	*Latin.*	*François.*
We.	Westrogothia, æ.	Vestrogotie, en Suède.
Vir.	Virginica.	Virginie, province de la nouvelle Angleterre.
Vi.	Vienna, æ.	Vienne, ville en Dauphiné.
Vie.	Viennensis.	Vienne, en Autriche.
Vol.	Volgæ.	Vauges, (montagne des)
Vic. via.	viam, vias.	chemin battu, route fréquentée.
Vind.	Vindelicor.	cercle de Baviere.
Ver.	Versura.	sillon labouré.
	Z.	
Zel.	Zelanica.	Zélande, province des Pays Bas.

F I N.

MANUEL
DES VÉGÉTAUX.

PREMIERE CLASSE.

Monandrie Monogynie.

1.

Canna, 1er. genre.

1 ♃ indica. Asi. Afri. Am.
Canne d'Inde. Ca. à cornet.

2 ♃ flore luteo.
3 ♃ foliis variegatis.
4 ♃ angustifolia. Am. tro.
Balisier à fe. étroites.

5 ♃ glauca. Car.
Bali. ou Cannacorus à g. fl.

2.

Amomum, 2.

1 ♃ Zingiber. In. ori.
Zimgembre (grand), des Indes.

2 ♃ Cardamoum. In. omb.
Cardamome de montagne.

Monandrie Monogynie.

3 ♃ Granum paradisi. Mad. om.
Graine de paradis.

4 ♃ Zerumbet. In.
Zimgembre sauvage.

3.

Costus, 3.

1 ♃ arabicus. In.
Catane d'Arabie.

2 Villosus.

4.

Renealmia, 4.

1 ♄ exaltata. Sur. Rum. L. f.
Renealmie. Bot. de Surinam.

5.

Myrosma, 5.

1 ♄ cannæfolia. Sur. Rheed.
Myrosme. Canne arbre.

Monandrie Monogynie.

6.

Alpina, 6.

1 ♃ racemosa. Am. cal.
Alpin Bota.

2 aromatica. Ob. cay.

7.

Maranta, 7.

1 ♃ arundinacea. Am. cal.
Fléche d'Inde rameuse.

2 ♃ Galanga. In. ori.
Galanga des Bout.

3 Comosa. Sur. Dalb. L. f.

8.

Curcuma, 8.

1 ♃ rotunda. In.
Curcumin. Terramerit. Terre mérite, racine de Safran.

2 ♃ longa. In.
Safran de terre.

9.

Kæmpferia, 9.

1 ♃ Galanga. In.
Galanga de Kempfer. Bot.

2 ♃ rotunda. In.
Zedoire rond. de Bau.

10.

Thalia, 10.

1. ♃ geniculata. Am. m.
Thalie, canne noueuse.

11.

Bærhaavia, 11.

1. ♃ erecta. V. C.

Monandrie Monogynie.

Boerhave à tige droite.

2 ♃ diffusa. In.
3 ♃ hirsuta. Jam.
4 ♃ scandens. Jam.
5 ♃ repens. Nub.
6 ♃ nubica minima. L. f. va.
7 Angustifolia.
8 ♃ peruviana. J.
Tasso du Pérou.

9 ♃ Diandra. Gui. Au.
Ipécaquana de Cayenne.
Racine du Brésil.

12.

Qualea, 12.

1 ♄ rosea. Gui. Au.
Qualier rouge.

2 ♄ cærulea. Gui. Au.
Qualé des Galibis.

13.

Salicornia, 13.

1 ☉ herbacea. Eu.
Salicot. Criste-Marine.

2 ♄ fruticosa. Eu. mar.
Kali Salicot, arbre.

3 ☉ virginiana. Vir.
4 ♄ arabica. Ara. Gmel.
5 ♄ caspica. Cas. & Med. Seg. mar.
6 ♄ Foliata. Sib. Gmel.

14.

Hippuris, 14.

P. 1 ♃ vulgaris. Eu. fon. fos. aq.
Presse ou Préle d'eau.

2 tetraphylla. Sue. Fil. L. f.

Monandrie Digynie.

15.

Corispermum. 15.

1 ⊙ Hyssopifolium. Tar. Bor. Mon.

Graine de cœur, loc. are.

2 ⊙ Squarrosum. Vol. Tar.

16.

Calitriche. 16.

1 Verna. Eu. fos. aq.

Capillaire d'eau.

2 Lenticula palustris. va.

Lentille des prés.

3 Autumnalis. Eu fas. aq.

17.

Blitum. 17.

1 ⊙ Capitatum. Eu. Tyro.

Monandrie Digynie.

Blete. Aroche, fl. en tête.

2 ⊙ Virgatum. Tar. Hisp. Gal. Nar.

3 ⊙ Chenopodioides. Tar. Sue.

4 Tartaricum. va.

5 Rubrum. J.

18.

Cinna. 18.

1 ♃ Arundinacea. Can. d.

Cinnet, roseau.

19.

Mniarum. 19.

1 Biflorum. Nov. Zel.

Mniare, pet. pl. à 2 fl.

SECONDE CLASSE.

Diandrie Monogynie.

20.

Nyctanthes, 1. G.

1 ♄ Arbor tristis. In.

Jasmin, arbre triste.

2 ♄ Sambac. In.

Jasmin d'Arabie.

3 ♄ Undulata. Mal.

Jasmin des Indes.

4 ♄ Hirsuta. In.

5 ♄ Angustifolia. Mal. are.

6 ♄ Elongata. In. ori.

7 ♄ Glauca. Cap.

Diandrie Monogynie.

Grand Jasmin des bout.

21.

Jasminum. 2.

1 ♄ Officinale. In.

Jasmin, com. des bout.

2 ♄ Grandiflorum. Mal.

Jasmin d'Espagne à g. fl.

3 ♄ Azoricum. In.

Jasmin des Azores.

4 ♄ Fruticans. Eu. aus. Or.

Jas. jaune à 3 fe.

5 ♄ Humile.

Diandrie Monogynie.

6 ♄ Odoratissimum. In.
Jas. jaune très-odorant.

22.

Ligustrum, 3.

P. 1 ♄ Vulgare. Eu col.
Troësne com.

2 ♄ Foliis variegatis. va.

23.

Phillyrea, 4.

1 ♄ Media. Eu. aus. col.
Phillaria moyen.

2 ♄ Foliis ovatis crenatis. va.
3 ♄ Ligustrifolio. va.
4 ♄ Variegata silea. va.
5 ♄ Variegata alba. va.
6 ♄ Angustifolia. Ita. Hiss. col.
7 ♄ Rosmarini folia. va.
8 ♄ Angus. prima. 1. va.
9 ♄ Angus. secunda. 2. va.
10 ♄ Angus. tertia. 3. va.
11 ♄ Latifolia. Eu. aus.
12 ♄ Latifo. lœvis. va

24.

Olea, 5.

1 ♄ Europæa. Eu. aust.
Olivier franc.

2 ♄ Foliis lanceolatis.
3 ♄ Sylvestris.
Oliv. sauvage.

4 ♄ Capensis. Cap.
5 ♄ Americana. Car.
6 ♄ Buxifolia. Asi. J.
Oliv. à fe. de Buis.

25.

Chionanthus, 6.

1 ♄ Virginica. Am. 7.

Diandrie Monogynie.

Snowdrap. Arbre de Neige.
Amelanchier de Virginie.

2 ♄ Zeylonica Zey.
Arbuste à fe. de Cotinus.

3 ♄ asiaticus. Asi. I.

26.

Syringa, 7.

P. 1 ♄ vulgaris. Per. Ger. Helv.
Lilac com.

2 ♄ vul. flo. cæruleo.
Lil. com. à g. bouquet.

3 ♄ vul. fl. albo.
Lil. à fl. blanche.

4 ♄ Persica, Per.
Lil de Perse à fe. longue.

5 ♄ per. foliis lanceolatis. va.
Lil. de Babilone.

6 ♄ laciniata. va.
Lil. à queue de renard.

27.

Dialium, 8.

1 ♄ indum. In.
Dialie de java.

28.

Eranthemum, 9.

1 capense. Æti.
Erantheme du Cap. de B. Ef.

2 angustifolium.
Selago douteux.

Diandrie Monogynie.

3 ♄ parvifolium. Cap. b. Esp.

Ephemere d'Afrique.

4 ♄ Salsoloides Bar. Sta. Crux.

29.

Circæa, 10.

P. 1 ♃ Lutetiana. Eu. & Am. bor.

Sorciere, herbe Enchanteresse.

herbe St. Etienne ou des Magiciennes.

2 ♃ canadensis. fl. albo. va.
3 ♃ alpina. Eu. mon.
4 ♃ minima. va.

30.

Veronica, 11.

1 ♃ Sibirica. Dau.

Veronique de Siberie.

2 ♃ virginica. Vir.
P. 3 ♃ spuria. Eu. aus. sib. Thu.
4 ♃ maritima. Eu mar.
5 ♃ longifolia. Tar. Aus. Sue.
P. 6 ♃ spicata longi folia altera. va.
7 ♃ spicata verticæ folia. va.
8 ♃ incana. Vera. sama,
9 ♃ spicata. Eu camp.
10 ♃ hybrida. Eu. vari.
11 ♃ pinnata. sib.
P. 12 ♃ officinalis. Eu. syl.

Véronique mâle des bout.

Thé François. Samoloide.

13 ♃ spicis foliis subrolundis. va.
14 ♃ aphylla. Alp. Eu. aus.

Diandrie Monogynie.

15 ♃ bellidioides. Pyr. alp. Helv.
16 ♄ fruticulosa. Aus. Hol. Pyr.

Vero. arbrisseau.

17 ♃ Alpina. Eu.
P. 18 ♃ serpillifolia. Eu. Am. 7.
P. 19 ♂ Beccabunga. Eu.
20 ⊙ Anagalis. Eu. ad fos. Ori.

Mouron d'eau.

21 ♃ scutellata. Eu. inu.

Ecuelle d'eau.

P. 22 ♃ Teucrium. Ger. Helv.

Teucride d'Allemagne.

23 ♃ pilosa. Aus.
24 ♃ prostrata. Ger. Ita. Hel. col.
25 ♃ pectinata. Cons.
26 ♃ montana. ita. Hel. Ger. umb.
P. 27 ♃ Chamædrys. Eu. pra.

Verveine mâle.

28 ♃ austriaca. Aus. sib.
29 ♃ Cappadocia, foliis laciniatis. va.

Véronique de Capadoce.

30 ♃ multifida. Arm. Ibe.
31 ♃ latifolia. Helv. Bith. Aust. Ger.
32 ♃ paniculata. Tar.
33 ⊙ biloba. Capp. seg.
34 ⊙ agrestis. Eu. agr.
P. 35 ⊙ arvensis. Eu. arv.

Velvotte sauvage.

P. 36 ⊙ hederæfolia. Eu. rud. hort.
P. 37 ⊙ triphyllos. Eu. agr.
38 ⊙ flore albo. va.
39 ⊙ verna. Ger. Sue. Hisp. ari.

Diandrie Monogynie.

P. 40 ⊙ romana. Eu. auſ. agr.
41 acinifolia. Eu. auſ.
42 ⊙ peregrina Eu. hort.
43 marilandica. Vir.
44 elongata. ſch. auſ.
45 ♃ ſaxatilis. Alp. L. f.
46 ♃ pæderota. J.
47 ♃ Pſeudochamedris. Jacq.
48 ♃ Kamtchtica. Kam. L. f.
49 ♃ urticæfolia. Auſ. Jacq. L. f.
50 ♄ deſuſata. Falcladica.

31.

Pæderota, 12.

1 bonæ ſpei. Cap. b. Sp.
Pæderote du Cap. de b. Eſp.
Veronique d'Afrique.
2 Ageria. mon.
3 ♃ Bonarota. Alp. Ital.
Roue fortunée.
4 cærulea. Auſ.
5 lutea. Auſ.

32.

Juſticia, 13.

1 ♄ Adhatoda. Zey.
Noyer des Indes.
2 ♄ Ecbolium. Mal. Zey.
Ecbolie de Malabar.
3 ♄ Betonica. In.
Betoine, arb. de l'Inde.
4 ♄ Scorpioides. V. C.
5 ♄ picta. Aſi.
6 ♄ infundibuli formis. In.
7 ♄ ſpinoſa. Ame.
8 ♄ faſtuoſa. Tran. Ara. feli.
9 ♄ ſeſſilis, Am.
10 ♄ hyſſopifolia. inſ. Eor.
11 pectinata. Aſi.
12 ♃ repens. Zey.

Diandrie Monogynie.

13 chinenſis. Chi.
14 echioides. In. ſub. hu.
15 ⊙ ſexangularis. V. C. Jam.
16 ♃ procumbens. zey. Gu. Au.
17 Carthaginenſis. Am. Gu. Au.
18 aſſurgens. Jam.
19 naſuta. In.
20 bivalvis. Aſi. in.
21 purpurea. Chi.
22 Gangetica. Aſi. in.
23 ♄ pulcherrima. Am. L. f. Gu. Au.
24 ♃ acaulis. Tran. L. f.
25 ciliaris. Zey. L. f.
26 ♄ Trunquebarenſis. Tran. L. f.
27 ♄ Orchioides. Cap. L. f.
28 ♄ verticillata. Cap. b. Spei.
29 coccinea. Gu Au.
Carmantine rouge.
30 ♄ variegata. Gu Au.
Itoubou des Galibis.
30 ♄ Grandaruſſa. zey. ſav. Mal.

33.

Dianthera, 13.

1 ♃ Americana. Vir. Flo.
Dianthere d'Amérique.
2 comata. Jam.
3 ♄ Malabarica. Mal. gra. L. f.

34.

Gratiola, 14.

P. 1 ♃ officinalis. Lu. Gal. Eu. hum.
Gratiole des bout.
Herb. à pauvre Homme.

Diandrie Monogynie.

2 Monniera. Jam.

Monnier Med. Bota.

Mouron aquatique.

3 rotundi folia. Mal. are.

4 ☉ hyssopioides. Tran. agr.

5 virginica. Vir. Mal. Cay.

6 peruviana. Per.

35.

Schwenkia, 15.

1 Americana. Am.

Schwenki d'Amérique.

36.

Calceolaria, 16.

1 ☉ pinnata. Per loc. hum.

Sabot de Jesus.

2 integrifolia. Per.

3 perfoliata. Nov. Gra.

37.

Pinguicula, 17.

1 ♃ lusitanica. Luf.

Grassette, Herbe Grasse.

Violette de marécage.

P. 2 ♃ vulgaris. Eu. uli.

Grassette des bout.

sanicle aquatique de montag.

3 ♃ alpina. Lap. Helv. Auf.

4 ♃ villosa. Lap. Sib.

38.

Utricularia, 18.

1 alpina. Alp. inf. Mart.

Utriculle de Alpes.

2 foliosa. Am. auf.

P. 3 vulgaris. Eu. fof. pal. pro.

Diandrie Monogynie.

Lentille des prés.

P. 4 minor. Eu. fof. rar.

5 subulata. Vir.

6 gibla. Vir.

7 bifida. Vir.

8 cærulea. Zey.

9 stellaris. In. aqu. pro. L. f.

2. Etamine, 2 g.

39.

Verbena, 19.

1 orubica. Oru. inf. Am. 7.

Vervene d'Oruba.

2 ☉ indica. Zey. Gu.

3 ♃ ☉ Jamaicensis. Jam. Cari.

4 prismatica. Jam.

5 ♃ mexicana. Mex.

6 lapulacea. Jam. Gu.

7 curassavica. Cur. Ame.

8 stchadifolia, Am. Gal. æqi.

9 obtusa.

4. Etamine.

10 ☉ nodiflora. Vir. Sici.

11 ♃ bonariensis. Bon.

12 ♃ hastata. Can. d. hum.

13 ♃ caroliniana. Am. 7.

14 ♃ urticifolia. Vir. can. d.

15 spuria. Vir. can. d.

P. 16 ☉ officinalis. Eur. medi. rud.

Herbe Sacrée.

Vervêne des boutiques.

17 Supina. Hif.

18 ♂ Aubletia. Am.

19 subfruticofa. Gu. Au.

20 odorata. J.

21 pinnata. Hif.

22 ♃ paniculata, J.

Diandrie Monogynie.

40.

Lycopus, 20.

P. 1 ♃ Europæus. Eu. ripi. hum.

Patte de Loup.
Marrube aquatique.

2 ♃ virginicus. Vir.
3 ♃ exaltatus. Ita. L. f.

41.

Amethystea, 21.

2 ⊙ cærulea. sib. mon.

Amethyste de Siberie.

42.

Cunila, 22.

1 ♃ mariana. Vir.

Cunille, petite Origan.

2 ⊙ pulegioides. Vir. Can. d.

Melisse Pouillot.

3 ⊙ thymoides. Mon.

Thim pouillot.

4 capitata. Sib. L. f.

43.

Ziziphora, 23.

1 ⊙ capitata. Sib. Syr. Arm.

Ziziphore de Syrie.

2 ⊙ hispanica. Hif.
3 ⊙ Tenuiore. Syr.
4 ⊙ acinoides. Sib.

44.

Monarda, 24.

1 ♃ fistulosa. Can. d.

Monarde du Canada.
Origan à fl. en tête.

2 ♃ mollis. va.

Diandrie Monogynie.

3 ♃ Didyma. pen. nov. bor.
4 ♃ clinopodia. Vir.
5 ♃ punctata. Vir.
6 ciliata. Vir.

45.

Rosmarinus, 25.

1 ♄ officinalis. Hif. G. N. Ita. Hel.

Romarin des bout.

2 ♄ hortensis angustiorefolio. va. ori. Helv. mon.

Encensier d'Espagne.

3 ♄ variegata alba. va.
4 ♄ variegata lutea. va.
5 Almeriensis.

46.

Salvia, 26.

1 ægyptiaca. Æg.

Sauge d'Ægypte.

2 cretica. cre.
3 lyrata. Vir. Car.
4 virginica. va.

Melisse rouge.

5 ♄ officinalis. Eu auf.

Sauge des bout.

6 ♄ offi. minor. va.
7 pomifera. Ore.
8 ♄ minor variegata. va.
9 ♄ major lutea. va.
10 ♄ major alba & rubra. va.
11 ♄ major undulata. va.
12 ♄ urticifolia. Vir. Flo.
13 ♂ ♄ serotina. Chi.
14 ⊙ viridis.
15 ⊙ Horminum. Gre. Apu.

Hormin de Matthiole.

16 ♃ Sylvestris. Auf. Boh. Ger.

Hormin sauvage.

17 ♂ nemorosa. Auf. Tar.

Diandrie Monogynie.

18 Syriaca Ori. Pal.
19 ♃ hæmatodes. Ita. Ist.
P. 20 ♃ pratensis. Eu. pra.
21 ♃ agrestis. va.
22 ♃ indica. In.
23 dominica. Dom.
P. 24 ♃ Verbenaca. Eu Ori. pas.
Verbenette à fe. de Lavande.
25 ♂ Clandestina. Ita.
26 pyrenaica. Pyr.
27 ♃ disermas. Syr.
28 ♄ mexicana. Mex. hum.
29 ⊙ hispanica. Ita.
30 ⊙ verticillata. Auf. Misn.
31 ♃ glutinosa. Eu. lut.
32 ♄ canariensis. Can.
33 ♃ africana. Cap. b. Sp.
34 ♄ aurea. Cap. b. Sp. riv.
35 colorata. Cap. b. Sp. are mar.
36 paniculata. Afr.
37 ♄ acetabulosa. Ori.
38 ♂ spinosa. Æg.
P. 39 ♂ Sclarea. Syr. Ita.
Sclarée toute Bonne.
Orvale blanc.
40 ♂ ceratophylla. Per.
41 ♂ Æthiopis. Gre. Afr. Auf.
42 ♂ Æth. foliis laciniatis. va. Illy.
Marum d'Ægypte.
43 pinnata. Ori. Ara.
44 ♂ argentea. Cre.
45 ceratophylloides. Sic. Æg.
46 ♃ Forskæhlei. Ori.
47 ♃ nutans. Imp Ruth.
Capucin (sauge).
48 Abyssinica. Abi. L. f.
49 ♄ triloba. Mont-Syp. L. f.
Sauge blanche du Mont-Sypile.

Diandrie Monogynie.

50 ♃ coccinea. Cap. b. Sp. L. f.
51 aurita. Cap. b. Sp. L. f.
52 scabra. Cap. b. Sp. L. f.
53 ♄ runcinata. Cap. b. Sp. L. f.
54 ♃ austriaca. Auf. Jacq.
55 ⊙ præcox, Afr. I.
56 ♃ Molucea I. Molu.
57 Nubica. Afr. J.
58 napifolia. J.
59 byzantina. J.
60 ægyptiaca. Æg.
61 virgata. Jacq.
62 viridis.

47.

Collinsonia, 27.

1 ♃ canadensis. Vir. Can. d. Syl.
Collinson, bot. du Canada.

48.

Arouna, 28.

1 ♄ Guyanensis. Gu. Aub.
Arounier de la Guyane.
Arouna des Galibis.

49.

Morina, 29.

1 ♃ persica. Per.
Morine d'Orient.

50.

Thouinia, 30.

1 ♄ nutans. Zey. L. f.
Thouin, Jard. Bot. du R. de France
Arbre, glabre de Zeyland.

Diandrie Monogynie.

51.

Vochy, 31.

1 ♄ Guyanenſis. Gu. Aub.

Vochy des Galibis.

52.

Anciſtrum, 32.

1 Sanguiſorbæ. N. Zeel.

Anciſtre, Pimprenelle de la N. Zélande.

53.

Globba, 33.

1 ♃ marantina. In. Ori.

Globbe d'Orient.

2. nutans. In. Ori.
3 ♃ uniformis. In. Ori.

D. Digynie.

54.

Anthoxanthum, 34.

P. 1 ♃ odoratum. Eu. pra.

Anthoxanthe, Felouve. Chiendent odorant.

2 indicum. In.
3 paniculatum. En. auſ. Mon.
4 aculeatum. Hiſ. Sib.
5 crinitum. N. Zeel.

D. Trigynie.

55.

Piper, 35.

1 ♄ nigrum. In.

Poivre noir de l'Inde.

2 ♄ Betle. In.
3 Malamiris. In.
4 Amalago. Jam.
5 Siriboa. In.
6 longum. In.
7 ♄ documanum. In.
8 reticulatum. Mar. Bra.
9 aduncum. Jam.
10 ⓢ pellucidum. Am. c.
11 acuminatum. Am. c.
12 obtuſifolium. Am. c.
13 rotundi folium. Am. c.
14 maculoſum. Dom.
15 peltatum. In.
16 diſtachyon. Am. Gal. æqu.
17 umbellatum. Dom.
18 trifolium. Am. Gal. æqu.
19 ⓞ verticillatum. Jam.
20 quadrifolium. Am. m.
21 ♄ Cubeba. Jar. Syl L. f.
22 Capenſe. Cap. b. Sp.
23 retuſum. Cap. b. Sp.
24 reflexum. Cap. b. Sp.
25 methyſticum. Tah.

TROISIÉME CLASSE.

Triandrie Monogynie.

56.

Valeriana, 1. G.

P. 1 ♃ rubra. Gal. Hel. Ita. Ori.

Valeriane rouge.

P. 2 ♃ angustifolia. rud. va.
P. 3 ♃ alba. va.
4 ⊙ calcitrapa. Luf. Ori.
5 ⊙ cornucopia. Am. Mau. Sic. Hif.
P. 6 ♃ dioica. Eu. Ori. cam. ulf.
P. 7 ♃ officinalis. Eu. nem. palu.

Valeriane des bout.

8 ♃ Phu. Alf. Sile.
9 ♃ tripteris. alp. Hel. Auf.
10 ♃ montana. alp. Hel. Rhæ. Pyr.
11 ♃ tuberofa. Dal. Sici. Gal.
12 ♃ celtica. alp. Helv. Auf. Vale..

Nard Celtique de Diofcoride.

13 ♃ faxatilis. Stir. Auf. Bal. Monta.

Nard fauvage des Alpes.

14 elongata. alp. Schn. Auf.
15 ♃ pyrenaica. Pyr.
16 fcandens. Cum.
17 chinenfis. Chi. ofb.
P. 18 ⊙ Locufta. Eu. Ori. Luf. Maril.

Mâche des Jardins.

Triandrie Monogynie.

Blanchette ou Doucette.

Salade de Chanoine-Poule-graffe.

P. 19 ⊙ La. olitoria. va.
P. 20 ⊙ Lo. vefcicaria. va.

Bourcette.

P. 21 ⊙ coronata. va.

Mâche à femence étoilée.

P. 22 ⊙ difcoidea. va.
P. 23 ⊙ dentata. va.
P. 24 ⊙ radiata. va. g. mâche.
P. 25 ⊙ pumila va.
26 mixta. Monp.
27 ⊙ echinata. Ita. Monp. umb.
28 ♃ fupina. Alp. Ita. Cari.
29 ⊙ fibirica. Sib. cam.
30 ⊙ Anonyma.

57.

Olax, 2.

1 ♄ Zeylanica. zey.

Olax de zeyland.
Arbre de Fumier.

58.

Tamarindus, 3.

1 ♄ Indica. In. Am. Æg. Ara.

Tamarinier, Tamarin. d'Arabie ou Caroubier, d'ara.

Triandrie Monogynie.

59

Rumphia, 4.

1 ♄ amboinensis. In.

Rumphie d'Amboine.

60.

Cneorum, 5.

1 ♄ tricoccum. Hif. Nar. gal.

Camelée à 3 noyaux.

Olivier humble.

61.

Comocladia, 6.

1 ♄ integrifolia. Am. c.

Comocladie à fe. entiere.

Prunier rameux.

2 ♄ dentata. Am. m.

62.

Vouapa, 7.

1 ♄ bifolia. Gui. Aub.

Vouapa à 2 folioles.

2 ♄ Simira. Gu. Aub.

Simira des Galibis.

63.

Outea, 8.

1 ♄ Guianensis, Gu. Aub.

Joulay de la Guyane.

64.

Willichia, 9.

1 ⊙ repens. Mex.

Willichie, rempant.

Triandrie Monogynie.

65.

Melothria, 10.

1 ⊙ pendula. Can. d. Vir. Jam.

Melothre, petit Melon noir.

66.

Rotala, 11.

1 ⊙ verticilaris. In Ori.

Rotalle à fe. vertieillée.

67.

Ortegia, 12.

1 hispanica. Caf. Boet. Sal.

Ortege d'Espagne.

Garance à fe. de lin.

Jonc de Salamanque.

2 dichotoma.

68.

Loeflingia, 13.

1 ⊙ hispanica. Hif. col. apr.

Lœflengie, bot. d'Espagne.

69.

Polycnemum, 14.

1 ⊙ arvense. Gal. Ita. Ger. arv.

Camphrée des champs.

70.

Hippocratea, 15.

1 ♄ volubibis. Am. auf.

Hippocrata, Med. bot.

Triandrie Monogynie.

71.

Tontelea, 16.

1. ♄ Scandens. Gu. Aub.

Ravoua, Tontelle. grimpante des Galibis.

72.

Crocus, 17.

1. ♃ ſativus. alp. Helv. Pyr. Luſ. Thr.

Safran bâtard.

2. ♃ officinalis. va.

Safran des bout.

Safran d'automme des Peintres.

3. ♃ vernus. va.

Saf. à fl. bleue, à fl. jaune, à fl. blanc. & pluſieurs va., toutes du printems.

73.

Ixia, 18.

1. ♃ roſea.

Ixia roſe.

2. ♃ Bulbocodium. Alp. Ita.

Grouin de Cochon.

3. uniflora. Cap. b. Sp.
4. corymboſa. Cap. b. Sp.
5. ♃ africana. Cap. b. Sp.
6. ♃ chinenſis. In.
7. ♃ bulbifera. Cap. b. Sp.
8. ♃ flexuoſa. Cap. b. Sp.
9. polyſtachia. Cap. b. Sp.
10. ♃ cillaris. Cap. b. Sp.
11. ♃ maculata. Cap. b. Sp.
12. ♃ erocata. Cap. b. Sp.
13. ♃ erocata. va.
14. ♃ hirſuta. Cap. b. Sp.
15. ♃ americana. Cap. b. Sp.
16. ♃ longiflora. Cap. b. Sp.

Triandrie Monogynie.

17. ♃ coccinea. Cap. b. Sp.
18. ♃ alba. Cap. b. Sp.
19. ♃ aurantiaca. Cap. b. Sp.
20. ♃ lutea.
21. ♃ cærulea.
22. ♃ flore cæruleo magno.
23. ♃ viridis purpurea.
24. ♃ crocifolia major.
25. ♃ rubra.
26. ♃ minima.
27. ♃ palmifolia.
28. ♃ iridisfolia.
29. ♃ flava.
30. criſpa. Cap. b. Sp. L. f.
31. hyalina. Cap. b. Sp. L. f.
32. pendula Cap. b. Sp. L. f.
33. cinamomea. Cap. b. Sp. L. f.
34. pentandra. Cap. b. Sp. L. f.
35. capillaris. Cap. b. Sp. L. f.
36. alopecuroidea. Cap. b. Sp. L. f.
37. piloſa. Cap. b. Sp. L. f.
38. falcata. Cap. b. Sp. L. f.
39. minuta. Cap. b. Sp. L. f.
40. linearis. Cap. b. Sp. L. f.
41. ♃ exciſa. Cap. b. Sp. L. f.
42. ♄ fruticoſa. Cap. b. Sp. L. f.
43. gladiata. C. b. Sp. L. f.
44. Galaxia. Cap. b. Sp. coli. L. f.
45. fugaciſſima. Cap. b. Sp. L. f.

74.

Gladiolus, 19.

1. ♃ communis. Eu. auſ.

Glais ou Glayeul commun.

2. ♃ imbricatus. Ruſ. cite.

Eſpatule.

3. ♃ alatus. Cap. b. Sp.

Triandrie Monogynie.

Glayeul des viperes.

4 plicatus. Æt.
5 ♃ tristis. Ær.
6 ♃ undulatus. Æt.
7 ♃ recurvus. Cap. b. Sp.
8 ♃ spicatus. Afr.
9 alopecuroides. Æt.
10 ♃ augustus. Afr.
11 ♃ ramosus. Afr.
12 ♃ capitatus. Afr.
13 ♃ bizantinus.
14 ♃ crispus. C. b. Sp. L. f.
15 junceus. C. b. Sp. L. f.
16 anceps. Cap. b. Sp. L. f.
17 gramineus. Cap. b. Sp. L. f.
18 marginatus. Cap. b. Sp. L. f.
19 ♃ montanus. Cap. b. Sp. L. f.
20 falcatus. C. b. Sp. L. f.
21 flexuosus. C. b. Sp. L. f.
22 longiflorus. C. b. Sp. L. f.
23 tubiflorus. Cap. b. Sp. L. f.
24 spathaceus. Cap. b. Sp. L. f.
25 setifolius. Cap. b. Sp. L. f.

75.

Antholyza, 20.

1 ♃ ringens. Æt.

Antholyse d'Æthiopie.

2 ♃ Cunonia. Per.
3 ♃ Æthiopica. Æt.
4 ♃ Meriana. Cap. b. Sp.
5 Merianella.
6 ♃ Maura. M. Capit.
7 ♃ cepacea. Cap. b. Sp.
8 plicata. C. b. Sp. L. f.
9 ♃ Lucida. C. b. Sp. L. f.

76.

Watsonia, 21.

1 capensis. Cap. b. Sp.

Triandrie Monogynie.

Watsone du Cap.

2 alba.

77.

Xiphidium, 22.

1 ♃ cæruleum. Gu. Aub.

Glaivane bleue.

78.

Iris, 23.

1 ♃ susiana. Ori. Conf.

Iris de Suse.

2 ♃ florentina. Eu. aust. Carni.

Iris de Florence.

P. 3 ♃ germanica. Ger. Helv.

Iris, Flame d'Allemagne.

4 ♃ aphylla.
5 ♃ sambucina. Eu. aust.

Iris à odeur de sureau.

6 ♃ squalens. Eu. aust.
7 ♃ variegata. Haug.
8 ♃ biflora. Lus. rup. lac. sibi.
9 ♃ pumila. Aust. Pan. col. apr.

Chamæiris à fl. rouge.

10 ♃ Chemæiris minor fl. purpureo cæruleo.
11 ♃ Ch. fl. rubello. va.
12 ♃ Ch. fl. pallido albo. va.
13 ♃ Ch. fl. variegato minor. va.
14 ♃ Ch. fl. luteo pallido luteo. va.
P. 15 ♃ Pseud Acorus. Eu. rip. pal.

Faux Acorus, faux Calament.

Triandrie Monogynie.

P. 16 ♃ fœtidissima. Gal. Ang. Helv.

Iris à odeur de gigot.

Spatulle ou Espatule.

Xiris puant.

P. 17 ♃ fœdidissima foliis variegatis. va.

18 ♃ sibirica. Aus. Hel. sibe. Ger.

19 ♃ versicolor. Vir. Mari. Pen.

20 ♃ virginica. Vir.

21 ♃ martinicensis. Mart.

22 ♃ spuria. Ger. sibe. pra.

23 ♃ ohcroleuca. Ori. fl. en Juillet.

24 ♃ graminea. Aus. mon.

25 ♃ verna. Vir.

26 ♃ suberosa. Ara. Ori.

Hermodalte, à fe. triangulaire.

27 ♃ Xiphium. His. sibi.

Xiphium d'Espagne.

28 ♃ X. bulbosa cæulec-violacea. va.

29 ♃ persica. Per.

Iris de Perse.

30 ♃ Sisyrinchium. His. Lus.

31 ♃ Sis. medium. va.

32 ♃ Gigantea.

33 ♃ martinisensis. Gu. Aub.

34 ♃ tenuifolia. Dau. Wol. L. f.

35 ♃ dichotoma. Dau. rup. L. f.

36 ♃ tristis. Cap. b. Sp. L. f.

37 ♃ tripetala. C. b. Sp. L. f.

38 pavonia. C. b. Sp. L. f.

39 papilionacea. Cap. b. Sp. L. f.

40 viscaria. C. b. Sp. L. f.

41 butiminosa. Cap. b. Sp. L. f.

Triandrie Monogynie.

42 crispa. Cap. b. Sp. L. f.

43 edulis. Cap. b. Sp. L. f.

44 ciliata. Cap. b. Sp. L. f.

45 tricuspidata. Cap. b. Sp. L. f.

46 minuta. Cap. b. Sp. L. f.

47 compressa. Cap. b. Sp. L. f.

48 ramosissima. Cap. b. Sp. L. f.

49 setifolia. C. b. Sp. L. f.

50 spathulata. Cap. b. Sp. L. f.

51 ♃ hortensis. J.

52 ♃ hor. pallida. J.

53 ♃ swetta.

54 ♃ dalmatica. J.

55 ♃ dal. minor. J.

56 ♃ maritima. J.

57 ♃ varia. J.

58 ♃ pannonica.

79.

Morea, 24.

1 ♃ vegeta. Afr.

Morée d'Afrique.

2 ♃ spatha biflora. va.

3 ♃ spatha uniflora. va.

4 ♃ juncea. Afr.

5 ♃ irioides. Or Cons.

6 ♃ polyanthos. Cap. b. Sp. L. f.

7 ♃ spathacea. C. b. Sp. L. f.

8 ♃ lugens. Cap. Sp. L. f.

9 spiralis. Cap. b. Sp. L. f.

10 aphylla. C. b. Sp. L. f.

11 filiformis. Cap. b. Sp. L. f.

12 flexuosa. C. b. Sp. L. f.

13 ♃ iriopelata. Cap. b. Sp. L. f.

14 ♃ juncea. va. L. f.

15 ♃ vegeta squamis bulbis va.

Triandrie Monogynie.

80.

Wachendorfia, 25.

1 ♃ thyrsiflora Cap. b. Sp.
Wachendorfe à thyrse fleurie.
2 ♃ paniculata. Cap. b. Sp.
3 ♃ umbellata. Cap. b. Sp. arc
4 graminifolia. Cap. b. Sp. L. f.

81.

Dilatris, 26.

1 umbellata. C. b. Sp. L. f.
Dilatre en ombelle.
2 viscosa. Cap. b. Sp L. f.
3 paniculata. Cap. b. Sp. L. f.

82.

Commelina, 27.

1 ⊙ communis. Am. Gu Aub.
Commeline commune.
2 ♃ africana. Æt.
3 ♄ benghalensis. Beng.
Éphemere du Bengale.
4 ♃ erecta Vir.
5 ♃ virginica. Vir.
6 ♃ tuberosa. Mex.
7 Zanonia. Am. Gal. æqi.
8 ⊙ vaginata. In. Ori.
9 ⊙ nudiflora. In. Ori. ari.
10 cucullata In. Ori.
11 ⊙ spirata. In. Ori. riv. loc.
12 ♃ hexandra. Gu. Aub.
13 cristata. In.
14 auxiliaris. In.

83.

Cipura, 28.

1 ♃ paludosa. Gu. Aub.

Triandrie Monogynie.

Cipure des marais.

84.

Callisia, 29.

1 ⊙ repens. Am. m. umb.
Callisie ou Hapalanthe rampan d'Amérique.

85.

Mayaca, 30.

1 fluvialis. Gu. Aub.
Mayaque des fleuves.

86.

Xyris, 31.

1 Indica. In.
Xyris ou Flambe.
2 americana. Gu. Aub.
Jupicai de Cayenne.

87.

Schoenus, 32.

P. 1 ♃ Mariscus.
Marisque, faux souchet.
2 ♃ aculeatus. Ita. Nar. Lus. Arch.
3 ♃ mucronatus. Smy. His. G. N.
Melanschene maritime.
P. 4 ♃ nigricans. Eu. pal.
5 ♃ ferugineus. Gotl. Aug. pal.
6 ♃ fuscus. Sue. Aug. Ita. Ger. pal.
7 compar. Cap. b. Sp.
8 ♃ ustulatus. Cap. b. Sp.
9 niveus. In.
10 coloratus. In. Gu. Aub.
11 ♃ bulbosus. Cap. b. Sp.
12 compressus. Aug. Helv. Ita.

Triandrie Monogynie.

13 glomeratus. Vir.
14 ♃ terminalis. Cap. b. Sp.
15 ♃ albus. Eu. bore. pal. tur.
16 ♃ radiatus. Cap. b. Sp.
17 odoratus. Gu. Aub.

Souchet à racine odorante.

Pâture de Chameau, Jonc odorant.

88.

Remirea, 33.

1 ♃ maritima. Gu. Aub.

Remire maritime.

89.

Cyperus, 34.

1 ♃ articulatus. Jam. rivu.

Souchet à tige articulée.

2 minimus. Jam. Afr.
3 monoſtachyos. In. Ori.
4 ♃ lævigatus. Cap. b. Sp.
5 ♃ Haſpan. In. Æt.
6 ♃ longus. Ita. Gal. Car. pal.
7 ♃ eſculentus. Monſ. Ita. Ori.
8 rotundus. In.
9 ſquarroſus. Aſi.
10 diformis. In.
11 Iria. In.
12 elatus. In.
13 ♃ glomeratus. Ita. pal. In.
14 ⊙ blaber. Vero. hum.
15 elegans. Jam. palu. mari.
16 ♃ odoratus. Am fluv. ripa.

Racine St. Helene odorante.

17 compreſſus. Am. 7. are.
P. 18 flaveſcens.
P. 19 fuſcus. Gal. Ger. Helv. Æg. hum.
20 pumilus. In.

Triandrie Monogynie.

21 ♃ triflorus. In. Ori.
22 ſtrigoſus. Jam. Vir.
23 ligularis. Jam.
24 Papyrus. Calb. Sici. Syr. Æg.

Papier des Syriens ou Papier du Nil.

25 ♃ ſpathaceus. Vir. Cap. b. Sp.
26 ♃ alternifolius. Vir.
27 ⊙ lateralis. C. b. Sp. L. f.
28 ♄ denudatus. C. b. Sp. L. f.
29 ♃ monti. In. Ita. L. f.
30 tenellus. C. b. Sp. L. f.
31 Diſtans. Mala. L. f.
32 Pannonicus. Auſ. L. f.
33 globoſus. Gu. Aub.

90.

Mapania, 35.

1 ♃ ſylvatica. Gu. Aub.

Mapane des forêts.

91.

Scirpus, 36.

1 ♃ trigynus. In. Ori.

Scirpe à 3 piſtils.

2 ♃ montanus. Jam. Gu. Aub.
3 articulatus. Mala. aquare.
P. 4 paluſtris. Eu. foſ. inu.
5 equiſeti capitulo majore. va.
6 geniculatus, Jam.
P. 7 ♃ ceſpitoſus. Eu. pal. ſyl.
8 capitatus. Vir.
9 acicularis. Eu. ſub. aqu.
P. 10 fluitans. Ang. Gal. udiſ.
P. 11 lacuſtris. Eu. aqui. puri.
12 Holoſchænus. Eu. auſ.
13 auſtralis.
14 ♃ romanus. Gall. Sib. Rom.
P. 15 ſetaceus. Eu. lit. mari.

Triandrie Monogynie.

Faux Schænus.

16 supinus. Par.
17 autumnalis. Vir.
18 capillaris. Vir. Æt. Zey.
19 ♃ triqueter. Eu. Auf.
20 mucronatus. Aug. Ita. Helv.
21 dichotomus. In.
22 echinatus. In.
23 ♃ retrofractus. Vir.
24 ferrugineus. Jam. pal. mar.
25 spadiceus. Jam. flu.
26 miliaceus. In.
27 ♃ cyperoides. In. ori.
F. 28 ♃ maritimus. Eu. lit. mari.
29 ♃ rotundus inodorus anglicus. va.
30 ♃ panicula compacta. va.
31 ♃ gramen cyperoides. va.
32 ♃ Scirpo-Cyperus. va.
33 luzelæ. In.
F. 34 ♃ sylvaticus. Eu. syl. hum.
35 corymbosus. In.
36 squarrosus. In. ori.
37 intricatus. Cap. b. Sp.
38 michelianus. Ita. Mon.
39 ☉ ciliaris. Ind. ori.
40 hottentottus. Cap. b. Sp. loc.
41 ♃ antarticus. Cap. b. Sp.
42 cephalotes. In.
43 tristachyos. Cap. b. Sp. L. f.
44 trispicatus. Afr. L. f.
45 grossus. In. L. f.
46 globiferus. Ten. L. f.
47 ♃ Bæothryon. Sue. Ger. L. f.

92.

Eriophorum, 37.

1 ♃ vaginatum. Eu. fri. sic.

Chenille à fourreau.

2 ♃ polystachion. Eu. uli. tur. o.

Triandrie Monogynie.

3 ♃ linagrostis paniculá minori. va.
4 ♃ lina. pappo. rariori. va.
5 ♃ virginicum. Vir.
6 cyperinum. Am. 7.
7 ♃ alpinum. Eu. alp.

93.

Kyllingia, 38.

1 monocephala. In. L. f.

Killingie à une tête.

2 triceps. In. L. f.
3 panicea. In. L. f.
4 umbellata. In. L. f.

94.

Fuirena, 39.

1 paniculata. Sur. L. f.

Fuirene à fl. en panicule.

95.

Nardus, 40.

1 ♃ stricta. Eu. asp. ster.

Nard à épi court.

2 ♃ gramen spartum. va.
3 gangitis. G. N.
4 aristatus. Rom.
5 ciliaris. In.
6 Indica. Tran. L. f.
7 Thomæa. Tran. mon. St. To.

96.

Lygeum, 41.

1 ♃ Spartum. Hif. cam. arg.

Faux Sparte.

2 dactiloides.

Triandrie Monogynie.

97.

Pommereulla, 42.

1 Cornucopiæ. In. L. f.
Pommereulle, petit gramen à fl. d'œillet.

Digynie.

98.

Bobartia, 43.

1 indica. In.
Bobar bota. de l'Inde.

99.

Cornucopiæ, 44.

1 cuculatum. Smy.
Corne d'abondance.
2 alopecuroides. Ita.

100.

Saccharum, 45.

1 ♃ spontaneum. Mal. aqu.
Roseau à sucre.
2 ♃ officinarum. In. loc. inu.
Sucre des boutiques.
3 Ravennæ. Ita.
Caunamelle d'Italie.
4 spicatum. In. pet.
5 Ravennæ.
6 Teneriffæ. Tene. L. f.
7 spontaneum.
8 sagittatum. Gu. Aub. hum.
Roseau à flêche de Cayenne.

Triandrie Digynie.

101.

Phalaris, 46.

P. 1 ⊙ canariensis. Cana. inc. seg.
Alpiste des Serins.
2 bulbosa. Ori.
3 nodosa. Eu. auf.
4 ♃ aquatica. Tyb. Æg.
P. 5 phleoides. Eu. vers.
P. 6 utriculata. Ita.
7 ⊙ paradoxa. Ori.
P. 8 arundinacea. Eu. sub. hu.
9 picta. va.
10 erucæformis. In. Ori.
11 oryzoides. Vir. pal. nem.
12 orysoides.
13 zizanoides. In. Ori.
14 dentata. Afr. L. f.

102.

Paspalum, 47.

1 ⊙ dissectum. Am. c.
Paspalle d'Amérique.
2 ♃ scrobiculatum. In. Ori.
3 virgatum. Jam.
4 paniculatum. Jam.
5 distichum. Jam.

103.

Panicum, 48.

1 ♂ polystachion. In.
Panis à plusieurs épis.
2 verticillatum. Eu. auf. ori.
3 ⊙ glaucum. In. Ita. Ger.
4 ⊙ viride. Eu. auf.
5 ⊙ italicum. In.
6 ⊙ Crus corvi. In.
Pied de Corbeau.
P. 7 ⊙ Crus-Galli. Eu. Vir. cul.

Triandrie Digynie.

Pied de Cocq.

8 ⊙ gramen panicum. va.
9 ⊙ colonum. In. cul.
10 brizoides. In.
11 dimidiatum. In.
12 hirtellum. In. Ita.
13 conglomeratum. Ind. Ori.
P. 14 ⊙ ſanguinale. Am. Eu. Hol. Med.
P. 15 ♃ dactylon. Eu. auſ. Ori.
16 filiforme. Am. 7.
17 lineare. In.
18 diſtachyon. In. Ori.
19 compoſitum. Zey.
20 dichotomum. Vir.
21 ramoſum. In.
22 ♃ coloratum. Cai.
23 ♃ repens. Hiſ.
P. 24 ⊙ miliaceum. In.

Millet des oiſeaux.

25 ⊙ capillare. Vir. Jam.
26 groſſariun. Jam.
27 latifolium. Am.
28 ♃ clandeſtinum. Jam. Penſ.
29 ♃ arboreſcens. In.
30 curvatum. In. Ori.
31 virgatum. Vir.
32 patens. In. ſimilis. Luſ.
33 brevifolium. In.
34 divaricatum.
35 ⊙ elatius. Mal. L. f.
36 ⊙ helvolum. In. Ori.
37 ſulcatum. riv. Gu. Aub.
38 maculatum. riv. Gu. Au.
39 alopecurodeum. Jap.

104.

Phleum, 49.

P. 1 ♃ pratenſe. Eu. verſ. pra.

Marſette des prés.
Timoty des Anglois.

2 ♃ alpinum. Lap. Helv. alp.

Triandrie Digynie.

3 ♃ nodoſum. Gal. Helv. Ita. Ger.

Ivraye du Vexin.

4 ⊙ arenarium. Eu. loc. are.
5 ſchænoides. Ita. ſmy. Hiſ.

105.

Alopecurus, 50.

1 Indicus. In. Ori.

Queue de Renard de l'Inde.

2 ♃ bulboſus. Gal. Aug. pra.
P. 3 ♃ pratenſis. Eu. pra.
4 ♃ agreſtis. Eu. auſ.
P. 5 ♃ geniculatus. Eu. uli.
6 ♃ ariſtis glumæ æqualibus. va.
7 hordeiformis. In.
8 ⊙ monſpelienſis. Ang. Gal. hum.
P. 9 ⊙ paniceus. Eu. cul. ari.
10 ariſtatus.
P. 11 cauda muris. Eu.

106.

Milium, 51.

1 capenſe. Cap. b. Sp.

Millet du Cap de bo. Eſpérance.

2 punctatum. Jam.
P. 3 ⊙ lindigerum. Monp.
4 cimicinum. Mal.
P. 5 ♃ effuſum. Eu. nem. umb.
6 ♃ confertum. Hel. ſyl.
7 paradoxum. Gal. meri. Car.
8 Italicum. Ita.
9 indicum. In.
10 arundinaceum.

Triandrie Digynie.

107.

Agroſtis, 52.

P. 1 ☉ Spica venti. Eu. int. ſeg.
Herbe au vent.
P. 2 ☉ interrupta. Gal. Ita. Hel. Car.
3 ♃ miliacea. Hiſ. Sib. Monp.
4 ♃ bromoides. Monp.
5 Auſtralis. Luſ.
6 ♃ arundinacea. Eu. mon.
7 ♃ Calamagroſtis. Hel. Ver. Ger.
Calamat-agroſtis.
8 ſerotina. Ver.
9 rubra. Aug. Sue.
10 Matrella. Mal. are.
P. 11 ♃ canina. Eu. paſ. hum.
Chiendant à panicule.
P. 12 ♃ ſtolonifera. Eu. are.
13 ♃ gramen radice repente. va.
P. 14 capillaris. Eu. pra.
15 gramen montanum. va.
16 ſylvatica. Aug. ſyl. hum.
17 alba. Eu. nem.
18 ♃ pumila. Sue. Iſl. Helv. Ger.
P. 19 minima. Ger. Gal.
20 virginica. Vir.
21 ♂ mexicana. Am. c.
22 indica. In.
23 cruciata. Jam. Gu. Aub.
24 radiata. In.
25 ♃ tenaciſſima. In. Ori. L. f.
26 ſpicæformis. Tene. L. f.
27 hirſuta. Tene. L. f.

108.

Aira, 53.

1 arundinacea. Ori.
Aira-arundo.

Triandrie Digynie.

2 ☉ minuta. Hiſ.
P. 3 ♃ aquatica. Eu. paſ. aqu.
P. 4 cærulea.
Gramen inod.
5 ♃ ſubſpicata. Helv. Lap. alp.
P. 6 ♃ cepitoſa. Eu. pra. fert.
gaſon des prés.
P. 7 ♃ flexuoſa. Eu. pet. rup.
8 ♃ montana. Eu. alp.
9 alpina. Lapp. Ger. alp.
P. 10 ☉ caneſcens. Sca. Eu. Arv.
P. 11 ☉ præcox. Eu. Auſ. cam. are.
P. 12 ☉ caryophyllea. Ang. Ger. Gal.
petit gramen Œillet.
13 Capenſis. Cap. b. Sp. L. f.
14 villoſa. Cap. b. Sp. L. f.
P. 15 criſtata. E.

109.

Melica, 54.

1 ♄ ciliata. Bra.
Mélique velue.
2 ♃ nutans. Eu. fri. rup.
3 minuta. Ita.
4 ♃ cærulea. Eu. paſ. aqu.
5 ♃ gramen paniculatum. va.
6 papilionacea. Bra.
7 ♃ altiſſima. ſib. can. d.
8 ♄ Falx. Cap. b. Sp. L. f.

110.

Poa, 55.

P. 1 ♃ aquatica. Eu. rip. flu.
Poherbe d'eau.
2 ♃ alpina. Lapp. Helv. alp.
3 ♃ alp. vivipara. va.
4 ♃ gramen pratenſe. va.
P. 5 ♃ trivialis. Eu. paſ.

Triandrie Digynie.

P. 6 ♃ angustifolia. Eu. agr. vers.
P. 7 pratensis. Eu. pra. fert.
P. 8 ⊙ annua. Eu. ad. vias.
P. 9 ⊙ minus rubrum. va.
10 flava. Vir.
11 pilosa. Ita.
12 palustris. Helv. Ita. Ger. hum.
13 amabilis. In.
P. 14 Eragrostis. Helv. Ita. sib.

Poa-eragrostis.

15 gramen elegantissimis. va.
16 capillaris. Vir. can. d.
17 malabarica. In. are.
18 chinensis. In.
19 tenella. In.
20 ⊙ rigida. Gal. Ang. Ger.

Durette hérissée.

P. 21 ♃ compressa. Eu. Am. 7.

le Bird'gras.

22 ♃ spiculis septemfloris. va.
23 amboinensis. In.
24 ♃ nemoralis. Eu. rad. mon. umb.
25 ♃ gramen cirrhosum. va.
P. 26 bulbosa. Gal. Ger. Hel. His. Ori.
27 gramen xerampelinum. va.
28 gramen arvense. va.
29 gra. vernum.
30 spicata. Lus.
31 distans. Aus.
32 ♃ cristata. Ger. Ang. Helv.
33 ciliaris. Jam. Gu. Aub.
34 punctata. Mala.
35 Brizoides. Afr. L. f.
36 dactyloides. Gu. Aub.
37 ⊙ abissinica. abis.

Tef d'Abissinie.

Triandrie Digynie.

111.

Briza, 56.

P. 1 ⊙ minor. Helv. Ita. Ger.

Amourette tremblante.

2 ⊙ virens. Ori. His.
P. 3 ♃ media. Eu. pra. sicc.
4 maxima. Ita. Lus.

grande Amourette.

P. 5 Eragrostis.

112.

Uniola, 57.

1 paniculata. Car.

Uniole paniculé.

2 bipinnata. Æg.
3 mucronata. In.
4 spicata. Am. bor. mar.

113.

Dactylis, 58.

1 ♃ cynosuroides. Vir. Can. d.

Dactylle cretelle.

P. 2 ♃ glomerata Eu. cul. rud.
3 ciliaris. Cap. b. Sp.
4 ♃ lagopoides. Mal. arv.
5 capitata. Cap. b. Sp. L. f.

114.

Cynosurus, 59.

P. 1 ♃ cristatus. Eu. pra.

Cretelle hupé.

2 ♃ echinatus. Eu. aus. Ori.
3 ⊙ Lima. His.
4 ⊙ durus. Eu. aus. Thu. Pala.
P. 5 cæruleus. Eu. Hal.
6 ⊙ coracanus. In.

Coracan d'Inde.

7 ægypticus. Afr. Asi. Am.

Triandrie Digynie.

8 ⊙ indicus. In. Gu. Aub.
Pied de Poule de Cayenne.
9 virgatus. Jam. Gu. Aub.
10 ⊙ Aureus. Eu. auſ. int. ſax. Ori.
Chiendent de Barcelone.
11 paniceus.
12 Uniola. Cap. b. Sp.
13 bermudenſis. J.
14 ⊙ barbatus.

115.

Feſtuca, 60.

P. 1 bromoides. Ang. Gal.
Feſtuque bromus.
P. 2 ♃ ovina. Eu. col. apr.
3 ♃ vivipara. Alp. Lap. Helv. va.
4 rubra. Eu. ſter. ſicc.
5 foliis hirſutis. va.
6 ♃ amethyſtina. Ita. Ang. Gal.
7 ♃ reptatrix. Ara. Pal.
P. 8 ♃ duriuſcula, Eu. pra. ſicc.
grand Durette.
9 ♃ dumetorum. Hiſ. Dan.
P. 10 myurus. Aug. Ita. Bar. Ger. Hel.
11 ſpadicea. Mon. Helu.
12 ♃ phænicoides. Galo. mari.
13 fuſca. Pales.
P. 14 decumbens. En. paſc. ſter.
P. 15 ♃ elatior. Eu. poiat. fer.
16 ♃ gramen pratenſe majus. va.
P. 17 fluitans. Eu. foſſ. palu.
Manne de Pologne.
18 criſtata. Luſ. col. ſter.
19 ⊙ calycina. Hiſ.
20 ♄ ſpinoſa. Cap. b. Sp. L. ſ.

Triandrie Digynie.

116.

Bromus, 61.

P. 1 ⊙ ſecalinus. Eu. agr. are.
la Droue, ſeigle bâtard.
2 ⊙ hordeaceus. va.
Orge bâtard. va.
3 ♂ mollis. Eu. auſ. ſicc.
P. 4 ſquaroſus. Gal. Helv. ſib.
5 gramen fruteſcens. va.
6 ♃ purgans. can. d.
7 ♃ inermis. Ger. Helv.
8 ♃ aſper. Ger. Helv. Ang.
9 ♃ ciliatus. Can. d.
P. 10 ſterilis. Eu. auſ. agr. ſyl.
P. 11 ⊙ arvenſis. Eu. ver. agr.
12 geniculatus. Luſ.
13 ♂ tectorum. Eu. col. ſicc.
P. 14 ♃ giganteus. Eu. hum. umb.
15 ♃ glaber panicula nutans. va.
16 rubens. Hiſ.
17 ſcoparius. Hiſ.
Herbe à Balais.
18 rigens. Luſ.
19 racemoſus. Ang.
20 triflorus. Ger. Dani. nem.
21 madritenſis. Hiſ. Ang.
22 ♃ ramoſus. Ori.
P. 23 ♃ pinnatus. Eu. ſyl. mon. aſp.
24 ♃ criſtatus. Sib. Tar.
25 ⊙ diſtachyos. Eu. auſ. Ori.
26 ⊙ Stipoides. Maiv.
27 phalaroides.
28 elatior.

117.

Stipa, 62.

P. 1 ♃ pennata. Helv. Gal. Auſ.
Étiepe à aigrettes.
2 ♂ juncea. Hel. Gal.
P. 3 capillata. Ger. Gal.

Triandrie Digynie.

4 ♃ Ariſtella. Mon.
5 ♃ Tenaciſſima. Hiſ. col. are.

Spartum de Pline.
Sparte à Tapis & cordage, employé à la Manufacture de M. de Berthe, à Paris.

6 avenacea. Vir.
7 menbranacea. Hiſ. Cap. b. Sp.
8 arguens. In.
9 ♃ ſpinifex. In. are. mar.
10 ♃ ſpicata. Cap. b. Sp. L. f.
11 ukranenſis. J.

le Thirza des Coſaques d'Ukraine.

12 longiſſimum.

118.

Avena, 63.

1 ☉ ſibirica. Sib.

Avoine de Siberie.

P. 2 ♃ elatior. Eu. mari.
3 ♃ panicula nutans. va.
4 ſtipiformis. Cap. b. Sp.
5 penſylvanica. Penſ.
6 læflingiana. Hiſ. Cap. b. Sp.
P. 7 ☉ ſativa. Juan. Fern.

Avoine commune.

P. 8 ☉ alba. va.
9 ☉ nuda.
P. 10 ☉ fatua. Eu. agr. int. ſeg.

Avron barbu.

11 ſeſquitertia. Hel. Auſ. Ger.
12 ♃ pubeſcens. Ger. ſib. Ang. pra.
13 ♃ ſterillis. Hiſ.
P. 14 flaveſcens. Ger. Ang. Gal.

Triandrie Digynie.

15 gramen avenaceum. va.
16 ☉ fragilis.
17 pratenſis.

Avoinette argenté.

18 ſpicata. Penſ.
19 bromoides. Mon. Helv.
20 hiſpida. Cap. b. Sp. L. f.
21 Capenſis. Cap. b. Sp. L. f.
22 purpurea. Mart. L. f.
23 lutea. Mart. L. f.
24 lupulina. Cap. b. Sp. L. f.

119.

Lagurus, 64.

1 ☉ ovatus. Ita. Gal. Sici. Luſ.

Lagure, queue de Liévre.

2 cylindricus. Mon. Cre. Smy.

120.

Arundo, 65.

1 ♄ Bambos. In. utr. Cay. Aub.

Bambou de Cayenne.

Vouiou ou Cambrouſe.

Bois de Bambou, Tabaxir.

2 ♃ Donax. Hiſ. Gal. Hel. Car.

Canne blanche, Roſeau d'Aſie.

3 ♃ D. picta. va.

Ruban, Roſeau panaché.

4 ♃ verſicolor. In. va.
5 ♃ phragmites. Eu. lac. flu.

Roſeau

Triandrie Digynie.

Roſeau à faire des balais.

6 ♃ media vulgaris. va.
7 ♃ Calamagroſtis. Eu. pal.
8 ♃ epigeos. Eu. col. ari.
9 ♃ arenaria. Eu. Am. mar. lito.
10 canadenſis.
11 Farcta. Gu. Aub.

Liane coupante de Cayenne.

121.

Anthiſtria, 66.

1 ciliata. In. L. f.

Anthiſtri de l'Inde.

122.

Ariſtida, 67.

1 ♃ adcenſionis. Inſ. Adſ.

Barbue, de l'Iſle de l'Aſcenſion.

2 americana. Am.
3 plumoſa. Am.
4 arundinacea. In. Ori.
5 gigantea. Tene. L. f.
6 Hyſtrix. Mala.

123.

Lolium, 68.

P. 1 ♃ perenne. Eu. agr. verſ.

Rai-gras des Anglois.

Fromentale, faux Froment.

Pain, Vin, faux Yvraie.

2 ♃ variato ariſtata. va.
3 ♃ gramen loliaceum. va.
P. 4 tenue. Gal. Ger.
P. 5 ⊙ temulentum. Eu. agr.

Yvraie des bleds.

Triandrie Digynie.

6 ⊙ album. va.
7 diſtachion. Mal.

124.

Rottbolla, 69.

1 ⊙ incurvata. Eu. mari. L. f.

Rottbolle maritime.

2 compreſſa. In. L. f.
3 dimidiata. In. are. L. f.
4 exaltata. In. L. f.
5 corymboſa. In. L. f.

125.

Elymus, 70.

1 ♃ arenarius. Eu lit. mari.

Elyme des ſables.

2 ♃ ſibiricus. Sib.
3 ♃ philadelphicus. Phil.
4 ♃ canadenſis. Can. d.
P. 5 ♃ caninus. Eu.
6 ♃ virginicus. Vir.
7 ♃ europæus. Ger. Helv. Silv.
8 caput Mæduſæ. Luſ. Hiſ. mari.

Tête de Meduſe.

9 Hyſtris.
10 tener. Sib. L. f.

126.

Secale, 71.

P. 1 ⊙ cereale. Cre.

Seigles de Cerès.

2 villoſum. Eu. auſ. ori.
3 gramen creticum. va.
4 orientale. Arch.
5 creticum. Cre.
6 ⊙ hybernum.
7 ⊙ vernum. minus.

127.

Hordeum, 72.

P. 1 ♃ vulgare. Marz. ſam. ruſſ.

Triandrie Digynie.

Orge commun, Efturgon.

2 ⊙ cælefte. va.

Orge célefte.

3 ⊙ hexaftychon.

Orge à 6 rangs de grain.

P. 4 ⊙ diftichon. fam. Tar.

5 ⊙ nudum. va.

Surion.

P. 6 ⊙ Zeocriton.

Ris d'Allemagne.

7 ♃ bulbofum. Ita. ori.

8 nodofum. In. Ang.

P. 9 ⊙ murinum. Eu. loc. rud.

Orge des murs.

10 ⊙ gramen fecalinum minus. va.

11 jubatum. fmy.

12 ♃ maritimum. J.

128.

Triticum, 73.

1 ⊙ æftivum. Bafe. camp.

Bled Tremois d'Été.

2 ⊙ hybernum.

B. commun fans barbe.

3 compofitum. Æg.

B. de Miracle à plufieurs rangs de grains.

4 ♂ turgidum.

5 polonicum.

P. 6 ♂ Spelta.

Froment locar.

Efpautre barbue.

7 ⊙ monococcum.

8 ⊙ hifpanicum. Hif.

P. 9 ♃ junceum. Eu. auf. Ori.

P. 10 ♃ repens. Eu. cul.

Triandrie Digynie.

Chiendent commun.

11 ♃ gramen loliaceum. va.

12 maritimum. Gal. Ang. mari.

13 ⊙ tenellum. Mon. Helv.

14 Ita. Gal. mari. auf.

15 unilaterale. Ita. Gal. auf.

16 Typhinum. J.

17 proftratum. defc. Cafp. L. f.

18 pumilum. Sib. L. f.

Trigynie.

129.

Eriaucaulon, 74.

1 Triangulare. Braf. Gu. Aub.

Eriocaulle, tige à 3 Angles.

2 ♃ quinquangulare. In.

Eri. à 5 angles.

3 ♃ fexangulare. In.

Eri. à 6 angles.

4 fetaceum. In.

Eri. à 7 angles.

5 decangulare. Am. 7. palu.

Eri. à 10 angles.

130.

Montia, 75.

P. 1 ⊙ fontana Eu. fcat.

Montie, pourpier aquatique.

2 ⊙ aquatica major. va.

Mouron aquatique.

Triandrie Trigynie.

131.

Proſerpinaca, 76.

1 paluſtris. Vir. pal.

Proſerpine des marécages.

132.

Triplaris, 77.

1 ♄ americana. Am. m.

Triplarie pyramidale.

133.

Holoſteum, 78.

1 cordatum. Jam. ſur. Ob.

Holoſté, Mignonette.

2 ſucculentum. Nov.-bor.

Hol. à fe. charnues ſuculantes.

3 hirſutum. Mal.

4 ⊙ umbellatum. Eu. auſ. arv.

134.

Koenigia, 79.

1 iſlandia Iſla. loci. ulimar.

Koenigie d'Iſlande.

135.

Polycarpon, 80.

1 ⊙ tetraphyllum. Ita. G. N. Iſti.

Triandrie Digynie.

Polycarpe à 4 feuilles.

2 Magellanicum. Ter. Fueg.

136.

Mollugo, 81.

1 oppoſitifolia. Zey.

Mollugue du Bengale.

2 ⊙ ſtriata. Afr.

3 pentaphylla. Zey.

4 ⊙ verticilla. Vir.

5 Spergula. Zey.

Faux Eſpargoutte.

137.

Minuartia, 82.

2 ⊙ dichotoma. Hiſ.

Minuartie, bota.

2 ⊙ campeſtris. Hiſ. col. pla.

3 ⊙ montana. Hiſ. col. alr.

138.

Queria, 83.

1 ⊙ hiſpanica. Hiſ.

Querie d'Eſpagne.

2 ♃ canadenſis. Can. d. Vir.

139.

Lechea, 84.

1 ♃ minor. Can. d. ſil. gal.

Leche, (petite) du Canada.

2 major. Can. d. ari.

QUATRIÉME CLASSE.

Tetrandrie Monogynie.

140.

Protea, Ier. G.

1 ♄ pinnifolia. Cap. b. Sp.
Arbre d'Argent, qui change de formes comme le Protée de la Fable.

2 ♄ racemosa. Cap. b. Sp.

3 ♄ spicata. Cap. b. Sp.

4 ♄ glomerata. Cap. b. Sp.

5 ♄ Serraria. Cap. b. Sp.
Serrarie du Cap-de-bonne-Espérance.

6 ♄ anethifolius. va.

7 ♄ cyanoides. Cap. b. Sp.

8 ♄ sphærocephala. Cap. b. Sp.

9 ♄ hirta. Cap. b. Sp.

10 ♄ cucullata. Cap. b. Sp.

11 rosacea. Cap. b. Sp.

12 ♄ repens. Cap. b. Sp.

13 ♄ leucodendron. Sab. va.
Arbre d'Or.

14 ♄ cynaroides. Cap. b. Sp. mon. hum.

15 ♄ foliis lanceolatis. va.

16 ♄ Lepidocarpodendron. Cap. b. Sp.
Arbre qui porte un beau Fruit.

17 ♄ foliislanceolatis, calyc. hirsutis. va.

18 ♄ speciosa. Cap. b. Sp. va.

19 ♄ totta. Cap. b. Sp.

20 ♄ l'Hypophyllo-carpodendron. Cap. cam. sabu.
Arbre à fruit sous la feuille.

Tetrandrie Monogynie.

21 ♄ puberta. Cap. b. Sp. arc. rub.

22 ♄ strobilina. Cap. b. Sp.

23 ♄ conifera. Cap. b. Sp. are.

24 ♃ palleus. Cap. b. Sp. arc.

25 ♄ saligná. Cap. b. Sp.

26 ♄ argentea. Cap b. Sp.
Arbre d'Ar. à feuille argentée.

27 ♄ Levisanus. Cap. b. Sp.

28 ♄ divarigata. Cap. b. Sp.

29 ♄ purpurea. Cap. b. Sp.

30 ♄ parviflora. C. b. Sp. Thu. Buc.

31 ♄ cancellata. Cap. b. Sp.

32 ♄ acaulis. Cap. b. Sp.

33 ♄ Scolymocephala. Cap. b. Sp.
Arbre à tête de Scolimus.

34 Conocarpodendron. Æt.
Arbre qui porte un fruit conique ou en forme de Cône.

35 ♄ incurva. Cap. b. Sp. Thum. Buc.

36 ♄ lanata. Cap. b. Sp. Thu. Buc.

37 ♄ corymbosa. Cap. b. Sp. Thu. Buc.

38 ♄ aulacea. Cap. b. Sp. Thu. Buc.

39 ♄ caudata. Cap. b. Sp. Thu. Buc.

40 ♄ Sceptrum Gustavianum. Cab. b. Sp. Afi. Thu. Buc. L. f.
Sceptre de Gustave.

Tetrandrie Monogynie.

41 ♄ ſpathulata. Cap. b. Sp. Thu. Buc.
42 ♄ imbricata. Cap. b. Sp. Thu. Buc.
43 ♃ cordata. Cap. b. Sp. Thu. Buc.
44 ♄ linearis. Cap. b. Sp. Thu. Buc.
45 ♄ bractata. Cap. b. Sp. Thu. Buc.
46 ♄ prolifera. Cap. b. Sp. Thu. Buc.
47 ♄ florida. Cap. b. Sp. Thu. Buc.
48 ♄ decumbens. Cap. b. Sp. Thu. Buc.
49 ♄ procumbens. Cap. b. Sp. L. f.
50 ♄ Bruniades. Cap. b. Sp. L. f.
51 ♄ criniflora. Cap. b. Sp. L. f.
52 ♄ obliqua. Cap. b. Sp. L. f.
53 ♄ ſericea. Cap. b. Sp. L. f.
54 umbellata. Cap. b. Sp. L. f.
55 tomentoſa. Cap. b. Sp. L. f.

141.

Gobularia, 2.

1 ♄ Alypum. Mon. Val. Ita. Syl.
Globulaire de Valence.
2 ♃ biſnagarica. Biſ. Syl.
Alypaumie, Turbith blanc.
Sené des Provenceaux.
P. 3 ♃ vulgaris. Eu. apr. dur.
4 ♃ bellis cærulea apula. va.
Paquerette bleue.
5 ♃ bellis cærulea monſpeliaca. va.

Tetrandrie Monogynie.

6 ♃ ſpinoſa. Gre. mont.
7 ♃ cordifolia. Pan. Auſ. Hel. Pyr.
8 ♃ alpina minima. va.
9 ♃ nudicaulis. Pyr. Auſ. Hel. mon.
10 ♃ orientalis. Nato.

142.

Cephalanthus, 3.

1 ♄ occidentalis. Am. 7.
Bois à Bouton. Cephalante.
2 ♄ orientalis.

143.

Dipſacus, 4.

P. 1 ♂ fullorum. Gal. Ang. Ita.
Bain de Nôtre-Dame.
Chardon à Foulon.
Cuvette de Venus.
P. 2 ♂ ſatirus. va.
Cardiere, Chardonette.
3 ♄ laciniatus. Alſ. Azo. Car.
P. 4 ♂ piloſus. Ang. Ger. Gal.

144.

Scabioſa, 5.

1 ♃ alpina. Hel. Ita. alp.
Scabieuſe des Alpes.
2 ♄ rigida. Æt.
3 ⊙ tranſylvanica. Tran.
4 ⊙ ſyriaca. Syr.
5 ⊙ perſicæ folio. va.
6 ♃ leucantha. Nar Car. coll.
F. 7 ♃ ſucciſa. Eu. paſ. hum.
Mors du Diable ou Succiſe.
8 ♃ ſucciſa hirſuta. va.
9 ⊙ integrifolia. Monp. Helv.

Tetrandrie-Monogynie.

10 ⊙ amplexicaulis.
11 ♂ tatarica. Tar.
P. 12 ♃ arvensis. Eu. fol. gla. pra.
13 sylvatica. Auf. Hel. Ger. Mont.
14 montana non laciniata. va.
15 gramuntia. Mont. aut. fl.
P. 16 ⊙ columbaria. Eu. Mont. sicc.

Colombiere à petite tête.

P. 17 ⊙ prolifera. (colum) va.
18 ⊙ sicula. sicu.
19 ⊙ maritima. sic. Monp.
20 ⊙ stellata. Hisp. Gra.

Scabiens étoilée.

21 ⊙ ste. folio laciniato minor. va.
22 ⊙ ste. minima. va.
23 ⊙ prolifera. Æg.
24 ⊙ atropurpurea. In.

Fleur des Veuves.

25 ♃ argentea. Ori.
26 ♃ undulata. Afri.
27 ♃ africana. Afr. Ori.
28 ♃ afr. foliis rugosis. va.
29 ♃ afr. foliis tenuissimis. va.
30 ♄ minor. frutescens. Æt. va.
31 ♃ pumila. Cap. b. Sp.
32 ♄ cretica. Cre.
33 ♄ cre. frutescens. va.
34 ♃ graminifolia. Hel. Bal. Tri.
35 ♃ palastina. Palæ.
36 isetensis. Sib. Iset. rup.
37 ucranica. Ucr.
38 ♂ ochroleuca. Ger. pra. Sib.
39 ⊙ papposa. Cre.
40 ♄ pterocephala. Græ.
41 scabra. Cap. b, Sp. L. f.

Tetrandrie Monogynie.

42 attenuata. Cap. b. Sp. L. f.
43 Monspeliensis. I.
44 hispanica. J.
45 lusitanica.

145.

Knautia, 6.

1 ⊙ orientalis. Ori.

Bois à Cabri. Knautie.

2 ♂ propontica. Ori.
3 ⊙ palæstina. Plæ.
4 ⊙ plumosa. Ori.

146.

Allionia, 7.

1 violacea. Cum. Am.

Allionie violette.

2 incarnata. Cum. are.

147.

Hedyotis, 8.

1 ♄ fruticosa. Zey.

Hedyotie arbuste de Zeyland.

2 ♃ Auricularia. Zey.
3 herbacea. Zey. Gu. Au.
4 maritima. In. Ori. L. f.
5 ⊙ pumila. Tran. L. f.
6 ♃ graminifolia. In. Ori. L. f.

148.

Scabrita, 9.

1 ♄ scabra. In.

Scabrite à 3 fleurs.

Tetrandrie Monogynie.

149.
Perama, 10.

1 ⊙ hirſuta. Gu. Aub. hum.
Perame velue.

150.
Spermacoce, 11.

1 ⊙ tenuior. Caro.
Spermacoſſe de Caroline.
2 verticilata. Jam. Afri.
Riebe à fl. verticillé.
3 ⊙ hirta. Jam.
4 ♄ hiſpida. Zey.
5 procumbens. In.
6 ſpinoſa. Am.
7 latifolia. Gu. Aub.
8 cæruleſcens. Gu. Aub.
9 proſtrata. Gu. Aub. rip. flu.
10 tereſtris Gu. Aub. rip. hum.
11 radicans. Gu. Aub. rip. flu.
12 longifolia. Gu. Aub. cam. cul.
13 aſpera. Gu. Aub.
14 alata. Gu. Aub.
15 ♃ hexangularis. Gu. Aub.
16 ♃ ſcandens. Gu. Aub.
Ptiſane des Nègres de Madagaſcar.
17 ⊙ articularis. In. Ori. L. f.
18 ⊙ ſtricta. In. Ori. L. f.

151.
Sherardia, 12.

1 ⊙ arvenſis. Scan. Ger. Helv.
Scherardie des champs.
2 ⊙ muralis. Ita. Conſ.
3 ♄ fruticoſa. inſ. Adſe.

Tetrandrie Monogynie.

152.
Aſperula, 13.

P. 1 ♃ odorata. Eu. umb.
Aparinelle odorante.
Petit Muguet des bois.
P. 2 ⊙ arvenſis. Gal. Fla. Ger. Ang.
3 ♃ taurina. Hel. Ita. Alp.
4 ♄ craſſifolia Cre. Ori.
5 ♃ tinctoria. Sue. Ger. Sib. coli.
Apa. des Teinturiers.
6 ♃ pyrenaica. Helv.
P. 7 ♃ cynanchica. Ger. Ang. Ita.
Etrangle Chien.
Cynanchine d'Angleterre.
Herbe à l'Eſquinancie.
8 ♃ lævigata. Hel. ſty. Luſ.

153.
Diodia, 14.

1 virginica. Vir. aqu.
Diodie. Tangaraca.

154.
Knoxia, 15.

1 Zeylanica. Zey. ſup. tro. arb.
Knoxie de Zeyland.
2 americana.

155.
Houſtonia, 16.

1 cærulea. Vir.
Houſton à fl. bleue.
2 chameiaſme inodora. va.

156.

Galium, 17.

1 rubioides. Eu. auſ. ſib. Pal.

Caille, lait rouge.

P. 2 ♃ paluſtre. Eu. rivu. limo.
3 trifidum. Dan. Can. d.
4 ♃ montanum. Ger. Helv.
P. 5 ♃ uliginoſum. Eu paſ. aqu.
6 tinctorium.

Cail. des Teinturiers.

P. 7 ⊙ ſpurium. Eu. cult.
8 ſaxatile. Hiſ. Helv. alp.
9 ♃ minutum. Ruth.
10 ♃ puſillum. mont. Galo.
P. 11 ♃ verum.

Cail. jaune des bout.

P. 12 ♃ Molugo. Eu. medit.

Cail. blanc d'Europe.

13 ſylvaticum. Ger. Eu. auſ.
14 ♃ ariſtatum. Bal.
15 hieroſolymitanum. Palſ.

Cail. de Jéruſalem.

16 ♃ glaucum. Tata. Hel. Monp.
17 purpureum. Ita. Helv.
18 rubrum. Pala. Carn. Ita.
19 ♃ boreale. Eu. pra.
20 maritimum. Ori. Monp. Pyr.
21 bermudianum. Vir.
22 ♄ græcum. Cre. rup.
P. 23 ♃ Aparine. Eu. cul. rud.

Aparine. Croiſette.

24 ⊙ Apa. minor. J.

Grateron.

P. 25 ⊙ pariſienſe. Ang. Gal.
26 Pyrenaicum. Pyr. L. f.
27 ♃ rotundifolium. alp.
28 ♃ lævigatum. Ita.
29 provinciale. J.
30 pallidum. J.
31 ſplendens.

157.

Crucianella, 18.

1 ⊙ anguſtifolia. monp.

Crucianelle. Croiſette.

2 ⊙ latifolia. Cre. Monp.
3 ⊙ ægyptiaca. Æg.
4 ⊙ patula. Hiſ.
5 ♄ maritima. Cre. Monp.
6 monſpeliaca. Monp. Pale.

158.

Rubia, 19.

P. 1 ♃ tinctorum. Monp. Ita. Hol.

Garance des Teinturiers.

P. 2 ♃ tincto. ſativa. va.
3 ♃ peregrina. mon. Pil. Lud. Ruſ.
7 ♃ lucida. Maj.
5 anguſtifolia. Mino.
6 ♃ cordifolia. Maj. ſib. Chi.

159.

Siphonanthus, 20.

1 indica. Am. m.

Siphonanthe de l'Inde.

160.

Cateſbæa, 21.

1 ♄ ſpinoſa. Prov.

Catesbie bota.

Tetrandrie Monogynie.

161.

Manabea, 22.

1 ♄ villosa. Gu. Aub.

Manabo velue.

Bois, tabac des Creoles.

2 ♄ arborescens. Gu. Aub.

Bois de Gaulette.

3 ♄ lævis. Gu. Aub.

162.

Ixora, 23.

1 ♄ alba. In.

Ixore blanc.

2 ♄ coccinea. In.
3 ♄ americana. Jam. Gu. Aub.
4 occidentalis.

163.

Pavetta, 24.

1 ♄ indica. In. L. f.

Pavette d'Inde.

2 ♄ caffra. Cap. b. Sp. ram. ter.

164.

Petesia, 25.

1 ♄ stipularis. Jam.

Petesie à stipulle.

2 ♄ Lygistum. Jam.
3 ♄ tomentosum. Am.

165.

Mitchella, 26.

1 ♄ repens. Car. ter. Mari. Vir.

Mitchelle rampant.

Faux daphné.

2 tsjampacca.

Tetrandrie Monogynie.

166.

Callicarpa, 27.

1 ♄ americana. Java.

Callicarpe d'Amériq. à beau fruit.

2 ♄ tomentosa In.
3 ♄ cana. Mar. syl. ma.

167.

Aquartia, 28.

1 ♄ aculeata. Am. m.

Aquartié spineux.

168.

Polyspermum, 29.

1 ☉ procumbens. Car. Vir.

Polisperme rampant.

169.

Penæa, 30.

1 ♄ Sarcocolla. Æt.

Penne Sarcocole.

2 ♄ mucronata. Æt.
3 ♄ marginata. Cap. b. Sp.
4 ♄ falcata. Cap. b. Sp.
5 ♄ squamosa. Æt.
6 ♄ Myrtoides. Cap. b. Sp. L. f.

Myrthe de Tarente.

7 ♄ lateriflora. Cap. L. f.
8 ♄ fruticulosa. Cap. b. Sp. L. f.

170.

Blæria, 31.

1 ♄ ericoides. Cap. b. Sp.

Blærie, Bruyere du Cap.

2 ♄ articulata. Cap. b. Sp.
3 ♄ pusilla. Cap. b. Sp.

4 ♄ ciliaris. Cap. b. Sp. L. f.
5 purpurea. Cap. b. Sp. L. f.

171.
Buddleja, 32.

1 ♄ americana. Cari. ad. rip.

Buddleje d'Amérique.

2 ♄ occidentalis. Am.
3 virgata. Cap. b. Sp. L. f.
4 incompta. Cap. b. Sp. L. f.

172.
Exacum, 33.

1 sessile. Asi. Afr.

Centaurelle d'Asie.

2 ☉ pedunculatum. In.
3 ☉ albens. Cap. b. Sp. L. f.
4 ☉ aureum. Cap. b. Sp. L. f.
5 ☉ cordatum. Cap. b. Sp. L. f.
6 punctatum. In. L. f.
7 ☉ Guianense. Gu. Aub.

Centaurelle de Cayenne.

8 ☉ tenuifolium.

173.
Plantago, 34.

P. 1 ♃ major. Eu. Jap.

Plantain (grand) des oiseaux.

P. 2 ♃ latifolia glabra minor. va.
P. 3 ♃ lati. rosea. va.
P. 4 ♃ lati. spica multiplici. va.

Plan. couronné.

P. 5 ♃ lati. rosea flore expanso. va.
6 asiatica. Chi. Sib.
P. 7 ♃ media. Eu. pas. ster. argi.
8 ♃ latifolia hirsuta minor. va.
9 ☉ virginica. Vir.
10 ♃ altissima. Ita.
P. 11 ♃ lanceolata. Eu. cap. ster.
12 ♃ trinervia. va.
13 ♃ angustifolia alpina. va.
14 ♃ angus. Major. va.
15 ♃ Lagopus. G. N. Hisp. Lus.

Pied de liévre.

16 ♃ lusitanicus. His.
17 ♃ albicans. His. Narb. ari.
18 ♃ Holosteum hirsutum. va.
19 ♃ alpina. Hel. Aus. alp.
20 cretica. Cre.
21 ♃ maritima. Eu. Am. bor.
22 ♃ subulata. mar. Medi. are.
23 ♃ Holosteum massiliense. va.

Chiendent de Marseille.

24 ☉ recurvata. Eu. aus.
25 ♃ Serraria. Apu. Maur.
P. 26 coronopifolia. Eu. gale.
P. 27 hortensis. Eu.

Corne de cerf des jardins.

28 ☉ Læflengia. His. able. marg.
P. 29 ☉ Psyllium. Eu. aus. int. Segt.

Herbe aux puces, pussiere.

Tetrandrie Monogynie.

Pulicaire d'Europe.

30 ⊙ indica. Aſtr. Æg.
31 ♄ Gynops. Ga-pro. Ita. Sib.
32 ♄ afra. ſici. Barb.
33 ⊙ pumila. Eu. auſ. L. f.
34 ♃ argentea.
35 maxima. J.
P. 36 uniflora.
37 monſpelienſis.
38 rigida. J.
39 Ægyptiacum. J.

174.

Scoparia, 35.

⊙ dulcis. Jam. Cura.

Herbe à balai des Antilles.

2 ⊙ Tupeicava. va.
3 ⊙ procumbens. Am. c.
4 ♄ arborea. Cap. b. Sp. L. f.

175.

Rhacoma, 36.

1 ♄ Croſſopetalum. Jam.

Rhacome ſafranée.

176.

Centunculus, 37.

P. 1 ⊙ minimus. Ita. Ger. ſca. are.

Centuncule aquatique.

177.

Sanguiſorba, 38.

P. 1 ♃ officinalis. Eu. pra. ſicc.

Pimprenelle commune.

2 ♃ major rigida. va.
3 ♃ hiſpanica. va.
4 ♃ media. Can. d.

Tetrandrie Monogynie.

5 ♃ canadenſis. Can. d. ſib.
6 ♃ cana. alba. va.

178.

Ciſſus, 39.

1 ♄ vitiginea. In.

Ciſſue vignette.

2 ♃ Sicyoïdes. Jam.
3 ♃ quadrangularis. Ara. In.
4 acida. Am.

Bryonne Blanche.

5 ♃ trifoliata. Jam.

179.

Epimedium, 40.

1 ♃ alpinum. Euga. Ligu. Goé.

Chapeau d'Evêque.

180.

Cornus, 41.

1 ♄ florida. Vir. ſyl.

Cornouiller fleuri.

P. 2 ♄ maſcula. Eu.

Petit Cornouille mâle.

P. 3 ♄ hortenſis maſ. va.

Cor. des jardins.

P. 4 ♄ hor. ma. fructu cerei coloris. va.

Cor. à fruit ceriſé.

P 5 ſanguinea Eu. Aſi. Am. bor.

Cor. ſanguin ſanguinelle.

Bois punais, Verge ſanguine.

6 ♄ alba. ſib. Can. d.
7 ♄ ſericea. Am. 7.
8 ♃ ſuecia. ſuc. Norv. Ruſ.
9 ♃ canadenſis. Can. d.

Tetrandrie Monogynie.

10 ♄ alternifolia. Am. 7. L. f.
11 ♄ feruginea. J.
12 ♄ phyllanthes. J.
13 ♄ citrifolia. J.

181.

Coccocipsilum, 42.

1 herbaceum. Gu. Aub.
Coccocipsile herbacé.

182.

Coutoubea, 43.

2 ⊙ spicata. Gu. Aub.
Coutoubée des Caraibes.

3 racemosa, Gu. Aub.

183.

Tachia, 44.

1 ♄ Guianensis, Gui. Aub.
Tachi. Nid de Fourmis.

184.

Marsania, 45.

1 odorata.
Marsan, (Madame de) Protec. de la Bota.

2 ♄ sinica. chi.

185.

Samara, 46.

1 ♄ læta. In Ori.
Samare à fl. jaune.

186.

Fagara, 47.

1 ♄ Pterota. Jam. Gu. Aub.
Fagarié de Pterole.

Tetrandrie Monogynie.

2 ♄ Piperita. Japo.
Poivre du Japon.

3 ♄ tragodes. Am.
4 ♄ octandra. Cura.
5 ♄ pentandra. Gu. Aub.
Cacatin des Créoles.

6 Euodia. Tong. Tabu.

187.

Ægiphila, 48.

1 ♄ martinicensis. Mart. syl.
Ægyphile des bois.

188.

Sirium, 49.

1 ♄ myrtifolium. In. Ori.
Sirie à fe. de Myrthe.

189.

Mayepa, 50.

1 ♄ Guianensis. Gu. Aub.
Mayepe de Guiane.

190.

Tomex, 51.

1 ♄ tomentosa.
Tomé. Jonc cotoneux.

191.

Ptelea, 52.

1 ♄ trifoliata. Vir.
Orme de Samarie.
Ptele. Arb. à 3 feuilles.

2 ♄ pentaphylla. va.
3 pinnata. Insu. Norfo. L. f.
4 viscosa. Gu. Aub.

Tetrandrie Monogynie.

192.

Roupala, 53.

1 ♄ montana. Gu. Aub.

Roupale de Montagne.

193.

Ludwigia, 54.

1 ☉ alternifolia. Vir.

Ludwigie à fe. alterne.

2 ♃ oppofitifolia. In.
3 ♃ perennis. In.

194.

Hydrophyla, 55.

1 ♃ maritima. are. vola. mar.

Hydrophylle des fables rouges.

195.

Bankfia, 56.

2 ferrata. No. Hol.

Bankfie à fe. dentelé.

1 integrifolia. No. Hol.
3 Ericæfolia. No. Hol.
4 dentala.

196.

Pouteria, 57.

1 ♄ Guianenfis. Gu. Aub.

Pouterie. Pourama des Galibis.

197.

Macoucoua, 58.

1 ♄ Guianenfis. Gu. Aub.

Macouçou deCayenne.

Tetrandrie Monogynie.

198.

Oldenlandia, 59.

1 verticillata. Amb. Jam. col.

Oldenlande à fl. verticillé.

2 repens. In.
3 uniflora. Vir. Jam. aquo.
4 ☉ biflora. In. Gu. Aub.
5 ♃ umbellata. In.
6 ☉ corymbofa. Am. m.
7 paniculata. In. Ori.
8 ♃ ftricta. Mal.
9 Capenfis. Cap. h. Sp. L. f.
10 hirfuta. Cap. b. Sp.

199.

Acumania, 60.

1 ☉ latifolia. Cari. loc. hum.

Acuman bot. des J. Antilles.

2 ☉ ramofior. Vir.
3 ☉ baccifera. Chi. Ita.
4 octandra. In. Ori.
5 pinnatifida. Jav.

200.

Ifnardia, 61.

1 ☉ paluftris. Gal. Alf. Rufi. Vir.

Ifnard des fleuves.

201.

Trapa, 62.

P. 1 ☉ natans. Eu. auf. Afi. ulig.

Chateigne d'Eau. Cornouaille.

Macre d'Eau. Triboule.

Tetrandrie Monogynie.

2 bicornis. Chi. aqui. L. f.

Noix cornue d'Eau.

202.

Dorstenia, 63.

1 ♃ Contraierva. No. Hisp. Mex.

Houstoni. Camp.

Dorstenie de Houston.

2 ♃ Drakena. Ver. Cru.

Racine de Drak.

3 ♃ caulecens. Am. m.

4 ♃ perennis.

203.

Cometes, 64.

1 ⊙ alternifolia. Sura.

Comete. à fe. alterne.

2 ⊙ suratensis.

204.

Krameria, 65.

1 ♄ Ixina. Cu.

Kramere Ixine.

205.

Elæagnus, 66.

1 angustifolius. Boh. Hisp. syr.

Olivier de Boheme.

Jujubier blanc de Cappadoce.

2 orientalis. Ori.

3 ♄ spinosa. Æg.

4 ♄ latifolia. Zey.

206.

Santalum, 67.

1 ♄ album. In.

Santal blanc.

Tetrandrie Monogynie.

207.

Struthiola, 68.

1 ♄ virgata. Cap. b. Sp.

Strutiole à rameaux simples.

2 ♄ erecta. Cap. b. Sp.

3 nana. Cap. b. Sp.

208.

Embotherium, 69.

1 ♄ umbellatum. No. Calé.

Embotherie à fl. en Ombelle.

2 ♄ coccineum. Tier. del. Fueg.

209.

Manettia, 70.

1 ⊙ reclinata. Mex.

Manette du Mexique.

210.

Acæna, 71.

1 ♄ elongata. Mex.

Acœna rameux.

211.

Rivina, 72.

1 ♃ humilis. Cari. Jam. Barb.

Rivin bota.

2 ♃ canescens. va.

3 ♄ lævis. Am.

4 ♄ octandra. Am. c.

212.

Salvadora, 73.

1 ♄ persica. Sinn. pers.

Salvadore de Perse.

Tetrandrie Monoginie.

213.

Hartogia, 74.

1 ♄ imbricata. Cap. B. Sp.
Hartoge à tige imbriquée.

2 ♄ Capensis. Cap. b. Sp. L. f.

214.

Votomita, 75.

1 ♄ Guianensis. Gu. Aub.
Votomite des Galibis.

215.

Rouhamon, 76.

1 ♄ Guianensis. Gu. Aub.
Rouhamon des Galibis.

216.

Nacibea, 77.

1 ♃ coccinea. Gu. Aub.
Nacible à fl. rouge.

2 ♃ alba. Gu. Aub.

217.

Coussarea, 78.

1 ♄ violacea. Gu. Aub.
Coussari violet.

218.

Evea, 79.

1 ♄ Guianensis. Gu. Aub.
Évé de la Guiane.

219.

Faramea, 80.

2. ♄ corymbosa. Gu. Aub.
Faramier à fl. en Bouquet.

Tetrandrie Monogynie.

3 ♄ sessiliflora. Gu. Aub.

220.

Malanea, 81.

1 ♄ sarmentosa. Gu. Aub.
Malani sarmenteux.

221.

Tontanea, 82.

1 ♃ Guianensis. Gu. Aub. syl. hum.
Tontane de la Guiane.

222.

Patabea, 83.

1 ♄ coccinea. Gu Aub. syl.
Patabie rouge.

223.

Camphorosma, 84.

1 monspeliaca. Hisp. Mar. Tar. Ger.
Camphrée velue de Montpelier.

2 ♃ acuta. Ita. Tar.
3 ☉ Pteranthus. Arab.
4 ♃ glabra. Helv.
5 ♄ paleacea. Cap. b. Sp. L. f.

224.

Alchimilla, 85.

1 ♃ vulgaris. Eu. alp.
Pied de Lion.

2 ♃ vul. minor. va.
3 ♃ alpina. Eu. alp.
4 ♃ alp. hybrida. va.
5 ♃ pentaphyllea. mont. Cani Fur.
6 ☉ Aphanoides. No. Gra. L. f.

Tetrandrie Digynie.

225.

Aphanes, 86.

1 ⊙ arvenſis. Eu. ori. arvi.

Aphane des champs.

226.

Cruciatata, 87.

1 Hiſpanica. Cum. Ame.

Torture d'Eſpagne.

227.

Bufonia, 88.

1 ♃ tenuifolia. Ang. Gal. Hiſ.

Bufon à petite feuille.

228.

Hamamelis, 89.

1 ♄ virginica. vir.

Piſtachier noir de Virginie.

229.

Gomozia, 90.

1 Granadenſis. Am. m. L. f.

Gomozica, à fe. ronde en cœur.

230.

Cuſcuta, 91.

P. 1 ⊙ europea. Eu. para.

Cuſcute d'Europe. Barbe de Moine.

2 ⊙ epithynum. va.

Epithym. petite Cuſcute.

Tetrandrie Digynie.

3 americana. Vir. Gu. Aub.

Goute de Lin.

231.

Pagamea, 92.

1 ♄ Guianenſis. Gu. Aub.

Pagamier de la Guiane.

232.

Hypecoum, 93.

1 ⊙ procumbens. Cir. Aſtr.

Hypecoum couché.

2 ⊙ pendulum. Gall. pro. ſib.

3 erectum. Dau. Flu. Anga.

4 ⊙ latiorefolio.

Tetragynie.

233.

Ilex, 94.

P. 1 ♄ Aquifolium. Eu. auſ. Lap. Vir.

Houx d'Europe.

P. 2 ♄ echinata ſuperficie. va.

petit Houx hériſſé, verd & panaché.

3 ♄ variegatum luteum. va.

Houx panache jaune.

4 ♄ vari. album. va.

5 ♄ Caſſine. Car.

Houx de Caroline.

6 ♄ aſiatica. In. Aſi.

7 ♄ cuneifolia. Am. m.

8 ♄ Caſſine anguſtifolia. va.

9 ♄ balearicca. J.

Houx

Tetrandrie Tetragynie.

Houx de Minorque.

10 ♄ Maderiense. J.

Houx de Madere.

11 ♄ americana.
12 ♄ Dodonæa. Am. m.
13 ♄ folio anguloso non aculeato.
14 ♄ caſſine vera. va.

334.

Coldenia, 95.

1 ⊙ procumbens. In.

Coldenie à tige couchée.

335.

Potamogeton, 96.

P. 1 ♃ natans. Eu. lacu. fluv.

Epi d'Eau, habitant, voiſin des fleuves.

P. 2 ♃ foliis lanceolatis. va.
P. 3 ♃ perfoliatum. Eu. lacu. fleu. arg.
4 denſum. Gal. Ita.
P. 5 ♃ lucens. Eu. lacu. ſtag. flu. arg.
P. 6 criſpum. foſ. rivu.

Laitue des Grenouilles.

P. 7 ſerratum. Eu. rivu.
P. 8 compreſſum. Eu. foſ. palu.
9 pectinatum. Eu. foſ. palu.
10 gramineum. Eu. foſ. palu.
11 foliis lanceolatis. va.
12 ⊙ marinum. Eu. mari. litto.
P. 13 ⊙ puſillum. Eu. palu.
14 rotundifolium.

Tetrandrie Tetragynie.

336.

Ruppia, 97.

1 ⊙ maritima. Eu. mari.

Ruppie maritime.

337.

Sagina, 98.

P. 1 procumbens. Eu. paſc. ſter.

Lance d'Eau. Sagine.

2 ſaxifraga graminea. va.
3 ⊙ apetala. Ita.
P. 4 erecta. Gal. Ang. Ger. ſter.
5 virginica. Vir. int. muſco.

338.

Tillæa, 99.

1 ⊙ aquatica. Eu. inu.

Tillé d'Eau.

2 muſcoſa. Ita. Sici. Gal.
3 perfoliata. Cap. b. Sp. L. f.
4 Capenſis. Cap. b. Sp. L. f.

339.

Myginda, 100.

1 ♄ uragoga. Am. c.

Myginde d'Amérique.

CINQUIÉME CLASSE.

Pentandrie Monogynie.

340.

Heliotropium, 1. G.

1 ♄ peruvianum. Peru.

Heliotrope du Pérou.

2 ☉ indicum. In. utr. Gu. Aub.

Crête de Coq.

3 ☉ ind. americanum. va.
4 ☉ parviflorum. In.
P. 5 ☉ europæum. Eu. auſ.

Herbe aux Verües.

6 ☉ ſupinum. Salm. Moup. litt.
7 ☉ curaſſavicum. Am. c. mari.
8 ☉ orientale. Aſi.
9 ♄ gnaphalodes. Barb. Jam. meri.
10 ♄ fruticoſum. In. Gu. Aub.
11 oppoſitifolium. J.

341.

Myoſotis, 2.

P. 1 ſcorpioides. Eu. camp. ari. aquo.

Oreille de Souri.

2 arvenſis. va.
3 paluſtris. va.
4 Echium ſcorpioides. va.
5 ♄ fruticoſa. Cap. b. Sp.
6 ☉ virginiana. Vir.

Cynogloſe de Virginie.

P. 7 ☉ Lappula. Eu. argi. rud. muvi.
8 ☉ apula. Ita. Hiſ. Narb.
9 ♄ fruticoſa. Cap. b. Sp.

Pentandrie Monogynie.

342.

Lithoſpermum, 3.

P. 1 ♃ officinale. Eu. rude.

Herbe aux Perles des bout.

P. 2 ☉ arvenſe. Eu. agri. arv.

Gremille des Champs.

3 virginianum. vir.
4 ☉ orientale. Ori.
P. 5 ♃ purpureo - cæruleum. Ung. Ang. Ger. Gal. Ita. nem. ſec.
6 ♄ fruticoſum. Gal. Samo. Eu. auſ.
7 ♄ Auchuſa árborea. va.

Bugloſe en Arbre.

8 ☉ diſpermum. Hiſ.
9 ☉ tenuiflorum. Æg.

343.

Anchuſa, 4.

P. 1 ♃ officinalis. Eu. rud. via. agr.

Bugloſe des bout.

2 ♃ anguſtifolia. Ita. Ger.
3 undulata. Hiſ. Luſ. ſib.
4 ♃ tinctoria. Monp. ſile.
5 ♃ virginica. Vir.
6 lanata. Alge.
7 ♃ ſempervirens. Ang. Hiſ.
8 verucoſa. J.

344.

Cynogloſſum, 5.

P. 1 ☉ officinale. Eu. rude.

Cynogloſe des bout.

Pentandrie Monogynie.

Langue de Chien.

P. 2 ☉ maximum belgicum. va.
P. 3 ☉ sempervirens. va.
4 ☉ virginicum. Vir.
5 cheirifolium. Cre. Hif. Ori. Carn.
6 ☉ appeninum. Appe. Camp. Hel.
7 ♃ lævigatum. Sib.
8 ☉ lusitanicum. Luf.
9 ☉ linifolium. Luf.
10 ♃ Omphalodes. Luf. Carn. nemo.

Petite Consoude.

Herbe aux Nombrils.

11 ♃ Rindera. Orob. Jacc. L. f.
12 montanum. J.
13 ☉ officinale cæruleum. va.

345.

Pulmonaria, 6.

P. 1 ♃ angustifolia. Pan. Hel. Sue. Ger.

Pulmonaire à fe. étroite.

P. 2 ♃ officinalis. Eu. nem.

Herbe aux Poumons.

Herbe du Cœur.

Herbe du Lait de Notre-Dame.

P. 3 ♃ vulgaris flore albo. va.
P. 4 ♃ non maculoso folio. va.
5 ♃ virginica Vir.
6 ♃ sibirica. Sib.
7 ☉ ♃ maritima. Ang. Norv. Ista.
8 cordifolia. J.
9 ♃ ♄ suffruticosa. alp. Ita.
10 ♃ hirta. Hel. mon.

Pentandrie Monogynie.

346.

Symphytum, 7.

P. 1 ♃ officinale. Eu. umb.

grande Consoude des bout.

P. 2 ♃ offi. fl. purpureo. va.

Herbe du Cardinal.

Oreille d'Ane.

3 ♃ tuberosum. Ger. Auf. Monp. Hif.
4 ♃ orientale. Conft. rivu.

347.

Cerinthe, 8.

1 ☉ Major. Sib. Hel.

Melinet. (grand)

2 ☉ flavo. flore. va.
3 ☉ minor. Auf. Pan. Hel. Gal.
4 ♃ foliis amplexicaulibus. va.
5 maculata.
6 echioides Auf.
7 versicolore folio.

348.

Onosma, 9.

1 ♃ simplissima. sib.

Onosse à tige simple.

2 ♄ orientalis. Ori.
3 ♃ echioides. Auf. Pan. Hel. Gal.
4 ♃ lutea. va. Ita. rup.

349.

Borago, 10.

1 ☉ officinalis. Nov.

Bourrache des bout.

Pimpernelle blanche.

Pentandrie Monogynie.

2 ⊙ indica. In. ori.
3 ⊙ africana. Æt.
4 ⊙ Zeylanica. In. ori.
5 ⊙ indica uniflora. va.
6 ♃ orientalis. conſt.

350.

Aſperugo, 11.

P. 1 ⊙ procumbens. Eu. rude. ping.

Rapette coucher.

2 ⊙ ægyptiaca. Æg.

351.

Lycopſis, 12.

1 ⊙ veſicaria. Eu. Auſ.
2 ⊙ veſicaria ægyptiaca. va.

Orcanette à Veſſie.

3 ♃ pulla. Tar. Ger.
4 ⊙ variegata. Cre. Dani.
P. 5 ⊙ arvenſis. Eu. arv.
6 ♃ echioides. Ame.
7 ⊙ orientalis. ori.
8 ♃ virginica. Vir. ad. vias.

352.

Echium, 13.

1 ♄ fruticoſum. Æt.

Viperine d'Æthiopie.

2 argenteum. Cap. b. Sp.
3 ♄ capitatum. Cap. b. Sp.
4 ⊙ plantagineum. Ita.
5 ♃ lævigatum. Cap. b. Sp.
6 ♃ pyrenaicum vulgo. Monp. va.
7 italicum. Ang. Ita. Hel. Monp.
8 Lycopſis. Bauh. va.
P. 9 ♂ vulgare. Eu. ad. vias. agros.

Herbe aux Viperes.

10 ⊙ violaceum. Auſt. Ger.

Pentandrie Monogynie.

11 ⊙ creticum. Cre. Ori.
12 orientale. ori.
13 ♃ luſitanicum. Eu. auſ.
14 ♄ candicans. Made. rupi. alt. L. f.
15 ♄ giganteum. rupi. Tene. L. f.
16 ſtrictum. rup. Tene. L. f.
17 ſpicatum. Cap. b. Sp.
18 anguſtifolium. J.

353.

Meſſerſchmidia, 14.

1 ♃ Arguzia. Dau. apri. glor. ari. ſib.

Meſſerſchmidie d'Arguſe.

2 ♄ fruticoſa. Ten. ſept. pla. L. f.

354.

Tournefortia, 15.

1 ♄ ſerrata. Am. c.

Tournefort Profeſſeur de Bota. du Jardin Royal de France.

2 ♄ Pittonia Tournefortia. va.
3 ♃ hirſutiſſima. Am. c. Gu. Aub.
4 ♄ volubilis. Jam. Mexi. Gu. Aub.
5 ♃ fœtidiſſima. Mexi. Jam. Gu. Aub.
6 ♄ humilis. Am. c.
7 ♄ cymoſa. Jam. Gu. Aub.
8 ♄ ſuffruticoſa. Jam. Gu. Aub.
9 argentea. Zey. lito mar. L. f.
10 glabra. Gu. Aub.

Herbe aux Perles de St. Domingue.

Pentandrie Monogynie.

11 ♄ scabra. J.

355.

Nolana, 16.

1 ⊙ prostrata. Peru.

Nolane du Pérou.

356.

Diapensia, 17.

1 ♃ lapponica. alp. Lap.

Diappense des Lappons.

2 ♃ helvetica. alp.

357.

Aretia, 18.

1 ♃ helvetica. Hel. ori. freg.

Aretie de Suisse.

2 ♃ alpina. Valles. mon.
3 ♃ Vitalina. Pyr. Hel. Ita. alp.

Prime-ver du Vallais.

358.

Androsace, 19.

1 ⊙ maxima. int. Ger. Aus. Hel. seg.

Cuve de l'homme.

2 elongata. Aus. sib. Ger.
3 ⊙ septentrionalis. Lap. Rus. alp.
4 ⊙ foliis petiolatis. va.
5 ♃ villosa. Rhet. Pyr. Carni. alp.
6 ♃ lacta. Aus. Hel. alp.
7 ♃ carnea. Pyr. Hel. alp.
8 ♃ hallerifoliis ciliatis. va.
9 scabra.

359.

Primula, 20.

P. 1 ♃ veris. Eu. prat.

Pentandrie Monogynie.

Prim-ver. fl. de Coucou.

P. 2 ♃ officinalis. va.

Primerolle, herbe à la Paralisie.

Herbe St. Pierre.

P. 3 ♃ acaulis. va.
4 ♃ elatior. va.
5 ♃ farinosa. Alp. Eu. pra. uli.

Prime-ver farineux des Alpes.

6 ♃ fari. fl. albo. va.
7 ♃ Auricula. alp. Hel. styr. Astra.

Oreilles d'Ours à fl. jaune des Alpes.

8 ♃ sanicula alpina purpurea. va.

Sanicle des Alpes à fl. rouge.

9 ♃ sani. alp. rotundifolia. va.
10 ♃ sani. alp. flore variegato. va.
11 ♃ sani. alp. foliis quasi-farina. va.
12 minima. Hel. Aus. sile.
13 cortusoides. foli. Cort. Vitali.
14 ♃ integrifolia. alp. Hel. sty. Pyr.
15 glutinosa. sum. alp. Cari. supe.
16 ♃ integrifolia. alp. Hel.

360.

Cortusa, 21.

1 Mathioli. alp. Aus. sib. isle.

Pentandrie Monogynie.

Cortuſe de Mathiole.

2 ♃ Gmelini. ſib.

361.

Soldanella, 22.

1 ♃ alpina. Hel. Auſ. Pyre.

Soldanelle des Alpes.

362.

Dodecatheon, 23.

1 ♃ Meadia. Vir.

Meadia de Virginie.
Fleur des 12 Divinités.

363.

Cyclamen, 24.

1 ♃ europæum. Auſ. Tar. Eu. auſ.

Pain de Pourceau.

2 ♃ eur. flore albo. va.
3 ♃ eur. fl. purpureo odorato. va.
4 ♃ indica. Zey. Mal.
5 ♃ ind. minima. va.
6 ♃ ind. va.

364.

Menyanthes, 25.

P. 1 ♃ nymphoides. Bel. Ang. Ger. Dant. palu.

Menyanthe Nymphe.
Trefle de Caſtor.

2 indica. Mal. Zey. foſ. Gu. Aub.
P. 3 ♃ trifoliata. Eu. pal.

Trefle d'eau à 3 feuilles.

4 ovata. Cap. b. Sp. aqui. L. f.

Pentandrie Monogynie.

365.

Hottonia, 26.

P. 1 ♃ paluſtris. Eu. palu. foſ.

Plumelle d'Eau.

2 ♃ millefolium aquaticum. va.

Violette aquatique.

3 indica. Ind.

366.

Hydrophyllum, 27.

1 ♃ virginicum. Vir.

Hydrophylle de Virginie.

2 ♃ canadenſe. can. d.

367.

Ellisia, 28.

1 ⊙ Nyctelea. Vir.

Bois à Cottelette.

2 inermis.

368.

Lyſimachia, 29.

P. 1 ♃ vulgaris. Eu. palu. rip.

Corneille Com.
Chaſſe boſſe ou Perce-boſſe.

2 ⊙ Ephemerum. Med. ſib.
3 ⊙ atropupurea. Or.
4 ♃ thyrſiflora. Eu pal.
5 quadrifolia. Vir. can. d.
6 punctata. Hol. int. aru.
7 ⊙ Linum ſtellatum. Gal. Ita. col.

Lin, Etoilé d'Italie.

P. 8 nemorum. Ger. Gal. Ang. nem.

Pentandrie Monogynie.

P. 9 ♃ Nummularia. Eu. inu. agro.
Nummulaire d'Europe.
Herbe aux Ecus.
Herbe à 100 Maladies.

10 ciliata. Vir. can. d.
P. 11 tenella. Gal. Ang. Ita. Gu. Aub.

369.

Licania, 30.

1 ♄ incana. Gu. Aub. ſyl. mon.
Caligni blanc des Galibis.

370.

Rapanea, 31.

1 ♄ Guianenſis. Gu. Aub.
Rapane de la Guyane.

371.

Anagallis, 32.

P. 1 ⊙ arvenſis. Eu. arv.
Mouron des Champs.

2 ⊙ flore cæruleo. va.
3 ⊙ phæniceo flore. va.
4 ⊙ monelli. Ver.
Mouron des Oiſeaux.

5 ⊙ latifolia. Hiſ.
6 linifolia. Luſ. Hiſ.
7 tenella. Gal. Ang. Ita. hum.

372.

Poraqueiba, 33.

1 ♄ Guianenſis. Gu. Aub. rip.
Poraquebe des Galibis.

Pentandrie Monogynie.

373.

Theophraſtea, 34.

1 ♄ americana. Am. æqi. Gu. Aub.
Théophraſte Medecin.

374.

Spigelia, 35.

1 ⊙ Anthelmia. Cay. Bra.
Spigelle Anthelmie contre les vers.
à fleurs velues.
Brinvillier de Cayenne.

2 ♃ marilandica. Vir. Car. Mari.

375.

Ophiorrhiza, 36.

1 ♃ Mungos. In. ori.
Ophiorrhiſe de l'Inde.
Mungos, Racine de Serpent.

2 Mitreola. Am. m.

376.

Tapura, 37.

1 ♄ Guianenſis. Gu. Aub. ſyl.
Tapure Bois de Golette.

377.

Randia, 38.

1 ♄ mitis. Am.
Randi d'Amérique.

2 2 ♄ aculeata. Jam.
Bois de Lance.

378.

Laſianthus, 39.

1 ♄ longifolius. Jam. ſyl.

Pentandrie Monogynie.

Lasianthe des Bois.

2 ♄ cordifolius. Jam.
3 Chelonoides. furi. Cay. L. f.
4 glaber. Am. m. L. f.
5 ⊙ purpurascens. Gu. Aub.

Bois creux de Cayenne.

6 ⊙ alatus. Gu. Aub.
7 ⊙ grandiflorus. Gu. Aub.
8 ⊙ cæruleus. Gu. Aub. pra. hum.

379.

Bacopa, 40.

1 aquatica. Gu. Aub.

Bacope, Herbe aux brûlures.

380.

Tocoyena, 41.

1 Longiflora. Gu. Aub. syl.

Tocoyenne à longue fleur.

381.

Prosoqueria, 42.

1 ♄ longiflora. Gu. Aub.

Prosoquerie des Galibis.

382.

Azalea, 43.

1 ♄ pontica. Pont. Trap.

Azalée pontique.

2 ♄ indica. In.

Faux Thé du Labrador.

Rododendron de l'Inde.

Pentandrie Monogynie.

3 ♄ nudiflora. Vir. sic.
4 ♄ viscosa. Vir.
5 ♄ lapponica. Alp. Lap.
6 ♄ procumbens. Alp. Eu.
7 ♄ polifolia.
8 ♄ glauca.

383.

Plumbago, 44.

1 ♃ europæa. Eu auf.

Dentelaire, Malherbe.
Herbe Enragée.
Passerage de Bauhin.
Mauvaise herbe.

2 ♄ Zeylanica. In.
3 ♄ rosea. In.
4 ♄ scandens, Am. c. Gu. Aub.
5 ♄ latifolia. J.

384.

Virecta, 45.

1 ⊙ biflora. furi. sub. hum. L. f.

Virée à deux fleurs.

385.

Nigrina, 46.

1 ♃ viscosa. Cap. b. Sp.

Noirâtre viseuse.

386.

Phlox, 47.

1 ♃ paniculata. Am. 7.

Phlox Lychnidea.

2 ♃ maculata. Vir.
3 ♃ pilosa. Vir.
4 ♃ carolina. Car.
5 ♃ glaberima. Vir.
6 divarigata. Vir.
7 ♃ ovata. Vir.
8 subulata. Vir.

Pentandrie Monogynie.

9 ♃ sibirica. Asi. bore.
10 setacea. Vir.

387.

Porana, 48.

1 ♄ volubilis. Ind. ori.

Poranne d'orient.

388.

Sheffieldia, 49.

1 repens. Nov. Zel.

Sheffieldie rempante.

389.

Convolvulus, 50.

P. 1 ♃ arvensis. Eu. agr. Gu. Aub.

Liseron (grand) des champs.

2 ♃ minimus. Gu. Aub. va.

Scamonée (petite) des champs.

P. 3 ♃ sepium.
4 ♃ Scammonia. syr. Mysi. Capp.

Scammone de Syrie.

5 ⊙ sibiricus. sib.
6 farinosus.
7 Medium. In.
8 panduratus. Vir. are.
9 ♃ carolinus. Car.
10 ⊙ hederaceus. In. Asi. Afr. Am.
11 ⊙ Nil. Ame.

Étoile du matin.

12 ⊙ purpureus. Am.
13 ⊙ cæruleus minor. va.
14 ⊙ folio cordato minor. va.
15 ⊙ obscurus. Chi. Bata. Zey. suri.

Pentandrie Monogynie.

16 angularis. java.
17 ♃ Batatas. In. utr. Gu. Aub.

Batate ou Patate com.

Racine suculente.

18 ⊙ biflorus. Chi.
19 verticillatus. Am.
20 ♃ umbellatus. Mar. Dom. Jam.
21 ♄ malabaricus. Mala. aus.
22 ♄ canariensis. Cana. ins.
23 muricatus. Sura.
24 anceps. Zey. Jav.
25 ♃ Turpethum. Zey.

Turpethum de Bauhin.

26 peltatus. Amb.
27 ♃ Jalapa. Mex. V. C.

Jalape des bout.

28 ♄ serliceus. In.
29 tomentosus. Jam.
30 ♃ alhæoides. Eu. meri. Ori. Afr.
31 ♃ argenteus. va. col.
32 cairicus. Æg.
33 copticus. Ori.
34 vitifolius. In. ori.
35 ⊙ dissectus. Am
36 macrocarpus. Am.
37 paniculatus. Mal. are.
38 Modecca. va.
39 macrorhizos. Am. Gu. Aub.
40 ⊙ quinque folius. Am.
41 ⊙ penthaphyllus. Am. Gu. Aub.
42 ⊙ pentaphyllos fo. glabro denta. va.
43 ⊙ siculus. sici.
44 ⊙ pentapetaloides. Maj.
45 ♃ lineatus. His. Sici. Medi. mari.
46 ♃ Cneorum. His. Cre. Syri.

Pentandrie Monogynie.

47 ♃ Cantabrica. Eu. auf. fib. Afr.
48 ♃ Co-terreftris. va.

Volvulus terreftre de Dalechamp.

49 ♄ Dorycnium. Ori.
50 corymbofus. Am. Gu. Aub.
51 fpithamæus. Vir.
52 ♃ perficus. Per. mari. Cafp.
53 ☉ triocolor. Afr. Mau. Hif. Sici.

Belle de Jour. Tricolor.

54 ♃ repens. Am. mari. Gu. Aub.
55 hirtus. Ind.
56 ♃ foldanella. Ang. Fri. lito.

Soldanelle maritime.

Choux marin.

57 Pef-capræ. In. Gu. Aub.

Pied de Chèvre marin.

58 brafilienfis. Bra. Dom. mar.
59 littoralis. Am.
60 martinicenfis. Mar. umb. inu.
61 ☉ fublobatus. In. L. f.
62 ♄ fcoparius. Barr. cir. opp. St. Cr.
63 ♄ floridus. rup. cir. Barr. L. f.
64 ♄ grandiflorus. Tanf. lit. flu. L. f.
65 ♃ maximus. Zey. L. f.
66 ♃ fpeciofus. Bra. L. f.
67 fpinofus. are. coli. fluv. Irti.
68 Oenotheroides. C. b. Sp. L. f.
69 ♄ Guianenfis. Gu. Aub.
70 ♃ glaber. Gu. Aub.

Pentandrie Monogynie.

390.

Mouroucoa, 51.

1 ♄ violacea. Gu. Aub.

Mouroucou yarana des Garipons.

391.

Ipomea, 52.

1 ☉ Quamoclit. In. Gu. Aub.

Jafmin rouge de l'Inde. fleur du Cardinal.

2 rubra. Car. cite. are.
3 umbellata. Car.
4 ☉ coccinea. Dom. Gu. Aub.
5 ☉ lacunofa. Vir. Car.
6 folanifolia. Am. Gu. Aub.
7 ♃ tuberofa. Jam.

Lianne à Tonelle.

8 digitat. Ame. Gu. Aub.
9 bona nox. In. are. arb. foan.

Fleur de Nuit ou belle de Nuit.

10 campanulata. In.
11 violacea. Am. m. Gu. Aub.
12 ♄ carnea. Am.
13 repanda. Am.
14 haftata. Jav.
15 glaucifolia. Mex. arv.
16 ☉ triloba. Am.
17 carolina. Car.
18 hederifolia. Am.
19 hepaticifolia. Zey.
20 Tamnifolia. Car. Gu. Aub.
21 Pes tigris. In.

Pied de Tigre.

Pentandrie Monogynie.

392.

Retzia, 53.

1 ♄ ſpicata. Cap. b. Sp. altis. mon. L. f.

Retzie à Épi.

393.

Epacris, 54.

1 ♄ longifolia. Nov. Zel. L. f.

Epacrie à fe. longue.

2 ♄ juniperina. Nov. Zeel. L. f.

3 pumila. Nov. Zeel.

394.

Polemonium, 55.

1 ♃ cæruleum. Eu. Aſi.

Valerienne greque des Jardiniers.

2 ♃ calycibus lanatis. va.

3 ♃ reptans. Vir.

4 dubium. Vir.

5 Roelloides Cap. b. Sp. L. f.

6 Campanuloides. Cap. b. Sp. L. f.

395.

Campanula, 56.

1 ♃ cenifia. Alp. helv. Ceni.

Campanule du Mont-Cenis.

2 ♃ uniflora. alp. Lapp.

3 pulla. Auſ.

4 foliis ſubrotundis. va.

P. 5 ♃ rotundifolia. Eu. paſ. mur.

Pentandrie Monogynie.

6 ♃ minor rotundifolia. alp. mon. va.

7 ♃ alpina linifolia. va.

8 ♂ decurrens. va.

9 ♂ patula. Ang. Sue arv.

P. 10 ♂ Rapunculus. Hel. Ang. Gal.

Raiponce des Jardiniers.

P. 11 ♃ perſicifolia. Eu. ſept. aſp.

12 ♃ nemoroſa anguſtifolia. va.

13 ♂ pyramidalis. cir. Idr. Carn.

Pyramidale des Jardins.

14 ⊙ americana. Penſ.

15 ♂ lilifolia. Sib. Tar.

16 ♃ rhomboidea. alp. Hel. Ita.

17 ♃ alpina. va.

18 ♃ latifolia. Hel. Ang. ſue. mon.

P. 19 rapunculoides. Hel. Gal. Auſ.

20 bononienſis. Bal. Bono. Caru.

21 graminifolia. Ita. mon.

P. 22 ♃ Trachelium. Eu. ſep.

Gantelée à fl. bleue.

P. 23 ♃ glomerata. Ang. Gal. Sue.

Gantelinne d'Angleterre.

24 ♃ Trachelium oblongo folio. va.

25 Cervicaria. Hel. Ger. Sue. aſp.

26 ♂ thyrſoidea. alp. mon. Hel.

27 petræa. Bal.

28 ♂ peregrina. Cap. b. Sp.

29 dichotoma. ſyr. Sici.

30 ⊙ Medium Ger. Ita. ſyl. apri.

Pentandrie Monogynie.

Violette marine des Jardins.

31 barbata. alp. Auſ. Hel. Ped.
32 ſpicata. Vale. inſe.
33 ♃ alpina. alp Hel. ſche.
34 mollis. ſyr. Sici. Hiſ.
35 mol. dichotoma. va.
36 ſaxatilis. Cre. ſcop. ſaxo.
37 ſibirica. ſib. Auſ.
38 tride tata. Ori.
39 laciniata. Græ. Lib.
40 ſtria a. ſyr. Palæ.
41 ♄ fruticoſa. Cap. b. Sp.
P. 42 ☉ ſpeculum. ſeg. Eu. auſ.

Miroir de Venus.

P. 43 hybrida. Hel. Ang. Gal. int. ſeg.
44 limonifolia. Ori.
45 ☉ pentagonia. Thr.
46 ☉ perfoliata. Vir.
47 ☉ capenſis. Cap. b. Sp.
48 elatine. alp. Eu. auſ.
P. 49 hederacea. Ang. Gal. Hiſ. Dan.
50 erinoides. Afr.
51 ♃ heterophylla. Ori.
52 ☉ Erinus. Ita. Hiſ. G. N.
53 unidentata. C. b. Sp. L. f.
54 cinerea. C. b. Sp. L. f.
55 ſeſſiliflora. Cap. b. Sp. L. f.
56 faſciculata. Cap. b. Sp. L. f.
57 paniculata. Cap. b. Sp. L. f.
58 capillacea. Cap. b. Sp. L. f.
59 adpreſſa. C. b. Sp. L. f.
60 linearis. C. b. Sp. L. f.
61 Lobelioides. loci. late. Made.

Pentandrie Monogynie.

62 carpatica. mon. Carp. L. f.
63 grandiflora. ſib. Tar. L. f.
64 ♃ aurea. Inſ. Made. L. f.
65 ♃ verticillata. Dau. L. f.
66 ♄ tenella. C. b. Sp. L. f.
67 procumbens. Cap. b. Sp. L. f.
68 poroſa. Cap. b. Sp. L. f.
69 undulata. C. b. Sp. L. f.
70 ☉ hiſpidula. Cap. b. Sp. L. f.

396.

Roella, 57.

1 ♃ ciliata. Maur. Æt.

Roelle à fe. ciliée.

2 ♃ reticulata. Cap. b. Sp.
3 ſquaroſa. Cap. b. Sp. L. f.
4 ſpicata. Cap. b. Sp. L. f.
5 muſcoſa. Cap. b. Sp. L. f.

397.

Phyteuma, 58.

1 pauciflora. alp. Hel. ſty.

Phyteume à peu de fle.

2 ♃ hemiſphærica. alp. Hel. Ita. Pyr.

Rapuntium d'Italie.

3 ♂ comoſa. Bal. Carn. Tyro. mon.
4 orbicularis. alp. Hel. Ita. Ver.
5 Rapunculus unbellatus lati. va.
6 Rap. umbel. anguſtifolius. va.
7 ſpicata. Hel. Auſ. Ger. Bal. Ang.

Pentandrie Monogynie.

8 pinnata. Cre.

398.

Meuſſænda, 59.

1 ♄ ſpinoſa. Cart. Mari. Gu. Aub.

Meuſſænde épineux.
Amiraca-Ha. des Caraïbes.

2 ♄ formoſa. Cart. ſyl.
3 ♄ frondoſa. In.

399.

Trachelium, 60.

1 ♂ cæruleum. Ita. Ori. umb.

Trachelie à fl. bleue.

2 diffuſum. Cap. b. Sp. L. f.
3 tenuifolium. Cap. b. Sp. L. f.

400.

Samolus, 61.

P. 1 ♂ Valerandi. Eu. Aſi. Am. bor.

Mouron d'eau.

2 ♂ africanus. va.

401.

Nauclea, 62.

1 ♄ orientalis. In. Aſi.

Nauclé d'Orient.

402.

Rondeletia, 63.

1 ♄ americana. Am.

Roudelle d'Amérique.

2 ♄ aſiatica. Mal. Zey.
3 ♃ obovata. Am.
4 ♄ trifoliata. Am.

Pentandrie Monogynie.

5 ♄ odorata.

403.

Macrocnemum, 64.

1 jamaicenſe. Jam.

Macrocneme à longues & larges cuiſſes.

404.

Bellonia, 65.

1 ♄ aſpera. Am.

Bellone à feuille rude.

405.

Portlandia, 66.

1 ♄ grandiflora. Jam.

Portlande à grande fleur.

2 ♄ hexandra. Cart. ſyl.
3 tetrandra. inſ. ſauv. Iſta.

406.

Scævola, 67.

1 ♃ Lobelia. In.

Scævole de Lobele.

407.

Cinchona, 68.

1 ♄ officinalis. Loxa. Peru.

Quinquina des bout.

2 ♄ caribæa. Char.
3 corymbifera. inta. Top. inſ. Tong.
4 antillana. Anti.
5 herbacea.

408.

Pſychotria, 69.

1 ♄ aſiatica. In. Ori Jam.

Pentandrie Monogynie.

Psychotre d'Asie. Bois de l'Ostau.

2 ♃ serpens. In. Ori.
3 herbacea. In. umb. rorid.
4 violacea. syl. hum. Gu. Aub.
5 emetica. Am. 7. L. f.

409.

Sipanea, 70.

1 ♃ pratensis. Gu. Aub.

Sipane des Savanes.

410.

Coffea, 71.

1 arabica. Ara. feli. Æt.

Café d'Arabie.

2 ♄ occidentalis. Am. c.
3 Guianensis. Gu. Aub.
4 ♄ paniculata. Gu. Aub.

Voua-Virouca des Garipons.

411.

Ronabea, 72.

1 ♄ latifolia. Gu. Aub.

Ronable à large feuille.

2 ♄ erecta. Gu. Aub. syl.

312.

Tapogoma, 73.

1 ♃ violacea Gu. Aub. syl. hum.

Tapogome violet.

2 tomentosa. Gu. Aub. syl. loc.
3 ♃ purpurea. Gu. Aub. syl. rem.
4 alba. Gu. Aub.

Pentandrie Monogynie.

5 glabra. Gu. Aub. syl.

413.

Chiococca, 74.

1 ♄ racemosa. Jam. Bar. loci.

Chiococca rameux. Ligustrum des Anciens.

2 ♄ scandens. va.
3 ♄ nocturna. Dom. syl.
4 ♄ paniculata. Sur. Am. m. L. f.

414.

Carapichea, 75.

1 ♃ Guianensis. Gu. Aub.

Carapiche des Garipons.

415.

Simira, 76.

1 ♄ tinctoria. Gu. Aub.

Simire des Teinturiers.

416.

Palicourea, 77.

1 ♄ Guianensis. Gu. Aub. syl.

Palicour de la Guyane.

417.

Mapouria, 78.

1 ♄ Guianensis. Gu. Aub. lit. flu.

Mapourier des Galibis.

418.

Ourouparia, 79.

1 ♄ Guianensis. Gu. Aub.

Ouroupari des Caraibes. Liane à crochet.

Pentandrie Monogynie.

419.

Bertiera, 80.

1 ♄ Guianensis. Gu. Aub. syl.

Bertier des bois d'Aroura.

420.

Nonatelina, 81.

1 ♃ officinalis. Gu. Aub.

Nonateli des Galibis.
Azier à l'Asthme.

2 ♃ paniculata. Gu. Aub.
3 ♃ longiflora. Gu. Aub.
4 ♄ racemosa. Gu. Aub.
5 ♄ violacea. Gu. Aub. syl.
6 ♄ lutea. Gu. Aub.

421.

Hamelia, 82.

1 ♄ patens. Am. m. Gu. Aub.

Mort aux Rats.
Tangaraca d'Amérique.

422.

Lonicera, 83.

1 ♃ Caprifolium. Eu. auf.

Chevrefeuille d'Italie.

2 ♄ sempervirens. Vir. Mex.
3 divica.
P. 4 ♄ periclimenum. Eu. media.

Chev. com. des bois.

5 ♄ Caprifolium non persoliatum. va.
6 ♄ Cap. n. perf. foliis sinnosis. va.
7 ♄ nigra. Delp. Gal. Hel.

Pentandrie Monogynie.

Camerisier à 2 fruits noir.

8 ♄ tatarica. Tar.
P. 9 ♄ Xylosteum. Eu.

Xyloste d'Europe.

10 ♄ pyrenaica. Pyr. sib.
11 ♃ alpigena. Alp. Hel. Pyr. Allo.

Cerisier des Alpes.

12 ♄ cærulea. Helv.
13 ♄ Symphoricarpos. Vir. Car.
14 ♄ Diervilla. Aca. Nove bora.

Dierville, Bota.

15 ♄ corimbosa. Peru.
16 bubalina. Cap. b. Sp. L. f.

423.

Sabicea, 84.

1 ♃ cinerea. Gu. Aub.

Sabice cendré.

2 aspera. Gu. Aub. rip. fluv.

424.

Patima, 85.

1 ♃ Guianensis. Gu. Aub. loc. pal.

Patime de la Guyane.

425.

Ropourea, 86.

1 ♄ Guianensis. Gu. Aub.

Ropourier de Guyane.
Bois de Gaulette des Creoles.

Pentandrie Monogynie.

426.

Triosteum, 87.

1 ♄ perfoliatam. Am. 7.
Trioste d'Amérique.

2 ♄ angustifolium. Vir.

427.

Morinda, 88.

1 ♄ umbellata. In.
Morinde, Bota.

2 ♄ citrifolia. In.

3 ♄ Royoc. Am. c. col. Gu. Aub.

428.

Conocarpus, 89.

1 ♄ erecta. Jam. Berm. Braf. mari.
Conocarpe à tige droite.

2 procumbens. mont. mari. Cub.

3 ♄ racemofa. mari. are. Cari. Conti. furi. L. f.
Manglier fauvage.

429.

Kuhnia, 90.

1 ♃ eupatorioides. Penf.
Kuhnie de Penfylvanie.
Eupatoire de Plucknet.

430.

Erithalis, 91.

1 ♄ fruticofa. Jam. Mart.
Érithale de la Martinique.

Pentandrie Monogynie.

431.

Menais, 92.

1 ♄ topiaria. Am. m.
Ménais pour des payfages.

432.

Muffænda, 93.

2 ♄ frondofa. In.
Muffænde des Indes.

2 ♄ formofa. Cart. fyl.

3 ♄ fpinofa. Mart. Cart. Gu. Aub. fyl.
Aniraca-ha des Caraibes.

433.

Matthiola, 94.

1 ♄ fcabra. Am.
Matthiole à fe. rude.

434.

Mirabilis, 95.

1 ⊙ dichotoma. Mex.
Belle de Nuit. Jalape faux.
Admirable du Pérou.

2 ♃ Jalapa. In. utra.

3 ♃ fructu minori. va.

4 ♃ longiflora. Mex. frig. mont.

5 ♃ flava. va.

435.

Coris, 86.

1 ⊙ monfpelienfis. Eu. auf. are.
Coris de Montpelier.

436.

Pentandrie Monogynie.

436.

Brossæa, 87.

1 ♄ coccinea. Am. c.

la Brossette à fl. rouge.

437.

Verbascum, 88.

P. 1 ♂ Thapsus. Eu. gal. ster.

Molêne. Bonhomme. Bouillon blanc.

2 thapsoides. Eu. rarius.
3 Boerhaavii. Eu. aus.

Molêne de Boerhaave.

4 ♂ phlomoides. Ita. Ger.
P. 5 ♂ Lychnitis. Eu. rud. cult.
6 ♂ album. va.
P. 7 ♂ phlomis mas alter. va.
P. 8 ♃ nigrum. Eu. pago.
9 ♂ phæniceum. Eu. ori. Ger.
P. 10 ⊙ Blattaria. Eu. aust.

Blattaire, Herbe aux Mittes.

11 ⊙ Bla. alba. va.
12 ⊙ sinuata. Monp. Flo.
13 ⊙ agræc. va.
14 Osbeckii. His. circ. Bosp.
15 ♄ spinosa. Cre.
16 ♃ myconi. Pyr. nem.
17 parisiensis. J.
18 feruginea. J.

438.

Datura, 89.

1 ⊙ ferox. Chi.

Stramonium à longue épine.
Herbe aux Sorciers.

Pentandrie Monogynie.

2 ⊙ Stramonium. Am. Eu. Gu. Aub.

Pomme Épineuse.
Herbe à endormir.

3 ⊙ Tatula.

Tatulle rouge des Arabes.

4 ⊙ Fastuosa. Æg. Gu. Aub.

Trompette du Jugement à 3 fleurs l'une dans l'autre.

5 ⊙ Metel. Asi. Asri.

Noix, Metelle d'Afrique.

6 ♄ arborea. Per.
7 ⊙ lævis. Abis. L. f.
8 ⊙ malabarica. Mal.

439.

Voyria, 90.

1 ♃ rosea. Gu. Aub.

Voyere incarnate.

2 ♃ cærulea. Gu. Aub.

440.

Hyoscyamus, 91.

P. 1 ♂ niger. Eu. rud. ping.

Jusquiame noir.
Poteleuse noire ou Potelée.

2 ⊙ reticulatus. Cre. Syr. Æg.
3 ⊙ albus. Eu. aus.

Hannebanne blanc.

4 ⊙ albus minor. va.
5 ♂ aureus. Cre. ori.
6 ♂ creticus luteus minor. va.

Pentandrie Monogynie.

7 ♂ muricus. Æg. Ara.
8 ⊙ pusillus. Per.
9 ♃ physaloides. sib.
10 Scopolia. circ. Idryam. syl.
11 angulosa. Gu. Aub.
12 pubescens. Gu. Aub.

441.

Nicotiana, 92.

1 ⊙ Tabacum. Am. nota. Eu.

Tabac com. à grande fe.

2 ♄ fruticosa. Cap. b. Sp. Chi.
3 ⊙ rustica. Am.

Tabac à la Reine.
Herbe Sainte. Herbe à la Reine.
Herbe à l'Ambassadeur.

4 ⊙ paniculata. Per.

Nicotiane. Petum.

5 ♄ urens. Am. m.
6 ⊙ glutinosa. Per. B. Juss.
7 pusilla. V. C.

442.

Atropa, 93.

1 ♃ Mandragora. Hif. Hel. Ita. Sib. Cre.

Mandragore.

P. 2 ♃ Belladonnea. Ang. Auf. Ger. Ita.

Belladonne à fruit noir.

3 ⊙ physaloides. Per.
4 ♄ solanacea. Cap. b. Sp. mari.
5 ♄ arborescens. Am. m.
6 ♄ frutescens. Hif.

Pentandrie Monogynie.

7 ♄ mandragora. orientalis. J.

443.

Physalis, 94.

1 ♃ somnifera. Mex. Gre. Hif.

Alkekange assoupissante.

2 ♄ flexuosa. In.
3 ♄ arborescens. Camp.
4 ♄ curassavica. Cura.
5 ♃ viscosa. Vir. Bona.
6 ♃ pensylvanica. Vir.
P. 7 ♃ Alkekengi. Ita. Ger. Lap.

Coquerelle des bout.
Alkekange Com.

8 ♃ ♄ peruviana. Lim.
9 ⊙ angulata. In. utr. Gu. Aub.
10 ⊙ Alkekengiindicumglabsum. va.
11 ⊙ pubescens. In Vir. Gu. Aub.
12 ⊙ minima. In. ari. Sord.
13 ⊙ pruinosa. Am.
14 ⊙ barbadensis. J.
15 mexicana.

444.

Solanum, 95.

1 ♄ verbacifolium Am.

Solanum, Pomme d'Amour.

2 ♄ Pseudo-Capsicum. Mad.

Amomum. Cerisette.
Faux Poivre de Guinée.

3 ♄ diphyllum. Am.
P. 4 ♄ Dulcamara. Eu. sep. hum.

Vigne de Judée ou Vig. Sauvage.

Pentandrie Monogynie.

Douce-amere. Morelle rouge.

5 ♄ Dulca. africana. va.
6 ♄ Dulca. foliis disfectis. va.
7 ♄ quercifolium. Per D. Juss.
8 ♃ radicans. Per.
9 ♄ bauanense. Mart. syl. umb. mari.
10 ♄ racemosum. Matt. furi.
11 ♄ bonariense. Bona.
12 ♄ macrocarpon. Peru.
P.13 ⊙ tuberosum. Peru.

Patate ou Crampire.

14 ♃ tuberosum esculentum. va.

Pomme de terre. Truffe rouge.

15 ♄ pimpinellifolium. Peru.
16 ⊙ Lycopersicum. Am. c.

Tomatte. Pomme de Loup.

17 ♃ racemosum cerasiforme. va.
18 ♃ peruvianum. Peru. B. Juss.
19 ♃ montanum. Peru.
20 rubrum.
P.21 ⊙ nigrum. Orbis. tot. cul.

Morelle com. des bout.

22 ⊙ villosum. va.

Morelle jaune.

23 ⊙ patulum. va.
24 ⊙ guianense. va.
25 ⊙ virginicum. va.
26 ⊙ Judaicum. va.
27 ⊙ æthiopicum. Æt. Chi.
28 Melongena. Ind.

Melongene, Viedase rouge.

Moyenne à fruit long.

Pentandrie Monogynie.

29 ⊙ Mel. fructu violaceo.

Mel. à fruit rond violet.

30 ⊙ Mel. fructu luteo.

Mel. œuf à fruit jaune.

Aubergine blanc.

31 Tegore. rip. flu. fine. Gu. Aub.

Tegoré des Galibis de Cayenne.

32 ⊙ insanum. In.
33 ferox. Mal.
34 ⊙ campechiense. Am.
35 ⊙ fuscatum. va.
36 ⊙ Mammosum. Vir. Barb. Gu. Aub.

Pomme de Teton, Poison.

Pom. à Chauve Souris.

Croc de Chien de Cayenne.

37 ⊙ paniculatum. Bra.
38 ⊙ virginianum. Am.
39 ♄ indicum. In. utr.
40 ⊙ carolinense. Car.
41 ♄ sodomeum. Afr.

Pomme de Sodome.

42 ♄ sanctum. Pale.
43 ♄ tomentosum. Æt. Gu. Aub.
44 ♄ bahamense. Am. inf. Prov.
45 ♄ igneum. Am. Gu. Aub.
46 ♄ trilobatum. Ja. Cap. b. Sp.
47 ♄ lycioides.
48 scandens. furi. L. f.
49 ♄ marginatum. Abis. L. f.
50 Capense. Cap. b. Sp. L. f.
51 quadrangulare. Cap. b. Sp. L. f.

Pentandrie Monogynie.

52 ♄ laurifolium. Am. auf. fyl. L. f.
53 ♄ Quitoenfe. Per. J.
Oranger de Quito à fe. rouge.
54 ♄ coccineum. J.
55 ♄ acantifolium. J.
56 ♄ mauritanicum. J.

445.

Baffovia, 96.

1 fylvatica. Gu. Aub.
Baffove des forêts de Cayenne.

446.

Capficum, 97.

1 ☉ annuum. Am. m. Gu. Aub.
Poivre de Guinée. Pimplin.
Corail des Jardins.
2 ☉ annu. luteum. va.
Piment d'Inde.
3 ☉ longum. va.
Poivre Long.
4 ♄ baccatum. In.
5 ♄ Cerafiforme.
6 ♄ minimus. In.
Capfique, petit Poivre de Chien.
7 ♃ ♄ groffum. In.
Poivre monftreux.
8 ♃ ♄ fructu bifido. va.
9 ♄ frutefcens. In. Gu. Aub.
10 conideum. J.
11 olivæ forme. J.

Pentandrie Monogynie.

447.

Strycnos, 98.

1 ♄ Nux. vomica. In.
Noix vomique.
Féve de St. Ignace.
Arbre qui tue. Tocanhoha.
2 ♄ colubrina. In.
Bois de Couleuvre.
3 ♄ potatorum. mont. Madr.

448.

Genipa, 99.

1 ♄ americana. Am. m. Monnier.
Genipanier d'Amérique.

449.

Ceftrum, 100.

1 ♄ nocturnum. Jam. Chil.
Galant de Nuit.
2 ♄ vefpertinum. Am.
Gal. du Soir.
3 ♄ diurnum. Ch. Hav.
Gal. de Jour à fl. blanche.
4 ♄ tomentofum. Am. m. L. f.
5 ♄ Jamaifenfe. J.
6 ♄ venenatum.
Jafmin venimeux.
7 ♄ hediunda.
8 ♄ folanifoliu m.
9 ♄ fruticofum.
10 ♄ frutefcens. Gu. Aub.

450.

Lycium, 101.

1 ♄ afrum. Afr. Val.

Pentandrie Monogynie.

Lycié, Jasmin d'Afrique.

2 ♄ barbarum. Asi. Afr. Eu.

Jasminoide d'Asie.

3 ♄ europæum. Eu. auf.
4 ♄ capsulare. Mex.
5 ♄ peruvianum.
6 sempervirens.
7 sinense.
8 inerm. Cap. b. Sp. L. f.
9 fætidum. Jap. Chi. L. f.
10 tetrandrum. Cap. b. Sp. L. f.
11 ♄ Bœrhaviæ-folium. Per. L. f.

451.

Jacquinia, 102.

1 ♄ armillaris. Am.

Jaquin, bota.

2 ♄ ruscifolia. Am. m.
3 ♄ linearis. Am.

452.

Chironia, 103.

1 ☉ trinervia. Cap. b. Sp.

Chironie à fe. à 3 nervures.

2 Jasminoides. Cap. b. Sp.
3 lychnoides. Cap. b. Sp.
4 campanulata. Can. d.
5 angularis. Vir.
6 ♃ linoides. Cap. b. Sp.
7 ♄ baccifera. Æt.
8 ♄ frutescens. Æt.
9 tetragona. Cap. b. Sp. L. f.
10 nudicaulis. Cap. b. Sp. L. f.
11 dodecandra. Vir.

Pentandrie Monogynie.

453.

Cordia, 104.

1 ♄ Myxa. Æg. Mal.

Sebestier Domestique.

2 ♄ spinescens. In. Ori.
3 ♄ Sebestena. In.

Sebestier à grande feuille.

4 ♄ Gerafchantus. Jam.
5 ♄ macrophylla. Jam.
6 ♄ Callococca. Jam.

Arbre glutineux.

Achira, mourou des Galibis.

7 ♄ tetrandra. Gu. Aub. rip. flu. lit.

Arbre à Parasol.

Bois Marguerite.

8 ♄ tetraphylla. Gu. Aub. loc. are.
9 ♄ flavescens. syl. Cay.

Bois sarmenteux de Cayenne.

10 ♄ Toqueve. Cary. syl.

Toquévé des Caraibes.

454.

Patagonula, 105.

1 ♄ americana. Am. auf.

Patagon d'Amérique.

455.

Ignatia, 106.

1 ♄ amara. In. L. f.

Ignace amere.

Pentandrie Monogynie.

456.

Maripa, 107.

1 ♄ scandens. Gu. Aub. rip. flu.

Maripe grimpant des Galibis.

457.

Ehretia, 108.

1 ♄ tinifolia. Jam.

Ehrette à fe. de Thin.

2 ♄ spinosa. Am.

Bois de Cabrite.

3 ♄ Bourreria. Jam.

Bourrerie à fe. Glabre.

4 ♄ exsucca. Am. m.

458.

Varronia, 109.

1 ♄ lineata. Am.

Varrone à fe. de Lin.

2 ♄ bullata. Am.

3 ♄ martinicensis. Mart. Gu. Aub.

Mont-Joli de Cayenne.

4 ♄ globosa. Am. Gu. Aub.

5 ♄ curassavica. Am.

6 ♄ alba. Am.

459.

Laugeria, 110.

1 ♄ odorata. Am.

Laugere odorant.

460.

Brunsfelsia, 111.

1 ♄ americana. Am. m.

Brunsfele d'Amérique.

461.

Chrysophyllum, 112.

1 ♄ Cainito. Mart.

Cainitier. Jaune d'œuf.

2 ♄ Cai. foliis oblongo. va.

3 ♄ Cai. jamiaicense. va.

Anona de la Jamaique.

4 ♄ cæruleum. va.

5 ♄ Macoucou. Gu. Aub.

Cainitier des Isles Antilles.

462.

Sideroxylon, 113.

1 ♄ mite. Afr.

Bois de Fer doux.

2 ♄ inerm. Æt.

Bois de Llettre.

3 ♄ melanophleus. Cap. b. Sp.

Laurier d'Afrique.

4 ♄ tenax. Caro. sice.

5 ♄ lycioides. Cap. d.

Bois Laiteux de Missisipi.

6 ♄ decandrum. Am. 7.

7 ♄ spinosum. Mal.

8 ♄ fætidissimum. Dom. syl. mont.

9 ♄ cymosum. Cap. b. Sp. L. f.

463.

Tectona, 114.

1 ♄ grandis. sum. Mont. Palli. syl.

Tectone de Zeyland.

Pentandrie Monogynie.

464.

Leucoxilum, 115.

1 ♄ laurifolium. Mad.

Bois jaune de Madagascar.

465.

Rhamnus, 116.

P. 1 ♄ cartharticus. Eu. sepi. aquo.

Nerprun ou Noirprun purgatif.

2 ♄ infectorius. Hif. Cari. Gal. Ita.

Graine d'Avignon ou Grainette des bout. des Teinturiers.

3 ♄ lycioides. Hif.
4 ♄ oleoides. Hif.
5 ♄ saxatilis. mont. Bade. Ita. Hel.
6 ♄ theezans. Chi.

Thé des Chinois.

7 ♄ pentaphyllus. Sici. Afr.
8 ♄ sarcomphalus. Ame.
9 ♄ micranthus. Am.
10 ♄ cubensis. Cubæ.
11 ♄ colubrinus. Ame.
12 ♄ alpinus. Hassiæ.

Aune noir des Alpes.

13 ♄ pumilus. Bal.
P. 14 ♄ Frangula. Eu. bore. nem.

Bourgene ou Bourdene.

Aune noir. Bourg-Épine.

15 ♄ lineatus. Chi. Zey.
16 ♄ Alaternus. Eu. auf.

Pentandrie Monogynie.

Alaterne, grande Physique.

17 ♄ Ala. minor. va.
18 ♄ Ala. ferugineus. va.
19 ♄ variegatus. va.
20 ♄ Paliurus. Eu. Auf.

Porte-Chapeau d'Europe.

Argalou. Paliure.

21 ♄ ignaneus. Am.

Crode Chien d'Amérique.

22 ♄ Napeca. Zey.
23 ♄ Jujuba. In.

Jujubier à fruit rond.

Pommier d'Inde.

24 ♄ Oenoplia. Zey.
25 ♄ Zizyphus. Eu. auf.

Jujubier sauvage.

26 ♄ sativus. J. va.

Quindoulier à gros fruit.

Jujubier com. d'Afrique.

27 ♄ sinensis. I.
28 ♄ scandens. I.

Liane rouge.

29 ♄ spina Christi. Æt. Palc.

Epine de Christ.

Paliure d'Athènes.

30 ♄ volubilis. Am. L. f.
31 ♄ circumscissus. In. Ori. L. f.
32 tetragonus. Cap. b. Spe. L. f.

466.

Phylica, 117.

1 ♄ ericoides. Æt.

Pentandrie Monogynie.

Phylique, Alaternoid d'Afrique.

2 ♄ bicolor. Cap. b. Sp. cam. are.
3 ♄ plumosa.. Æt.
4 ♄ imberbis. Cap. b. Sp.
5 ♄ stipularis. Cap. b. Sp. are.
6 dioica. Cap. b. Sp.
7 ♄ buxifolia. Æt.
8 ♄ racemosa. Cap. b. Sp.
9 ♄ parviflora. Cap. b. Sp. cam. are.
10 ♄ cordata. Cap. b. Sp.
11 pinifolia. Cap.. b. Sp. L. f.
12 callosa. Cap. b. Sp. L. f.
13 spicata. Cap. b. Sp. L. f.

467.

Ceanothus, 118.

1 ♃ ♄ americanus. Vir. Car.

Ceanothier d'Amérique.

2 ♄ asiaticus. Zey.
3 ♄ africanus. Æt.

Apalachine d'Afrique.

468.

Rinorea, 119.

1 ♄ Guianensis. Gu. Aub. boc. cul.

Rinoré de la Guyane.

469.

Riana, 120.

1 ♄ Guianensis. Gu. Aub. syl.

Riane de la Guyanne.

Pentandrie Monogynie.

470.

Conohoria, 121.

1 ♄ flavescens. syl. mari. lito.

Conohorié des Caraibes.

471.

Arduina, 122.

1 ♄ bispinosa. Cap. b. Sp.

Ardoin bota. à 2 épines.

472.

Buttneria, 123.

1 ♄ scabra. Am. m. Gu. Aub. pra.

Buttnere à fle. rude.

2 ♄ microphylla. Am.

473.

Myrsine, 124.

1 ♄ africana. Æt.

Myrsiné d'Afrique.

2 ♄ leucoxylum.

faux bois jaune.

474.

Celastrus, 125.

1 ♄ bullatus. Vir.

Evonymoide de Virginie.

2 ♄ scandens. Can. d.

Boureau des Arbres.

3 ♄ myrtifolius. Vir. Jam.
4 ♄ buxifolius. Æt.
5 ♄ pyracanthus. Æt.
6 ♄ lucidus. Cap. b. Sp.
7 ♄ senegal.
8 ♄ indicus.

Pentandrie Monogynie.

9 ♄ hispanicus. J.
10 ♄ undulatus. J.

Bois de Merlle de St. Domingue.

11 linearis. Cap. b. Sp. L. f.
12 procumbens. Cap. b. sp. L. f.
13 integrifolius. Cap. b. Sp. L. f.
14 filiformis. Cap. b. Sp. L. f.
15 acuminatus. Cap. b. Sp. L. f.
16 microphyllus. Cap. b. Sp. L. f.

475.

Souroubea, 126.

1 ♄ Guianensis. Gu. Aub.

Souroube de la Guyane.

476.

Evonymus, 127.

L. 1 ♄ europæus. Eu. sep. Hel. Pan. Aus.

Fusain d'Europe ou Fusene.

2 ♄ tenuifolius. va.

Bois à Lardoire.

3 ♄ latifolius. va.

Bonnet à Prêtre.

Fus. Galleux.

4 ♄ americanus Vir.
5 ♄ Colpoon. Cap. b. Sp. lit. mari.

Colpoon du Cap de bonne Espérance.

6 ♄ virginianus.
7 ♄ verucosus. I..

Pentandrie Monogynie.

Fus. à fleur noir.

8 ♄ latifolius niger. va.
9 ♄ æthiopicus.
10 ♄ leprosus. Eu. va. L. f.
11 ♄ Japonicus. Jap. L. f.

477.

Diosma, 128.

1 ♄ oppositifolia. Cap. b. Sp.

Diosme à feuille opposée.

2 ♄ hirsuta. Cap. b. Sp.
3 ♄ rubra. Æt.

Haleine de Jupiter.

Arbre Divin.

4 ♄ Ericoides. Æt.
5 ♄ capensis. Cap. b. Sp.
6 ♄ capitata. Cap. b. Sp.
7 ♄ cupressina. Cap. b. Sp.

Bruyere d'Ætiopie.

8 ♄ imbricata. Cap. b. Sp.
9 ♄ lanceolata. Æt.
10 ♄ ciliata. Cap. b. Sp.
11 ♄ crenata. Cap. b. Sp.
12 ♄ uniflora. Cap. b. Sp.
13 ♄ pulchella. Æt. Cap. b. Sp.
14 ♄ latifolia. Cap. b. Sp. L. f.
15 ♄ unicapsularis. Cap. b. Sp. L. f.
16 marginata. Cap. b. Sp. L. f.
17 * barbigera. Cap. b. Sp. L. f.
18 tetragonna. Cap. b. Sp. L. f.

478.

Brunia, 129.

1 ♄ nodiflora. Æt.

Brunie à fl. dans les nœuds.

Pentandrie Monogynie.

2 ♄ paleacea. Cap. b. Sp.
3 ♄ lanuginosa. Æt.
4 ♄ abrotanoides. Æt.
5 ♄ ciliata. Æt.
6 ♄ radiata. Cap. b. Sp.
7 ♄ glutinosa. Cap. b. Sp.
8 verticillata. Cap. b. Sp.

479.

Cyrilla, 130.

1 ♄ racemiflora. Car. hum.
Cyrille à fl. rameuse.

480.

Itea, 131.

1 ♄ virginica. Vir.
Itée de Virginie.

481.

Galax, 132.

1 ♄ virginica. Vir.
Galax de Virginie.

482.

Cedrela, 133.

1 ♄ odorata. Am. m. Gu. Aub.
Cedre de la Ravanne, Acafou.
Prune odorante, Maragonie.
Bois d'Acajou.

483.

Escallonia, 134.

1 ♄ Myrtilloides. Am. m. L. f.
Escallonié Myrtille.

Pentandrie Monogynie.

484.

Corynocarpus, 135.

1 ♄ lævigata. No. Zel.
Corynocarpe à fl. blanche. L. F.

485.

Argophyllum, 136.

1 ♄ nitidum. No. Calce.
Argophylle luisant.

486.

Mangifera, 137.

1 ♄ indica. In.
Mangifere d'Inde.
2 ♄ pinnata. In. L. f.

487.

Hirtella, 138.

1 ♄ americana. Bra. Mart. syl. ripa.
Hirtelle du Brésil & Guyane.
Bois de Gaulette des Créoles.

488.

Plectronia, 139.

1 ♄ ventosa. Cap. b. Sp.
Plectronie venteux.

489.

Ribes, 140.

P. 1 ♄ rubrum. Sue. bore.
Groseiller rouge à grappe.
P. 2 ♄ hortensis fructu. margaritis simile va.

Pentandrie Monogynie.

Grof. Perlée des Jardins.

3 ♄ alpinum. Sue. Hel. Ang. Ger.

Grof. des Alpes à fruit doux.

4 ♄ oxyacanthæ fapore. va.

Grof. qui a le goût d'Aube-épine.

P. 5 ♄ nigrum. Sue. Hel. Ger. Sib.

Caffis à fruit noir, ou Caffier des Poitevins.

6 ♄ nig. Penfilvanicum. va.

Grof. de Penfilvanie, noir.

7 ♄ reclinata. Ger. Hel.

8 ♄ Groffularia. Eu.

Grof. à Macreaux épineux.

9 ♄ Grof. fructu. rubro. va.

Grof. à Mac., rouge.

10 ♄ Grof. fructu hifpido. va.

Grof. à Mac., velue.

11 ♄ Grof. margaritarum. va.

Grof. à fruit perlée.

P. 12 ♄ Uva crifpa. Eu. bore.

Gadelier épineux.

13 ♄ oxyacanthoides.

Grof. à grande feuille.

14 ♄ cynofbati. Can. d.

15 ♄ diacantha. Dan.

490.

Gronovia, 141.

1 fcandens. V. c.

Pentandrie Monogynie.

la Gronove bota.

491.

Aquilicia, 142.

1 ♄ fambucina. Java.

Aquilcie à fe. de fureau.

492.

Hedera, 143.

P. 1 ♄ Helix. Eu. arb. fep.

Lière d'Europe.

2 ♄ major fterilis. va.

3 ♄ humi. repens. va.

4 ♄ poëtica. va.

Liere des Poëtes.

5 ♄ quinquefolia. Cana. d.

6 ♄ variegata alba. va.

7 ♄ var. lutea. va.

493.

Vitis, 144.

P. 1 ♄ vinifera. Orb. qua. part. temp.

Vigne à faire du Vin.

2 ♄ apyrena corinthiaca. va.

Raifin de Corinthe fans Pepin.

3 ♄ indica. In.

4 ♄ Labrufca. Am. 7. Gu. Aub.

Labrufqua à fe. de liere.

5 ♄ vulpina. Vir.

Raifin de Renard.

6 ♄ trifolia. In.

7 ♄ laciniofa.

Aciouta à fe. de Perfil.

Raifin d'Autriche.

Pentandrie Monogynie.

8 ♄ heptaphylla. In Ori.
9 ♄ arborea, Car. Vir.
Pepertris des Anglois.

494.
Lagoecia, 145.
1 ☉ ciminoides. Cre. Lom. Lys. Gala.
Patte de Lièvre.

495.
Roridula, 146.
1 ♄ dentata. Cap. b. Sp.
Roridulle à fe. dentelée.

496.
Sauvagesia, 147.
1 ☉ erecta. Dom. Jam. Sur.
Sauvage à tige droite.
2 ♃ Adima. Gu. Aub.
Adima des Galibis.

497.
Claytonia, 148.
1 ♃ virginica. sib.
Claytonie de Virginie.
2 ♃ sibirica. Sib.
3 ♄ Portulacaria, Æt.
Pourpier en Arbre.

498.
Heliconia, 149.
1 ♃ Bihai. Am. c.
Heliconie Musa.
2 ♃ Bi. Amplissimis foliis cocci. va.
3 ♃ Bi. am. fol. subnigris. va.

499.
Achyranthes, 150.
1 ♄ aspera. Sici. Zey. Jam.

Pentandrie Monogynie.

Achyranthe à tige droite.
2 ♄ sicula. va.
3 ♄ indica. va.
4 lappacea. In. Gu. Aub.
Amaranthe des Indes.
5 ♃ muricata. Æt. Ara.
6 ☉ alternifolia. va.
7 corymbosa. Zey.
8 dichotoma. Vir.
9 ♃ prostrata. In.
Oreille de Chienne.
10 alternifolia. In. Ori. L. f.
11 ♄ patula. In. Ori.
12 ♃ sanguinolenta. In.
Cadelaris sanguin.
13 pubescens. J.
14 fruticosa. J.

500.
Celosia, 151.
1 ☉ argentea. Chi.
Amaranthe argentée.
2 ☉ Margaritacea. Mal.
3 ☉ cristata. Asi. Gu. Aub.
Ama. Veloutée. Passe-lours.
Fleur de Jalousie.
4 ☉ cristata flavescens va.
5 paniculata. Ja. Gu. Aub.
6 coccinea. In. Gu. Aub.
7 ☉ castrensis. In.
8 ☉ trigynia. Sene.
9 ☉ lanata. Zey.
10 nodiflora. Zey.
11 polygonoides.
12 sessilis.
13 vermiculata.
14 ficoidea.

Pentandrie Monogynie.

15 Guaphaloides. Mont. vied. Braſ.

Amaranthe de Thouin.

501.

Illecebrum, 152.

1 ⊙ brachiatum. In. Ori.

Amaranthoide de l'Inde.

2 ♃ ſanguinolentum. In.

Achyranthe rouge.

3 lanatum. In.
4 javanicum.
P. 5 verticillatum. Eu. paſ. udi.

Herbe aux Panaris.

6 fruticoſum. Hiſ.
7 ⊙ cymoſum. Monpe. Luſ.
8 ♃ Paronychia. Hiſ. Narb.

Herbe aux Panaris des bout.

9 capitatum. G. N. Hiſ. Ori.
10 ⊙ bengalenſe. In. Beng. Java.
11 arabicum. Ara.
12 ⊙ Achyrantha. Turc.
13 polygonoides. Am. lito. mari.
14 ⊙ Amaranthoides. va.

Amaranthe immortelle, rouge.

15 ♃ ficoideum. mari. lito. Ame.
16 ſeſſile. In. Ori.
17 vermiculatum. Bra. Cura.
18 alſinefolium. Hiſ.
19 hiſpanicum. Hiſ.
20 ♃ Monſoniæ. In. Ori. L. f.
21 ♄ canarienſe. Tene. L. f.

Pentandrie Monogynie.

502.

Glaux, 153.

1 ♃ maritima. Eu. mari.

Glaux du bord de la Mer.

Herbe au Lait.

503.

Theſium, 154.

P. 1 ⊙ Linophyllum. Eu. Sici. Mont.

Theſium à feuille de lin.

2 ⊙ Onobrychis. creta. Ori. va.
3 ⊙ alpinum. Ita. alp. Sue. Ger.
4 Friſea. Cap. b. Sp.
5 ♄ funale. Cap. b. Sp.
6 ſpicatum. Cap. b. Sp.
7 ♄ capitatum. Æt.
8 ſtrictum. Cap. b. Sp.
9 ♃ umbellatum. Vir. Pen. paſ.
10 ♄ ſcabrum. Cap. b. Sp.
11 paniculatum. Cap. b. Sp.
12 amplexicaule. Cap. b. Sp. Mont.
13 euphorbioides. Cap. b. Sp.
14 ♄ Colpoon. Cap. b. ſp. L. f.
15 ſpinoſum. Cap. b. Sp. L. f.
16 triflorum. Cap. b. Sp. L. f.
17 fragile. Cap. b. Sp. L. f.
18 ſquarroſum. Cap. b. Sp. L. f.
19 lineatum. Cap. b. Sp. L. f.

Pentandrie Monogynie.

504.

Amanoa, 155.

1 ♄ Guianenſe. Gu. Aub.
Amanoier de la Guyane.

505.

Rauwolfia, 156.

1 ♄ nitida. Am. m. Gu. Aub.
Rauwolfe à fe. liſſe.

2 ♄ caneſcens. Jam. Gu. Aub.

3 ♄ tomentoſa. Cart. rup.

506.

Pederia, 157.

1 ♄ fætida. In.
Pederie puant.

507.

Cariſſa, 158.

1 ♄ Carandas. In.
Cariſſe. Caranda. de Rump.

2 ♄ ſpinarum. In. Ori.

508.

Cerbera, 159.

1 ♄ Ahouai. Bra.
Cerbere Ahovai.

2 ♄ Manghas. In. aqu.
Manglier à fruit venimeux.
Fruit Empoiſonné.

3 ♄ Theretia.. Cub. Mart.

Pentandrie Monogynie.

509.

Gardenia, 160.

1 ♄ florida. In. Ori. Sur. Amb. Cap. b. Sp.
Jaſmin du Cap. b. Sp.

2 ♄ Thumbergia. Cap. b. Sp. Gu. ſyl.

3 ♄ Muſſenda. Am. Auſ. L. f.

4 gummifera. Zey. L. f.

5 ♄ ſpinoſa. Madras. L. f.

6 ♄ Rothmannia. Cap. b. Sp. L. f.

510.

Allamanda, 161.

1 catharctica. Gu. fluv. Suri.
Allamand de Cayenne.

511.

Vinca, 162.

P. 1 ♄ minor. Ger. Ang. Gal.
Pervanche, petit Pucelage.
Violette des Sorciers.

P. 2 ♄ major. Gal. Marb. Hiſ. Hel.
Grand Pucelage.

3 ♄ lutea. Car.

4 ♄ roſea. Mada. Java.

5 ☉ puſilla. Tran. hort. L. f.

512.

Nerium, 163.

1 ♄ Oleander. In Ori. loc. ſubhu.
Laurier roſe.

2 ♄ Ole. fl. albo. va.

3 ♄ indicum anguſtifolium. va.

Pentandrie Monogynie.

Laurier rose odorant.

4 ♄ ind. floribus plenis. va.
5 ♄ Zeylanicum. In.
6 ♂ divaricatum. In.
7 ♄ antidysentericum. Mal. Zey.

513.

Echites, 164.

1 ♄ biflora. Am. Gu. Aub.

Echites à deux fleurs.

2 ♄ quinquangularis. Am. m.
3 ♄ suberecta. Jam.
4 agglutinata. Mont. Dom.
5 ♄ torulosa. Jam.
6 umbellata. Jam. Gu. Aub.
7 ♄ trifida. Am. Gu. Aub.
8 ♄ corymbosa. syl. insu. Dom.
9 ♄ spicata. syl. Cart.
10 ♄ caudata. In.
11 ♄ scholaris. In.
12 annularis. Suri. L. f.
13 ♄ siphilitica. furi. L. f.
14 ♄ succulenta. Cap. b. Sp. L. f.
15 ♄ bispinosa. Cap. b. Sp. L. f.
16 repens. Gu. Aub.

514.

Plumeria, 165.

1 ♄ rubra. Jam. furi.

Franchipanier rouge.
Plumier Bota.
Laurier rouge odorant.

2 ♄ alba. Jam.
3 ♄ obtusa. Am. c.
4 ♄ pudica. Am.

515.

Cameraria, 166.

1 ♄ latifolia. Am. c.

Pentandrie Monogynie.

Camerier à fe. large.

2 ♄ angustifolia. Am. c.
3 campanulata.
4 ♄ Tamaquarina. Gu. Aub.

Camerier à grande fl. jaune.

5 ♄ Guianensis. Gu. Aub. loc.

516.

Tabernemontana, 167.

1 ♄ citrifolia. Am. Gu. Aub.

Ache de Montagne.

2 ♄ laurifolia. Jam. rip. fluv.
3 ♄ grandiflora. Cart.
4 ♄ cymosa. Cart.
5 ♄ alternifolia. Mal.
6 ♃ Amsonia. Vir.
7 ♄ echinata. Gu. Aub. loc. incul.

Taberné de la Guyane.

8 amygdalifolia. Gu. Aub.

517.

Ceropegia, 168.

1 ♃ Candelabrum. Mal.

Ceropege Candelabre.

2 ♃ biflora. Zey.
3 ♃ sagittata. Cap. b. Sp. are.
4 tenuifolia. Cap. b. Sp.

518.

Ambelania, 169.

1 ♄ acida. Gu. Aub.

Ambelanier Acide.
Quienbiendent.

Pentandrie Monogynie.

519.

Pacouria, 170.

1 ♄ Guianensis. Gu. Aub.

Pacourier de Guyane.

Pacouri-rama des Garipons.

520.

Orelia, 171.

1 ♄ grandiflora. Gu. Aub.

Oreli à grande fleur.

Digynie.

521.

Melodinus, 172.

1 ♄ scandens. No. Cale.

Melodine grimpante.

522.

Pergularia, 173.

1 ♃ glabra. In.

Pergulle glabre.

2 ♄ tomentosa. Ara.

523.

Periploca, 174.

1 ♃ græca. Syr. Sibe.

Periploca de Grece.

2 ♄ scamone. Æg.

Scamonée d'Alep.

3 ♄ indica. Zey.
4 ♃ africana. Afri.
5 ♃ Cynanchum. va.
6 ♃ Cyn. linearis. va.
7 esculenta. Zey. flum. lit. L. f.
8 umbellata. Gu. Aub.

Pentandrie Digynie.

9 scorpioides. Gu. Aub.
10 scandens. Gu. Aub.

524.

Cynanchum, 175.

1 ♄ viminale. Afri. mari.

Cinanque ausifier.

2 ♃ acutum. Sici. Hif. Ast.

Scamonée de Montpelier.

3 ♃ planiflorum. Cart.
4 ♃ racemosum. Cart.
5 ♄ maritimum. Ter. Bom.
6 suberosum. Am. c.
7 ♄ hirtum. Am.
8 ♄ monspeliacum. Hif. Narb. mari.

Etrangle Chien.

9 ♄ undulatum. Cart.
10 ♃ erectum. Syr.
11 Capense. Cap. b. Sp. L. f.
12 tenellum. No. Gra. L. f.
13 filiforme. Cap. b. Sp. L. f.
14 obtusifolium. Cap. b. Sp. L. f.
15 fiorum pedunculo. Gu. Aub.
16 bithynicum.

525.

Apocynum, 176.

1 ♃ androsæmifolium. Vir. Can. d.

Apocyn à fe. d'Androsemum.

Gobe-Mouche.

2 ♃ cannabinum. C. d. Vir.
3 ♃ venetum. Adri. Mari. Sib.
4 ♄ frutescens. Zey.

Pentandrie Digynie.

5 ♃ reticulatum. In.
6 minutum. Cap. b. Sp. L. f.
7 filiforme. Cap. b. Sp. L. f.
8 lineare. Cap. b. Sp. L. f.
9 triflorum. Cap. b. Sp. L. f.
10 ♄ Acouci. Gu. Aub.

Acouci antegri des Galibis.

11 ♄ umbellatum. Gu. Aub.
12 scandens. Gu. Aub.
13 scand. amplissimo flore. Gu. Aub.

Erennai des Caraibes.

526.

Matelea, 177.

1 ♃ palustris. Gu. Aub.

Matelée des Marais.

2 ♃ latifolia. va. Gu. Aub.

527.

Asclepias, 178.

1 ♃ undulata. Afri.

Asclepiade à fes. ondées.

2 crispa. Cap. b. Sp.
3 ♄ pubescens. Cap. b. Sp.
4 ♃ gigantea. Æg. In.
5 ♃ syriaca. Vir. cir. Astr.

Ouatier, Houatte de Syrie.

Herbe à la Houatte, la Soyeuse.

6 ♃ exaltata. va.
7 ♃ amæna. Am. 7.
8 ♃ purpurascens. Car.
9 ♃ variegata. Am. b.
10 ♃ ♄ curassavica. Cura.
11 ♂ nivea. Vir. Am. c. Gu. Aub.

Pentandrie Digynie.

12 ♃ incarnata. Can. d. Vir.
13 ♃ decumbens. Vir.
14 ♃ lactifera. Zey.
P. 15 ♃ Vincetoxicum Eu. gla.

Dompte venin.
Herbe St. Laurent.

16 ♃ nigra. Monp. mont.
17 ♄ arborescens. Cap. b. Sp. mont.
18 ♂ fruticosa. Æt.
19 ♂ crassifolia. va.
20 repanda.
21 ♃ sibirica. Sib.
22 ♃ verticillata. Vir.
23 ♃ tuberosa. Am. b.
24 rubra. Vir.
25 filiformis. Cap. b. Sp. L. f.
26 grandiflora. Cap. b. Sp. L. f.
27 ♄ volubilis. Zey.
28 carnosa. Ch. L. f.
29 crispa. Cap. b. Sp. L. f.
30 asthmatica. Zey. Syl. L. f.
31 ♃ glabra. Afr.

528.

Stapelia, 179.

1 ♄ variegata. Cap. b. Sp.

Stapelle Bota. fleur de Crapau.

2 ♄ hirsuta. Cap. b. Sp.
3 ♄ mammilaris. Cap. b. Sp.
4 pilifera. Cap. b. Sp. L. f.
5 incarnata. Cap. b. Sp. L. f.

529.

Linconia, 180.

1 ♄ alopecuroides. Cap. b. Sp. mont. aqu.

Linconie à queue de Renard.

Pentandrie Digynie.

530.

Herniaria, 181.

1 ⊙ glabra. Eu. apr. gla. ficc.

Herniaire, Turquette ou Herbe du Turc.

P. 2 hirfuta. Ang. Ger. Hel. Ita.

3 ♄ fruticofa. Hif.

4 lenticulata. Hif. mont. Mont.

531.

Chenopodium, 182.

P. 1 ♃ Bonus Henricus. Eu. rud.

Bon Henri.

P. 2 ⊙ urbicum. Eu. bor. pla.

P. 3 ⊙ rubrum. Eu. cul. rud.

Pied d'Oie Sauvage.

P. 4 ⊙ murale. Eu. mur. agge.

Pied d'O. du pied des murs.

5 ⊙ ferotinum. Hif. Gal. Ang. Sib.

Blette à fe.^s de Figuier.

P. 6 ⊙ album. Eu.

P. 7 ⊙ viride. Eu. cul. oler.

P. 8 ⊙ hybridum. Eu. cul.

9 ⊙ Botrys. Eu. auf. are.

Botris de Printemps Empirique.

10 ⊙ ambrofioides. Mexi. Luf.

Thé du Mexique odorant.

Mille graine. Ambroifette.

11 ♄ multifidum. Bona.

12 ♄ anthelminticum. Penf. Bona.

Poudre contre les Vers.

P. 13 ⊙ glaucum. Eu. fime.

P. 14 ⊙ Vulvaria. Eu. cul. oler.

Uvulaire, Olidaire ou Aroche puante.

P. 15 ⊙ polyfpermum. Eu. cul.

16 ⊙ Scoparia Græ. Jap. Chi. Carni.

Herbe à Balais ou Belvedere d'Efpagne.

17 maritimum. Eu. mari.

Kalie blanc de Bauh.

18 ⊙ ariftatum. Sib. Vir.

Belvedere de Siberie, Belle à Voir.

19 ⊙ Atriplicis. Sib. L. f.

20 oppofitifolium. Sib. L. f.

21 finenfe. J.

22 ⊙ purpureum.

23 ⊙ virginicum.

24 finuatum.

532.

Beta, 183.

1 ♂ vulgaris. Eu. auf. mari.

Poirée com. potagere.

2 ♂ rubra vulgaris. va.

Betrave rouge.

3 ♂ rubra major. va.

4 ♂ rubra, radice rapæ. va.

5 ♂ lutea major. va.

6 ♂ pallide virens major. va.

7 maritima. Ang. Belg. lito.

Bette, Poirée blanche.

Réparée maritime.

8 ♂ viridis.

Pentandrie Digynie.

9 ⊙ Cicla. Luſ.

Carde Poirée blonde.

533.

Salſola, 184.

1 ⊙ Kali. Eu. lit. mari.

Soude, Kali commun.

2 ⊙ Tragus. Eu. auſ.

Drypis de Theophraſte.

3 ⊙ roſacea. Aſi. 7. ſali.
4 ⊙ Soda. Eu. auſ. ſali.

Soude des Blanchiſ-ſeuſes.

Grande Soude, Marie vulgaire.

5 ⊙ ſativa. Hiſ. auſ. mari.
6 ⊙ altiſſima. ſali. Ita. Sax. Auſ.
7 ⊙ foliis filiformibus. va.
8 ⊙ ſalſa Aſt.

Lerche ſalé d'Haller.

9 ⊙ hirſuta. Dan. Monp. mari.
10 polyclonos. Sici. Hiſ. mari.
11 ♄ proſtrata. Aſi. boſ. Auſ. Hel. ſib.
12 ♄ vermiculata. Hiſ.
13 ♄ fruticoſa. mari. Gal. Hiſ. Perſ.
14 ♄ muricata. Eu. auſ. Æg.
15 laniflora. Sama. Jaic. hum. ſali.
16 ♄ arboreſcens. Sib. L. f.
17 ♄ aphylla. Cap. b. Sp. L. f.
18 caneſcens. J.
19 ſedifolia. J.
20 ſicula. J.
21 ♄ Kali hiſpanica.

534.

Anabaſis, 185.

1 ♄ aphylla. mari. Caſp. lito. Trip.

Pentandrie Digynie.

Anabaſſe Kali.

2 ⊙ folioſa. mari. Caſp. lito.
3 ♄ tamaricifolia. Hiſ.
4 ſpinoſiſſima.

535.

Creſſa, 186.

1 cretica. Cre. lito. Sal. Rom.

Creſſe de Crete.

2 erratica. Cre. lito.

536.

Steris, 187.

1 ♃ javana. In.

Sterie de Java.

537.

Gomphrena, 188.

1 ⊙ globoſa. In. Gu. Aub.

Immortelle en globe des Jardins.

Gomphrene rouge.

2 ⊙ argentea & variegata. va.
3 ♄ perennis. Bona.
4 hiſpida. Mal.
5 braſilienſis. Bra. Gu. Aub.
6 ſerrata. Am.
7 interrupta. Am.
8 flava. V. C.
9 ♄ arboreſcens. No. Gre. L. f.
10 ſeſſilis.
11 ficoidea.
12 polygonoides.

538.

Boſea, 189.

1 ♄ Yervamora. Cana. Inſu.

Pentandrie Digynie.

Bosée des Isles Canaries.

Herbe morte des Espagnols.

539.

Ulmus, 190.

P. 1 ♄ campestris. Eu. ad. pagos.

Orme champêtre.
Ypreau de nos bois.

P. 2 ♄ carpinifolia. va.
3 ♄ americana. Vir.
4 ♄ pumila. Sib.

Ormille de Siberie.

5 ♄ folio glabro. va.
6 ♄ fol. latissimo glabro. In. va.
7 ♄ polygama.

540.

Nama, 191.

1 ☉ Zeylanica. In.

Namé de Zeyland.

2 jamaicensis. Jam.

541.

Hydrolea, 192.

1 ♃ spinosa. Am. m. Gu. Aub.

Hydrolier épineux, ou Coutarde de Cayenne.

542.

Schrebera, 193.

1 ♄ schinoides. Cap. b. Sp.

Schrebere du Cap.

Pentandrie Digynie.

543.

Heuchera, 194.

1 americana. Vir.

Heuchere, Sanicle d'Amérique.

544.

Velezia, 195.

1 ☉ rigida. Eu. auf.

Velize à Calice rude.

545.

Swertia, 196.

1 ♃ perennis. alp. Bara. Sil.

Swertié vivace.

2 difformis. Vir.
3 rotata. sib. Isl.
4 ☉ corniculata. sib. Can. d.
5 ☉ dichotoma. sib.

546.

Gentiana, 197.

1 ♃ lutea. Alp. Norv. Pyr. Hel. sile.

Gentiane. (grande)

2 ♃ purpurea. Alp. Hel. Pyr. Norv. Auf. Pyr.
3 ♃ punctata. Rhet. Alp.
4 ♃ asclepiadea. Hel. Alp. Pann. sile.
P. 5 ♃ Pneumonanthe. Eu pas. hum.

Pneumonanthe d'Europe.

6 ♃ Saponaria. Vir.
7 ♃ villosa. Vir.
8 ♃ acaulis. Alp. Hel. Auf. Pyr.
9 ♃ alpina angustifolia. va.

Pentandrie Digynie.

Gentiane à grande fleur.

10 ⊙ exaltata. Am. Gu. Aub.
11 ♃ verna. Alp. Hel. Pyr. Rhe.
12 ♃ pyrenaica. Pyr.
13 ♃ pumila. Alp. Auſ.
14 bavarica. Alp. ſue. Hel.
15 ⊙ aurea. Alp. Burde. Lapp.
16 ⊙ nivalis. Lapp. Alp. Sumi. Pyr.
17 ⊙ aquatica. ſib.
18 ⊙ utriculoſa. Alp. Hel. Auſ. Ita.
19 ⊙ exacoides. Cap. b. Sp.
P. 20 ⊙ Centaurium. Eu. apr.

Centaurée (petite) des bout.

21 ⊙ maritima. Ita. Gal. Auſ. mari.
22 ⊙ ſpicata. Eug. Monp. Ita.
23 verticillata. Am.
24 quinquefolia. Penſ. Dan.
25 ⊙ aphylla. Mart. Syl. Mont.
P. 26 ⊙ Amarella. Eu. pra.
27 ⊙ campeſtris. Eu. pra. ſicc.
28 ⊙ corollis quadrifidis. va.
29 ciliata. Can. d. Hel. Ita. Ger.
30 ♃ Cruciata. Pan. Ape. Hel.

Croiſette du Mont-Appenin.

31 ſeſſilis. Chil.
P. 32 ⊙ filiformis. Gal. Dan.
33 ⊙ heteroclita. Mal. agr.
34 ♄ decumbens. Sib.
35 verticillata. In. L. f.
36 Scilloides. Inſu. Azor. L. f.
37 Saxoſa. No. Zel. lit. mari.
P. 38 ⊙ perfoliata. Gal. Ang. Ori.

Pentandrie Digynie.

39 ♃ Pannonica. Jacq.

547.

Phyllis, 198.

1 ♄ nobla. Cann.

Simple-Noble.

2 ♄ indica.

Fleur en Ombelle.

548.

Eryngium, 199.

1 ♃ fœtidum. Vir. Jam. Mexi. Gu. ſuri.

Panicau puant.

2 ♃ aquaticum. Vir.
3 ♃ lacuſtre virginianum. va.
4 ♃ planum. Ruſ. Palo. Auſ.
5 puſillum. Hiſ. Ori.
6 ♂ tricuſpidatum. Hiſ. Sic. Ori.
7 ♃ maritimum. Eu. lit. are. mari.

Panicau marin.

P. 8 ♃ campeſtre. Ger. Gal. Hiſ.

Chardon Roulant, ou Ch. à cent têtes.

9 ♃ amethyſtinum. Styr. Mont.
10 ♃ minus trifidum. va.
11 ♃ alpinum. Alp. Hel. Ita.
12 ♃ Bourgati Gouan.

549.

Hydrocotile, 200.

P. 1 ♃ vulgaris. Eu. inu.

Ecuelle d'Eau com.

2 umbellata. Am. Gu. Aub.

Pentandrie Digynie.

3 americana. Am. ♃. In. Ori.
4 asiatica. Jam.
5 chinensis. Chi.
6 marilandica. Mari. Vir.
7 villosa. Cap. b. Sp. L. f.
8 glabra. Cap. b. Sp. L. f.
9 virgata. Cap. b. Sp. L. f.
10 tinifolia. Cap. b. Sp. L. f.
11 Solandra. Cap. b. Sp. L. f.
12 tridentata. Cap. b. Sp. L. f.
13 ranunculoides. Mex. L. f.
14 erecta. Jam. L. f.

550.

Russelia, 201.

1 Capensis. Cap. b. Sp. L. f.

Russelier du Cap.

551.

Sanicula, 202.

P. 1 ♃ europæa. Eu. Syl. Mont.

Sanicle des bout.

2 ♃ canadensis. Vir.
♃ marilandica. Mari. Vir.

552.

Astrantia, 203.

1 ♃ maior. Alp. Hel. Heta. Boh. Pyr.

Astrance. (grand.)
Sanicle femelle.

2 ♃ nigra minor. va.
3 ♃ minore. Alp. Hel. Caru.

Petite Sanicle des Alpes.

Pentandrie Digynie.

4 ♃ cilliaris Cap. b. Sp. L. f.
5 ♃ Epipactis. cir. Idri. L. f.

553.

Bupleuvrum, 204.

P. 1 ⊙ rotundifolium. Eu. Auf.

Perce-feuille.

2 ⊙ perfoliata minor. va.
3 stellatum. Alp. Helv.
4 ♃ petræum. Alp. Hel. Bal.
5 ♃ angulosum. Pyr. Vale.
6 ♃ perfoliata alpina. va.
7 longifolium. Ger. Hel. Mont.
P. 8 ♃ falcatum. Misu. Vale. Ger. Sep.

Oreille de Liévre.

9 ⊙ Odontites. Alp. Vall. Ita. rup.
10 ⊙ semicompositum. Hif. Monf.
11 ♃ ranunculoides. Hel. Pyr.
12 ♃ rigidum. Monp. Fran.
P. 13 ⊙ tenuissimum. Ger. Ita. Ang.
14 ⊙ junceum. Gal. Ita. Hel. Ger.
15 ♄ fruticosum. Gal. Auf. Ori. sax.
16 ♄ frutescens. Hif. Coli.
17 ♄ diforme. Æt.
18 ♄ spinosum. Hif. L. f.

554.

Echinophora, 205.

1 ♃ spinosa. litt. mari. me dit.

Echinophore épineux.

Porte épine marine.

2 ♃ tenuifolia. Apu. mari.
3 plystachion.

Pentandrie Digynie.

555.

Hasselquistia, 206.

1 ⊙ ægyptiaca. Ara.

Hasselquis, bota.

2 orientalis.

3 ⊙ cordata. L. f.

Cecacul des Arabes.

556.

Tordylium, 207.

1 ⊙ syriacum. Syr.

Tordylle de Syrie.

2 ⊙ officinale. Nar. Ita. Sici.

Seceli de Crete.

3 peregrinum. Ori.
4 ⊙ apulum. Ita. Apu. incul.
5 ♂ maximum. Ita. Hel. Auf. Ger.
6 ♂ Antriscus. Eu. 7. arv. rude.
7 ⊙ nodosum. Gal. Carn. Ita.
P. 8 latifolium. Col. Ita. Ori.
9 ⊙ segetum. J.

557.

Coprosma, 208.

1 lucida. No. Zeel.

Coprosme luisant.

2 fætidissima. No. Zeel.

558.

Caucalis, 209.

P. 1 ⊙ grandiflora. Eu. Auf. seg.

Girouille. (grande)

2 ⊙ daucoides. Ger Hel. Ita. Gal.

Pentandrie Digynie.

3 ⊙ latifolia. Ger. Hel. Gal. Ori.
4 mauritanica. Mau.
5 ♂ orientalis. Ori.
P. 6 ♂ leptophylla. Ger. Hel. Ita. Ang.
7 pumila.

559.

Artedia, 210.

1 ⊙ squamata. Liba.

Artedié du Mont-Liban.

2 muricata.

560.

Daucus, 211.

P. 1 ♂ Carota. Eu. camp. exari.

Carotte com. des Jard. Faux Chervi.

2 ♂ radice lutea. va.
3 ♂ rad. atrorubente. va.
4 ⊙ mauritanicus. Hif. Ita.
P. 5 ⊙ Visnaga. Eu. Auf. Maur.

Visnague des Provençeaux.

Herbe au curedent, ou Herbe aux Gencives.

6 Gingidium. Monp.

Panais marin.

7 ♂ ⊙ muricatus. Maur.
8 ⊙ maritimus. litt. mari. Medi. va.
9 capillea.
10 ♃ medcides. J.
11 poligamus. J.
12 hispanicus. Gouen.
13 ♂ lucidus. Maur. L. f.

Pentandrie Digynie.

561.

Ammi, 212.

P. 1 majus. Eu. Auſ. Ori.

Ammi (grand) com.

2 ⊙ copticum. Æg.

3 ♃ glaucifolium. Gal.

562.

Bunium, 213.

P. 1 ♃ Bulbocaſtanum. Ger. Gal.

Terre-Noix, Suron ou Noix de terre.

2 ⊙ aromaticum. Cre. Syr.

563.

Conium, 214.

1 ♂ maculatum. Eu. cal. agr.

Cigue (grande) maculée.

2 ♄ ringens. Cap. b. Sp. litt. mari.

3 ⊙ africanum. Afr.

4 Royeni. Æg.

564.

Selinum, 215.

1 ♃ ſylveſtre. Harc. Gal.

Perſil des marais.

P. 2 paluſtre. Eu. 7. pal.

Perſil laiteux.

3 ♃ Carvifolium. Ger. Hel. ſib.

4 ♃ Seguieri. Hel. Ita. Auſ.

5 ⊙ Monnieri. Gal. Auſ.

565.

Athamanta, 216.

1 ♃ Libanotis. Sue. Ger. pra.

Pentandrie Digynie.

Athamante d'Allemagne.

P. 2 ♃ Cervaria. Ger. Hel. Auſ. Mont.

Perſil de Montagne.

3 ♃ ſibirica. ſib.

4 ♃ condenſata. ſib.

P. 5 ♃ Oreoſelinum. Ger. Ang. Gal.

6 ♃ ſicula. Sici.

7 ♃ Cretenſis. Hel. Auſ. Carn.

8 ⊙ annua. Cre.

9 chinenſis. Vir.

10 ♃ Meum. Alp. Ita. Hel.

11 flexuoſa. J.

566.

Peucedanum, 217.

P. 1 ♃ officinale. Eu. Auſ. pra.

Queue de Pourceau. Fenouil de Porc.

2 ♃ Italicum minus. va.

3 alpeſtre.

4 ♂ minus. Briſ. Ang.

P. 5 ♃ Silave. Hel. Nav. Ger. Ang.

Silaves, Saxifrage des prés.

6 ♃ alſaticum. Auſ. Pala.

7 nodoſum. Cre.

8 pratenſe. J.

567.

Crithmum, 218.

1 ♄ maritimum. occe. Eu. litt.

Criſte-Marine, Bacile. Fenouil marin. Herbe St. Pierre. Perce-Pierre, Crête-Marine.

Pentandrie Digynie.

2 pyrenaicum. Pyr.
3 latifolium. mari. Tene. L. f.

568.

Cachrys, 219.

1 ♃ Libanotis. Sici. Monp.

Armarinte de Montpelier.

2 ficula. Sici. Hif.
3 odontalgica. defc. Wolg.
4 orientalis.

569.

Ferula, 220.

1 ♃ communis. Eu. Auf.

Ferule, (grande) com.

2 ♃ glauca. Sici. Ita.
3 ♂ tingitana. Hif. Bar.
4 Ferulago. Sici.
5 orientalis. Ori.
6 meoides. Ori.
7 ♃ nodiflora. Eu. Auf. Ift.
8 ♃ canadenfis. Vir.
9 ♃ Affa fœtida. Per.

Affa-fœtida des bout.

570.

Laferpitium, 221.

P. 1 ♃ latifolium. Eu. nem. Sicc.

Laferpicie, faux Turbhit.

2 ♃ trilobum. Garg. Mont. Auf.
3 ♃ anguftifolium. Eu. Auf.
4 ♃ prutenicum. Born. Lipf.
5 ♃ peucedanoides. Bald.
6 ♃ Siler. Auf. Hel. Gal.

Seceli des bout.

Pentandrie Digynie.

7 ♃ fil. montanum. va.
8 ♃ Chironium. Monp.

Panacée de Montpelier.

9 ferulaceum. Ori.
10 fimplex. Alp. Auf. hel.
11 Aciphylla. No. Zeel. L. f.
12 halleri. J.
13 ♃ Aquilegifolium. Jacq.

571.

Heracleum, 222.

P. 1 ♂ Spondilium. Eu. pra.

Berce, Opoponax.
Fauce Brancurfine.

2 ♃ anguftifolium. Sue. Ang.
3 ♂ fibiricum. Sib.
4 ♂ Panaces. Ape Sib.

Panacés de montagne.

5 auftriacum. Alp. Auf.
6 alpinum. Hel. Alp.
7 longifolium. Jacq.
8 elegans. Jacq.

572.

Liguſticum, 223.

P. 1 ♃ Levifticum. Alp. Lign.

Liveche, (grande) com.
Ache de montagne.
Seceli de Montagne.

2 ♃ fcoticum. Ang, Sue. Can. d.
3 ♂ peloponenfe. Sib. Car. Mont.

Coufcoute des Pyrenées.

4 auftriacum. Ita. Sile. Alp.
5 cornubienfe. Cor.
6 ♂ peregrinum. Luf.
7 ♂ ballearicum. Bale. Rom.

Pentandrie Digynie.

573.

Angelica, 224.

1 ♂ Archangelica. Alp. Lapp.
Angelique de Bohême.
Racine du St. Esprit.
2 ♃ sylvestris. Eu. fri. sub. hu.
Herbe à Gerard, pied de Chèvre.
3 ♂ verticillaris. In.
4 atropurpurea. Can. d.
5 ♂ lucida. Can. d.

574.

Sium, 225.

P. 1 ♃ latifolium. Eu. rivu. pal.
Berle marécageuse.
2 ♃ Apium. va.
Encens d'eau, Persil des prés.
3 ♃ angustifolium. Eu. Auf. aqu.
P. 4 nodiflorum. Eu. rip. flu.
5 ♃ Sisarum. Chi.
Chiroui de la Chine, Chervi ou Gyrole.
6 ♃ Ninsi. Chi.
7 ♃ rigidus. Vir.
P. 8 ♃ Falcaria. Flan. Gar. Auf. Ori.
9 græcum. Gre.
10 siculum. Sici.
11 Erucæfolio.
12 repens. Eu. L. f.

575.

Sison, 226.

P. 1 Amonum. Ang. hum. Carn.

Pentandrie Digynie.

Sison, Amomum d'Angleterre.
P. 2 ♂ segetum. Ang. Hel. Eu
3 ♃ canadense. Am. 7.
4 ☉ Ammi. Lus. Apu. Æg.
Ammi com. des bout.
P. 5 inundatum. Eu. inu.
P. 6 ♃ verticillatum. Gal. Pyr.
7 salsum. Sal. lim. Wolga. L. f.

576.

Bubon, 227.

1 ♃ macedonicum. Mac. Maur.
Persil de Macédoine.
Bubon d'Afrique, Maseron.
2 ♄ Galbanum. Æt.
Galbanum, Sucre potable.
Anis d'Afrique.
3 ♄ gumiferum. Æt.
Gomme d'Afrique.
4 ♃ rigidum. Sici.

577.

Cuminum, 228.

1 ☉ Cyminum. Æg. Æt.
Cumin ou Cymin des bout.

578.

Comum, 229.

1 maculatum.
Comum maculé.

Pentandrie Digynie.

579.

Oenanthe, 230.

P. 1 ♃ fistulosa. Eu. fos. palu.
Oenanthe aquatique.
Persil des marais.
2 ♃ crocata. Eu. pal.
3 ♃ prolifera. Sici. Apu.
4 globulosa. Lus.
P. 5 pimpinelloides. Monp. Eu.
6 triflora. J.
7 maritima.

580.

Phellandrium, 231.

P. 1 ♂ aquaticum. Eu. fos.
Phellandre aquatique.
2 ♂ millefolium aquaticum. va.
Mille feuille aquatique.
3 ♃ Mutellina. Hel. Sib. Carn.
Mutelline d'Autriche.

581.

Cicuta, 232.

1 ♃ virosa. pal. Eu. ster.
Cigue puante (grand)
Persil des Foux.
2 bulbifera. Vir. Can. d.
3 maculata. Vir. aqu.

582.

Æthusa, 233.

P. 1 ⊙ Cynapium. Eu. oler.
Æthuse, petite Cigue.
Persil de Chien.
2 Bunius. Pyr.

Pentandrie Dygynie.

3 ♃ Meum. Alp. Ita. His. carn.
Meum à fe. d'Anette.

583.

Coriandrum, 234.

P. 1 ⊙ sativum. Ita. agr.
Coriandre des bout.
2 ⊙ testiculatum. Eu. Aus. agr.
3 ⊙ sylvestre. va.

584.

Scandix, 235.

1 odorata. Alp. Alva. Vero.
Cerfeuil musqué.
P. 2 ⊙ pecten. Ger. Eu. Aus. seg.
Peigne de Venus.
Aiguille du Berger.
3 ⊙ Chærefolium. agr. Eu. Aus.
Cerfeuil com.
4 ⊙ Antriscus. Eu. agg.
5 ⊙ australis. G.N. Ita. cre.
Cerfeuil anisé.
P. 6 ⊙ nodosa. Sicil.
7 ⊙ trichosperma. Æg.
8 ⊙ infesta.
9 grandiflora. Ori.
10 procumbens. Vir.

585.

Chærophyllum, 236.

P. 1 ♃ sylvestre. Eu. cul.
Cerofle, Cerfeuil sauvage.
2 ♂ bulbosum. Ger. Hun. Hel.

Pentandrie Digynie.

P. 3 ♂ temulum. Eu. arv.
4 ♃ hirſutum. Alp. Hel. Ger.
5 ♃ aromaticum. Luſ. Miſ. Sil.
6 coloratum. Illy.
7 ♃ aureum. Ger. Hel.
8 ♄ arboreſcens. Vir.
9 glabrum.

586.

Imperatoia, 237.

1 ♃ Oſtruthium. Alp. Hel. Auſ.

Impératoire d'Autriche.
Benjoin françois, pour le ſirop Magiſtral.
Angélique de Bohême.

587.

Seſeli, 238.

1 ♃ pimpinelloides. Auſ. Em.

Seſeli d'Europe.

P. 2 ♃ montanum. Gal. Ita. mont.
3 ♃ glaucum. Gal.
P. 4 ☉ annuum. Pann. Gal. Ger.
5 ☉ Ammoides. Luſ. Ita.

Ammomon d'Eſpagne.

6 ♃ tortuoſum. Eu. Auſ.

Fenouil tortu.

7 ♃ Turbith. Eu. Auſ.

Seſeli de Candie & de Marſeille.

8 Hippomarathrum. Car. Auſ.
9 Pyrenæum. Pyr.
10 ſaxifragum. Lac. Gene.
P. 11 ♃ elatum. Auſ. Gal. Eu.
P. 12 minimum. Eu.
13 orientale.

Pentandrie Digynie.

588.

Thapſia, 239.

1 ♃ villoſa. Monſ. Luſ. Galo.

Thapſie velu.

2 ♃ fætida. Hiſ.
3 Maxima. J.

Turbithe. (grand)

4 ♃ Aſclepium. Apu. Ori.
5 ♃ gargania. Bar. Apu.
6 trifoliata. Vir.

589.

Paſtinaca, 240.

1 ♃ ♂ lucida. Eu. Auſ.

Panais d'Hercule.

P. 2 ♃ ſativa. Eu. Auſ. ruda.

Pan. ſauvage.

P. 3 ♃ ſati-latifolia. va.

Pan. com. des Jardins.

4 ♃ Opopanax.

Panacée de Bauhin.
Paſtenade de Gouan.

5 ♂ balearica. Tri.

590.

Smyrnium, 241.

1 ♂ perfoliatum. Ita. Cre.

Maceron de Crête.

2 ægyptiacum. Æg.
3 ♂ Oluſatrum. Scot. Wal. Gal.

Perſil ſauvage.

4 aureum. Am. bor.
5 aur. lobis ternis. va.
6 ♃ integerrimum. Vir.

Pentandrie Digynie.

591.

Anethum, 242.

1 ☉ graveolens. Luf. Hif. feg.

Anette à odeur forte.

2 ☉ fegetum. Luf.

P. 3 ♂ Fæniculum Nar. Are. Mad. Eu.

Fenouil doux.

Anil doux.

4 ♂ fylveftre. va.

5 ♂ Fæni. vulgare germanicum.

6 ♂ Fæni. vul. italicum. va.

592.

Carum, 243.

P. ♂ ♃. Carvi. Eu. bor. pra.

Carvi, Chiroui ou Chervi.

Gyrole des bout.

2 cunium. J. Alp.

593.

Pimpinella, 244.

P. 1 ♃ Saxifraga. Eu. Paf. Sicc.

Boucage, Pimprenelle.

Saxifrage. (petite)

P. 2 ♃ Saxi. major. va.

3 ♃ magna. Eu. Auf.

4 ♃ mag. umbella rubente. va.

Boucage à fl. rouge.

5 glauca. Gal. Ita.

6 ♃ peregrina. Ita. Paf. fter.

7 ☉ Anifum. Æg.

Anil com. des bout.

8 ☉ cuminum femine rotundior.

Pentandrie Digynie.

Anil à femence ronde. va.

9 dichotoma. Hif.

10 dioica. Auf. Gal. pro. Hel.

11 ♃ hircina.

Perfil de Bouc.

12 orientalis.

594.

Apium, 245.

1 ♂ petrofelinum. Sard.

Perfil com. des bout.

2 ♂ petro. crifpum. va.

3 ♂ graveolens. Eu. hum. mari.

Ache des marais.

4 ♂ dulce. mont. Ita. va.

Céleri com. des Jardins.

5 ♂ dulce plenum. va.

6 ♂ dulce variegatum. va.

595.

Ægopodium, 246.

P. 1 ♃ Podagraria. Eu. ad. fep.

Podagraire d'Europe.

Herbe aux Gouteux.

Pied d'Aigle.

596.

Cuffonia, 247.

1 ♂ thyrfiflora. Cap. b. Sp. L. f.

Cuffonie à Thyrfe fleurie.

2 fpicata. Cap. b. Sp. L. f.

Pentandrie Trigynie.

597.

Semecarpus, 248.

1 ♄ Anacardium. desc. In.

Anacarde. Semecarpe.

598.

Rhus, 249.

1 ♄ coriaria. Eu. Auf. Syr. Palæ.

Sumac d'Europe. Rouvre des Corroyeurs.

2 ♂ typhinum. Vir.
3 javanicum. Chi.
4 ♄ glabrum. Am. 7.

Vinaigrier du Canada.

5 ♄ Vernix. Am. 7 Jap.

Vernis du Japon. Arbre venimeux.

6 ♄ succedanum. Jap. Chi.
7 ♄ Copalinum. Am. 7.

Copalin de Virginie.

8 ♄ radicans. Vir. Can. d.
9 ♄ Toxicodendron. Vir. Can. d.

Arbre à la Galle. Lière du Canada.

10 ♄ Cominia. In.
11 ♄ Cobbe. Zey.
12 ♄ tomentosum. Cap. b. Sp.
13 ♄ angustifolium. Ær.
14 ♄ lævigatum. Cap. b. Sp.
15 ♄ lucidum. Cap. b. Sp.
16 ♄ Cotinus. Lomb. Apen. Sib.

Fusté-odorant. Cotinus.

17 ♄ ægyptiacum. Æg.
18 ♄ Verniciferum.

Arbre au Vernis.

Pentandrie Trigynie.

19 ♄ Metopium. Am.
20 ♄ reclime.
21 villosum. Cap. b. Sp. L. f.
22 incisum. Cap. b. Sp. L. f.
23 cuneifolium. Cap. b. Sp. L. f.
24 pauciflorum. Cap. b. Sp. L. f.
25 lanceum. C. b. Sp. L. f.
26 cirrhiflorum. Cap. b. Sp. L. f.
27 tridentatum.
28 digitatum. Cap. b. Sp. L. f.
29 ♄ oxyacethoides. J.

599.

Sagonea, 250.

1 ♃ palustris. Gu. Aub.

Sagone aquatique.

600.

Tachibota, 251.

1 ♄ Guianensis. Gu. Aub. Syl.

Tachibote de Guyane.

601.

Viburnum, 252.

1 ♄ Tinus. Luf. Hif. Ita.

Viorm, Laurier-Thin.

2 ♄ sylvestre, foliis venosis. va.
3 ♄ syl. fo. minor. va.
4 ♄ nudum. Vir.

Laurier-Thin, qui perd ses feuilles.

5 ♄ prunifolium. Vir. Can. d.
6 ♄ dentatum. Vir.
7 ♄ Lantana. Eu. Auf. Sep.

Mansiene, Hardeau des bois.

Pentandrie Trigynie.

Bourdaine blanche.

8 ♄ acerifolium. Vir.
P. 9 ♄ Opulus. Eu. pra. hum.

Obier, Plote de Neige.

P. 10 ♄ Op. fl. globoſo. va.

Boule de Neige, Pain blanc.

11 ♄ roſeum. va.
12 ♄ Lentago. Can. d.

Lentaigne, Pimina. Viburnum à Manchette. Obier du Canada.

13 ♄ caſſinoides. Am. 7.
14 ſcandens. Jap. L. f.
15 ♄ ſterilis.
16 ♄ canadenſis. Can. d.
17 ♄ ternifolius.
18 ♄ Tinoides. Am. m. L. f.

602.

Caſſine, 253.

1 ♄ capenſis. Cap. b. Sp. L. f.

Caſſin du Cap.

2 ♄ Peragua. Caro. Vir.

Caſ. de Caroline.

3 ♄ barbara. Cap. b. Sp.
4 ♄ Maurocenia. Æt.

Maurocenie, Ceriſier d'Afrique.

5 ♄ minor. J.
6 ♄ humilis.
7 ♄ barbara.

603.

Sambucus, 254.

P. 1 ♄ Ebulus. Eu.

Hiebe petit Sureau.

2 ♄ Eb. humilis. va.
3 ♃ ♄ canadenſis. Can. d.

Pentandrie Trigynie.

P. 4 ♄ nigra. Ger. Lap.

Sureau com.

5 ♄ fructu umbelata viridi. va.
6 ♄ laciniata. va.
7 ♄ folio variagato albo. va.
8 ♄ fo. vari. luteo. va.
9 ♄ racemoſa. Eu. Auſ. mont.
10 albus.

604.

Spathelia, 255.

1 ♄ ſimplex. Jam.

Spathelie ſimple.

605.

Staphylea, 256.

1 ♄ pinnata. Eu. Auſ. ſucc.

Nez-Coupé, faux Piſtachier.

2 ♄ trifolia. Vir.

Piſta. ſauvage à trois feuilles.

Staphilaine de Virginie.

606.

Tamaris, 257.

1 ♃ gallica. Cal. Hiſ. Ite. Ruſ.

Tamaris de Narbonne.

2 ♄ Germanica. loc. inund.
3 hirſuta.
4 fruticoſa.

607.

Xylophylla, 258.

1 ♄ longifolia. In. Ori.

Xylophille à fe. longue.

2 ♄ latifolia. Am. c. Sur. Jam.

Pentandrie Trigynie.

608.

Turnera, 259.

1 ♂ ulmifolia. Jam. Am. c. Gu. Aub.

Turnere à fe. d'Orme.

2 ♂ folio longiore. va.
3 ⊙ Humila. Jam.
4 fidoides. Bra.
5 ⊙ ciftoides. Am. m. Jam. Suri.

Faux Cifte à fe. de Bétoine.

6 ♄ rupeftris. Gu. Aub.
7 ♄ frutefcens. Gu. Aub.
8 ♄ finemari. Gu. Aub. va.

Nopotogomoté de Cayenne.

9 ♄ Guianenfis. Gu. Aub. Pal.

Timoutou de Guyane.

10 cucurbitacea.

609.

Telephium, 260.

1 ♃ imperati. Galo-pro. Hel.

Herbe aux Crapeaux.

2 oppofitifolium. Bar.

610.

Corrigiola, 261.

1 ⊙ littoralis. Gal. Ger. Hel. are.

Corrigiole des rivages.

611.

Pharnaceum, 262.

1 ⊙ Cerviana Ruf. Hif. Afi.

Pharnacé d'Afie.

Pentandrie Trigynie.

2 ⊙ Molugo. In. Ori.
3 depreffum. In. Ori.
4 incanum. Afr. L. f.
5 diftichum. In. Ori.
6 cordifolium. Cap. b. Sp.
7 lineare. Cap. b. Sp. L. f.
8 ⊙ glomeratum. Æt. L. f.
9 ♄ quadrangulare. Cap. b. Sp. L. f.
10 microphyllum. Cap. b. Sp. L. f.
11 dichotomum. Cap. b. Sp. L. f.
13 ♄ albens. Cap. b. Sp. L. f.
13 ⊙ ferpyllifolium. Cap. b. Sp. L. f.

612.

Alfine, 263.

P. 1 ⊙ media. Eu. cul.

Mouron des Oifeaux Morgeline blanc.

2 ⊙ fegetalis. Par.
3 ⊙ flore cæruleo. va.
4 ⊙ fl. rubro. va.
5 mucronata. Hel. Gal.
6 ericæfolia.
7 arvenfis.

613.

Aruba, 264.

1 ♄ Guianenfis. Gu. Aub.

Arube de la Guyanne.

614.

Drypis, 265.

1 ♂ fpinofa. Mau. Ita. Ifti.

Drypie épineux.

615.

Bafella, 266.

1 ♂ ⊙ rubra. In.

Épinar,

Pentandrie Trigynie.

Épinars d'Amérique.

2 ♂ alba. Chi. Amb.
3 ⊙ lucida. In.
4 vesicaria. Hif.

Andera des Espagnols.

616.

Sarothra, 267.

1 gentianoides. Vir. Pens.

Centaurée jaune.
Sarothe, petite Gentiane.

Tetragynie.

617.

Parnassia, 268.

P. 1 palustris. Eu. ulig.

Parnasie, Hepatique blanche.
Gramen du Parnasse.

618.

Evolvulus, 269.

1 nummularius. Jam. Bard.

Evolvulle rempant.

2 gangeticus. In.
3 ⊙ alsinoides. Mala. Zey. Bis.
4 ⊙ linifolius. Jam.
5 tridentatus. In.
6 indicus barbatus minor. va.
7 ⊙ emarginatus. L. f.

Pentagynie.

619.

Aralia, 270.

1 ♄ arborea. Jam.

Pentandrie Pentagynie.

Aralié en arbre.

2 ♄ spinosa. Vir.

Angélique épineuse.

3 ♄ chinensis. Chi.
4 ♃ racemosa. Can. d.

Anis sauvage.

5 ♃ nudicaulis. Vir. jav.

Salspareille de terre.

620.

Commersonia, 271.

1 ♄ echinata. Tahe. L. f.

Commerson, Bota.

621.

Barrera, 272.

1 ♄ Capensis. Æt. Cap. b. Sp.

Barrere du Cap. Botan.

622.

Statice, 273.

P. 1 ♃ Armeria. Eu. Am. cap. 7.

Statice, gazon d'Olimpe.

2 ♃ cariophyllus minor. va.
3 ♃ lusitanica. va.

Œillet, (petit) de montagne.

4 Limonium. Eu. Vir. mari.

Limonium de Virginie.

5 Lim. minus. va.
6 ♃ incana. Ara.
7 ♃ cordata. Medi. litt.
8 reticulata. Meli.
9 ⊙ echioides. Monp.
10 ♂ speciosa. Tart.
11 ♂ tatarica. Tart.

Pentandrie Pentagynie.

12 Echinus. Gre. Medi. deter.
13 græca. juniperi. fo. va.
14 flexuosa. Sib.
15 ♃ purpurata. Cap. b. Sp.
16 ♄ minuta. Mare. Medi.
17 suffruticosa. Sib.
18 ♃ monopetala. Sici.

Limonie en Arbuste.

19 aurea. Daud. cam. mont.
20 ferulacea. Bar. Lus. Hif.
21 pruinosa. Palef.
22 ♂ finuata. Sici. Palef. Afr.

Limonie en aigrette.

23 ♂ foliis integris. va.
24 ♂ asplenifolio. va.
25 ♃ Arenaria. J.

Œillet de Paris, herbe à sept têtes.

26 ♃ Are. alb. va.

Statice des Jardins.

27 ♃ Are. minor. va.
28 ♃ Are. angustifolia.

Gazon d'Espagne ou d'Olimpe.

29 ♃ mucronata. Bar. L. f.
30 lobata. Afr. L. f.
31 linifolia. Cap. b. Sp. L. f.

623.

Linum, 274.

P. 1 ☉ usitatissimum. Eu. Auf.

*. Lin d'usage à filer.

P. 2 ☉ sativum. va. int. seget.
3 ☉ sat. flore majore. va.
4 ☉ sat latifolium. va.
5 ☉ humile. va.

Lin de Bunne.

6 ♃ viscosum. mont. Bono.

Pentandrie Pentagynie.

7 ♃ perenne. Sib. Canta.
8 hirsutum. Auf. Tart.
9 ♃ narbonense. Gal. pro. Hel.
P. 10 ♃ tenuifolium. Cal. Hel. Ger.
11 ♃ sylvestre flore magno. va.
12 ♃ sy. fl. mag. violaceo. va.
13 ♃ sy. fl. mag. purpureis. va.
14 ♃ sy. fl. dilute purpureo. va.
15 ♃ capilaceofolio. va.
16 ♃ sy. fl. minore. va.
17 gallicum. Monp.
18 maritimum. Auf. Monp.
19 ♃ alpinum. Auf. Alp.
20 austriacum. Aust. Pala.
21 virginianum. Vir. Pens.
22 flavum. Auf.
23 ☉ strictum. Monp. Hif. Sici.
24 ♄ suffruticosum. Val.
25 ♄ arboreum. Cre. Ita.
26 campanulatum. Galo. pro.
27 africanum. Afr.
28 nodiflorum. Ita. pra. arg.
P. 29 ☉ catharticum. Eu. 7 paf. fucu.

Cathartique purgatif.

P. 30 ♃ Rodiola. Eu. fab. mund.

Lin de montagne.

31 quadrifolium. Æt.
32 ☉ verticillatum. Ita.
33 trigynum.

624.

Goupia, 275.

1 ♄ glabra. Gu. Aub. Syl.

Goupi glabre.

2 ♄ tomentosa. Gu. Aub. va.

Pentandrie Pentagynie.

625.

Piriqueta, 276.

1 ⊙ villosa. Gu. Aub.
Piriquete velue.

626.

Aldrovanda, 277.

1 vesiculosa. In. Ita. palu.
Aldrovande bota.

627.

Drosera, 278.

P. 1 rotundifolia. Eu. Asi. Am.
Rosolis à fe. ronde.
Rosée du Soleil.
Herbe aux gouteux.
P. 2 longifolia. Eu.
3 capensis. Æt.
4 lusitanica. Lus.
5 cistiflora. Cap. b. Sp.
6 indica. In.
7 acaulis. Cap. b. Sp. L. f.
8 cuneifolia. Cap. b. Sp. L. f.

628.

Gisekia, 279.

1 ⊙ pharnacioides. In. Ori.
Gisekie d'Orient.

629.

Crassula, 280.

1 ♄ coccinea. Æt.
Feuille grasse à fl. rouge.
Cotyledon d'Afrique.
2 ♃ cymosa. Cap. b. Sp.
3 ♄ flava. Cap. b. Sp.
4 ♄ pruinosa. Cap. b. Sp.

Pentandrie Pentagynie.

5 ⊙ centaurioides. Æt.
6 ⊙ dichotoma. Æt. Cap. b Sp. L. f.
7 ⊙ glomerata. Cap. b. Sp
8 strigosa. Æt.
9 ⊙ muscosa. Æt.
10 ♃ ciliata. Æt.
11 punctata. Æt.
12 ⊙ subulata. Cap. b. Sp.
13 alternifolia. Æt.
14 ⊙ rubea. Eu. Aus.
15 ⊙ verticillaris. Eu. Aus.
16 ♃ nudicaulis.
17 ♃ orbicularis. Æt.
18 pellucida. Æt.
19 scabra. Cap. b. Sp.
20 ♄ perfoliata. Æt.
Aloe de plomb.
21 ♄ fruticulosa. Cap. b. Sp.
22 tetragona. Æt.
23 ♄ obvallata. Cap. b. Sp.
24 ♄ cultrata. Æt.
25 spinosa. Sib.
26 barbata, Cap. b. Sp. L. f.
27 argentea. C. b. Sp. L. f.
28 vestica. C. b. Sp. L. f.
29 corallina. Cap. b. Sp. L. f.
30 retroflexa. Cap. b. Sp. L. f.
31 deltoidea. Cap. b. Sp. L. f.
32 cordata. Cap. b. Sp. L. f.
33 montana. C. b. Sp. L. f.
34 mollis. Cap. b. Sp. L. f.
35 crenulata. Cap. b. Sp. L. f.
36 alpestris. C. b. Sp. L. f.
37 pyramidalis. Cap. b. Sp. L. f.
38 spicata. Cap. b. Sp. L. f.
39 turrita. Cap. b. Sp. L. f.
40 rupestris. Cap. b. Sp. L. f.
41 thyrsiflora. Cap. b. Sp. L. f.

Pentandrie Pentagynie.

42 capitata. Cap. b. Sp. L. f.
43 pubefcens. Cap. b. Sp. L. f.
44 Cephalophora. Cap. b. Sp. L. f.
45 tomentofa. Cap. b. Sp. L. f.
46 cotyledonis. Cap. b. Sp. L. f.
47 tecta. Cap. b. Sp. L. f.
48 perforata. Cap. b. Sp. L. f.
49 columnaris. Cap. b. Sp. L. f.
50 ♃ pinnata. Chi. L. f.

630.

Mahernia, 281.

1 ♄ verticillata. Cap. b. Sp.
Mahernie à fe. verticillée.

Pentandrie Pentagynie.

2 ♄ pinnata. Æt.

631.

Sibbaldia, 282.

1 ♃ procumbens. Alp. Lap. Sib.
Sibbalde Medec. bota.
2 erecta. Sib.
3 ♃ Altaica. Alp. Alta. L. f.

Polyginie.

632.

Myofurus, 283.

P. 1 ⊙ minimus. Eu. coli. apr.
Queue de Souris.

SIXIÉME CLASSE.

Hexandrie Monogynie.

633.

Bromelia, 1. G.

1 ♃ Ananas. nov. Hif. Suri.
Anana, Bromelie com.
2 ♃ fructu pyramidato. va.
3 ♃ fru. coccineo. va.
4 ♃ lucide virens. va.
5 ♃ foliis variegatis. va.
6 ♃ Pingu'n. Jam. Barb.
7 ♃ Karatas. Am. m. Gu. Aub.
Ananas fauvage.
8 ♃ lingulata. Am. m. Gu. Aub.

Hexandrie Monogynie.

9 ♃ nudicaulis. Am. m. Gu. Aub.
10 humilis.
11 ♃ Acanga. Braf.

634.

Tillandfia, 2.

1 ♃ utriculata. Am. m. arb.
Tillande à bourfe.
2 ferrata. Am. m.
3 lingulata. Am. m. arb. vet.
4 tenuifolia. Am. m. arb.
4 paniculata. Am. m.
6 polyftachia. Am. c.
7 monoftachia. Am. m.

Hexandrie Monogynie.

8 recurvata. Jam. arb. Gu. Aub.
9 ufneoides. Vir. Jam. Eva.
Cufcute des arbres.
Mouffe capilaire.
10 Renealmia anguftifolia.

635.

Burmannia, 3.

1 difticha. Zey. pal.
Burman. bota.
2 biflora. Vir. pal.

636.

Tradefcantia, 4.

1 ♃ virginica. Vir.
Tradefcand. bota. Ecoffois.
Ephemere, fleur d'un jour.
2 ♃ flore albo. va.
3 malabarica. Mal.
4 ♃ nervofa. fura.
5 geniculata. Am. m.
6 axillaris. In.
7 ⊙ criftata. Zey.
8 ⊙ papilionacea. In.
9 fpeciofa. Cap. b. Sp. L. f.

637.

Pontederia, 5.

1 ♃ ovata. Mal. aqu.
Pontedere bota.
2 ♃ vaginalis. In. Ori. aqu.
3 ♃ cordata. Vir. aqu. Gu. Aub.
4 ♃ haftata. In. L. f.
5 rotundifolia. Sur.

Hexandrie Monogynie.

638.

Maffonia, 6.

1 latifolia. Cap. b. Sp. L. f.
Maffon à fe. large.
2 anguftifolia. Cap. b. Sp. L. f.
3 echinata. Cap. b. Sp. L. f.

639.

Hæmanthus, 7.

1 ♃ coccineus. Cap. b. Sp.
Tulipe du Cap-de-bonne-Efpérance.
2 ♃ ciliaris. Cap. b. Sp. L. f.
3 ♃ carinatus. Cap. b. Sp.
4 ♃ puniceus. Gu. Aub.
5 pubefcens. Cap. b. Sp. L. f.

640.

Galanthus, 8.

P. 1 ♃ nivalis. mont. Ver. Ger. Vie.
Galand de Vérone.
Perce-Nege d'hiver.
P. 2 ♃ flore pleno. va.
3 ♃ grandiflorum.

641.

Leucoium, 9.

1 ♃ vernum. Ger. Hel. Ita. umb.
Perce-neige du printemps.
2 ♃ æftivum. Pann. Hef. Monp.
3 ♃ autumnale. Luf.

Hexandrie Monogynie.

642.

Narcissus, 10.

1 ♃ poeticus. G. N. Ita. Hel. Ger.

Narcisse des Poëtes.
Janette des Contois.

2 ♃ multiplex. va.
P. 3 ♃ Pseudo-Narcissus. Gal. Ang.

Aiault, faux Narcisse.

P. 4 ♃ sylvestris multiplex. va.
P. 5 ♃ syl. triplici tubo aureo. va.
6 ♃ bicolor. Eu. Auf. Pyr.
7 ♃ minor. Hisp.
8 ♃ moscatus. Hisp.

Muscari odorant.

9 ♃ triandrus. Pyr.
10 ♃ orientalis. Ori.
11 ♃ trilobus. Eu. Auf.
12 ♃ odorus. Eu. Auf.
13 ♃ calathinus. Eu. Auf. Ori.
14 ♃ Tazetta. G. N. Luf. Hisp. mari.

Narcisse de Constantinople.

15 ♃ Bulbocodium. Ulys. Hisp.

Trompette de Méduse.

16 ♃ serotinus. Hisp. Ita. Hisp.
17 ♃ Jonquilla. Hisp. Guad.

Jonquille com.

18 ♃ jon. flore pleno. va.
19 ♃ albus.
20 ♃ biflorus.

Hexandrie Monogynie.

643.

Tulbagia, 11.

1 capensis. Cap. b. Sp. flo. Ang.

Tulbage du Cap.

2 ♃ alliacea. Cap. b. Sp. L. f.
3 ♃ cepacea. Cap. b. Sp. L. f.

644.

Pancratium, 12.

1 ♃ Zeylanicum. In.

Luteur de Zeyland.

2 ♃ mexicanum. Mex.
3 ♃ caribæum. Cari.
4 ♃ maritimum. Mons.
5 ♃ illyricum. Ilir.
6 ♃ carolinianum. Jam. Car.
7 amboinense. Amb.
8 spatha multiflora. va.
9 ♃ littorale.
10 declinatum. Gu. Aub.

645.

Crinum, 13.

1 ♃ latifolium. Asi. are.

Lis. Asphodelle.

2 ♃ asiaticum. Mal. Zey. Ame.
3 ♃ Zeylanicum. In. Ori.
4 ♃ americanum. Am.
5 ♃ africanum. Æt.

Tubereuse bleue.

6 ♃ minus. va.
7 ♃ tenellum. Cap. b. Sp. L. f.
8 oblicum. Cap. b. Sp. L. f.
9 speciosum. Cap. b. Sp.
10 lineare. Cap. b. Sp. L. f.

Hexandrie Monogynie.

11 angustifolum. Cap. b. Sp. L. f.

646.

Amarylis, 14.

1 ♃ capensis. Cap. b. Sp.

Lis Narcisse.

2 ♃ lutea. Hif. Ita. Thra.

Colchique jaune.

3 ♃ Atamasco. Vir.

Atamasco à fl. blanche.

4 ♃ Ata. flore purpureo. va.

5 ♃ Ata. fl. variegato. va.

6 ♃ formosissima. Am. m.

Lis ou Croix de St. Jacques de Calatrava.

7 ♃ Belladonna. Cari. Barb. Suri.

7 ♃ Bel. æstivalis. va.

9 ♃ Bel. undulata. va.

10 ♃ Bel. minor.

11 ♃ reginæ. Cari. Gu. Aub.

Lis du Mexique.

12 ♃ farniensis. Jap inf. Ang.

Grenesienne.

13 ♃ far. palidoflore. va.

14 ♃ longifolia. Æt.

15 ♃ orientalis. In.

Narcisse des Indes.

16 ♃ guttata. Æt.

17 ♃ africana. Afr.

Lis ou Tulipe jaune de Java.

18 ♃ Spatha. H. R.

19 ♃ Zeylanica.

20 ♃ Lilio-Narcissus. Afri.

21 ♃ ciliaris. Ær. L. f.

22 ♃ Sperma tuberosa.

23 disticha. Cap. b. Sp. L. f.

24 ♃ bifolia. Gu. Aub.

Hexandrie Monogynie.

647.

Bulbocodium, 15.

1 ♃ vernum. Hif. Russi.

Bulbeux, Colchique du Printemps.

648.

Aphyllanthes, 16.

1 monspeliensis. Monp. mont.

Aphyllanthe de Montpelier.

649.

Allium, 17.

1 ♃ Ampeloprasum. Ori. Ang.

Ail. de Vigne.

2 ♂ Porrum. Hel.

Poireau Com. des Jardins.

3 fectile. va.

4 lineare. Sib.

5 ♃ rotundum. Eu. Auf. Thu. Pal.

6 ♃ Victorialis. Alp. Hel. Ita. Sile.

Victoriale à fl. jaune.

7 subhirsutum.

8 magicum. Afr. Ita. Hif. Ori.

9 caucason.

10 obliquum. Sib.

11 ramosum. Sib.

12 ♃ roseum. Mond. Ped.

13 ♃ Sativum. Sici.

Ail. com. des bout.

14 ♃ Scorodoprasum. Oel. Dan.

Rocambolle com.

Hexandrie Monogynie.

15 ♃ capite bulbifero. va.
16 avenarium. Thu. Hel. Sca.
P.17 ♃ carinatum. Ger. Hel. Carn.
18 ♃ flore dilutè-purpurascente. va.
P.19 ♃ Sphærocephalon. Ita. Sib.
20 ♃ parviflorum. Eu. Auſ.
21 deſcendens. Hel.
22 moſchatum. Gal. Nar. Hiſ.
P.23 ♃ flavum. Monp. Auſ. Eu.
24 ♃ pallens. Ita. Hiſ. Monp. Pano.
25 ♃ paniculatum. Ori.
P.26 vineale. Ger. Hel. Eu.
27 ſylveſtre gemineo capite. va.
28 oleraceum. Sue. Ger. Hel.
29 nutans. Sib.
30 ♃ Aſcalonicum. Palæ.

Échalote com. des bout.

31 ♃ ſeneſcens. Sib. Sili. Sile. Hel.
32 ♃ odorum. Eu. Auſ.
33 ♃ anguloſum. Sib. Ger. hum.
34 nigrum. Alg. Gallo.
35 ♃ canadenſe. Can. d.
P.36 ♃ urſinum. Eu. 7. nem.

Ail. d'Ours des bois.

37 ♃ triquetrum. Hiſ. Nar.
38 ♂ Cepa.

Oignon com. des Jardins.

39 ♂ Cepa alba.
P.40 ♃ Moly. Hung. Bald. Monp.

Molly com. des bout.

41 fiſtuloſum. Eu.

Hexandrie Monogynie.

Siboule com. des Jardins.

P.42 Schænopraſum. Sib. Oela.

Civette ou Ciboulete.

43 Sch. paluſtris altiſſima. va.
44 ♃ pedunculo revoluto.

Oignon en tête.

45 Chamæ-Moly. Ita.

Faux Molloy de Dioſcoride.

46 ſibiricum. Sib.
47 tenuiſſimum.
48 monſpeſulanum.
49 multibulboſum. Jacq.
50 ♃ Tataricum. Sib. L. f.

650.

Lilium, 18.

1 ♃ candidum. Palæ. Syr. Gad.

Lis blanc com. des bout.

2 ♃ album peregrinum. va.
3 ♃ cand. variegatum. va.

Lis enſanglanté.

4 ♃ caule plano compreſſo. va.

Lis à fl. double.

5 ♃ bulbiferum. Ita. Auſ. Sib.
6 ♃ purpureo croceum majus. va.
7 ♃ pur. cro. fl. pleno. va.
8 ♃ phæniceum. va.
9 ♃ bulbiferum. latifolium majus.
10 ♃ bulbi. anguſtifolium. va.
11 ♃ bulbi. minus. va.
12 ♃ bulbi. incanum.

Hexandrie Monogynie.

13 ♃ pomponium. Pyr. Sib.
Martagon de Pompone.
14 ♃ miniatum odoratum. va.
15 ♃ gramineo folio. va.
16 ♃ Calcedonicum. Per. Pal. Car.
Hemerocale de Calcedoine.
17 ♃ byzantinum. va.
18 ♃ purpureo ſanguineum. va.
19 ♃ ſuperbum. Am. 7.
Mortagon ſuperbe de Canada.
20 ♃ Martagon. Hung. Hel. Sib.
Martagon de Montagne.
21 ♃ hirſutum. va.
22 ♃ Canadenſe. Can. d.
23 ♃ camſchateenſe. Can. d. Camſ.
24 ♃ philadelphicum. Can. d.
25 ♃ corolis campanulata. va.

651.

Fritillaria, 19.

1 ♃ imperialis. Per. Conſt. Eu.
Couronne Impériale.
2 ♃ flore luteo. va.
3 ♃ fl. variegato. va.
4 ♃ impe. flo. pleno. va.
5 ♃ regia. Cap. b. Sp.
Couronne Royale.
6 ♃ nana. Cap. b. Sp.
7 ♃ perſica. Per. Eu. Ruſ.
Fritilaire de Perſe.
8 ♃ pyrenaica. Pyr. Ruſ.
9 ♃ Meleagris. Gal. Ita. Auſ. Upſ. Sib. Carn.

Hexandrie Monogynie.

Fritillaire com.
10 ♃ alba variegata. va.
Damier varié.
11 ♃ alba præcox. va.
12 ♃ ſerotina atropurpurea. va.
13 ♃ maxima.
14 ♃ flore luteo.
15 ♃ William. Rex.
16 ♃ folio argenteo ſtriato.
17 ♃ chinenſis.
18 ♃ alpina. Cap. b. Sp.

652.

Uvularia, 20.

1 ♃ amplexifolia. Bohe. ſile. Sax.
Uvulaire de montagne.
Laurier Alexandrin.
2 ♃ perfoliata. vir. Can. d.
3 ♃ ſeſſilifolia. Can. d.

653.

Glorioſa, 21.

1 ♃ ſuperba. Mal.
Gloire ſuperbe de Malabar.
2 ♃ ſimplex. Sene.

654.

Erythronium, 22.

1 ♃ Dens canis. Lig. Allo. ſib.
Dent de Chien.
2 ♃ foliis nigro-maculatis. Monp. Vir.
3 ♃ foliis ovato oblongis. va.
4 ♃ folio anguſtiore. va.

Hexandrie Monogynie.

655.

Tulipa, 23.

1 ♃ sylvestris. Monp. Ape. Sib.

Tulipe sauvage.

2 ♃ minor luteo purpurascens. va.
3 ♃ præcox oris candidis. va.
4 ♃ pumila. Ger. Hel. Lon. va.
5 ♃ Gesneriana. Capa. Allo. Taxe.

Tulipes de Gesner, qui ont enrichi les curieux de toutes les belles variétés de Tulipes.

6 ♃ breyniana. Æt.
7 ♃ biflora. Wolg. loc. dese. L. f.

656.

Albuca, 24.

1 ♃ major. Cap b. Sp.

Albue. (grand)

2 ♃ minor. Cap. b. Sp.
3 spiralis. Cap. b. Sp.
4 viscosa. Cap. b. Sp.

657.

Hypoxis, 25.

1 ♃ erecta. Vir. Can. d.

Hypoxi de Virginie.

2 ♃ decumbens. Am. m. Gu. Aub.
3 ♃ fascicularis. Alep.
4 ♃ sessilis. Caro.
5 ♃ plicata. Cap. b. Sp. L. f.
6 stellata. Cap. b. Sp. L. f.
7 minuta. Cap. b. Sp. L. f.

Hexandrie Monogynie.

8 aquatica. Cap. b. Sp. fosi. L. f.
9 serrata. Cap. b. Sp. L. f.
10 ovata. Cap. b. Sp. L. f.
11 villosa. Cap. b. Sp. L. f.
12 alba. Cap. b. Sp. L. f.

658.

Gethyllis, 26.

1 afra. Afri.

Gethille d'Afrique.

2 villosa. Cap. b. Sp. L. f.
3 ciliaris. Cap. b. Sp. L. f.
4 spiralis. Cap. b. Sp. L. f.
5 lanceolata. Cap. b. Sp. L. f.

659.

Ornithogalum, 27.

1 uniflorum. Sib. Mont. Sini.

Ornithogale ou Churle. Plume d'Oiseau.

P. 2 ♃ luteum. Eu. cul.
3 minimum. Eu. cul. ole.
4 bulbiferum. minimum. va.
P. 5 ♃ pyrenaicum. Alp. Hel. Gene.
6 ♃ narbonense. Gal. Aus. Sib.
7 ♃ latifolium. Æg. Ara.
8 ♃ comosum.

Dame de onze heures.

9 ♃ pyramidale. Lus. coli.

Epi de la Vierge, ou Epi de Lait.

10 ♃ album. J.
11 ♃ arabicum. Æg. Cap. b. Sp.
12 ♃ umbellatum. Ger. Gal. Ori.

Jacinthe du Pérou.

Hexandrie Monogynie.

13 ♃ nutans. Ita. Hel. Ger. Hel.

Jacinthe de Mai.

14 ♃ flore cæruleo. J. Eu. Syl.

Jacinthe des bois.

15 ♃ capense. Cap. b. Sp.
16 crenulatum. Cap. b. Sp. L. f.
17 rupestre. Cap. b. Sp. L. f.
18 ciliatum. Cap. b. Sp. L. f.
19 altissimum. Cap. b. Sp. L. f.
20 pilosum. Cap. b. Sp. L. f.
21 ♃ bulbiferum. Wolg. limo. L. f.
22 circinatum. Astra. L. f.

660.

Scilla, 28.

1 ♃ maritima. Hiſ. Sici. Spy.

Seille, Squille ou Squine.
Charpentaire. Scipoule
Racine de la Chine.
Oignon marin.

2 ♃ radice alba. va.
3 ♃ Lilio-Hyacinthus. Biſc. Aqu.

Lis, Jacinthe des Pyrenées.

4 ♃ italica.

Jacinthe étoilée.

5 ♃ peruviana. Luſ.
6 ♃ amæna. Biza. Eu. Auſ. Ger. Ruſ.
7 ♃ bifolia. Gal. Ger.
8 ♃ ſtellata, alboflore. va.
9 hyacinthoides. L. f.
10 ♃ autumnalis. Hiſ. Gal. ver. gla.

Hexandrie Monogynie.

11 unifolia. Luſ.
12 ♃ minima.
13 byzantina.
14 ♃ italica.
15 tetraphylla. Afr. L. f.

661.

Cyanella, 29.

1 ♃ capenſis. Cap. b. Sp. L. f.

Cyanelle à fl. irréguliere.

2 lutea. Cap. b. Sp. L. f.
3 alba. Cap. b. Sp. L. f.

662.

Aſphodelus, 30.

1 ♂ luteus. Sici.

Aſphodelle jaune.

2 ♃ ramoſus. Nar. Luſ. Hiſ.
3 ♃ fiſtuloſus. Gal. Pro. Cre.
4 ♃ ramoſus minor. va.
5 ♃ albus non ramoſus.
6 ♃ capenſis. Cap. b. Sp.

663.

Anthericum, 31.

1 ♃ ſerotinum. Alp. Ang. Hel. Sib.

Phalange tardif.
Herbe à l'Araignée.

2 ♃ Græcum. Ori.
3 ♃ planifolium. Luſ.
4 ♃ revolutum. Æt.
5 ♃ ramoſum. Eu. Auſ. rup.
6 ♃ Liliago. Hel. Ger. Gal.
7 ♃ Liliaſtrum. alp. Hel. Allo.

Lis St. Bruno.

8 ♃ ſpirale. Cap. b. Sp. mont.
9 ♃ fruteſcens. Cap. b. Sp.

Hexandrie Monogynie.

10 ♃ alooides. Cap. b. Sp.
11 ♃ asphodeloide. Cap b. Sp.
12 ☉ annuum. Æt.
13 ♃ hispidum. Cap. b. Sp.
14 ♃ ossifragum. Eu. bore. uli.

Brise-os.

15 ♃ calyculatum.
16 flexifolium. Cap. b. Sp. L. f.
17 muricatum. Cap. b. Sp. L. f.
18 latifolium. Cap. b. Sp. L. f.
19 caudafelis. Cap. b. Sp. L. f.
20 triquetrum. Cap. b. Sp. L. f.
21 ciliatum. Cap. b. Sp. L. f.
22 falcatum. Cap. b. Sp. L. f.
23 contortum. Cap. b. Sp. L. f.
24 scabrum. Cap. b. Sp. L. f.
25 ♃ squameum. Cap. b. Sp. L. f.

664.

Leontice, 32.

1 ♃ Chrysogonum. Græc. Seg.

Leontice de Dioscoride.

2 ♃ Leontopetalum Apu. Cre.

Pied de Lyon de Crête.

3 ♃ thalictroides. Vir.
4 Leotopetaloides. In.

665.

Asparagus, 33.

P. 1 officinalis Eu. aren.

Asperge com. des Jardins.

Hexandrie Monogynie.

2 maritimus. va.
P. 3 sylvestris va.
4 altilis. va.

Asperge cultivée des Jardins.

5 declinatus. Asi.
6 ♄ falcatus. Zey.
7 ♄ retrofractus. Ar.
8 ♃ æthiopicus. Cap. b. Sp.
9 asiaticus. Asi.
10 ♄ albus. Lus. His.
11 ♄ acutifolius. Lus. His. Ori.
12 ♄ horridus. His. L. f.
13 ♄ aphyllus-Sici. His. Lus.
14 ♄ aph. magno fructu. va.
15 ♄ capensis. Cap. b. Sp.
16 ♄ sarmentosus. Zey.
17 verticillaris. Ori.

666.

Dracæna, 34.

1 ♄ Draco. In. Ori.

Draco en Arbre.
Cordiline de l'Inde.

2 ♄ ferrea. Chi.
3 ♄ terminalis. In.
4 ♃ ensifolia. In.
5 graminifolia. Asi.
6 undulata. Cap. b. Sp. L. f.
7 Medeoloides. Cap. b. Sp. L. f.
8 erecta. Cap. b. Sp. L. f.
9 stricta. Cap. b. Sp. L. f.
10 volubilis. Cap. b. Sp. L. f.

667.

Convallaria, 35.

P. 1 ♃ majalis. Eu. 7.

Muguet com. des bois
Petit Lis des Vallées.

Hexandrie Monogynie.

P. 2 ♃ maj. flore pleno. va.
3 ♃ maj. flo. rubro. va.
4 ♃ verticillata. Eu. 7. Salt.
5 ♃ angustifolium ramosum. va.
P. 6 ♃ Polygonatum. Eu. 7. præ.

Sceau de Salomon.

7 ♃ Poly. flore pleno. va.
P. 8 ♃ multiflora. Eu. 7. præ.

Genouillet, signet.

P. 9 ♃ racemosa. Vir. Can. d.
10 ♃ stellata. Can. d.
11 ♃ trifolia. Sib. Syl.
P. 12 ♃ bifolia. Eu. bor. pra. asp.

Gramen du Parnasse.

13 japonica. Jap. L. f.

668.

Polyanthes, 36.

1 ♃ tuberosa. Zey.

Tubereuse des Jardins.

2 ♃ Pol. flore pleno. va.
3 ♃ flore hyacinthi.
4 ♃ amica nocturna.

669.

Hyacinthus, 37.

P. 1 ♃ non scriptus. Ang. Gal. Ita.

Jacinthe des bois.

P. 2 ♃ non scri. flore albo. va.
3 ♃ cernuus. His.

Jacinte de Mai.

4 ♃ serotinus. His. Mau.
5 ♃ viridis. Cap. b. Sp.
6 ♃ amethystinus. His. Rus.
7 ♃ orientalis. Asi. Afr.
8 ♃ corymbosus. Cap. b. Sp.
9 romanus. Rom. cul. hort.

Hexandrie Monogynie.

10 ♃ Muscaris. Asi. Eu.

Jacinthe musquée.
Muscaris, Oignon musqué.

11 ♃ monstruosus. Gal.

Lilas de terre.

P. 12 ♃ comosus. Gal. Eu. Aus.

Vacinet des prés.

13 ♃ botryoides. Ita. Hel. Per.
14 ♃ racemosus. Eu. Aus.

Ail de Chien rameux.
Muscaris des prés.

15 ♃ orchioides. Æt.
16 ♃ lanatus.
17 Convallarioides. Cap. b. Sp. L. f.
18 revolutus. Cap. b. Sp. L. f.

670.

Aletris, 38.

1 ♃ farinosa. Am. 7.

Aletris à fl. en épi.

2 ♃ capensis. Cap. b. Sp.

Jacinthe à fe. ondée.

3 ♃ hyacinthoides. Zey. Gu. Aub.
4 ♃ Zeylanica. va.
5 ♃ Guianensis. va.
6 ♄ fragrans. Afr.
7 ♃ uvaria. Cap. b. Sp.

Aloé. Iris-Uvaria.

671.

Phormium, 39.

1 tenax. Terr. Aust. No. Zeel. L. f.

Phormie rameux.

2 Hyacinthoides. Cap. b. Sp. L. f.

Hexandrie Monogynie.

3 ♃ Aloides. Cap. b. Sp. L. f.

672.

Yucca, 40.

1 ♄ gloriosa. Can. d. Per.

Alyuque glorieux.
Yucca à fl. blanche.

2 ♄ aloifolia. Jam. V. C.
3 ♄ draconis. Am.
4 ♄ filamentosa. Vir.

673.

Aloe, 41.

1 ♄ perfoliata. In. Afr. Ita. Sici.

Aloë à fe. perfolliée.

2 ♄ per. Afri. caulescceus. va.
3 ♄ per. Afr. foliis minoribus. va.
4 ♄ per. Afr. fol. glaucis. va.
5 ♄ p. Afr. fol. glau. brevissimis. va.
6 ♄ p. Afr. dorso integro spinoso. va.
7 ♄ p. Afr. dor. int. non spinoso. va.
8 ♄ p. Afr. non spinosa. va.
9 ♄ p. Afr. flore rubro. va.
10 ♄ p. Afr. maculata major. va.
11 ♄ p. Af. macu. minor. va.
12 ♄ p. Afr. mitriformis spinosa. va.
13 ♄ Succotrina. va.

Aloë Succotrin.

14 ♄ humilis. va.
15 ♄ vera.
16 ♄ variegata. Æt. Arg.

Aloë Perroquet.

17 ♄ disticа. Afr. rup.

Aloë à bec de Canne.

Hexandrie Monogynie.

18 ♄ dis. folio triangulari. va.
19 ♄ dis. folio planis conjugatis va.
20 ♄ dis. fo. longissimo. va.
21 ♄ spiralis. Afr. camp.

Aloë en Epi.

22 ♃ retusa. Afr. arg.

Aloë à ponce écrasé.

23 ♃ viscosa. Æt. camp.

Aloë triangulaire.

24 ♃ pumila. Æt. camp.
25 ♃ margaritifera. va.

Aloë perlée.

26 ♃ marg. folio verrucis. va.
27 ♃ marg. minima. va.
28 ♃ arachnoides. va.

Aloë à patte d'Araignée.

29 ♃ inermis dentatis. va.
30 ♄ plicatis.

Aloë en évantail.

31 ♄ linguæformis. L. f.
32 spicata. Cap. b. Sp. L. f.
33 dichotoma. Cap. b. Sp. L. f.

674.

Agave, 42.

1 ♄ americana. Am. c.

Agave, grand Aloë com.

2 ♄ ame. fol. margine luteo. va.
3 ♄ ame. fol. variegata. va.
4 ♄ vivipara. Ame.
5 ♃ virginica. Vir.
6 ♄ fœtida. Cura. Gu. Aub.

Aloë Pite, à toile.
Bois mêche, bois chandelle.

Hexandrie Monogynie.

675.

Alſtroemeria, 43.

1 ♃ pelegrina. Per. Lim.

Alſtroemer. Bota. Suédois.

fleurs des Incas.

2 ♃ Ligta. Lim.
3 Salſilla. Lim.
4 multiflora. Am. m. L. f.

676.

Hemerocallis, 44.

1 ♃ flava. Hel. Sib. Hun. camp.

Hemerocale jaune odorante.

Lis Aſphodelle, fle. d'un jour.

2 ♃ lutea minor. va.
3 ♃ fulva. Chi. Hel.

677.

Acorus, 45.

1 ♃ Calamus. Eu. foſ. pal.

Calamant d'Europe.

2 ♃ vulgaris. va.

Calam. odorant des bout.

Roſeau aromatique.

Maſſe d'eau à fe. odorantes.

3 ♃ vernus. va.

678.

Orontium, 46.

1 ♃ aquaticum. Vir. Can. d.

Oronce d'eau.

Hexandrie Monogynie.

679.

Calamus, 47.

1 ♄ Rotang. In. Syl. flu.

Jonc, Palmier de l'Inde.

Canne de Jai à main.

Canne à fruit de Bengale.

2 ♄ Palmjuncus Calapparius.

Palmier, jonc de Rumphius.

3 ♄ Pal. niger. va.
4 ♄ Pal. albus. va.
5 ♄ Pal. vernus. va.
6 ♄ Pal. viminalis. va.
7 ♄ Pal. equeſtris. va.
8 ♄ Pal. Zallacea. va.
9 ♄ Pal. Draco. va.
10 ♄ Pal. anguſtifolia. va.
11 ♄ Pal. Rotang aſſam fructu.
12 ♄ Rotang Calappa.

680.

Rapatea, 48.

1 ♃ paludoſa. Gu. Aub.

Rapate des marécages.

681.

Juncus, 49.

1 ♃ acutus. Ang. Gal. Ita. Carn.

Jonc à tige aigue.

2 ♃ culmolongiore. Car. va.
P. 3 ♃ conglomeratus. Eu. bor.
P. 4 ♃ effuſus. Eu. ulig. Alp.
P. 5 ♃ culmo nudo acuminato. va.
P. 6 ♃ inflexus. Eu. Auſ.

Hexandrie Monogynie.

7 ♃ acumine reflexo. lalter. va.
8 ♃ panicula laterali. va.
9 ♃ filiformis. Eu. uli. palu.
10 ♃ trifidus. Alp. Lap Hel. Pyr.

Jonc à trois fleurs des Alpes.

P. 11 ♃ squarrosus. Eu. bor. cesp.

La Brossiere.

12 ♃ nodosus. Am. 7.
P. 13 ♃ articulatus. Eu. aqu.
14 ♃ aquaticus. va.
15 ♃ sylvaticus. va.
16 ♃ alpinus. va.
17 ♃ foliosi. va.
P. 18 ♃ bulbosus. Eu. pasc. ster.
19 ⊙ bufonius. Eu. inu.
20 ⊙ Gramen nemorosum. va.
21 ⊙ Gra. nem. species altera. va.
22 ⊙ Gra. bufonius. va.

Chiendent des Crapauds.

23 ⊙ Gra. holosteum. va
24 ♃ stygipus. Sue. pal Syl.
25 ♃ Jaquini. Sehn. Auf. Alp.
26 ♃ biglumis. Alp. Lapp.
27 ♃ triglumis. Alp. Lapp. Tau.
P. 28 ♃ pilosus. Eu. Syl. Alp.
29 ♃ gramen hirsutum. va.
30 ♃ foliis planis va.
31 ♃ gramen nemorosum. va.
32 ♃ gra. hirsutum majus. va.
33 ♃ gra. hir. latifolium minus va.
34 ♃ niveus. Alp. Boh. Hel. Rhæ.
P. 35 ♃ campestris. Eu. pas. sicci.
36 ♃ foliis planis. va.
37 ♃ junccides hirsutum, va.
38 ♃ montanum. va.

Hexandrie Monogynie.

39 ♃ latifolium alpinum. va.
40 ♃ gramen hirsutum. va.
41 ♃ juncoides bohemicum. va.
42 ♃ spicatus. Lap. Alp.
43 ⊙ Tenageia. Ger. L. f.
44 serratus. Cap. b. Sp. L. f.
45 punctorius.
46 ♃ grandiflorus. Tier. Fun. L. f.

Jonc à grande fleur.

682.

Ehrharta, 50.

1 ♃ Muemateia. Afr. L. f.

Ehrhar du Cap de b. Espé.

683.

Duroia, 51.

1 ♄ Eriopila. Sur. L. f.

Duroyé de Surinam.

684.

Richardia, 52.

1 ♃ scabra. V. C.

Richarde de la Vera-Crux.

685.

Achras, 53.

1 ♄ mammosa. Am. m. Cub. Jam.

Poire de Teton sauvage.

2 ♄ Zapotilla. Gu. Aub. va.
3 ♃ salicifolia. Am. m.

Bois de Natte.
Sapotille à gros fruits.

4 ♃ Bàlata. Gu. Aub.
5 ♄ dissecta.

Hexandrie Monogynie.

5 ♄ dissecta. Insu. Tong. L.f.
6 ♃ fructu minori.

686.

Prinos, 54.

1 ♄ verticillatus. Vir. pal.
Prinos du Canada.
2 ♄ glaber. Can. d.

687.

Guapira, 55.

1 ♄ Guianensis. Gu. Aub.
Guapire de la Guyane.

688.

Bursera, 56.

1 ♄ gummifera. Am. c. Gu. Aub.
Bursere. Simarube.
Grand Terebinthe d'Amérique.

689.

Berberis, 57.

P. 1 ♄ vulgaris. Eu. Syl. Ori. Lib.
Epine-Vinette com.
2 ♄ fructu dulci. va.
3 ♄ sine nucleo. va.
Ep. Vi. sans Pepin.
4 ♄ cretica. Cre.
Vinettier, Crépiniere.
Jasmin de Crête.
5 ♄ dumetorum.
Ep. V. à fruit blanc.
6 ♄ ilicifolia. Tier. Fue. L.f.

Hexandrie Monogynie.

690.

Capura, 58.

1 ♃ purpurata. In.
Capure pourpre.

691.

Loranthus, 59.

1 ♄ Scurrula. Chi.
Loranthe, Parasite de Chine.
Guy des Vignes.
2 ♄ uniflorus. Dom. Syl.
3 ♄ europæus. Aus. Sib. querc.
4 ♄ americanus. Am. arb.
5 ♄ occidentalis. Am. arb. Gu. Aub.
6 ♄ loniceroides. Asi. arb.
Chevrefeuille Parasite.
7 ♄ pentandrus. In.
8 ♄ spicatus. Cart. para.
9 ♄ tetrapetalus. No. Zeel. L. f.
10 ♄ falcatus. Madr. arbo. para.
11 ♄ Stelis. cam. arbo. Gu. Aub.

692.

Hillia, 60.

1 ♄ parasitica. Am. m. para.
Hillier, arbrisseau parasite.

693.

Canarina, 61.

1 ♃ Campanula. Inf. Cana.
Canarine campanule.

Hexandrie Monogynie.

694.

Frankenia, 62.

1 ♃ lævis. Eu. Auſ. mari. Aſta.

Frankenie, Franca.

2 hirſuta. Apu. Cre. Cap. b. Sp.

3 ⊙ pulverulenta. Suſ. Nav. Ita.

695.

Peplis, 63.

P. 1 ⊙ portula. Eu. inun.

Pourpier aquatique.

2 ⊙ tetrandra. Jam.

696.

Aiovea, 64.

1 ♄ Guianenſis. Gu. Aub. Syl.

Aiové des Galibis.

697.

Licaria, 65.

1 ♄ Guianenſis. Gu. Aub.

Licari-Kanali des Caraibes.

Bois de Roſe de Cayenne.

698.

Coutarea, 66.

1 ♄ Speciosa. Gu. Aub. Syl.

Coutare précieux.

Digynie.

699.

Oryza, 67.

1 ⊙ ſativa. Æt. In. palu.

Ris cultivé des bout.

700.

Falkia, 68.

1 repens. Cap. b. S. L. f.

Falkie à fl. de Convolvulus.

701.

Gahnia, 69.

1 procera. No. Zeel. coli.

Gahnie de la nouvelle Zeélande.

702.

Atraphaxis, 70.

1 ſpinoſa. Sib. Med. gal.

Arbre poiré d'Orient.

Arbre d'Afrique.

2 ♄ undulata. Æt.

703.

Cabomba, 71.

1 aquatica. Gu. Aub. flu. Stag.

Cabombe quatique.

Trigynie.

704.

Rumex, 72.

1 ♃ Patientia. Ger. Ita.

Patience ou Surette.

Hexandrie Trigynie.

Parelle des Jardins.

2 ♂ ſanguineum. Vir. Ger.

Patience rouge.

Sang de Dragon.

3 ♃ verticillatus. Vir.
4 ♃ Britanica. Vir.
P. 5 ♃ criſpus. Eu. hum.
6 ⊙ perſicarioides. Vir.
7 ⊙ ægyptiacus. Æg.
8 ⊙ dendatus. Æg.
9 ⊙ maritimus. Eu. lit. mari.
10 ⊙ divarigatus. Ita.
11 ♃ acutus. Eu. Succ.
12 ♃ obtuſifolius. Ger. Sude. Ang.
13 ♃ pulcher. Ang. Gal. Ita. Hel.

Lapathum, violon.

14 ⊙ bucephalophorus. Ita.

à Tête de Bœuf.

15 ♃ aquaticus. Eu. rip. flu.

Parelle, Patience d'homme.

16 ♄ Lunaria. Can.

Oſeille en Arbre.

17 ⊙ veſicarius. Afr.
18 ⊙ roſeus Æg.
19 ♃ tingitanus. Bar. Hiſ.
20 ♃ ſcutatus. Hel. Gal. pro.
21 ♃ Acetoſa ſcutata. va.
22 ♃ digynus. Alp. Lap. Sib.
23 ♂ alpinus. Hel. Gal. Auſ.

Rubarbe des Moines.
Patience des Alpes.

24 ⊙ ſpinoſus. Cre.

Bette ou Poirée de Crête.

25 ♃ tuberoſus. Ita.
26 ♃ multifidus. Cal. Hetr. Ori.
P. 27 ♃ Acetoſa. Eu. paſ. Alp.

Hexandrie Trigynie.

Oſeille cultivée, com.
Surelle des Jardins.

P. 28 ♃ Ace. pratenſis. flo. albo. va.
29 ♃ Ace. montana maxima. va.
30 ♃ Ace. mont. folio rotundo. va.
31 ♃ Oxalis criſpa. va.

Oſeille friſée.

P. 32 ♃ Acetoſella. Eu. paſ. are.

Surette, Oſeille des Brebis.

P. 33 ♃ lanceolata repens. va.
P. 34 ♃ arvenſis minima. va.

Oſeille des champs.

P. 35 ♃ minor erecta. va.
36 ♃ aculeata. Cre. Hiſ.
37 ♃ luxurians. Alp. Bono.
38 ♃ bipinnata. Maro.
39 ♃ ♄ Arifolia. Abis. L. f.

Oſeille d'Abiſſinie.

40 ♃ Nemolapathum. Ger. L. J.

705.

Flagellaria, 73.

1 ♄ indica. Jar. Mal. Zey.

Verge des Indes.
palmier jaune luiſant.

706.

Schevchzeria, 74.

1 ♃ paluſtris. Lapp. Hel. Ger.

Schevchzer des marécages.

707.

Triglochin, 75.

P. 1 ♂ paluſtre. Eu. inu. ulig.

Hexandrie Trigynie.

Triglochine des prés.

P. 2 ♂ juncago maritima. va.

Jonc marin.

3 ♃ bulbosum. Cap. b. Sp.
4 ♃ maritimum. Eu. mari.

708.

Melanthium, 76.

1 ♃ virginicum. Vir.

Melanthe, Nielle de Virginie.

2 ♃ sibiricum. Sib.

Epi fleuri de Siberie.

3 ♃ capense. Cap. b. Sp.
4 ♃ indicum. Tran.
5 viride. Cap. b. Sp. L. f.
6 ciliatum. Cap. b. Sp L. f.
7 triquetrum. Cap. b. Sp. L. f.
8 ♃ monopetalum.

709.

Medeola, 77.

1 ♄ virginica. Vir.

Medée de Virginie. Petit lis Martagon.

2 ♄ asparagoides.

Asperge à fe. de Myrthe.

710.

Trillium, 78.

1 ♃ cernuum. Caro.

Trilliée à fl. panchées.

2 erectum. Vir.
3 ♃ sessile. Vir. Caro.

Hexandrie Trigynie.

711.

Colchicum, 79.

P. 1 ♃ autumnale. Eu. Succ.

Colchique d'Automne. Mort au Chien. Tue-Chien.

P. 2 ♃ flore pleno. va.
3 ♃ vernum. va.
4 ♃ montanum. Hisp. Hel.
5 ♃ variegatum. Chio. insu.

Colchique Foux.

712.

Helonias, 80.

1 ♃ bullata. Pens. palu.

Helonie à boulette.

2 asphodelloides. Pens.
3 minuta. Cap. b. Sp. loci. gla.

Tetragynie.

713.

Petiveria, 81.

1 ♄ alliacea. Jam. nemo.

Petivere, Bota. Apotique alliette.

2 ♄ octandra. Am. m. Gu. Aub.

Polygynie.

714.

Alisma, 82.

P. 1 ♃ Plantago. Eu. aqu. lac.

Plantin d'eau.

P. 2 ♃ angustifolia. va.
3 ♃ flava. Am. m. Gu. Aub.

Hexandrie Polygynie.

P. 4 Damasonium. Ang. Gal.

Damasonie des marécages.

5 ♃ cordifolia. Am. Auſ. ſept.

Hexandrie Polygynie.

P. 6 natans. Gal. Sue. Sib. foſ.

P. 7 ranunculoides. Gotl. Bel. Ang.

8 ſubulata. Vir.

9 parnaſſifolia. Ape. pal.

SEPTIÉME CLASSE.

Heptandrie Monogynie.

715.

Trientalis, 1er. G.

1 ♃ Europæa. Eu. Bor. Syl.

Trientalle, Pirolle. Alſine des Alpes.

716.

Diſandra, 2.

1 ♃ poſtrata. Ori.

Diſandre à tige couchée. Sibthorpe étranger.

2 africana. Afr.

717.

Æſculus, 3.

1 ♄ Hippo-Caſtanum. Aſi. 7.

Maronier d'Inde, com.

2 ♄ foliis variegatis. va.

3 ♄ Pavia. Car. Braſ.

Mar. à fl. rouge.

4 ♄ flore luteo.

5 ♄ fl. albo. va.

Digynie.

718.

Limeum, 4.

1 africanum. Æt. Cap. b. Sp. L. f.

Heptandrie Dygynie.

Limée, le Poiſon des fleches.

2 aphyllum. Cap. b. Sp. L. f.

Tetragynie.

719.

Sauruvus, 5.

1 ♃ cernuus. Vir.

Queue de Léſard.

2 ♃ natans. In. Ori.

3 ♃ rectus.

720.

Aponogeton, 6.

1 monoſtachion. In. Ori. pal.

Aponogete, petit Galanga.

2 ♃ diſtachyon. Cap. b. Sp. L. f.

Heptagynie.

721.

Septas, 7.

1 ♃ capenſis. Cap. b. Sp.

Sept Etamines, ſept Piſtiles.

HUITIÉME CLASSE.

Octandrie Monogynie.

722.

Tropæolum, 1er. G.

1 ☉ ♃ minus. Peru. Limæ.

Capucine. (petite)

2 ☉ ♃ majus. Per.
3 hybridum.
4 ☉ peregrinum. Per.
5 ☉ flore pleno. va.

723.

Heymassoli, 2.

1 ♄ spinosa. Gu. Aub. lito. are.

Heymassolie épineux.

2 ♄ inermis. Gu. Aub. va.

724.

Aniba, 3.

1 ♄ Guianensis. Gu. Aub.

Anibe, bois de Cedre.

725.

Iroucana, 4.

1 ♄ Guianensis. Gu. Aub. mari.

Iroucane de la Guyane. Café du Diable des Créoles.

726.

Osbeckia, 5.

1 chinensis. In. L. f.

Osbec de la Chine.

2 Zeylanica. Zey. L. f.

Octandrie Monogynie.

727.

Matayba, 6.

1 ♄ Guianensis. Gu. Aub.

Mataybe de la Guyane.

728.

Rhexia, 7.

1 virginica. Vir.

Rhexie de Virginie.

2 mariana. Marit. Bra. Suri.
3 Acisanthera. Jam.
4 villosa. Gu. Aub. prat. arc.

Quadrette à petite fe.

5 latifolia. Gu. Aub. va.
6 ♄ Jussieoides. Sur.
7 ♄ glutinosa. No. Gre.

729.

Oenothera, 8.

1 ♂ biennis. Vir.

Jambon des Jardiniers. Onagre. Herbe aux Anes.

2 ♂ parviflora. Am. 7.
3 muricata. Can. d.
4 ☉ ♂ longiflora. Arg. Bona.
5 octovalvis. Am. Gu. Aub.
6 ☉ mollissima. arg. Bona.
7 ♄ hirta. Am. c.
8 ☉ sinuata. Vir.
9 ♃ fruticosa. Vir.
10 ♃ pumila. Am. 7.
11 grandiflora.

Octandrie Monogynie.

730.

Gaura, 9.

1 ♂ biennis. Vir. Penſ.

Gaure biſanuelle.

731.

Epilobium, 10.

1 ♃ anguſtifolium. Eu. bor.

Neriette, Antoinette.

2 ♃ Lyſimachia Chamæne-rium. va.

3 ♃ Lyſ. Cha. dicta alpina. va.

P. 4 ♃ latifolium. Sib. Sile.

P. 5 ♃ hirſutum. Eu. hum.

P. 6 ♃ Ly. ſiloquoſa hirſuta. va.

P. 7 montanum. Eu. mont.

P. 8 Ly. ramoſa glabra. va.

P. 9 ♃ tetragonum. Eu.

P. 10 ♃ paluſtre. Eu. hum.

Laurie Roſe St. Antoine.

11 ♃ ramoſe florens. va.

12 ♃ Alpinum. Hel. Lapp. Dani.

13 ♃ antonianum. J.

Oſier fleuri.

14 alſinum.

15 aquaticum.

732.

Antichorus, 11.

1 ☉ depreſſus. Ara.

Antichore d'Arabie.

733.

Combretum, 12.

1 ♄ laxum. Am. m. Gu. Aub.

Chigonier des Caraïbes.

2 ♄ ſecundum. Carth.

Octandrie Monogynie.

734.

Griſlea, 13.

1 ♄ ſecunda. Am. c.

Griſelle d'Amérique.

735.

Allophylus, 14.

1 ♄ Zeylanicus. Zey.

Allophille de Zeyland.

736.

Cercoidea, 15.

1 ♃ erecta.

Cercote, Bota. Anglois.

737.

Mimuſops, 16.

1 ♄ Elengi. In.

Mimuſops de l'Inde.

2 ♄ Kauki. In.

738.

Icica, 17.

1 ♄ heptaphylla. Gu. Aub. Syl.

Iciquier à ſept feuilles.
Arouaou des Galibis.

2 ♄ Guianenſis. Gu. Aub. Syl. lito.

Bois d'Encens de Guyane.

3 ♄ altiſſima. Gu. Aub.

Cedre blanc de Cayenne.

4 ♄ Aracouchini. Gu. Aub.

5 ♄ enneandra. Gu. Aub.

6 ♄ decandra. Gu. Aub.

Iciquier Chipa des Galibis.

Octandrie Monogynie.

739.

Talisia, 18.

1 ♄ Guianensis. Gu. Aub. rip. fluv.

Talisier de la Guyane.

740.

Jambolifera, 19.

1 ♄ pedunculata. In.

Jambolier à gros fruit.

741.

Melicocca, 20.

1 ♄ bijuga. Am. m.

Melique, Noixcocco.

742.

Guarea, 21.

1 ♄ trichilioides. Bra. In. Occi.

Gui de la Brose. Bota.

743.

Amyris, 22.

1 ♄ Elemifera. Caro.

Amyrie. Gomme Elemi.

2 ♄ sylvatica. Am.
3 ♄ gileadensis. Arab. feli.
4 ♃ maritima. Am.
5 ♄ Opobalsamum. Arab.

Baume des Indes.
Bau. d'Egypte du G. Caire.

6 toxifera. Caro.

Gomme venimeuse.

7 ♄ Protium. In. Ori.
8 ♄ balsamifera. Jam.

Octandrie Monogynie.

Jasmin odorant.
Arbre odorant de Jamaique.

9 ♄ Guianensis. Gu. Aub.
10 ♄ ambrosiaca. In. Ori. lit. L. f.

744.

Ximenia, 23.

1 ♄ americana. Am. m.

Ximenie d'Amérique.

2 ♄ inermis. Jam.

745.

Fuchsia, 24.

1 triphylla. Am.

Fuchsi à trois feuilles.

2 multiflora. Am.
3 ♄ exeorticata. No. Zeel. L. f.

Botaniste.

746.

Chlora, 25.

1 ⊙ perfoliata. Hel. Aug. Gal.

Chlore. Centaure jaune.

2 ⊙ pusillum luteum. va.

Petite Centaure jaune.

3 ♄ quadrifolia. Eu. Aus.
4 dodecandra. Vir.
5 ⊙ inperfoliata. Ita.

747.

Dodonæa, 26.

1 ♄ viscosa. In. loc. are.

Dodonée, Medecin, Bota.
Bois de Renette.

2 ♄ longifolia.
3 ♄ angustifolia. In. Aus. L. f.

Octandrie Monogynie.

748.

Lawsonia, 27.

1 ♄ inermis. In. Æg. L. f.
Lawsone. Troëne d'Egypte.
Alcanna d'Arabie.
2 ♄ spinosa. In.
Alcanette de l'Inde.
3 ♄ Acronychia. No. Cale. L. f.

749.

Memecylon, 28.

1 ♄ capitellatum. Zey.
Memecylle. Cornouiller de Zeyland.

750.

Vaccinium, 29.

1 ♄ Myrtillus. Eu. sy. umb.
Airelle ou Myrtille.
Raisin des bois à fruits noirs.
2 ♄ fructu albo. va.
3 ♄ uliginosum. Sue. bor. Alp.
4 ♄ album. Pens.
5 ♄ mucronatum. Am. 7.
6 ♄ corymbosum. Am. 7.
7 ♄ frondosum. Am. 7.
8 ♄ ligustrinum. Pens.
9 ♄ Arctostaphylos. Capp.
Raisin d'Ours.
10 ♄ Vitis idæa. Capp.
11 ♄ Vitis idæa. Eu frig. syl.
Moret. Raisin noir des bois.
P. 12 ♃ Oxycoccus. Eu. pal. Spha.

Octandrie Monogynie.

Oxicoccus des marécages.
Canneberge. Coussinette.
13 ♃ hispidulum. Am. 7. pal.
14 longiflorum. J.
P. 15 ♄ Myrthifolia. J. Eu.
Gueulle noire.

751.

Erica, 30.

P. 1 ♄ vulgaris.
Bruyere de Petrole com.
P. 2 ♄ folio hirsuto. va.
3 lutea. Cap. b. Sp.
4 ♄ halicacaba. Æt.
5 regerminatus. Cap. b. Sp.
6 hispidula. Cap. b. Sp.
7 ♄ muscosa. Cap. b. Sp.
8 ♄ Bergiana, Cap. b. Sp.
Bruy. de Bergius. Bot.
9 ♄ depressa. Cap. b. Sp.
10 ♄ piluli'era. Æt.
11 ♄ viridipurpurea. Lus.
12 ♄ pentaphylla. Cap. b. Sp.
13 ♄ nigrita. Cap. b. Sp.
14 ♄ planifolia. Cap. b. Sp.
P. 15 ♄ scoparia. Mons. His. Eu.
Haute Bruyere. Herbe à Balais.
16 ♄ arborea. Eu. Aus.
17 ♄ ramentacea. Cap. b. Sp.
18 ♄ persoluta. Cap. b. Sp.
P. 19 ♄ Tetralix. Eu. bore. pal.
Tetralis de S. Leger.
20 ♄ pubescens. Æt.
21 ♄ parviflora. va.
22 ♄ abietina. Cap. b. Lp.
23 ♄ mammosa. Cap. b. Sp.
24 ♄ caffra. Æt.
25 ♄ triflora. Cap. b. Sp.
26 ♄ baccans. Cap. b. Sp.

Octandrie Monogynie.

27 ♄ gnaphalodes. Cap. b. Sp.
28 ♄ corifolia. Æt.
29 ♄ articularis. Cap. b. Sp.
30 ♄ calycina. Cap. b. Sp.
P. 31 ♄ cinerea. Eu. medi. Ori.
32 ♄ ternis per intervalla ram. va.
33 ♄ paniculata. Æt.
34 ♄ auſtralis. Hiſ.
35 ♄ phyſodes. Cap. b. Sp.
36 ♄ empetrifolia. Æt.
37 ♄ tenuifolia. Cap. b. Sp.
38 ♄ albens. Cap. b. Sp.
39 ♄ ſpumoſa. Cap. b. Sp.
40 ♄ Capitata. Cap. b. Sp.
41 ♄ melanthera. Cap. b. Sp.

Sucre vitriolique.

42 ♄ abſynthioïdes. Cap. b. Sp.
43 ♄ ciliaris. Luſ.
44 ♄ tubiflora. Cap. b. Sp.
45 ♄ curviflora. Cap. b. Sp.
46 ♄ coccinea. Æt.
47 ♄ cer nthoides. Æt.
48 ♄ faſtigiata. Cap. b. Sp.
49 ♄ cubica. Cap. b. Sp.
50 denticulata. Cap. b. Sp.
51 ♄ viſcaria. Cap. b. Sp.
52 ♄ granulata. Cap. b. Sp.
53 ♄ comoſa. Cap. b. Sp.
54 ♄ Pluckentii. Æt.
55 ♄ Petiveri. Cap. b. Sp.
56 ♄ nudiflora. Cap. b. Sp.
57 ♄ Bruniades. Æt.

Arbre d'Afrique.
(Bruyere ou)

58 ♄ imbricata. Cap. b. Sp.
59 ♄ umbellata. Luſ.
60 ♄ purpuraſcens. Eu. Auſ.
61 ♄ vagans. Afri.
62 ♄ herbacea. Eu. Auſ.
63 ♄ carnea. va.
64 ♄ multiflora. Ang. G. N. Ori.

Bruy. de Narbonne.

Octandrie Monogynie.

65 ♄ mediterranea. Auſ. Alp.
66 ♄ Daboecii. Hib. Gal. mont.

Daboecie à fe. de Myrthe.

67 Sparrmanni. Afri. Cap. L. f.
68 ♄ faſcicularis. Cap. b. Sp. L. f.
69 ♄ retorta. Cap. b. Sp. L. f.
70 Thunbergii. Cap. b. Sp. L. f.

Bruy. de Thumberge.

71 veſpertina. Cap. b. Sp. L. f.
72 ♄ Paſſerina. Cap. b. Sp. L. f.

Paſſerine bruyere.

73 ♃ Maſſoni. Cap. b. Sp. L. f.
74 ♄ ſeſſiliflora. Cap. b. Sp. L. f.
75 hiſpidula. Cap. b. Sp. L. f.
76 ceruna. Cap. b. Sp. L. f.
77 tetragona. Cap. b. Sp. L. f.
78 leucanthera. Cap. b. Sp. L. f.
79 grandiflora. Cap. b. Sp. L. f.
80 Monſoniana. Afr. L. f.

752.

Ophira, 31.

1 ♄ ſtricta. Afr.

Ophire d'Afrique.

753.

Daphne, 32.

P. 1 ♄ Mezereum. Eu. bore. Syl.

Octandrie Monogynie.

Bois Joli. Mezereum. Malherbe.

P. 2 ♄ flore albo. va.
P. 3 ♄ fl. albo variegato. va.
4 ♄ fl. rubente fructu albo. va.
5 ♄ Thymelæa. Hiſ. Monp.

Thymelée. Garoux. Trentanel de Montpelier.

6 pubeſcens. Auſ.
7 ♄ villoſa. Luſ. Hiſ.
8 ♄ Tarton - raira. Gallo. pro.

Tartonraire de Provence.

9 ♄ alpina. Hel. Gene. Ita. Auſ.

Thymelée des Alpes.

10 ♄ ſabaudica flore albo. va.
P. 11 ♄ Laureola. Ang. Hel. Gal.

Laureole des Anglois.

12 ♄ pontica. Pon.

Daphné Pontique.

13 ♄ indica. Chi.
14 ♄ Cneorum. Gal. Pyr. Bald.

Cneorum de Mathiole

15 ♄ Gnidium. Hiſ. Ita. G. N.

Sain-Bois à Coterise. Gnidie de la g. Narbone.

16 ♄ ſquarroſa. Æt.
17 ♄ oleoides. Ori.
18 fœtida. Tah. L. f.
19 rotundifolia. Tong. L. f.
20 ♄ dioica. Pyr. loc. apri. L. f.

Octandrie Monogynie.

754.

Dirca, 33.

1 ♄ paluſtris. Vir. pal.

Dirque. Bois de Cui.

755.

Gnidia, 34.

1 ♄ pinifolia. Cap. b. Sp. L. f.

Gnidie à fe. pinnée.

2 ♄ radiata. Cap. b. Sp.
3 ♄ ſimplex. Cap. b. Sp.

Thymelé d'Æthyopie.

4 ♄ tomentoſa. Cap. b. Sp.
5 ♄ ſervicea. Cap. b. Sp.
6 ♄ oppoſitifolia. Cap. b. Sp.
7 ♄ lævigata. va.
8 ♄ capitata. Cap. b. Sp. L. f.
9 ♄ filamentoſa. Cap. b. Sp. L. f.
10 imbricata. Cap. b. Sp. L. f.
11 ♄ Daphnæ folia. Mada. Thouin.
12 ♄ Da. floribus minoribus. va.
13 Da. floribus majoribus. va.

Daphné de Thouin.

756.

Stellera, 35.

P. 1 Paſſerina. Ger. Hel. Ita. Eu.

Stellere de France.

2 ♃ Chamæjaſm. Sib.

757.

Paſſerina, 36.

1 ♄ filiformis. Æt.

Octandrie Monogynie.

Passerine. Thymelée d'Afrique.

2 ♄ hirsuta. Galo. pro. Ita. Ori.
3 ♄ ericoides. Cap. b. Sp.
4 ♄ capitata. Cap. b. Sp.
5 ♄ ciliata. Æt. His. Ori.
6 ♄ uniflora. Æt.
7 ♄ dodecandra. Æt.
8 ♄ lævigata. Æt.
9 ♄ sericea. Æt.
10 Anthylloides. Cap. b. Sp. L. f.
11 spicata. Cap. b. Sp. L. f.
12 laxa. Cap. b. Sp. L. f.
13 grandiflora. Afr. L. f.
14 Gnidia. No. Zeel. L. f.
15 pilosa. No. Zeel. rup.
16 prostrata. No. Zeel. mont. L. f.

758.

Lachnæa, 37.

1 ♄ eriocephala. Æt.

Lachnée à tête laineuse.

2 ♄ conglomerata. Cap. b. Sp.

759.

Bæckea, 38.

1 ♄ frutescens. Chi.

Bæckée. (Arbrisseau de)

Digynie.

760.

Schmiedelia, 39.

1 ♄ racemosa. In. Ori.

Schmiede rameux.

Octandrie Digynie.

761.

Galenia, 40.

1 ♄ Africana. Afr. L. f.

Galenie ligneux.

2 procumbens. Cap. b. Sp.

762.

Weinmannia, 41.

1 ♄ pinnata. Jam. insu. S. Cru.

Weinmannie de la Jamaique.

2 racemosa. No. Zeel. L. f.
3 ♄ trifoliata. Cap. b. Sp. L. f.
4 ♄ tomentosa. No. Zeel. L. f.
5 glabra. L. f.

763.

Moehringia, 42.

1 muscosa Alp. Hel. Ita. Aus.

Moehringie mousseux.

2 Alsine tenuifolia musosa. L. f.

764.

Codia, 43.

1 ♄ montana. No. Cale.

Codier de montagne.

Trigynie.

765.

Polygonum, 44.

1 ♄ frutescens. Sib. Dau.

Sarasin en Arbre.

Octandrie Trigynie.

2 ♃ Bistorta. mont. Hel. Ger.

Bistorte à épi seul.

3 ♃ serpentaria major. va.
4 ♃ viviparum. Eu. sub. Alp.
5 ♃ virginianum. Vir.
P. 6 lapathifolium. Gal.
P. 7 ♃ amphibium. Eu.
8 ♃ Persicaria acida. va.
9 ocreatum. Sib.
P. 10 ⊙ Hydropiper. Eu. sub. hu.

Currage. Poivre d'eau.

11 ⊙ Persicaria. Eu hum. Gu.
12 ⊙ angustifolia. Ob. va.
13 ⊙ foliis ovato-lanceolatis. va.
14 ⊙ pusilla repens. va.
15 ⊙ maculata. va.
16 barbatum. Chi. Gu. Aub.
17 ⊙ orientale. Ori. In.

Grand Persicaire du Levant.

18 ⊙ ori. flore albo. va.
19 pensilvanicum. Pens.
20 ♄ maritim. mar. medi. Ori.
P. 21 ⊙ aviculare. Eu. cul. rud.

Santinade ou Centinode.
Trenasse com.
Herbe de St. Innocent.

P. 22 ⊙ angustoque folio. va.
P. 23 ⊙ oblongo angustofolio. va.
P. 24 ⊙ calycibus purpurascentibus. va.

Lie-Glara de Dillene.

P. 25 ⊙ erectum humile. va.
26 ⊙ articulatum. Can. d.
27 ♃ divaricatum. Hel. Sib. Cors.
28 ♃ spicis paniculatis. va.
29 serratum. Maur.

Octandrie Trigynie.

30 chinensis. In. Chi.

Helxine de la Chine.

31 sagittatum. Vir. Mari.
32 arifolium. Vir. Flori.
33 perfoliatum. In.
34 ⊙ tataricum. Tata.
P. 35 ⊙ Fagopyrum. Asi. En.

Sarasin, Bled noir.
Seigle Vellar. Rougherbe.

P. 36 ⊙ Convolvulus. Eu. agr.
37 ⊙ dumetorum. Eu. Aus. Syl.
38 ♃ scandens. Am. Gu. Aub.
39 ♃ claeviculatum.
40 ♃ Sibiricum. Sib. L. f.

766.

Coccoloba, 45.

1 ♄ uvifera. Am. Gu. Aub.

Coccolobe, Porte Raisin.
Peuplier d'Amérique.
Guiabara.

2 ♄ pubescens. Am.
3 ♄ excoriata. Am.

Bois Baguette.
Raisinier de montagne.

4 ♄ punctata. Am.

Arbre, Porte Raisin.

5 ♄ emarginata. Am.
6 ♄ barbadensis. Barb.
7 ♄ tenuifolia. Jam.
8 venosa.

767.

Paullinia, 46.

1 ♄ asiatica. In.

Paullin. Faux-Trefle.

2 ♄ Serjana. Am. c.

Serjane à trois feuilles.

Octandrie Trigynie.

3 ♄ nodosa. Am.
4 ♄ Cururu. Am. c.
Liane à Serpent.
5 pinnata. Gu. Aub.
Liane carrée de Cayenne.
6 ♄ mexicana. Am. cal.
7 ♄ cartaginensis. Cart.
8 ♄ caribæa. Cari.
9 ♄ curassavica. Curu.
10 ♄ barbadensis. Barb.
11 ♄ polyphylla. Am. c.
Liane à Persil.
12 ♄ tomentosa. Am.
13 triternata. Syl. Dom.
14 ♄ diversifolia. Am.

768.

Cardiospermum, 47.

1 ⊙ Halicacabum. In. Gu. Aub.
Pois de Merveille.
2 ⊙ fructu maximo. va.
3 ⊙ fru. & folio minori. va.
4 Corindum. Bra. Gu. Aub.
Pois de Cœur.

769.

Sapindus, 48.

1 ♄ Saponaria. In. Gu. Aub.
Savonier des Indes.
Arbre aux Savonettes.
Noix, Prune d'Amérique.
2 ♄ spinosus. Jam.
3 ♄ trifoliatus. Mal.
4 chinensis. Chi. L. f.
5 ♄ frutescens. Gu. Aub.
Savonier à gros fruit.

Octandrie Trigynie.

6 ♄ arborescens. Gu. Aub.
Macaca des Caraibes.

Tetragynie.

770.

Paris, 49.

P. 1 ♃ quadrifolia. Eu. nem.
Herbe à Paris à quatre feuilles.
Raisin de Renard.
P. 2 ♃ trifoliata. va.

771.

Adoxa, 50.

P. 1 ♃ Moschatellina. Eu. nem.
Fleur Musquée Adoxe.

772.

Elatine, 51.

P. 1 ⊙ Hydropiper. Eu. inem.
Elatine poivré.
P. 2 Alsinastrum. Lip. Par. Monp.

773.

Toulicia, 52.

1 ♄ Guianensis. Gu. Aub.
Toulicie des Galibis.

774.

Haloragis, 53.

1 prostrata. No. Calc. mari. lito.
Haloragei à tige couchée.

NEUVIÉME CLASSE.

Ennèandrie Monogynie.

775.

Laurus, Ier. G.

1 ♄ Cinnamomum. Zey. Am. mont.

Laurier Canelle. Bois Canelle.

2 ♄ Katou-Karra. va.

3 ♄ Cassia. Mala. Sum. Jav.

Laurier Canelle de Malabar.

4 ♄ Camphora. Jap.

Laurier Camphrier des bout.

5 ♄ Culilaban. In. Orl.

6 ♄ Chloroxylon. Jam.

Bois verdoyant.

7 ♄ nobilis. Ita. Græ.

Lau. com. des bout.

8 ♄ indica. Vir.

9 ♄ Persea. Am. Cal. Gu. Aub.

Avocat de Portugal. Laur. Prunier.

10 ♄ Borbonia. Car. Vir. Gu. Aub.

Laur. de Bourbon.

11 ♄ æstivalis. Vir. rip. rivu.

12 ♄ Benzoin. Vir.

Laurier Benzoin. Pishamin.

13 ♄ Sassafras. Vir. Car. Flo.

Laur. Sassafras.

Enneandrie Monogynie.

Laur. des Iroquois.

14 ♄ Cornus mas. In. va.

Cornouiller mâle de Plumier.

776.

Anacardium, 2.

1 ♄ occidentale. In.

Anacarde. Acajou. Noix Anacarde com. Bois précieux à meuble. Feve de Malac de Maladou.

2 ♄ orientale. Ori.

777.

Tinus, 3.

1. ♄ occidentalis. Jam.

Tinus, Arbre de Volkamere. Botaniste.

778.

Cassyta, 4.

1 filiformis. In.

Cassyte. Cuscute à fruit de Laurier.

2 ♄ corniculatæ. Cela. mont.

Trigynie.

779.

Rheum, 5.

1 ♃ Rhaponticum. Thr. Scyt.

Enneandrie Trigynie.

Rhubarbe des Moines.

2 ♃ Rhabarbarum. Chi. Sib. M. A.

Rubarbe de Moſcovie.

3 ♃ palmatum. Chi.

Rub. de la Chine des bout.

4 ♃ compactum. Tata. Chi.
5 ♃ Ribes. Per. Lib. Car.
6 ♃ undulatum. Chi. Sib.

Oſeille de montagne.

7 ♄ tataricum. Tata. mino. L. f.

Hexagynie.

780.

Butomus, 6.

P. 1 ♃ umbellatus. Eu. aqu.

Jonc fleuri. Butome. Glayeule d'eau.

781.

Paloue, 7.

1 ♄ Guianenſis. Gu. Aub.

Paloué des Galibis.

DIXIÉME CLASSE.

Decandrie Monogynie.

782.

Sophora, 1er. G.

1 ♃ alopecuroides. Ori.

Sophore d'Orient. Régliſſe à ſiliques articulées.

2 ♄ tomentoſa. Zey.

Arbre à l'Indigo.

3 occidentalis. Am. Gu. Aub.
4 ♄ capenſis. Cap. b. Sp.
5 ♄ japonica. Jap.
6 ♄ heptaphylla. In.
7 geniſtoides. Cap. b. Sp.
8 gallioides. va.
9 ♃ auſtralis. Caro.
10 tinctoria. Cap. b. Sp.
11 ♃ alba. Caro.
12 lupuloides. Cant.

Decandrie Monogynie.

13 ♄ biflora. Æt.

Grelot de St. Jacques.

14 ♄ laburnifolia.
15 tetraptera. No. Zeel. L. f.

783.

Anagyris, 2.

1 ♄ fœtida. Ita. Sici. Hiſ. mont.

Bois Puant, ou Feve de treſle.

784.

Eperna, 3.

1 ♄ falcata. Gu. Aub. Syl. flu.

Eperne. Pois Sabre.

Decandrie Monogynie.

785.

Tachigali, 4.

1 ♄ paniculata. Gu. Aub.
Tachigale à fl. en panic.

2 ♄ trigona. Gu. Aub.

786.

Cercis, 5.

1 ♄ Siliquaſtrum. Ita. Nav.
Gainier. Arbre de Judée.

2 ♄ Sili. flore albo. Hiſ. Ori. va.

3 ♄ canadenſis. Vir.
Arbre d'Amour des Eſpagnols.

787.

Bauhinia, 6.

1 ♄ ſcandens. Mal. Amb. Cum.
Bauhin. Bota.

2 ♄ aculeata. Am. c.

3 ♄ divaricata. Am.

4 ♄ foliis ovato-cordatis. va.

5 ♄ ungulata. Am.

6 ♄ variegata. Mal. Madeare.
Arbre de St. Thomé.

7 ♄ purpurea. In. are.

8 ♄ tomentoſa. In.

9 ♄ acuminata. In.
Senné bâtard.

10 ♄ Outimouta. Gu. Aub. Syl.
Atimoute de Cayenne.

11 ♄ Guianenſis. Gu. Aub.

Decandrie Monogynie.

788.

Hymenæa, 7.

1 ♄ Courbari. Am. m.
Hymenée Courbari.
Gomme Elemie ou Copale.
Gom. ou Réſine animée.

789.

Courbari, 8.

1 ♄ copalifer.
Copallier Courbari.

790.

Parkinſonia, 9.

1 ♄ aculeata. Am. c.
Parkinſon, Botaniſte Anglois.

791.

Caſſia, 10.

1 ⊙ diphylla. In.
Senné à deux feuilles.

2 ⊙ Abſus. In. Æg. Gu. Aub.

3 ♄ viminea. Jam. Gu. Aub.
Bois pliant.

4 Tagera. In.

5 ⊙ Tora. In. Gu. Aub.
Taga des Malabars.

6 ⊙ humilis orientalis. va.

7 ♄ bicapſularis.
Canneficier bâtard.

8 ♄ emarginata. Carib.

9 ⊙ obtuſifolia. Cub.
Senné bâtard. Galliniere.

10 ⊙ falcata. Am.

Decandrie Monogynie.

11 occidentalis. Jam. Gu. Aub.

Casse puante.

12 planisiliqua. Am. c.
13 ♄ Fistula. In Æg. Gu. Aub.
14 atomaria. Am.
15 pilosa. Jam.
16 ☉ Senna. Æg.

Senné des bout. d'Alexandrie.

17 ☉ italica foliis obtusis. va.
18 ♄ biflora. Am.
19 hirsuta. Am. Gu. Aub. L. f.
20 ☉ serpens. Jam.
21 ♄ ligustrina. Vir. Baha.
22 ♄ alata. cal. Gu. Aub.

Dartier des Indes.

23 ♃ marilandica. Vir. Maril.
24 ♄ tenuissima. Hav.
25 Sophora. In. umb.
26 auriculata. In.
27 javanica. Gu. Aub.
28 ☉ Chamæcrista. Jam. Barb.
29 glandulosa. Ja. Gu. Aub.
30 mimosoides. Zey.
31 ☉ flexuosa. Bra.
32 ☉ nictitans. Vir.
33 ♄ procumbens. In. Vir. apr.
34 ♄ Grandis. Sur. L. f.
35 ♄ longisiliqua. Am. L. f.
36 ♄ tomentosa. Am. m. L. f.
37 ♄ acillaris. Sur. L. f.
38 bracteata. Sur. L. f.
39 ♄ Apouconita. Gu. Aub.

Canneficier de Cayenne.

40 marimari. Caraibe. Gu. Aub.

Decandrie Monogynie.

792.

Apalatoa, 11.

1 ♄ Spicata. Gu. Aub.

Apalatier à fl. en épi.

793.

Touchiroa, 12.

1 ♄ aromatica. Gu. Aub.

Touchirier aromatique.

794.

Trigonia, 13.

1 ♄ villosa. Gu. Aub.

Trigonier velu.

2 ♄ lævis. Gu. Aub.

795.

Poinciana, 14.

1 ♄ biiguga. In.

Poincilliade à fl. éclatante.

Gloire des Acacia.

2 ♄ pulcherima. In. Gu. Aub.
3 ♄ elata. In. Cura. Carta.
4 spinosa. Plumie.

796.

Cæsalpina, 15.

1 ♄ brasiliensis. Car. Jam. Bra.

Santalle de Cœsalpin. Bot.

2 ♄ vesicaria. Jam.
3 ♄ Sappan. In.

Bois de Sappan à noyaux.

Decandrie Monogynie.

4 ♄ Criſtata. Jam.
Bois de Bréſil.

797.

Guilandina, 16.

1 ♄ Bonduc. In.
Bonduc ou Chicot.
Œil de Chat. Guenic.

2 ♄ Bonducella. In.
Pavo-Crête à fe. de régliſſe.

3 ♄ Nuga. Amb.
Noix de Bene.

4 ♄ Moringa. Zey. Am. Æg.
Moringue mâle.
Bois Nephretique.

5 ♄ dioica. Cana. d.
Fevier de Canada.
Pois nud ou de terre.

798.

Guajacum, 17.

1 ♄ officinale. Hiſ. Jam.
Gayac des bout.

2 ♄ jamaicenſe fl. albo. va.
Jaſmin d'Amérique.

3 ♄ Sanctum. inſu. Am.
Arbre ou bois de Santé.

4 ♄ afrum. Æt. Chi.

799.

Cynometra, 18.

1 ♄ cauliflora. In.
Cynometre à fl. ſans tige.

Decandrie Monogynie.

2 ♃ ramiflora. In.
Rameau fleuri.

800.

Codon, 19.

1 ⊙ Royeni.
Codon de Royer. Bota.

801.

Dictamnus, 20.

1 ♃ albus. Ger. Gal. Ita. L. f.
Fraxinelle. Dictame blanc.

2 ♃ flore rubro. va.
Racine de Dictame.

3 Capenſis. Cap. b. Sp. L. f.

802.

Ruta, 21.

P. 1 ♃ graveoleus. Eu. Auſ. Alex.
Rue à odeur forte.

P. 2 ♃ hortenſis latifolia. va.
P. 3 ♃ ho. lat. arbuſculæ ſimilis. va.
P. 4 ♃ ſylveſtris minor. va.
5 ♄ chalepenſis. Ara.
6 ♄ cha. latifolia. va.
7 ♄ cha. anguſtifolia. va.
8 patavina. Pata.
9 ♃ linifolia. Hiſ. Rod. Med.
10 ♃ montana. va.
11 pinnata. rup. Puer.

803.

Toluifera, 22.

1 ♄ Balſamum. Am. Cart.
Toluiferé Balſamique.

Decandrie Monogynie.

804.

Hæmatoxylum, 23.

1 ♄ campechianum. Camp. Am.

Bois de Campeche.
Bois de Sang à teindre.
Bois de la Jamaique.
Bois d'Inde épineux.

805.

Prosopis, 24.

1 ♄ spicigera. In.

Prosopie à petite fl. en épi.

806.

Chalcas, 25.

1 ♄ paniculata. In.

Couperose à fl. en panicule.

807.

Murraya, 26.

1 ♄ exotica. In. Ori.

Murraye. Bota.

808.

Bergera, 27.

1 ♄ Kænigii. In. Ori.

Bergere de l'Inde.

809.

Adenanthera, 28.

1 ♄ pavonia. In.

Adenanthere. Poincis.
Petit Muguet de l'Inde.

2 ♄ falcata. In.

Decandrie Monogynie.

810.

Trichilia, 29.

1 ♄ hirta. Jam.

Trichilie ou la Treille velue.

2 ♄ glabra. Hava. Syl. mont.
3 ♄ trifoliata. Am. m.
4 ♄ Gaura. Gu. Aub.

Bois Bale de Cayenne.

5 Gouana. Gu.

811.

Turræa, 30.

1 ♄ virens. In. Ori.

Turrere, Quisqualis.

812.

Swietenia, 31.

1 ♄ Mahagoni. Am. m.

Van-Swietan, Medecin de l'Impératrice.
Cedre de Mahagonie.
Acajou odorant.

813.

Melia, 32.

1 ♄ Azédarach. Syr. Zey.

Margousier de Provence.
Patenotte des Italiens.

2 ♄ sempervirens. va.

Olivier de Malabar.

3 ♄ Azadirachta. In.

Lilac des Indes.

814.

Zygophyllum, 33.

1 ♄ album. Æg.

Decandrie Monogynie.

Fabago d'Ægypte.

2 ♄ ſimplex. Ara.
3 ♃ Fabago. Syri. Maur. Sib.

Cappriet à fe. de Pourpier.

4 coccineum. Afr. Sib.
5 ♄ Morgſana. Æt.

Arbre d'Afrique à fe. de pourpier.

6 æſtuans. Sur.
7 ♄ arboreum. Am.
8 ♄ ſpinoſum. Æt.
9 cordifolium. Cap. b. Sp. L. f.
10 ♄ microphyllum. Cap. b. Sp. L. f.

à petite feuille.

815.

Quaſſia, 34.

1 ♄ amara. ſuri. L. f.

Bois de Quaſſie amer.

2 ♄ Simaruba. Gu. Aub. L. f.

Simarube de Cayenne.

816.

Myroxylon, 35.

1 ♄ peruiferum. Am. m.

Myroxille d'Amérique.

817.

Fagonia, 36.

1 ☉ cretica. Cre.

Fagon, Medecin. Bota.

2 ♂ Hiſpanica. Hiſ.
3 arabica. Ara.
4 indica. Per.

Decandrie Monogynie.

818.

Tribulus, 37.

1 ☉ maximus. Jam. ari.

Châteigne de terre.
Macre ou Saligot.

2 lanuginoſus. Zey.

Croix de Malthe de terre.
Croix de Chevalier.

3 ☉ terreſtris. Eu. Auſ.

Corniche. Eſcarbot. La herſe.

4 ciſtoides. Am. cal.

Truſe d'eau.

819.

Tryallis, 38.

1 ♄ braſilienſis. Bra.

Tryalle du Bréſil.

820.

Limonia, 39.

1 ♄ monophylla. In. Ori.

Limon ſauvage.

2 ♄ trifoliata. In. Ori.

Limon à gros fruit.

3 ♄ acidiſſima. In.

Arbre à fe. d'Anis.

821.

Potalia, 40.

1 ♃ amara. Gu. Aub.

Potalié amere.

822.

Ouratea, 41.

1 ♄ Guianenſis.

Decandrie Monogynie.

Ourate de Guyenne.
Avonou-yra des Garipous.

823.

Monotropa, 42.

1 Hypopithis. Sue. Ger. Can. d.
Hypopithe jaune parasite.
Monotrope orobanche.
2 uniflora. Mari. Vir. Cana. d.

824.

Dionæa, 43.

1 ♃ Muscipula. Car. ulig.
Miracle de Nature.
Atrape-mouche de Venus.

825.

Jussiæa, 44.

1 repens. In.
Jussieu, Profes. de Bota.
2 tenella. Jav.
3 peruviana. Lim.
4 pubescens. Am.
5 suffruticosa. In.
6 ☉ erecta. Am. Vir.

826.

Heisteria, 45.

1 ♄ coccinea. Mart. Sil.
Hister, fameux Medecin Hollandois.

Decandrie Monogynie.

827.

Quisqualis, 46.

1 ♄ indica. In.
Quisqualier d'Inde.

828.

Dais, 47.

1 ♄ cotinifolia. Cap. b. Sp.
Daie à fe. de Cotinus.
2 ♄ octandra. In.

829.

Simaba, 48.

1 ♄ Guianensis. Gu. Aub. syl.
Simabe de Guyane.

830.

Melastoma, 49.

1 ♄ Acinodendron. Am. c.
Melastome à fruit de groseille.
Arbre qui porte des pepins.
2 ♄ grossularioides. Sur.
Groseillier de Surinam.
3 ♄ scabrosa. Jam.
4 ♄ hirta. Am. m.
5 ♄ aspera. In.
Fraisier rouge en Arbre.
6 ♄ holosericea. Braf. Jam. Suri.
7 ♄ sessilifolia. Jam.
8 ♄ malabarica. In.
9 ♄ lævigata. Am. Gu. Aub.
10 ♄ discolor. Am.
11 ♄ octandra. In.
12 ♄ crispata. Amb.

Decandrie Monogynie.

13 ♃ purpurascens. Gu. Aub. riv.
14 ⊙ bivalvis. Gu. Aub. pra. palu.
15 ⊙ trivalvis. Gu. Aub. loc.
16 ♃ racemosa Gu. Aub. ripa. rivu.

Azier Macaque de Cayenne.

17 ♄ rufescens. Gu. Aub. loc camp.
18 ♄ alata. Gu. Aub. camp.
19 ♄ grandiflora. Gu. Aub. pra.
20 ♄ rubra. Gu. Aub. rip. rivu.
21 ♄ succosa. Gu. Aub.

Caca Henriette de Cayenne.

22 ♄ arborescens. Gu. Aub.

Arcaba de Cayenne.

Mêle de Guyane.

23 ♄ flavescens. Gu. Aub. Syl.
24 ♄ spicata. Gu. Aub.
25 agrestis. Gu. Aub. mur. aufi.
26 elegans. Gu. Aub.
27 ⊙ villosa. Gu. Aub. pra. hum.
28 aquatica. Gu. Aub. rip. rivu.
29 ♄ longifolia. Gu. Aub. rip.
30 ♄ parviflora. Gu. Aub. palu.

Tincta de Cayenne.

31 scandens. Gu. Aub. Syl.
32 ♄ Cacatin. Gu. Aub.

Cacatin des Caripous.

33 ♄ fragilis. Sur. L. f.
34 ♄ grossa. No. Gra. L. f.
35 ♄ strigosa. No. Gra. L. f.

Decandrie Monogynie.

831.

Kalmia, 50.

1 ♄ latifolia. Mari. Vir. Pens.

Kalmié à large feuille.

2 ♄ angustifolia. Pens. No. Cæs.
3 oloeofolia.
4 ♄ thymifolia.

832.

Ledum, 51.

1 ♄ palustre. Eu. 7. pal. ulig.

Ledum des prés humides.

Romarin sauvage.

833.

Rhodora, 52.

1 ♄ canadensis. Can. d.

Rhodore du Canada.

834.

Rhododendron, 53.

1 ♃ ferugineum. Alp. Hel. Pyr.

Arbre d'or des Pyrennées.

2 ♄ dauricum. Dau.
3 ♄ hirsutum. Hel. Aus. Stir.

Arbre ferugineux.

Baumier des Alpes.

4 ♄ Chamoecistus. Sib. Aust. Carn.
5 ♄ ponticum. Ori. Gibra umb.
6 ♄ maximum. Vir. Sib.

Chamœrho dodendros, Arbre rampant qui porte des fl. en rose.

Decandrie Monogynie.

7 ♄ Chryſanthum. Sib. Dau. L. f.

835.

Andromeda, 54.

1 ♃ tetragona. Alp. Lapp. Sib.

Andromede à quatre feuilles.

2 ♃ hypnoides. Alp. Lapp. Sib.

3 ♄ cærulea. Lapp. Sib.

4 ♄ mariana. Vir.

Arbouſier des Iſles Marianes.

5 ♄ poliſolia. Eu. fri. palu.

6 ♄ Bryantha. Gam. rup.

7 ♄ Dabæcia. Hibe. mont.

8 ♄ droſeroides. Cap. b. Sp.

9 paniculata. Vir.

10 racemoſa. Penſ.

11 ♄ arborea. Vir. Car.

12 ♄ caliculata. Vir. Cand. Sib.

13 ♄ caliculata latifolia. va.

14 ♄ cal. pilulifera. J. va.

15 ♄ cal. glauca. J. va.

16 ♄ cal. axillaris. va.

17 ♄ anaſtomoſans. No. Gra. L. f.

18 rupeſtris. No. Zeel. L. f.

19 ♄ cerea. Tahe. L. f.

20 ♄ ſempervirens ſerrata.

21 ♄ ſem. latifolia. va.

22 ♄ ſem. cenifolia. va.

23 ♄ calycibus laxis. va.

24 ♄ cal. viridibus. va.

25 ♄ cal. humilimis. va.

26 ♄ lucida. va.

836.

Epigæa, 55.

1 ♄ repens. Vir. Can. d.

rampant ſur terre.

Decandrie Monogynie.

837.

Gaultheria, 56.

1 ♄ procumbens. Can. d. Ster.

Gaulthere. Bota.

838.

Tococa, 57.

1 ♄ Guianenſis. Gu. Aub.

Tococo de Caraibes.

Bois Macaque de Cayenne.

839.

Arbutus, 58.

1 ♄ Unedo. Eu. Auſ. Ori. ſyl.

Arbouſier.

Fraiſier, arbre.

2 ♄ Andrachne. Ori.

Andrachne de Theophraſte.

3 ♄ acadienſis. Aca.

4 ♄ alpina. Lapp. Hel. Sib. Am.

5 ♄ Uva. urſi. Eu. fri. Can. d.

Raiſin d'Ours.

6 ♄ ferruginea. Am. L. f.

7 ♄ laurifolia. Am. 7. L. f.

Crapouſiere d'Amérique.

8 ♄ mucronata. Tier. Fueg.

9 pumila. Tier. Fueg.

840.

Clethra, 59.

1 ♄ alnifolia. Car. Vir. Penſ.

Decandrie Monogynie.

Clethra à fe. d'Aune.

2 ♄ major. va.

841.

Pyrola, 60.

P. 1 ♃ rotundifolia. Eu. 7. Vir.

Pyrolle à fe. ronde.
Verdure d'hiver.

2 ♃ minor. Eu. Frig.
3 ♄ fecunda Eu. bor. Syl.
4 ♄ umbellata. Eu. Afi. Am.
5 ♄ maculata. Am. 7. Syl.
6 ♄ uniflora. Eu. bor. Syl.

842.

Inocarpus, 61.

1 ♄ edulis. Tahe.

Inocarpe doux.

843.

Styrax, 62.

1 ♄ Officinale. Syr. Inde. Ita.

Styrax des bout. Storax.
Aliboufier. Lait Virginal.
Ocofcol de Syrie.

2 ♄ americana.

844.

Samyda, 63.

1 ♄ parviflora. Am. Gu. Aub.

Samyde à petite fleur.
Arbre qui porte des Bayes.

2 ♄ nitida. Am.
3 fpinofa. Am.
4 pubefcens. Am.

Decandrie Monogynie.

5 ♄ ferrulata. Am.
6 viridiflora. Gu. Aub.
7 guydoria.

845.

Copaifera, 64.

1 ♄ officinalis. Bra. Anti.

Copaifere des bout.

846.

Bucida, 65.

1 ♄ Buceras. Jam.

Bucide ou Burcere.
Grignon, Chêne François.

Dyginie.

847.

Royena, 66.

1 ♄ lucida. Cap. b. Sp.

Royene. Botanifte.
Faux Piftachier d'Afrique.

2 ♄ villofa. Cap. b. Sp.
3 ♄ glabra. Cap. b. Sp.
4 ♄ hirfuta. Cap. b. Sp.
5 polyandra. Cap. b. Sp. L. f.

848.

Hydrangea, 67.

1 ♄ arborefcens Vir.

Hydranger de Virginie.

849.

Cunonia, 68.

1 ♄ capenfis. Cap. b. Sp.

Cunonie, Faux Arboufier.

Decandrie Digynie.

850.

Trianthema, 69.

1 ☉ monogyna. Jam. Cur.

Triantheme à un pistil.

2 ☉ pentendra. Ara.
3 ☉ decandra. In.

851.

Chrysosplenium, 70.

1 ♃ alternifolium. Sue. Ger.

Chrysosplenie à feuille alterne.

Saxifrage doré.

2 ♃ oppositifolia. Bel. Ang. Ang. hum.

Cresson de Roche.

Herbe d'Archamboucher.

852.

Saxifraga, 71.

1 ♃ cotyledon. Alp. Europ.

Saxifrage dentelée.

Cotylée des Alpes.

2 ♄ Cotyl. minor. va.
3 ♄ sedi folio multifloro. va.
4 ♄ sedi fo. pyrenaica. va.
5 ♄ Cotyl. pyramidal. va.

Sedum Pyramidale.

6 mutata. Alp. Hel. Ita.
7 pensylvanica. Vir. Pens. Can. d.

Sanicle de Virginie.

8 androsacea. Sib. Hel. Aus.
9 cæsia Alp. Hel. Pyr. Bal. Aus.
10 ♃ burseriana. Tau. Cari. Leila.

Decandrie Digynie.

11 ♃ sedoides. Alp. Trid. Sib.
12 bryoides. Alp. Hel. Pyr.
13 bronchialis. Sib.
14 ♃ stellaris. Alp. Lapp. Spit.
15 ♃ crassifolia. Alp. Sib.

Saxifrage de Siberie.

16 ♃ nivalis. Arvo. Vir. Can. d.
17 ♃ punctata. Sib.
18 ♃ umbrosis Mont. Cant.
19 ♃ hirsuta. Pyr.
20 cuneifolia. Alp. Sti. Gott.
21 ♃ Geum. Alp. Eu.

petite Sanicle des Alpes. Geum.

22 ♃ oppositifolium. Alp. Spit. Lapp.
23 ♃ sedum alpinum. Pyr. va.
24 asperum. Alp. Hel.
25 Hirculus. Sue. Hel. Lapp. Sib.

Geum puant. Faux Ciste.

26 aizoides. Alp. Lapp. Sty. Bal.
27 autumnalis. hum. Bor. Ang.
28 ♃ rotundifolia. Alp. Hel. Aus.

Sanicle de Montagne.

P. 29 ♃ granulata. Eu. apr.

Casse-Pierre. Rompt-Pierre.

30 ♃ gra. fl. pleno. va.
31 ♃ bulbifera. Ita. pra. sax.
32 ♃ cernua. Alp. Lapp. fre.
33 rivularis. Alp. Lapp. tate.
34 geranioides. Pyr.
35 angustifolia.

Decandrie Digynie.

Herbe aux Panaries.

36 ſibirica. Sib.
P. 37 ☉ tridactylit. Eu. are. Alp.
38 ♃ petræa. Alp. Norv. Pyr. Bal.
39 ♃ adſcendens. Pyr. Bal. Taur.
40 ♃ cæſpitoſa. Montp.
41 grœnlandica. Pyr. Grœ.
42 Cymbalaria. Ori.

Cymbalaire d'Orient.

43 hederacea. Cre.
44 ♃ hypnoides. Alp. Pyr.
45 ♃ Saxi. procumbens. va.
46 ♃ ſarmentoſa. Jap. L. f.

853.

Tiarella, 72.

1 ♃ cordifolia. Am. Aſi. 7.

Tiarelle. Coſtus d'Amérique.

2 ♃ trifoliata. Aſi. bor.

854.

Mitella, 73.

1 ♃ diphylla. Am. 7.

Mittelle à 2 feuilles.

2 ♃ nuda. Aſi. bor.

855.

Scleranthus, 74.

P. 1 ☉ annuus. Eu. arr. are.

Sclerate annuelle.

P. 2 ♃ perennis. Eu. camp. are.
3 ♃ polygonum cocciferum. va.

Saraſin rouge.

4 ♃ polycarpos. Monp. Ita.

Decandrie Digynie.

856.

Gypſophila, 75.

1 ♃ repens. Sib. Auſ. Hel.

qui aime le plâtre. Gypſophille rampant.

2 ♄ proſtrata. Alp. Eu.
3 ♃ paniculata. Sib. Tar.
4 ♃ altiſſima. Sib.
5 ♃ Struthium. Hiſ.

Soude Vermiculaire. Kali à blanchir la laine.

6 ♃ faſtigiata. Got. Born.
7 ♃ perfoliata. Hiſ. Ori.
8 ♃ tomentoſa.
P. 9 ☉ muralis. Ger. Sue. Hel.
18 ♃ rigida. Mon. Bel.
11 ♃ ſaxitraga. Auſ. Hel. Gal.

857.

Saponaria, 76.

P. 1 ♃ officinalis. Eu. med.

Savoniere des bout.

2 ♃ hybrida. va.
P. 3 ☉ Vaccaria. Gal. Ger. Hel. Ori.
P. 4 ☉ Vac. minor. va.
5 cretica. Cre. ari.
6 illyrica. Illy.
7 ♃ ocymoides. Hel. Ita. Monp.
8 ☉ orientalis. Ori. Carn.
9 ♃ lutea. Alp. Exil. Feneſ.
10 ♃ Globularia lutea. montana. va.

858.

Dianthus, 77.

1 ♃ barbatus. Car.

Fleur de Jupiter.

Decandrie Digynie.

Œillet de Poëtes des Jardins.

2 ♃ hort. angustifolius. va.
3 ♃ carthusianorum. Ger. Sib.

des Chartreux.

4 ♃ Caryophyllus sylvestris. va.
5 ferrugineus. Apru. Ita.
P. 6 ⊙ Armeria. Got. Ger. Gal. Ita.
P. 7 ⊙ prolifer. Ger. Auf. Eu. paf.
8 ⊙ diminutus. Ger. Hel.
9 ♃ Caryophyllus. Ita. Alp. Hel.

Œillet à Ratafiat.

10 ♃ coronarius. va.

Œil. de Théâtre.

11 ♃ altilis major. va.

Œil. cultivé.

12 ♃ maximus ruber. va.
13 ♃ imbricatus. va.
14 ♃ inodorus. va.
15 ♃ pomeridianus. Conf. Pales.
16 ♃ deltoides. Eu. pra.
17 ♃ glaucus. Ang. Sib.
18 ⊙ Chinensis. Chi.

Œil. de la Chine.

19 ♃ monspeliacus. Monp. Vera.
20 plumarius. Eu. Can. d. paf.
21 ♂ superbus. Gal Ger. Dan.

Œil. Efillé.

22 ♃ arenarius. Eu. fri.
23 ♃ alpinus. Stir. Auf. Sib.
24 ♃ virgineus. Monp. Carn. Sib.
25 ♃ Tunica rupestris. va.
26 ♃ arboreus. Cre.
27 ♃ fruticosus. Græ.

Decandrie Digynie.

28 ♃ pungens. Hif. mari.
29 ♃ versicolor. J.

Mignardise couronnée.

30 ♃ grandiflorus. va.
31 ♃ repens. J.
32 ♃ rupestris. Eu. Auf. L. f.

Trigynie.

859.

Cucubalus, 78.

P. 1 ♃ bacciferus. Tar. Ger. Ita.

Cucubale à Baye noire.

P. 2 ♃ Behen. Eu. 7. pra. Sic.

Behen blanc. Carniolet.

P. 3 ♃ Lychnis maritima. va.
4 fabarius. Sici.
5 ♂ viscosus. Sue. Ita. Ang. Carn.
6 stellatus. Vir. Can. d.
7 ægyptiacus. Æg.
8 ♂ italicus. Ita.
9 ♃ tataricus. Tata. Ruf.
10 ♃ catholicus. Ita. Sici.
11 ♃ Lychnis nocturna. va.
12 ♃ ♄ mollissima. Ita. mari.
P. 13 ♃ Otites. Ger. Vale. Ang. Sib.
P. 14 ♃ Otites minor. va.
15 ♃ reflexus. Monp.
16 ♃ saxifragus. Ori.
17 ♃ pumilus. Alp. Ita. Maur. Cari.

860.

Silene, 79.

P. 1 ⊙ anglica. Ang. Gal. Eu.

Silenne d'Angleterre.

2 ⊙ lusitanica. Luf.
3 ⊙ quinquevulnera. Hif.

à cinq plaies.
Lychnis vulneraire.

Decandrie Trigynie.

4 ⊙ nocturna. Hiſ. Monp. Penſ.
5 ⊙ Gallica. Hel. Gal.
6 ⊙ ceraſtoides. Eu. Auſ.
7 ⊙ mutabilis. Eu. Auſ.
P. 8 ♃ nutans. Eu. pra. arid.
9 ♃ amæna. Tar. Ang. meri. lito.
10 ♃ paradoxa. Ita.
11 ♃ fruticoſa. Sici. Ger.
12 buplevroides. Per.
13 ♂ ♄ gigantea. Afri.
14 craſſifolia. Cap. b. Sp.
15 ♂ viridiflora. Laſ.
P. 16 ⊙ conoidea. Heſ. int. Sege.
P. 17 ⊙ conica. Ger. Hiſ. Gal. Ori.
18 ⊙ Behen. Cre.

Behen. Carnilet rouge.

19 ⊙ Stricta. Hiſ. Tole.
20 ⊙ fructu anguloſo. va.
21 ⊙ noctiflora. Sue. Ger.
22 ♃ virginica. Vir.
23 ⊙ antirrhina. Vir. Car.
24 ⊙ rubella. Luſ. Ori.
25 ⊙ inaperta. Eu. Auſ.
26 ⊙ portenſis. Luſ.
27 ⊙ cretica. Cre.
28 Muſipula.

Muſipule, atrape-Mouche.

29 ♃ polyphylla.
30 ⊙ Armeria. Ang. Gal. Hel.
31 ♂ rupeſtris. Sueſ. Hel.
32 ♂ alpinus gramineus. va.
33 ♃ Saxifraga.

petit Saxifrage de Narbonne.

34 valleſia. Alp. Vale. Vala.
35 ♃ acaulis. Alp. Lap. Auſ.
36 ♂ Caryophyllus. va.

Decandrie Trigynie.

petit Œillet des Alpes.

37 ⊙ quadrifida. Ita. Auſ. mont.
38 capenſis. Cap. b. Sp.
39 ⊙ orchidea. Ori.
40 Ægyptiaca. Æg. L. f.
41 Baccaria. J.
42 Bac. minor. J.
43 bellidifolia. J.
44 ocymoides.

861.

Stellaria, 80.

P. 1 nemorum. Eu. nem.

Stellaire des bois.

2 flore laciniato. va.
3 ⊙ dichotoma. Hel. Sib.
4 radians. Sib. uli.
P. 5 Holoſtea. Eu. nem.
6 ♃ graminea. Eu. ſep. tect.
7 ♃ gra. paluſtris. va.
8 ♃ alpinus anguſtifolius. va.
9 ceraſtoides. Alp. Lapp.
10 ♃ biflora. Alp. Lapp. Hel.
11 ⊙ Arenaria. Hiſ.
12 ♃ Caryophyllus alpinus.

petit Œillet des Alpes.

13 montana. J.

862.

Arenaria, 81.

1 ♃ peploides. Eu. bor. mar. bor.

Sabloniere des bords de Mer.

2 ♃ tetraquetra. Pyr. Monp.
3 ♃ agregata. va.
4 biflora. Eu Auſ. Alp.
5 lateriflora. Sib.
P. 6 ⊙ trinervia. Eu. Sy.

Morgeline d'Europe.

7 ciliata. Alp. Rhæ.
8 balearica. Iſl. Bale.

Decandrie Trigynie.

9 multicaulis. Alp. Hel. Pyr.
P. 10 ⊙ serpillifolia. Eu. gla. Syl.
11 ♃ triflora. Eu. Auf.
12 montana. Gal. Auf. mont.
13 ⊙ rubra. Eu. are. coli. lito.
14 ⊙ rub. campestris. va.
15 ⊙ rub. marina. va.
16 media. Ger. Gal.

Alsiné des Alpes.

17 ♃ bavarica. Bar. Bal. Sib.
18 ♃ gypsophyloides. Ori.
P. 19 ♃ saxatilis. Eu.
20 ♃ verna. Alp. Eu. Auf.
21 hispida. Monp. mont. cale.
22 ♃ juniferina. Gal.
P. 23 ♃ tenuifolia. Ger. Hel. Gal.
24 ♃ laricifolia. mont. Hel. Gen.
25 ♃ striata. Alp. Auf. Vall. Ang.
26 ⊙ fasciculata. Monp. Auf.
27 ♃ grandiflora. mont. Neoco.
28 ♄ liniflora. Eu. Auf. L. f.

863.

Cherleria, 82.

1 sedoides. Alp. Hel. Vale. Gota. Auf. Carn.

Cherlerie. Bota.

864.

Garidella, 83.

1 ⊙ Nigellastrum. Gallo.

Garidelle Medec. Bota.

Decandrie Trigynie.

865.

Maieta, 84.

1 ♄ Guianensis. Gu. Aub. ripa.

Maiet de Guyane.

866.

Tibouchina, 85.

1 ♄ aspera. Gu. Aub. loci. ari.

Tibone âpre.

867.

Tanibouca, 86.

1 ♄ Guianensis. Gu. Aub.

Taniboucier de Guyane.

868.

Malpigia, 87.

1 ♄ glabra Jam. Bra. Suri.

Malpighi. Medec. Bota. Bois de Capitaine.

2 ♄ prunicifolia. Am. m. Gu. Aub.

Cerisier d'Amérique.

3 ♄ nitida. Am.
4 ♄ urens. Am. c. Gu. Aub.

Mourcillier d'Amérique.

5 ♄ angustifolia. Am. m.
6 ♄ crassifolia. Am. c. Gu. Aub.
7 ♄ verbascifolia. Am. c.

Arbre qui porte des Bayes.

8 ♄ aquifolia. Am. c.
9 ♄ coccifera. Am. c.
10 ♄ altissima. Gu. Aub.

Decandrie Trigynie.

Mourellier de Cayenne.

11 ♄ Moureila. Gu. Aub.

Moureila des Caraïbes.

869.

Cacoucia, 88.

1 ♄ coccinea. Gu. Aub.

Cacoucier pourpre.

870.

Mouriri, 89.

1 ♄ Guianensis. Gu. Aub.

Mouriri des Galibis.

871.

Banisteria, 90.

1 ♄ angulosa. Am. c. Gu. Aub.

Banistere. Bota.

Quaparier des Savannes.

2 ♄ purpurea. Am. m.

3 ♄ laurifolia. Jam. Gu. Aub.

4 ♄ benghalensis. In. Gu. Aub.

Quap. d'Aroura.

5 ♄ dichotoma. Am. c.

6 ♄ fulgens. Am. Gu. Aub.

7 ♄ brachiata. Am.

8 ♄ Sinemariensis. Gu. Aub.

Quap. de Sinémari.

9 ♄ Quapara. Gu. Aub. Caïn.

872.

Hiræa, 91.

1 ♄ reclinata. Cart. Syl.

Hirée de Carthagene.

Decandrie Trigynie.

873.

Triopteris, 92.

1 Jamaicensis. Am. c. Gu. Aub.

Trioptere de Jamaique.

874.

Erythroxylon, 93.

1 ♄ areolatum. Cart. are. mari.

Bois rouge de Cartagene.

2 ♄ havanense. Hav. rup. mari.

Pentagynie.

875.

Averrhoa, 94.

1 ♄ Bilimbi. In.

Averroes. Medecin Arab.

2 ♄ Carambola. In.

Carambole ou Chamarothe.

Pommier à fruit anguleux.

3 ♄ acida. In.

Pomme acide.

876.

Rouera, 95.

1 ♄ frutescens. Gu. Aub.

Rourele de Guyane.

877.

Spondias, 96.

1 ♄ Monbin. In. Occi.
Myrobolan à petit fruit.
2 ♄ Myrobolanus. Am. m.
Myro. à fe. de frêne.
Prune Monbin à fl. jaune.
3 ♄ foliis paucioribus. va.
4 ♄ lutea. Am. m. Gu. Aub.
Jobo des Efpagnols.
5 ♄ purpurea. In. Ori.

878.

Colyledon, 97.

1 ♄ orbiculare. Cap. b. Sp.
Pourpier en Arbre.
2 ♄ orbi. maculata. va.
3 ♄ fpuria. Cap. b. Sp.
4 ♄ lutea. J. va.
5 ♄ ægyptiaca. J. va.
6 ♄ hemifphærica. Æt.
7 ferrata. Cre. Sib.
8 fpinofà. Sib.
9 ♃ Umbelicus. Luf. Hif. Ang.
Nombril de Venus.
10 ♃ repens. va.
11 ♃ tuberofa. va.
12 ♃ pentandra. J. va.
13 alba. J. va.
14 ♄ laciniata. Æg. In.
15 ♂ hifpanica. Afr. Ori. Hif.
16 ♂ paluftris. va.
17 papillaris. Cap. b. Sp. L. f.
18 mamillaris. Cap. b. Sp. L. f.
19 triflora. Cap. b. Sp. L. f.

Decandrie Pentagynie.

20 Cacalioides. Cap. b. Sp. L. f.
21 reticulata. Cap. b. Sp. L. f.
22 paniculata. Cap. b. Sp. L. f.

879.

Tapirira, 98.

1 ♄ Guianenfis. Gu. Aub.
Tapirier de Guyane.

880.

Sedum, 99.

1 ♄ verticillatum. Eu. Sib.
Orpin verticillé.
2 ♄ Telephium. Eu. Sicc.
Reprife, Feuille Graffe.
3 ♃ purpureum. va.
4 ♃ purp. minus. va.
5 ♃ peregrinum latifolium. va.
6 ♃ maximum. va.
P. 7 ♃ Anacampferos. Gal. pro. rup.
Anacampferos. Féve épaiffe.
Herbe Magique.
8 ♃ Ana. lanuginofus. J. va.
9 ♄ Aizoon. Sib.
Orpin de Siberie.
10 ♄ hibridum. Tart. radi. mont.
11 ftellatum. Ita. Gal. Hel.
P. 12 ☉ ♂ Cepæa. Monp. Gene. Halæ.
13 ♃ libanoticum. Palæ.
14 ♃ dafyphyllum. Hel. Luf. Hif.
à feuilles velues.
Patte de Lapin.
15 ♃ reflexum. Eu. mont. radi.

Trique

Decandrie Pentagynie.

Trique Madame.

16 ♃ refl. minimus lutes. va.
17 ♃ refl. criſpum. va.
P. 18 ♃ rupeſtre. Eu. radi. mont.
19 ♃ hiſpanicum. Hiſ.
P. 20 album. Eu. petr.

Vermiculaire.
Tête de Souris.

21 cæruleum. Cap. b. Sp.
P. 22 ♃ acre. Eu. ſteri.

Vermiculaire Poivrée ou Brûlante. Poivre des murs.
Pain d'Oiſeaux.

P. 23 ♃ ſexangulare. Eu. bor.
24 ⊙ annuum. Eu. bor.
25 villoſum. Ger. Ang. Gal. palu.
26 ⊙ atratum. Hel. Ita. Alp.
27 Populifolium. Sib. L. f.
P. 28 ⊙ rubeum. Eu. Auſ.
29 ⊙ Tillea. erecta.
30 ⊙ arvenſe. va.
31 ⊙ minus alterum. va.
32 ⊙ minus luteum. va.

881.

Penthorum, 100.

1 ♃ ⊙ ſedoides. Vir.

Penthore ſedum.

882.

Bergia, 101.

1 capenſis. Cap. b. Sp.

Bergius. Bota. du Cap.

2 glomerata. Cap. b. Sp.

883.

Suriana, 102.

1 ♄ maritima. Am. c. mari.

Suriane à fe. de Saule.

Decandrie Pentagynie.

884.

Grielum, 103.

1 ♃ tenuifolium. Æt.

Grielle à grande fleur.

885.

Oxalis, 104.

1 ♃ monophylla. Cap. b Sp.

Oxalide. Alleluya.

P. 2 Acetoſella. Eu. bor. Syl.

Oſeille de Pâques.

3 ♃ flore ſubcœruleo. va.
4 ♃ flore purpuraſcente. va.

Oxyſ. pain à Coucou.

5 ♃ flore albo. va.
6 ♃ fl. luteo magno. va.
7 ♃ purpurea. Æt.
8 longiflora. Vir.
9 ♃ flava. Æt.
10 ♃ violacea. Vir. Can. d.
11 ♄ Pes capræ. Æt.

Pied de Chèvre.

12 ſenſitiva. In.

Herbe Vivante.

13 ♃ verſicolor. Æt.
14 ♃ bulboſa africana. va.
15 ♃ incarnata. Æt.
16 ♃ ſeſſilifolia. Cap. b. Sp.
17 hirta. Æt.
18 ⊙ corniculata. Ita. Sici. Ger. Hel.
19 ⊙ lutea humilior. va.
20 ♃ ſtricta. Vir.
21 ♄ fruteſcens. Am. m. Gu. Aub.
22 Barrelieri. Am. Gu. Aub.

Tref de Barrelier.

23 ⊙ compreſſa. Cap. b. Sp. L. f.

Decandrie Pentagynie.

24 ⊙ fericea. Cap. b. Sp. L. f.
25 punctata. Cap. b. Sp. L. f.
26 natans. Cap. b. Sp. fofi. L. f.
27 ♃ tomentofa. Cap. b. Sp. L. f.
28 ♃ lanata. Cap. b. Sp. L. f.

886.

Agroftema, 105.

P. 1 ⊙ Githago. Eu. Seget.
Agroftem. Faux Cumin.
Cumin noir. Nêle.
Pain vin de Fuchs.
2 ♂ coronaria. Ita. Hel.
Nielle à faire des Couronnes.
Coquelourde des jardins.
3 ♂ coro. flore pleno. va.
4 ♂ coro. fl. albo. va.
5 Flos jovis. Hel. Pal.
Fleur de Jupiter.
6 ⊙ Cœli rofa. Sici. Ori.

887.

Lychnis, 106.

1 ♃ chalcedonica. Ruf.
Lychnide de Chalcedoine.
2 ♃ chal. flore pleno. va.
Fleur de Conftantinople.
3 ♃ chal. fl. albo. va.
Croix de Jérufalem.
P. 4 ⊙ Flos cuculi. Eu. pra. hum.
Fleur de Coucou.
Véronique des Jardins.

Decandrie Pentagynie.

P. 5 ♃ pratenfis fl. pleno. va.
6 ⊙ quadridentata. Ita. mont.
P. 7 ♃ Vifcaria. Eu. 7. pra.
Bourbonoife des jardins.
8 ♃ Vif. flore pleno. va.
9 ♃ ♂ alpina. Alp. Lapp. Sib.
10 ♃ fibirica. Sib.
P. 11 ♃ dioica. Eu. fri. pra. fucu.
Compagnon blanc.
P. 12 ♃ dioica. fl. pleno. va.
P. 13 ♃ dioica. purpurea. va.
Jaces des Jardiniers.
P. 14 ♃ dio. pur. fl. pleno. va.
15 ♃ apetala Alp. Lapp. Sib.
16 ♃ alpeftris. Auf.

888.

Ceraftium, 107.

1 ⊙ perfoliatum. Gre. Sib.
Cerafite. Oreille de Souris.
P. 2 vulgatum. Sca. Eu pra.
4 incanum. va.
P. 4 ⊙ vifcofum. Eu. pra.
P. 5 ⊙ femidecandrum. Eu. bor.
6 pentandrum. Hif.
P. 7 ♃ arvenfe. Sca. Eu. Auf.
8 ⊙ dichotomum. Segt. Hif.
9 alpinum. Alp. Eu.
P. 10 ♃ repens. Gal. Ita. Car.
11 ftrictum. Alp. Auf. Hel.
12 ♄ fufruticofum. Eu. Auf.
13 ⊙ maximum. Sib.
14 ♃ aquaticum. Eu. lito. lacu.
15 ♃ latifolium. Alp. Hel.
16 ♃ tomentofum. Gra.
17 ♃ tomen. latifolium. va.
18 ⊙ manticum. Ver. Hel.

Decandrie Pentagynie.

889.

Spergula, 108.

P. 1 ☉ arvenſis. Eu. Agri.

Eſpargoute des Champs.

P. 2 ☉ pentandra. Ger. Gal. Ang. Hiſ.

P. 3 ♃ nodoſa. Eu. fri. cam. Subhu.

4 laricina. Sib.

P. 5 ſaginoides. Hel. Gal. Sib.

890.

Forskoehlea, 109.

1 ☉ tenaciſſima. Ara. Num.

Forskoehlée d'Arabie.

2 candida. Cap. b. Sp. L. f.

Decagynie.

891.

Neurada, 110.

1 ☉ procumbens. Æg. Ara. Num.

Neurade à tige couchée.

892.

Phytolaca, 111.

1 ♃ octandra Mex.

Epinards de Cayenne.

Arb. de Laque à 8 Et.

2 ♃ decandra. Vir. Hél.

Arbre de Laque à 10 Etamines.

3 ☉ ♄ icoſandra. Mal.

Arb. de Laque à 12 Et.

4 ♄ dioica.

5 ♄ abiſinica. J.

ONZIÉME CLASSE.

Dodecandrie Monogynie.

893.

Aſarum, Ier. G.

1 ♃ Europæum. Eu. nem.

Cabaret d'Europe.

Oreille d'Homme.

2 ♃ canadenſe. Can. d.

Rondelle. Nard ſauvage.

3 ♃ virginicum. Vir. ter. Mari.

Azaret. Rouſſin.

Oreillette. Girard.

Dodecandrie Monogynie.

894.

Bocconia, 2.

1 ♄ fruteſcens. Mex. Jam. Cub.

Boccone. Bota.

Grande Chelidoine d'Amer.

895.

Dodecas, 3.

1 ♄ ſurinamenſis. Sur. L. f.

Dodecaſe de Surinam.

Dodecandrie Monogynie.

896.

Baſſia, 4.

1 ♄ longifolia. Mal.
Baſſie à longue feuille.

897.

Rhizophora, 5.

1 ♄ conjugata. In.
Rhizophore de l'Inde.
2 ♄ gymnorhiza. In.
3 ♄ Candel. In.
4 ♄ corniculata. Molu.
5 ♄ Mangle. Cari. Mala.
Manglier de Malabar.
6 ♄ cylindrica. Mala. ulig.
7 ♄ caſeolaris. Molu.

898.

Blakea, 6.

1 ♄ trinervia. Jam. L. f.
Blaké. feuille à 3 nervures.
2 triplinervia. Am. L. f.
3 quinquenervia. Gu. Aub.
Mélier à grande fleur.

899.

Befaria, 7.

1 ♄ æſtuans. Mexi. L. f.
Befare du Mexique.
2 ♄ reſinoſa. No. Gra. L. f.

900.

Vatica, 8.

1 ♃ Chinenſis. Chi.
Vatique de Chine.

Dodecandrie Monogynie.

901.

Garcinia, 9.

1 ♄ Mangoſtana. Jav.
Mangoſte de Garçinie.
2 ♄ celebica. In.
3 ♄ cornea. In.
Bois de Corne.

902.

Haleſia, 10.

1 ♄ tetraptera. Caro.
Haleſie. Fruit à 4 Angles.
2 ♄ diptera. Caro.

903.

Decumaria, 11.

1 ♄ barbara. Afr.
Decumarie à fl. double.

904.

Winterana, 12.

1 ♄ Canella. Am.
Laurier Canelle des bout.
Canelle de Winter.
Arbre qui porte des Bayes.
Caryocoſtine.

905.

Cratæva, 13.

1 ♄ gynandra. Jam. Gu. Aub.
Crateve de Jamaique.
2 ♄ Tapia. In. Gu. Aub.
Anona à 3 feuilles.
3 ♃ Marmelos. In.
Melon, poire à 3 feuil.

Dodecandrie Monogynie.

906.

Triumfetta, 14.

1 ♃ Lappula. Jam. Bra. Berm.

Triumfetti. Bota.
Herbe à Paniers.

2 ☉ Bartramia. In.

Bardane d'Amboine.

3 ♄ semitriloba. Am. c.
4 ☉ annua. In. Ori.

907.

Peganum, 15.

1 ♃ Harmala. Mad. Alex. Capp.

Pegane d'Alexandrie.
Rue Sauvage.

2 ♃ dauricum. Sib.
3 ♃ montana. fl. luteis. va.

908.

Hudsonia, 16.

1 ♄ ericoides. Vir.

Hudson. (bruyere d')

909.

Nitraria, 17.

1 ♄ Schoberi. Astr. Vol. lac.

Nitrée à fruit noir.

910.

Portulaca, 18.

. 1 ☉ oleracea. Eu. In. Isl. Asc.

Pourpier sauvage.

2 ☉ sativa latifolia. Am. va.

Pour. cultivé des Jard.

Dodecandrie Monogynie.

3 ☉ pilosa. Am. m. Gu. Aub.
4 ☉ curassavica kali. fo. va.
5 ☉ quadrifida. Æg.
6 ☉ halimoides. Jam. Gu. Aub.
7 ♄ triangularis. Am. mari. lito.
8 ♄ Anacampseros. Cap. b. Sp.

Pourpier en Arbre.

9 ♄ patens. Am.
10 ♄ fruticosa. Am. mari.
11 ♄ racemosa. Am. mari. lit. Gu. Aub.
12 ☉ meridiana. In. Ori. L. f.
13 paniculata. Gu. Aub.

911.

Lythrum, 19.

P. 1 ♃ Salicaria. Eu. rip. agu.

Salicare com. des rivages.

2 ♃ obtusifolia. va.
3 ♃ trifolia. va.
4 ♃ quadrifolia. va.
5 ♃ spicata major. va.
6 ♃ virgatum. Aus. Sib. Tar.

Sali. des Jardins en épi.
Lysimachie rameux blanc.

7 ♄ fruticosum. Chi.
8 ♄ verticillatum. Vir.
9 petiotatum. Vir.
10 lineare. Vir.
11 ♃ Parsonsia. Jam.

Lythrum de Parsone, Medecin.

12 ♃ Melanium. Jam.
P. 13 ☉ Hyssopifolia. Ger. Hel. Ang. Gal. inu.

Sali. à fe. Hisop.

Dodecandrie Monogynie.

P. 14 ⊙ linifolia. va.
P. 15 ⊙ rubra non filiquofa. va.

Lyfima. rouge.

16 ⊙ Thymifolia. Ita. G. N. uli. Hir.
17 ⊙ carthaginenfe. Cart.
18 trianthus. Am. J.
19 africana.
20 ⊙ Cuphea. Bra. umb. hum. L. f.
21 ♃ triflorum. Am. L. f.
22 ♄ Pemphis. lit. mari Zyl. L. f.
23 racemofum. Am. m. L. f.
24 ♄ dipetalum. Am. L. f.

912.

Ginora, 20.

1 ♄ americana. Cub. rip. flu.

Ginore d'Amérique.

913.

Topobea, 21.

1 ♄ parafitica.

Topobée, plante parafite.

Digynie.

914.

Heliocarpus, 22.

1 ♄ americanus. V. C.

Fruit du Soleil.

915.

Agrimonia, 23.

P. 1 ♃ Eupatoria. Eu. pra.

Aigremoine eupatoire.

P. 2 ♃ Eu. odoratum. va.
3 repens. Ori.

Dodecandrie Digynie.

4 ♃ agrimonoides. Ita. Carn. um.
5 ♃ decumbens. Cap. b. Sp. L. f.

Trigynie.

916.

Refeda, 24.

P. 1 ⊙ Luteola. Eu.

Réfeda des Teinturiers.
Gaude jaune.
Herbe à jaunir.

2 ♃ canefcens. Salm.
3 glauca. Pyr.
4 purpurafcens. Sal. Monp.
5 ♃ Sefamoides. Monf. Hort. Dei.

Sefame à fruit étoilée.

6 ♃ fruticulofa. Hif.
7 ⊙ alba. Monp. Hif.
8 ♃ undata. Hif.
9 ⊙ lutea. Eu. Auf. mont. cret.
10 ♃ gallica crifpa. va.
P. 11 ⊙ Phyteuma. Gal. Ita. Ori. Auf.

Herbe au mort.

12 ♃ minor vulgaris. va.
13 ♃ mi. vul. foliis integris. va.
14 mediteranea. Polaf.
15 ♂ odorata. Æg.

Réfeda odorant.
Herbe d'Amour.

917.

Vifnea, 25.

1 ♄ Mocanera. Ifl. Cana. Syl. L. f.

Vifnée des bois.

Dodecandrie Trigynie.

918.

Tacca, 26.

1 ♃ pinnatifida. In. Ori. Tah. L. f.

Tacca de l'Inde.

919.

Pallasia, 27.

1 ♄ Caspica. Casp. L. f.

Pallase. de la mer Caspienne.

920.

Euphorbia, 28.

1 ♄ antiquorum. In.

Euphorhe des Anciens.

2 ♄ aculeata triangularis. va.
3 ♄ canariensis. Cana.
4 ♄ heptagona. Et.
5 ♄ mamillaris. Æt.
6 ♄ cereiformis. Æt.
7 ♄ officinarum. Æt. Afr. c.

Euphorbe des bout.

8 ♄ nereifolia. In.
9 ♄ Caput Medusæ. Æt.

Tête de Meduse.

10 ♄ lobisflorum tridentatis. va.
11 ♄ tuberculis tetragonis. va.
12 ♄ caule crassissimo tuberoso. va.
13 ♄ foliis deciduis. va.
14 ♄ caule glabro oblongo cinereo. va.
15 ♄ mauritanica. Afr. marit.
16 ♄ Tiraculli. In.
17 ♄ tithymaloides. Cur. In.
18 ♄ padifolia. va.
19 heterophylla. Am. c.
20 ♄ cotinifolia. Cur. Gu. Aub.

Dodecandrie Trigynie.

21 ocymoidea. Camp.
22 ♃ origanoides. Isl. Ascen.
23 ⊙ hypericifolia. In. Gu. Aub.
24 ♄ maculata. Am. 7. Gu. Aub.
25 ⊙ hirta. In. Gu. Aub.

Malnommée.
Herbe à Jean Renaud.

26 ⊙ pilulifera. In. Gu. Aub.
27 ⊙ thymifolia. In.
28 ⊙ canescens. Hisp.
29 ⊙ Chamæsyce. Eu. Aus. Sib.
30 ⊙ Peplis. Nar. Hisp. Carn. mari.

Esule laiteuse.

31 ⊙ polygonifolia. Can. d. Vir.
32 graminea. Cart.
33 ♃ Ipecacuanhæ. Vir. Can. d.
34 ♃ portulacoides. Phil.
35 ⊙ myrtifolia. Jam.
P. 36 ⊙ Peplus. Eu. cul. oler.

Reveille matin des vignes.

P. 37 ⊙ Pep. minor. va.
38 ⊙ falcata. Eu. Aus.
P. 39 ⊙ exigua. Lus. Gal. Hel. Hisp.
40 ⊙ retusa. inte. seg. Monp. va.
41 ⊙ exigua retusa. Pad. Massiva.
42 ⊙ exi. Saxatilis. va.
43 ♄ tuberosa. Æg. Æt.
P. 44 ♂ Lathyris. Gal. Ita. Hol. Ger.

Epurge. Catapuce.
Grand Esule.

45 ⊙ terracina. Hisp.
46 Apios. Cre.

Apios laiteuse de Crête.

Dodecandrie Trigynie.

47 ♄ geniſtoides. Cap. b. Sp.
48 ♄ ſpinoſa. Gret. Gallo. mont.
49 ♃ epithymoides. Ita. Auſ.
P. 50 dulcis. Ger. Hel. Gal. Ita. umb.
51 ♃ Pithyus. Hel. Hiſ. Ita. Maſſi.
52 ♄ portlandica. Ang.
53 ♃ Paralias. Eu. are. mari.
Titymale marin.
54 ♃ alepica. Cre. Alep.
55 pinea.
56 ☉ ſegetalis. Mauri. Ruſ.
P. 57 ☉ helioſcopia. Eu. cul.
Reveille-matin commun.
58 ☉ ſerrata. Narb. Hiſ. Ita. Ori.
P. 59 ♂ verrucoſa. Gal. Hel. Ita. Ori.
P. 60 ♂ ver. umbella quinquifida. va.
61 corollata. Vir. Can. d.
62 ♃ coralloides. Siſi. Maur. Ori.
63 ♃ piloſa. Sib.
64 orientalis. Ori.
P. 65 ☉ platyphyllos. Gal. Ang. Ger.
P. 66 ♃ Eſula. Ger. Bel. Gal. Hel. Carni.
Petite Eſule du bois de Boulogne.
P. 67 ♃ Cypariſſias. Ger. Bohe. Hel.
68 ♃ Eſula. degener. Gall. Narb. Coli.
69 ♃ myrſinites Calab. Monp.
P. 70 ♂ paluſtris. Sue. Auſ. Ger. Bel.
Turbithe noir.
71 ♃ hyberna. Hibe. Sib. Auſ. Pyr.

Dodecandrie Trigynie.

72 ♄ dendroides. Ita cre. Iſl. Stœc.
P. 73 amygdaloides. Gal. Ger.
P. 74 ♄ ſylvatica. Eu. Auſ.
75 ♄ characias. Gal. Hiſ. Ita.
76 ♄ fruticoſus pubeſcens. va.
77 ♄ obſolete pubeſcens. va.
78 ♄ lœvis ſimplex. va.
79 ♄ articulata Gu. Aub.
P. 80 febrifuga. Eu. Pari.
81 narbonnenſis.
82 ♄ ſtrobiliforme. J.
83 ſquamoſa. J.
84 lanuginoſa.
85 ♄ viminalis. Afr. mari.

Pentagynie.

921.

Glinus, 29.

1 ☉ lotoides. Hiſ. Aſi. foſ. loc.
Gliné. Lotus aquatique.
2 dictamnoides. In.

Dodecagynie.

922.

Sempervivum, 30.

1 ♄ arboreum. Luſ. Cor. Zaci.
Joubarbe en Arbre.
Grand Sedum.
2 ♄ arb. variegatum. va.
3 ♄ canarienſe. Cana.
P. 4 ♃ tectorum. Eu. tec. coli.
5 ♃ globiferum. Ruth. Auſ. Ger.
6 ♃ arachnoideum. Alp. Ita. Hel.
7 ♃ hirtum. Hel. Tan.
8 ♄ montanum. Hel. Sile. rupi.
9 ſediforme.

DOUZIÉME CLASSE.

Icosandrie Monogynie.

923.

Cactus, 1er. G.

1 ♄ mammilaris. Am. c. rup.
Cierge mameloné.

2 ♄ Melocactus. Jam. Am. c.
Melon épineux rouge.

3 ♄ nobilis. Mex.
4 Pitaiaya. Cart. mari.
5 ♄ heptagonus. Am.
Cierge à 7 angles.

6 ♄ tetragonus. Cur. Am. c.
7 ♄ hexagonus. Sur.
8 ♄ pentagonus. Am. c.
9 ♄ repandus. Am. c.
10 ♄ lanuginosus. Cur.
11 ♄ peruvianus. Jam. Per.
Cierge du Pérou, (grand) ou Flambeau du Pérou.

12 ♄ Royeni. Am.
13 ♄ grandiflorus. Jam. V. C.
Cierge à grande fleur.

14 ♄ flagelliformis. Am. c.
15 ♄ parasidiacus. Am.
16 ♃ triangularis. Bra. Jam. Mart.
Cierge lésard.

17 ♄ tri. foliosus. va.
18 ♄ tri. variegatis. va.
19 ♃ moniliformis. Am. c.
20 ♄ ♃ Opuntia. Per. Am. Vir.
Opuntia. Semelle du Pape.

Icosandrie Monogynie.

Cardasse de Minorque.

21 ♄ Figus indica. Am. c.
Figue d'Inde. Nopale.

22 ♄ Tuna. Jam. Am. c.
Raquette. Paleturier.

23 ♄ Tu. media. J. va.
24 ♄ Tu. albicans. va.
25 ♄ Tu. flavescens. va.
Pomme raquette.
Poirier piquant.

26 ♄ Tu. minor. va.
27 ♄ cochenillifera. Jam. Am. c.
Arbre à la Cochenille.

28 ♄ curassavicus. Car.
29 ♄ Phyllanthus. Bra. Sur. Am.
Cierge à fe. de Scolopendre.

30 ♄ Pereskia. Am. c. Jam. Marg.
Groseille d'Amérique.

31 ♄ portulacifolius. Am. c.
32 esculentus. J.
33 ♄ spinosissimus. J.
Croix de Loraine.

34 ♄ cylindricus. J.

924.

Sonneratia, 2.

1 ♄ acida. uli. No. Gui. L. f.
Sonnerat, Voyageur Bota.

Icosandrie Monogynie.

925.

Philadelphus, 3.

1 ♄ coronarius. Vero. Ger. Hel.

Syringa à Couronne.

2 ♄ nanus. va.
3 ♄ inodorus. Car.

926.

Psidium, 4.

1 ♄ pyriferum. In.

Goyavier doux, blanc. Poirier d'Inde.

2 ♄ pomiferum. In. Gu. Aub.

Pommier des Savanes.

3 ♄ grandiflorum. Gu. Aub.
4 ♄ aromaticum. Gu. Aub.

Goya. Citronelle.

5 ♄ Decaspermum. Tahe. L. f.

927.

Pirigara, 5.

1 ♄ tetrapetala. Gu. Aub.

Pirigare à gros fruit. Bois puant des Galibis.

2 ♄ hexapetala. Gu. Aub.

928.

Touroulia, 6.

1 ♄ Guianensis. Gu. Aub.

Touroulie des Galibis.

929.

Eugenia, 7.

1 ♄ malaccensis. In.

Eugenie. Jambolier.

Icosandrie Monogynie.

Jambos domestique. Vencu des Chinois.

2 ♄ Jambos. In.

Jambolier Sauvage.

3 ♄ Pseudo-psidium. Mart.
4 ♄ uniflora. In. Gu. Aub.
5 ♄ cotonifolia. Caye.
6 ♄ acutangula. In.

Butonne sauvage.

7 ♄ racemosa. In.
8 ♄ montana. Gu. Aub.
9 ♄ Coumete. Gu. Aub. Syl. rip.

Couméte des Caraibes.

10 ♄ Mini. Gu. Aub. Syl. Cain.
11 ♄ Sinemariensis. Gu. Aub.

Jambolier de Sinemari.

12 ♄ latifolia. Gu. Aub.
13 ♄ tomentosa. Gu. Aub.
14 ♄ Guianensis. Gu. Aub.
15 ♄ undulata. Gu. Aub.

Niam pomné des Galibis.

16 ♄ Arivoa. Gu. Aub.

Arivoa de Cayenne.

17 ♄ Brasiliana. Gu. Aub.

930.

Catinga, 8.

1 ♄ moschata. Gu. Aub. rip.

Catingue musquée. Iva. Catinga des Garipous.

2 ♄ aromatica. Gu. Aub.

931.

Myrtus, 9.

1 ♄ communis. Eu. Auf. Asi. Afr.

Icosandrie Monogynie.

Myrte commun.

2 ♄ com. romana. va.

Myr. com. à fe. large.

3 ♄ com. Italica. va.
4 ♄ com. tarentina. va.
5 ♄ com. boetica. va.
6 ♄ com. Lusitanica. va.
7 ♄ com. belgica. va.
8 ♄ com. flore pleno. va.
9 ♄ mucronata. va.
10 ♄ Brasiliana. Bra.
11 ♄ biflora. Jam.
12 ♄ angustifolia. Cap. b. Sp.
13 ♄ lucida. Sur.
14 ♄ Cumini. Zey.
15 ♄ dioica. Am.
16 ♄ Chytraculia. Jam.
17 ♄ Zuzygium. Jam.
18 ♄ Zeylanica. Zey.
19 ♄ androsæmoides. Zey.
20 ♄ Caryophyllata. Zey.
21 ♄ Pimenta. In. Gu. Aub.

Pimente. Toute Epice. Arbre aromatique de l'Inde.

932.

Punica, 10.

1 ♄ Granatum. Hif. Ita.

Grenadier à fruit.

2 ♄ Gra. flore pleno. Per. va.
3 ♄ Gra. fl. albo. Hel. Carn. va.
4 ♄ Gra. variegata. va.
5 ♄ Gra. minore. va.
6 ♄ nana. Antillis.

933.

Amygdalus, 11.

1 ♄ Persica. Per.

Amandier Pêche.

Icosandrie Monogynie.

2 ♄ Nucipersica. va.

Amand. Noyer.

3 ♄ communis. Maur. Sep. Hel.

Ama. com. à cosse dure sauvage.

4 ♄ Sativ. va.

Ama. com. à cosse tendre.

5 ♄ dulcis fructu majori. va.
6 ♄ foliis variegatis. va.
7 ♄ amara. va.
8 ♄ pumila. Af.
9 ♄ pu. fl. pleno. va.

Ama. (petit) à fleur double.

10 ♄ nana. calmu.

Ama. nain à fl. rouge.

11 ♄ nana flore pleno. va.
12 ♄ orientalis. Ori.

Ama. à fe. satinée.

Amygdalus.

934.

Persica, Per. 12.

1 ♄ communis.

Pêcher des vignes.

2 ♄ aftivo fructu mediocri.

petite Mignone.

3 ♄ fl. magno fructo globoso.

grosse Mignone.

4 ♄ fl. magno fru. patulo.

Magdeleine de Courson.

5 ♄ fl. parvo. fru. globoso.

Bourdine.

Icosandrie Monogynie.

6 ♄ fl. parvo. fru. vix globoso.

Têton de Vénus.

7 ♄ fl. parvo. fru. magno globoso.

Admirable.

8 ♄ fl. par. fru. serotino compresso.

Chevreuse tardive.

9 ♄ fru. globoso carne buxea meuleo.

Pavie-Alberge. Persais d'Amgon.

10 ♄ fl. magno fructu glabro violaceo.

Brugnon violet musqué.

11 ♄ fl. parvo fru. paululùm oblongo.

La Royale.

12 ♄ fl. par. fru. par. æstivo.

Pêcher-Cerise.

Amygdalus.

935.

Armeniaca, 13.

1 ♄ Communis.

Abricot com. à gros fruit.

2 ♄ frucu parvo rotundo.

Abri. blanc. Abr. Pêcher.

3 ♄ fru. maximo.

Alberge. Abri. de Nanci.

4 ♄ fru. parv.

Icosandrie Monogynie.

Alberge petite de Mongamé.

936.

Prunus, 14.

P. 1 ♄ sylvestris. Coli. apri. Syl.

Prunellier. Epine noir.

2 ♄ fructu parvo, longo.

Prune de Catalogne.

3 ♄ fru. par. ovato nigro.

Prune Précorce de Tours.

4 ♄ fru. magno. violaceo.

Pru. de Monsieur Hâtive.

5 ♄ fru. medio longiori violaceo.

Pru. Diaprée violette.

6 ♄ fru. parvo. minimo.

Pru. Mirabelle.

P. 7 ♄ insiticia. Ger. Hel. Ang. Hen.

8 ♄ fructu magno viridi & rubro.

Dauphine grosse, Reine-Claude.

Verte-Bonne, Abricot verd.

9 ♄ fru. medio. oblongo veri. cereo.

Gros Damas blanc.

10 ♄ fru. quam maximo ovato luteo.

Dame-Aubert.

Grosse luisante.

11 ♄ fru. medio oblongo cereo.

Sainte-Catherine.

Icosandrie Monogynie.

Prunus.

937.

Cerasus, 15.

1 ♄ major ac Sylvestris. Eu.
Mérisier à gros fruit noir.

2 ♄ maj. ac. Syl. multiplici flore.
Mérisier à fl. double.

3 ♄ pumila fructo præcociori.
Cérisier nain précorce.

P. 4 ♄ vulgaris. fru. rotundo.
Cér. com. à fruit rond.

5 ♄ sativa multiflora. fru. magno.
Cér. d'Angleterre, Chery-duke.

6 ♄ Sat. fru. majore.
Cér. de Montmorency à gros fruit.
Gros Gobet à courte queue.

7 ♄ sati. æstate continuo florens.
Cér. de la Toussaint.

8 ♄ vulgaris flore pleno sterili.
Cér. à fl. double.

9 ♄ major hortensis fru. cordato.
Cér. Bigarrotier com.

10 ♄ Padus. Eu.
Cérisier à grape.

11 ♄ virginiana. Vir. Car.

12 ♄ canadensis. Am. 7.

Icosandrie Monogynie.

Ragouminier.

13 ♄ Lusitanica. Lus. Pens.
Laurier Cérise de Portugal.

14 ♄ Lauro-Cerasus.
Laur. Cérise à Lait.

P. 15 ♄ Mahaleb. Hel. Ger. Eu.
Arbre Ste. Lucie.

938.

Plinia, 16.

1 ♄ crocea. Am.
Pline, Historien Bota.

2 rubra.

3 ♄ pedunculata. Sur. L. f.

939.

Chrysobalanus, 17.

1 ♄ Icaco. Am. m.
Icaque. Chrysobalane.
Gland d'Or. Prune coton.
Prune des Anses.

2 ♄ Ic. fructo albo. va.

3 ♄ Ic. fru. nigro. va.

4 ♄ Ic. fru. purpureo. va.

5 ♄ Ic. floribus racemosis. va.

Digynie.

940.

Cratægus, 18.

P. 1 ♄ Torminalis. Ang. Ger. Bur.
Alizier. com.

2 ♄ dentata latifolia. va.
Ali. de Fontainebleau.

Icosandrie Digynie.

P. 3 ♄ Aria. Eu. Hel. fri. Sue. Ang.

Alouchier cirier.

4 ♄ Aria longifolia. va.

Alou.à longues feuilles.

5 ♃ Chamœ-Mespilus. Alp.

Aliz. du Mont-d'Or.
Faux Neflier.

6 ♄ arbutifolius fructu nigro.

7 ♄ arbutifolius fructu rubro.

P. 8 ♄ amelanchier. Hel. Auf. Gallo. Ger.

9 ♄ racemosa. Can. d. Vir.

Amelanchier du Canada.

10 ♄ Marocena.

Amel. de Choisie.

11 ♄ maura. Maur L. f.

941.

Mespilus, 19.

P. 1 ♄ vulgaris. Eu. Auf.

Aubepin ou Epine blanche.

P. 2 ♄ Oxyacantha flore pleno.

Aube. à fl. double.

3 ♄ Oxy. flo. rubro. va.

4 ♄ Oxy. fructu luteo va.

5 ♄ Oxy. fru. rubro.

Aub. de Mahon.

6 ♄ Azarolus. Flo. Monp. Car.

Azerolier de Provence.

7 ♄ aronia. Ori.

Aze. d'Italie.

8 ♄ Maroceana.

Aze de Maroc.

Icosandrie Digynie.

9 ♄ tanacetifolia.

Épine du Levant.

10 ♄ axillaris.

Épine. Pinchan. Bot.

11 ♄ maxima.

Épine à fruit jaune.

12 ♄ carolina.

13 ♄ coralina.

Épine à fe. d'Érable.

14 ♄ coccinea. Vir. Can. d.

Azerolier du Canada.

15 ♄ pyrifolia.

16 ♄ latifolia.

Épi. à bouquet.

17 ♄ prunifolia. Vir.

18 ♄ Crus-Galli. Vir.

Cuisse de Coq.

Épine luisante de Virginie.

19 ♄ Pyracantha. Gal. Ita. Sep.

Buisson ardent.

P. 20 ♄ Germanica. Eu. Auf.

Neflier d'Allemagne.

21 ♄ folio laurino major. va.

22 ♄ abrotiva.

Nef sans pépin.

23 ♄ linearis. mont. Sina. Ara.

Épi. du mont Sinai.

24 ♄ trifida.

Épi. du Mont-Hæmus.

25 ♄ cotanaster. Eu. fri. Col. Pyr.

26 ♄ Xanthocarpus. Am. 7. L. f.

27 ♄ Phænopirum. Am. 7. L. f.

Trigynie.

942.

Sorbus, 20.

P. 1 ♄ aucuparia. Eu. fri. Lib.
Sorbier des Oiseaux.

2 ♄ hybrida. Got. Tur.
Sor. de Suéde.

P. 3 ♄ domeſtica. Eu. cali.
Cormier com.
Cochêne cultivé.

943.

Sesuvium, 21.

1 ☉ portulacaſtrum. In. mari.
Seſuvie. Pourpier de mer.

Pentagynie.

944.

Pyrus, 22.

P. 1 ♄ Sylveſtris. Eu.
Poire de Bocage ou la Sauvage des bois.

2 ♄ fructu parvo præcoci.
Poire St. Jean.

3 ♄ fru. medio pyriformi, glabro.
Po. à la Reine. Muſcat Robert.

4 ♄ fru. par. Pyr. glabro albido. flaveſcens.
Po. gros Blanquet.

5 ♄ fr. medio mali cydonii formâ.
Bon-Chrétien d'Été muſqué.

Icoſandrie Pentagynie.

6 ♄ fr. par. viridi & rubente.
Rouſſelet de Reims.

7 ♄ fr. medio flavo. rubro.
Craſanne d'Été. Bergamotte rouge.

8 ♄ fr. maximo viviri rubente.
Beuré d'Été.

9 ♄ fru. magno cirrino.
Doyené. Beuré blanc.

10 ♄ fru. magn. obſcureflaveſcente.
Meſſire-Jean doré.

11 ♄ fru. magno pyramidato.
Saint-Germain.

12 ♄ fo. maximo maculis rufeſcente.
Poire de Livre.

13 ♄ fr. max. pyra. dilute rubente.
Bon-Chrétien d'Hiver.

14 ♄ Cydonia. Dam. Ger.
Coignaſſier de Portugal.

15 ♄ minor. va.
16 ♄ nivalis. Am. L. f.
17 ♄ ſalicifolia. Sib. are. def. L. f.
18 ♄ Botryapium. Vir. Can. d. L. f.
19 ♄ Amelanchier. Hel. Auſ. Gal. L. f.
20 ♄ Arbutifolia. Vir. L. f.
21 ♄ Arb. fructu nigro. va. L. f.
22 ♄ Arb. fructu rubro. va. L. f.

Icosandrie Pentagynie.

Pyrus.

945.

Malus, 23.

P. 1 ♄ paradisiaca. Sib. Dau. Eu.
Pomme de Paradis, Sauvage, sur quoi l'on grefe toutes les especes de Pommes.

2 ♄ Malus fru. parvo subconico.
Calville d'Été.

3 ♄ M. fru. max. compresso albido.
Rambour franc.

4 ♄ M. fru. medio compresso luteo.
Reinette jaune hative.

5 ♄ M. fr. magno rubente violæ.
Calville rouge.

6 ♄ M. fr. maxi. viridi luteo.
Reinette d'Angleterre.

7 ♄ M. fr. parvo purpureo.
Api.

8 ♄ M. fr. magno albido. glaciato.
Pomme de Glace. Transparente.

9 ♄ M. baccata.
Pomme de Siberie.

10 ♄ coronaria. Vir.
Pom. odorante. (petite)

Icosandrie Pentagynie.

946.

Tetragonia, 24.

1 ♄ fruticosa. Æt.
Fruit à quatre angles.

2 ♃ herbacea. Æt.
3 ♄ Ivæfolia. Thouin. L. f.
4 ♄ hirsuta. Cap. b. Sp. L. f.
5 spicata. Cap. b. Sp. L. f.

947.

Mesembryanthemum, 25.

1 ⊙ nodiflorum. Æg. Neap.
Plante qui fleurit à midi.
Ficoide. Figue de mer.
Quazol des Arabes.

2 ⊙ crystallinum. Afr.
Crystaline. Glaciale.

3 ⊙ copticum. Æg.
4 ♄ geniculiflorum. Cap. b. Sp.
5 ♄ noctiflorum. Cap. b. Sp.
6 ♄ noctis odoratissimum. va.
7 ♄ splendens. Cap. b. Sp.
8 ♄ umbellatum. Cap. b. Sp.
9 ♃ expansum. Cap. b. Sp.
10 ♂ ♃ Tripolium. Cap. b. Sp.
11 ♃ calamiforme. Cap. b. Sp.
12 ♃ bellidiflorum. Cap. b. Sp.
13 ♄ deltoides. Cap. b. Sp.
14 ♄ del. foliis muricatis. va.
15 ♄ del. mari. majus. va.
16 ♄ barbatum. Cap. b. Sp.
17 ♄ bar. fol. minoribus. va.
18 ♄ bar. fol. majoribus. va.
19 ♄ hispidum. Cap. b. Sp.
20 ♄ his. fl. purpureo pallidiore. va.
21 ♄ his. fl. pur. striato. va.

22 ♄ villosum.

Icosandrie Pentagynie.

22 ♄ villosum. Cap. b. Sp.
23 ♄ scabrum. Cap. b. Sp.
24 ♄ emarginatum. Cap. b. Sp.
25 ♄ uncinatum. Cap. b. Sp.
26 ♄ unc. fol. majoribus. va.
27 ♄ spinosum. Cap. b. Sp.
28 ♄ tuberosum. Cap. b. Sp.
29 ♄ tenuifolium. Cap. b. Sp.
30 ♄ stipulaceum. Cap. b. Sp.
31 ♃ crassifolium. Cap. b. Sp.
32 ♄ falcatum. Cap. b. Sp.
33 ♄ glomeratum. Cap. b. Sp.
34 ♃ loreum. Cap. b. Sp.
35 ♃ filamentosum. Cap. b. Sp.
36 ♃ acinaciforme. Cap. b. Sp.
37 ♃ ♄ edule. Cap. b. Sp. mari. are.

Soucy. Figue marine. Figue de mer à grande fl.

Figuier des Hottentots.

38 ♄ bicolorum. Cap. b. Sp.

Poire-Figue. Ficoide.

39 ♄ serratum. Cap. b. Sp.
40 ♄ micans. Cap. b. Sp.
41 ♄ glaucum. Cap. b. Sp.
42 ♃ corniculatum. Afr.
43 ♄ cor. brevioribus. va.
44 ♃ tortuosum. Cap. b. Sp.
45 ⊙ pomeridianum. Cap. b. Sp.

Figue d'Afrique à gra. fl.

46 ♄ veruculatum. Afr.
47 ♄ ver. minus. va.
48 ♄ rostratum. Cap. b. Sp.
49 ♄ ringens. Cap. b. Sp.
50 ♄ rin. felinum. va.
51 ♃ dolabriforme. Cap. b. Sp.
52 ♄ diforme. Cap. b. Sp.

Icosandrie Pentagynie.

53 ♃ albidum. Æt.
54 ♃ linguiforme. Cap. b. Sp.
55 ♃ lin. latiore. va.
56 ♃ lin. angustiore. va.
57 ♃ lin. longiore. va.
58 ♄ pugioniforme. Cap. b. Sp.
59 ♄ apetalum. Cap. b. Sp. L. f.
60 ⊙ papulosum. Cap. b. Sp. L. f.
61 criniflorum. Cap. b. Sp. L. f.
62 cordifolium. Cap. b. Sp. L. f.
63 ⊙ pinnatifidum. Cap. b. Sp. L. f.
64 capillare. Cap. b. Sp. L. f.
65 ♃ forficatum. Cap. b. Sp. L. f.
66 violaceum. J.
67 ♄ caninum. J.

948.

Aizoon, 26.

1 ⊙ canariense. Can. d.

Aizoon de Canarie. Ficoide, Pourpier.

2 ⊙ hispanicum. His. Afr.
3 paniculatum. Afr. L. f.
4 perfoliatum. Cap. b. Sp. L. f.
5 Glinoides. Cap. b. Sp. L. f.
6 secundum. Cap. b. Sp. L. f.
7 fruticosum. Cap. b. Sp. L. f.
8 rigidum. Cap. b. Sp. L. f.
9 sarmentosum. Cap. b. Sp. L. f.

Icosandrie Pentagynie.

949.

Spiræa, 27.

1 ♄ lævigata. Sib.

Spairelle à fe. luisante.

2 ♄ salicifolia. Sib. Tar.

Spirœé à fe. de Saul.

3 ♄ tomentosa. Phi.
4 ♄ hypericifolia. Can. d.
5 ♄ chamædryfolia. Sib. carn.
6 ♄ crenata. Sib. Hisp. mont. Gal.
7 ♄ triloba. Sib.
8 ♄ opulifolia. Vir. Can. d.
9 ♄ sorbifolia. Sib. ulig.
10 ♄ lobata. Jacq.
11 ♃ Aruncus. Aus. Alv. Ger. Pyr.

Barbe de Chevre.

P. 12 ♃ Filipendula. Eu. pas.
P. 13 ♃ Fili. minor. va.
P. 14 ♃ Fili. flore pleno. va.

Filipendulle.

P. 15 ♃ Ulmaria. Eu. pra. uli. umb.

Reine des Prées. Ormiere.

Coupa Vignette.

P. 16 ♃ Ul. flore pleno. va.
17 ♃ palmata. Vir.
18 ♃ lobata. Jacq.
19 trifoliata. Vir. Can. d.
20 ♄ argentea. No. Gra. L. f.
21 ♃ palmata. Sib. L. f.
22 Japonica. Ja.

950.

Rosa, 28.

P 1 ♄ Eglanteria. Ger. Hel. Ang.

Eglantier sauvage des bois.

Icosandrie Pentagynie.

2 ♄ Eg. lutea. va.
P. 3 ♄ Eg. sylvestris fol. odoratis. va.
P. 4 ♄ Eg. multiplex. fol. odoratis. va.

Gratte - Queue des bois.

Rose sauvage.

5 ♄ rubiginosa. Ger. Hel.
6 ♄ cinnamomea. Eu. Ans.
7 ♄ arvensis. Ang. Sue. Ger. Dan.
8 ♄ pimpinellifolia. Eu.

Rose à fe. de Pimpernelle.

9 ♄ spinosissima. Eu.
10 ♄ carolina. Am. 7.
11 ♄ villosa. Eu.
12 sinica.
13 ♄ sempervirens. Ger.

Rosier toujours verd.

14 ♄ centifolia.

Rose à cent feuilles.

15 ♄ gallica. Eu.
16 ♄ gal. versicolor. va.
17 ♄ Alpina. Alp. Hel.

Ros. des Alpes sans épines.

18 ♄ Canina. Alp. Hel.
19 ♄ indica. Chi.
20 ♄ pendulina. Eu.
21 ♄ alba. Eu. Aus.
22 ♄ alba. fl. pleno. va.

Ros. double à fl. blanche.

23 ♄ fl. pleno purpurascente.

Rose de Provins.

24 ♄ semperflorens.

Ros. de tous les mois.

25 ♄ pumila. Aus. L. f.

Icoſandrie Pentagynie.

26 ♄ penſilvanica.
27 ♄ baleatica. J.
28 ♄ auſtriaca. J.
29 ♄ citrina. J.
30 ♄ bengalenſis. J.
31 ♄ alexandrina. J.
32 ♄ collina. Jacq.
33 ♄ Burgundiaca.
34 ♄ glauca. J.
35 ♄ muſcoſa.

Roſe mouſeuſe.

36 ♄ moſchata. Alex. Sib. L. f.

Roſe muſcade d'Alexandrie.

37 ♄ biflora fl. pleno, carneo. Gu. Aub.

951.

Rubus, 29.

P. 1 ♃ ♂ idæus. Eu. lapi.

Franboiſier du Mont-Ida.

2 ♃ ♂ idæ. fructu albo.
3 ♃ ♂ idæ. lævis.
4 ♃ occidentalis. Can. d.
5 ♃ hiſpidus. Can. d.
6 ♄ parvifolius. In.
7 ♄ jamaicenſis. Jam.
8 ♄ fl. albo pleno. va.
P. 9 ♄ cæſius. Eu. dum.

Ronce des bois à fl. bleue.

P. 10 ♄ fruticoſus. Eu. mari. ſepi.

Cathrinette des bois.

11 ♄ vulgaris major.
12 ♄ flore. pleno albo.
13 canadenſis. Can. d.
14 ♃ ♄ odoratus. Can. d.
15 ♄ japonicus. Jap. L. f.
16 ♃ ſaxatilis. Eu. coli. lapi.

Icoſandrie Pentagynie.

17 ♃ arcticus. Both. Sue. Sib. Can. d.
18 ♃ Chamæmorus. Sue. Sib. pal.
19 ♃ Dalibarda. Can. d.
20 ♃ moluccanus. Amb.
21 ♃ alpinus. Alp.
22 ♄ inermis. J.

Ronce de St. François ſans épines.

23 ♄ ſcandens. J.
24 ♄ tomentoſus. J.
25 ♄ microphyllus Jap. L. f.
26 ♄ corchorifolius. Jap. L. f.
27 ♄ vulpinus. J.

952.

Fragaria, 30.

P. 1 ♃ veſca. Eu. ſter. dur. apr.

Fraiſier cultivé.

P. 2 ♃ ſylveſtris minor rubro.

Fraiſier rouge des bois.

P. 3 ♄ ſyl. minor fl. rubro. va.
P. 4 ♃ ſyl. minor fl. albo. va.
5 ♄ ſyl. ſemperflorens. va.

Fra. de tous les mois.

6 ♃ ſyl. monophylla. va.

Fra. de Verſailles.

7 ♃ pratenſis. viridis.

Fra. verd d'Angleterre.

8 ♃ pra. nigra.

Fra. breſlinge de Thuringe.

9 ♃ pra. Vaillantii.
10 ♃ pra. Ceſalpini.
11 ♃ pra. anguloſa.
12 ♃ pra. granuloſa.
13 ♃ moſchata hermaphrodita.

Capronier Royal.

Icosandrie Pentagynie.

14 ♃ mosc. dioica.
15 ♃ americana coccinea.

Fra. écarlate.

Fra. Quoimios d'Amérique.

16 ♃ ameri. Ananas.
17 ♃ amer. Milleri.
18 ♃ amer. lucida.
19 ♃ amer. tinera.
20 ♃ chiloensis dioica.

Fra. du Chili à gros fruit.

21 ♃ chilo. hermaphrodita.

Frutiller Royal.

22 ♃ hybrida.

Fraisier Jumart.

953.

Parinari, 31.

1 ♄ montana. Gu. Aub.

Parinarie à gros fruit.

Rocoumerepa des Galibis.

2 ♄ campestris.

Néflier des Créoles.

954.

Couepia, 32.

1 ♄ Guianensis. Gu. Aub.

Coupie des Galibis.

955.

Moquilea, 33.

1 ♄ Guianensis. Gu. Aub.

Moquilier de Cayenne.

Icosandrie Pentagynie.

956.

Crenea, 34.

1 ♃ maritima. Gu. Aub. aqu. mari.

Crenée maritime.

957.

Potentilla, 35.

1 ♄ fruticosa. Ebo. Ang. Olan.

Argentine en Arbrisseau.

P. 2 ♃ Anserina. Eu. pas. arg.

Anserinne à une fleur.

3 ♃ sericea. Sib.
4 ♃ multifida. Sib. Tar. Capp. Hel.
5 ♃ Pentaphylloides. va.
6 ♃ fragarioides. Sib.
7 ♃ rupestris. Sib. Ger. mont.
8 ♃ bifurca. Sib.
9 ♃ pimpinelloides. Arm. saxo.
10 ♃ pensylvanica. Can. d.
P. 11 ⊙ supina. Sib. Ger. Aus.
P. 12 ♃ recta. Ind. Nar. Hel. Ang.
P. 13 ♃ argentea. Eu. rud.

Argentine d'Europe.

14 ♃ intermedia. Hel.
P. 15 ♃ hirta. Monp. Pyr. Sile.
16 ♃ stipularis. Sib.
17 ♃ opaca. Aus. Hel. Bal. Ger.
18 ♃ verna. Eu pas. Sicc. fri.

Fraciniere du Printemps.

19 ♃ aurea. Alp. Hel. Aus. Dan.
20 ♃ flore pleno. va.

Icoſandrie Pentagynie.

21 canadenſis. Can. d.
22 ♃ alba Alp. Stir. Auſ. Pan. Syl.
23 ♃ cauleſcens. Hor. dei. Alp. Hel.
24 ♃ nitida. Bal. Alp.
25 ♃ valderia. Alp. Vald. Vina.
P. 26 ♃ reptans. Eu. apr. arg.
Quinte - Feuille des bout.
27 ⊙ monſpelienſis. Monp.
28 ⊙ norvegia. Sib. Can. d. Boru.
P. 29 nivea. Alp. Lap. Sib.
P. 30 ⊙ grandiflora. Hel. Sib. Pyr.
31 ♃ ſubacaulis. Sib. Gal. Gre.
32 ♃ heptaphylla.
33 ♃ pyrenaica.

958.

Tormentilla, 36.

P. 1 ♃ erecta. Eu. paſ. Sicc.
Tormentille à tige droite.
2 ♃ reptans. Ang.
3 ♃ alpina. Alp.

959.

Geum, 37.

1 ♃ virginianum. Vir. Sib.
Benoite de Virginie.
2 ♃ urbanum. Eu. umb.
Ben. Galiot d'Italie.
3 ♃ rivale. Eu. pra. ſub. hum.
4 ♃ Caryophyllata aquatica. va.
Caryophylla. Reciſe.

Icoſandrie Pentagynie.

5 ♄ montana. Alp. Hel. Auſ. Sile.
6 ♄ Caryo. minor. va.
7 reptans. Hel. val. Braſi.
8 ♃ hirſutum.
9 punctatum.
10 ſtellare.
11 ♃ cluſiana. Jacq.

960.

Comarum, 38.

P. 1 ♃ paluſtre. Eu. uli.
Comaret des prés.

961.

Dryas, 39.

1 ♃ pentapetala. camſ.
Dryas à 5 pétales.
2 ♃ octopetala. Alp. Lap. Hel. Auſ. Sab. Hib. Sib. Ger.

962.

Calycanthus, 40.

1 ♄ floridus. Car.
Calycanthe de Caroline.
Pompadour.
2 ♄ præcox. Jap.

963.

Caſſipourea, 41.

1 ♄ Guianenſis. Gu. Aub. loc. pal.
Caſſipourier de Guyanne.

TREIZIÉME CLASSE.

Polyandrie Monogynie.

964.

Marcgravia, 1er. G.

1 ♄ umbellata, Am. c. Gu. Aub.

Marcgrave. Hiſtorien Bota.

965.

Trilix, 2.

1 ♄ lutea. Cart.

Trillie à fleur jaune.

966.

Rheedia, 3.

1 ♄ lateriflora. Am. Gu. Aub.

Rhéede. Bot.

967.

Capparis, 4.

1 ♄ ſpinoſa. Eu. Auſ. Ori. rud.

Capprier épineux.

2 ♄ folio acuto. va.

Taperier d'Orient.

3 ♄ inermis. J. va.
4 ♄ Zeylanica. Zey.
5 ♄ ſepiaria. In.
6 ♄ frondoſa. Cart. Dom. Syl.
7 ♄ feruginea. Jam.
8 ♄ Baduca. In.
9 ♄ cynophallophora. Am. m.

Capprier. Vit de Chien.

Polyandrie Monogynie.

10 ♄ pulcherrima. Cart. Am. mont.
11 ♄ linearis. Cart. Am. are. coli.
12 ♄ Breynia. Am.
13 ♄ haſtata. Cart. Syl.
14 ♄ flexuoſa. Jam.
15 ♄ ſiliquoſa. Jam.
16 ♄ grandis. Zey. L. f.
17 ♄ horrida. Zey. L. f.

968.

Actæa, 5.

1 ♃ ſpicata. Eu. nem.

Chriſtophoriane.
Herbe St. Chriſtophe.

2 ♃ ſp. nigra. va.
3 ♃ nigra. Am. va.
4 ♃ alba. va.
P. 5 ♃ racemoſa. Flo. Vir. Can. d.
6 ♃ cimicifuga. Sib.

Chaſſe-Puce.

7 ♃ canadenſis. J.

969.

Sanguinaria, 6.

1 ♃ canadenſis. Am. 7.

Sanguin du Canada.

2 ♃ major Belharnoſia. va.

Beauharnois.

3 ♃ maj. flore pleno. va.

970.

Podophyllum, 7.

1 ♃ peltatum. Am. 7.

Polyandrie Monogynie.

Podophylle d'Amérique.

2 ♄ diphyllum. Vir.

971.

Chelidonium, 8.

P. 1 ♃ majus. Eu. rud.

grande Chelidoine.

Éclaire. Felouque.

P. 2 ♃ majus foliis quernis. va.

P. 3 ⊙ Glaucium. Ang. Hel. Gal. Ita. Vir. are.

Glaucienne.

4 ⊙ corniculatum. Monp. Hun. Bohe. Auſ.

5 ⊙ cor. phæniceum. va.

Pavot Cornu.

6 ⊙ cor. violaceum. J. va.

7 ⊙ hybridum. Eu. Auſ.

972.

Papaver, 9.

P. 1 ⊙ hybridum. Eu. Auſ.

Pavot hybride.

P. 2 ⊙ Argemone. Eu. camp. are.

Argemone à tête longue.

3 ♃ alpinum. Hel. Auſ. Pyr.

4 ♂ nudicaulis. Sib.

P. 5 ⊙ Rhæas. Eu. arv. agr.

Quoqueliquot des jardins.

P. 6 ⊙ erraticum fl. pleno. va.

P. 7 ⊙ erra. minus. va.

P. 8 ⊙ dubium. Eu. 7. int. Seg.

9 ⊙ ſomniferum. Eu. Auſ. rud.

Pavot des Bout.

10 ⊙ hortenſe ſemine nigro. va.

Polyandrie Monogynie.

Pavot des Jardins.

11 ⊙ criſtatum ſemine albo. va.

12 ⊙ cri. rubiſ. ſem. nigro. va.

13 ⊙ flore pleno album. va.

14 ♃ cambricum. Cam. 7. nem.

15 ⊙ orientale. Ori.

973.

Argemone, 10.

1 ♂ mexicana. Mex. Jam. Cari.

Argemone du Mexique.
Pavot épineux.

2 armeniaca. Arme.

3 pirenaica. Pyr.

4 ♃ alba. J.

974.

Cambogia, 11.

1 ♄ Gutta. In.

Camboge. Carcapulli.
Gomme Gutte.

975.

Muntingia, 12.

1 ♄ Calabura. Jam.

Muntingie, Medecin Bota.
Calabure blanc.

976.

Ternſtromia, 13.

1 ♄ meridionalis. No. Gra. L. f.

Ternſtrome méridionale.

Polyandrie Monogynie.

977.

Alſtonia, 14.

1 ♄ Theæformis. Am. m. L. f.

Alſtonié, faux Thé bohë.

978.

Myriſtica, 15.

1 ♄ officinalis. Inſ. Banda. L. f.

Muſcadier des bout. Noix Myriſtique, voyage de M. Sounerat.

979.

Sparrmannia, 16.

1 ♄ Africana. Afr. L. f.

Sparrman Botaniſte Suédois.

980.

Vallea, 17.

1 ♄ ſtipularis. No. Gra. L. f.

Vallée. Bota.

981.

Saracenia, 18.

1 ♃ flava. Am. 7.

Sarazin, Medecin Bota. François.

2 ♃ purpurea. Am. 7.

982.

Nymphæa, 19.

P. 1 ♃ lutea. lit. Cand. d.

Nenuphar jaune. Volet des Etangs.

P. 2 ♃ alba. Eu. Am. aqu. va.

Polyandrie Monogynie.

Lis des Etangs. Blanc d'eau.

P. 3 ♃ alba minor. va.

4 ♃ Lotus. In. Afr. Am. Gu. Aub. va.

Lotus. d'Egypte.

5 ♃ Nelumbo. In. Per. Ruſ.

Nelumbo de l'Inde. Taratti de Rumphius. Feve d'Egypte.

6 ♃ Nelu. flore pleno. va.

983.

Bixa, 20.

1 ♄ Orellana. Am. c. foſſ.

Rocou ou Rocouier. Arbre de Mexique.

984.

Sloanea, 21.

1 ♄ dentata. Am. m.

Sloanne. Bota.

2 ♄ emarginata. Car.

Anona à fe. de Laurier.

3 ♄ Sinemarienſis. Gu. Aub.

Quapalier de ſinémari.

4 ♄ Plumerii. Gu. Aub.

985.

Mammea, 22.

1 ♄ americana. Hiſ. Jam.

Mammelle. Pomme-Pêche.

986.

Trewia, 23.

1 ♄ nudiflora. Mal. are.

Trewie de Malabar.

Polyandrie Monogynie.

987.

Ochna, 24.

1 squarrosa. In. Afr.

Ochnad à fl. en épi.

2 arbor Africana.

Arbre d'Afrique.

3 ♄ Jabotapite. Am. m.

Jabotapite de Marcgrave.

988.

Grias, 25.

1 ♄ Cauliflora. Jam.

Gria. Palmier Pêche.

989.

Calophyllum, 26.

1 ♄ Inophyllum. In.

Calophylle à grande fe.

2 ♄ Calaba. In.

990.

Tilia, 27.

P. 1 ♄ europæa. Eu. pra.

Tilleul d'Europe.

P. 2 ♄ montana maximo folio. va.

P. 3 ♄ feminea folio minore. va.

4 ♄ ulmi folio. va.

5 ♄ foliis hirsutis. va.

6 ♄ bohemica. va.

7 ♄ americana. Vir. Can. d.

Tilleul d'Amérique.

8 ♄ caroliniensis. Car.

991.

Apeiba, 28.

1 ♄ Tibourbou. Gu. Aub. rip. riv.

Polyandrie Monogynie.

Apeyba de Cayenne.
Tibourbou des Galibis.

2 ♄ glabra. Gu. Aub.

Bois de Mêche.
Irouyra des Caraibes.

3 ♄ Petoumo. Gu. Syl. Sine.

4 ♄ aspera. Gu. Aub.

Apeiba à Rape.

992.

Banara, 29.

1 ♄ Guianensis. Gu. Aub. Syl.

Banare de l'Isle de Cayenne.

993.

Tounatea, 30.

1 ♄ Guianensis. Gu. Aub. Syl. sine.

Tounate de Guyanne ou Tounou des Galibis.

994.

Soramia, 31.

1 ♄ Guianensis. Gu. Aub. rip. fla.

Soramie de Sinemari.

995.

Norantea, 32.

1 ♄ Guianensis. Gu. Aub. Syl. pal.

Norante de Guyanne.
Conoro-Antegri des Galibis.

Polyandrie Monogynie.

996.

Calinea, 33.

1 ♄ Scandens. Gu. Aub. Syl.

Calinier grimpant.

997.

Mahurea, 34.

1 ♄ paluſtris. Gu. Aub. loc. pal.

Mahuri aquatique.

998.

Caraipa, 35.

1 ♄ parviflora. Gu. Aub. Syl.

Carape à petite fleur.

2 ♄ longifolia. Gu. Aub.

3 ♄ latifolia. Gu. Aub.

4 ♄ anguſtifolia. Gu. Aub. Syl.

Manche-Haches des Créoles.

999.

Houmiri, 36.

1 ♄ balſamifera. Gu. Aub. Syl.

Houmiri baumier.

Bois rouge des Créoles.

1000.

Lætia, 37.

1 ♄ apetala. Am.

Lœtié ſans pétale.

2 ♄ completa. Am.

1001.

Microcos, 38.

1 ♄ paniculata. In.

Polyandrie Monogynie.

Microcos à fl. en panicule.

2 ♄ lateriflora. Zey.

1002.

Elæocarpus, 39.

1 ♄ ſerrata. In. L. f.

Elœocarpe à fl. dentelée.

2 Dicera. No. Zeel. L. f.

1003.

Couroupita, 40.

1 ♄ Guianenſis. Gu. Aub.

Couroupite de Guyane.

Boulet à Canon des Créoles.

Abricot ſauvage.

1004.

Lecythis, 41.

1 ♄ grandiflora. Gu. Aub. Syl.

Marmite de Singe.

Quatelé à grande fleur.

Canarie Makaque des Caraibes.

2 ♄ amara. Gu. Aub. Syl.

petite Marmite de Singe.

3 ♄ parvi flora. Gu. Aub. rip. flu.

4 ♄ Zabucajo. Gu. Aub. Syl. deſc.

Zabucaïe de Cayenne.

5 ♄ idatimon. Gu. Aub. Syl.

Idatimon des Galibis.

Polyandrie Monogynie.

6 ♄ lutea. va.
7 ♄ minor. Ollaria. Linn.

1005.

Couratari, 42.

1 ♄ Guianensis. Gu. Aub. Syl.
Couratari de Guyanne.

1006.

Pachira, 43.

1 ♄ aquatica. Gu. Aub. rip. flu.
Pachirier aquatique.
Cacao sauvage de Cayenne.

1007.

Delima, 44.

1 ♄ sarmentosa. Zey.
Delime sarmenteux.

1008.

Vateria, 45.

1 ♄ indica. In.
Vatere. Bota. de l'Inde.

1009.

Mentzelia, 46.

1 aspera. Am.
Mantzeline à fruit velue.

1010.

Loosa, 47.

1 ⊙ hispida. Per.
Loose velue.

Polyandrie Monogynie.

1011.

Lagerstroemia, 48.

1 ♄ indica. Chi.
Lagerstro de Chine.

1012.

Ciponima, 49.

1 ♄ Guianensis. Gu. Aub.
Cipone de Guyane.

1013.

Taonabo, 50.

1 ♄ dentata. Gu. Aub. Syl. mont.
Taonabe à fe. dentelée.
Paletuvier de montagne.
3 ♄ punctata. Gu. Aub. Syl. mont.

1014.

Vantanea, 51.

1 ♄ Guianensis. Gu. Aub. rip. flu.
Vantane de Guiane.
Iouantan des Noiragues.

1015.

Singana, 52.

1 ♄ Guianensis. Gu. Aub. Syl.
Singane des Noiragues.

1016.

Paralea, 53.

1 ♄ Guianensis. Gu. Aub. Syl. desc.
Parala des Galibis.

Polyandrie Monogynie.

1017.

Thea, 54.

1 ♄ Bohea. Jap. Chi.

Thé-Bohë du Japon.

2 ♄ viridis. Chi.

1018.

Cariophyllus, 55.

1 ♄ aromaticus. Mol. ſolo. arid.

Gérofle ou Girofle des bout.

Cloux de Girofle aromatique.

1019.

Ciſtus, 56.

1 ♄ Capenſis. Cap. b. Sp.

Ciſte du Cap-de-bon-Eſpérance.

2 ♄ villoſus. Ita. Hiſ.
3 ♄ populifolius. Luſ.
4 ♄ Ledon. fo. populi. va.
5 ♄ laurifolius. Hiſ.
6 ♄ ladaniferus. Hiſ. Luſ. coli.

Ladanum d'Eſpagne.

7 ♄ Ledon flore maculato. va.

Ledeum à fl. maculée.

8 ♄ monſpelienſis. G. N. Val.
9 ♄ Ledon. foliis oleæ. va.
10 ♄ ſalvifolius. Ita. Sic. Nar. Hel.
11 ♄ incanus. Hiſ. Or. Narb.

Ciſte mâle.

12 ♄ creticus. Cre. Syr.
13 ♄ albidus. G. N. Hiſ.
14 ♄ criſpus. Luſ.

Polyandrie Monogynie.

15 ♄ halimifolius. Luſ. mari.
16 ♄ fæminea. va.
17 ♄ fruticoſus erectus. va.
18 ♄ libanotis. Hiſ.
P. 19 ♄ umbellatus. Gal. Hiſ.
20 ♄ lævipes. Monp.
21 ♄ calycinus. Eu. Auſ.
P. 22 ♄ Fumana. Gal. Got. Hel.

la Fumane à tige ligneuſe.

23 ♄ Chamæ Ciſtus. va.

Faux-Ciſte à fe. de bruyere.

24 ♄ canus. Gr. Narb. Hiſ.
P. 25 ♄ helianthemum alpinum. va.
26 ♄ italicus. Ita.
27 ♄ marifolius. Marſ. Ver. Hel.
28 ♄ anglicus. Ang. loc.
29 ♄ oelandicus. Gal. Oel. Hel. Auſ.
30 ♃ Tuberaria. Gal. Hiſ. Piſ.
P. 31 ⊙ guttatus. G. N. Ita. Ang.
32 ♃ canadenſis. Can. d.
33 ⊙ lidifolius. Monp.
34 ⊙ niloticus. Æg.
35 ⊙ ſalicifolius. Luſ. Hiſ.
36 ⊙ ægyptiacus. Æg. B. Juſſius.
37 ♄ ſquamatus. Hiſ.
38 ♄ Lippii. Æg.
39 ♄ Surrejanus. Ang. Surre.
40 ♄ nummularius. Monp.
41 ♄ ſerpilifolius. Alp. Auſ. Stir.
42 ♄ glutinoſus. Eu. Auſ.
43 ♄ thymifolius. G. N. Hiſ.
44 ♄ piloſus. Gal.
45 ♄ ſtipulis quaternis. va.
46 ♄ ſtip. ſubulatis. va.
47 ♄ foliis minoribus. va.

Polyandrie Monogynie.

48 ♄ racemosus. His.
49 ♄ Helianthemum. Eu. pas. Sicc.

Heliantheme. Herbe d'or.
Fleur du Soleil.

50 ♄ hirsutus. His. Narb.
P. 51 ♄ apeminus. Ape. Ita. mont.
52 ♄ polifolius. Ang.
53 ♄ arabicus. Ara.
54 ♄ caudice arborescente va.
55 ♄ Caule erecto, va.
56 ♄ folia opposita. va.
57 ♄ stipulis binis. va.
58 ♄ pedunculum uniflorum. va.
59 ♄ petalorum. va.
60 ♄ capsulis. va.
61 ♄ Calyce æquali. va.
62 ♄ hispanicum. J.
63. ortegianus. J.
64 ♄ syriacus. J.

1020.

Prockia, 57.

1 ♄ crucis. S. Crucis.

• Procki de Ste. Croix.

1021.

Corchorus, 58.

1 ⊙ olitorius. Asi. Afr. Am.

Corchorus d'Asie.

2 ♄ siliquosus. Am. m. Gu. Aub.

Épinard ou Mauve des Juifs.

3 ♄ trilocularis. Ara.
4 tridens. In.
5 ♄ æstuans. Am. c.
6 ⊙ capsularis. In.

Polyandrie Monogynie.

7 hirsutus. Am. m.
8 ♄ hirtus. Am. m. Gu. Aub.

1022.

Seguieria, 59.

1 ♄ americana. Am. m. Cart.

Séguierie épineux. Botaniste François.

Digynie.

1023.

Pœonia, 60.

1 ♃ officinalis. Nem. mont. Hel.

Pivoine mâle des bout.

2 ♃ feminea offici. va.
3 ♃ Mascula. offici. va.
4 ♃ flore plenorubro. va.
5 ♃ fl. pl. albo. va.
6 ♃ fl. pl. roseo. va.
7 ♃ anomala. Sib.
8 ♃ tenuifolia. Ver. Sib.
9 ♃ lusitanica. J.
10 ♃ villosa. J.

1024.

Curatella, 61.

1 ♄ americana. Am. m. Gu. Aub.

Curatelle à polir le bois.

1025.

Fothergilla, 62.

1 ♄ Gardeni ou Alnifolia. L. f.

Fothergille, Medecin Anglois.

2 ♄ mirabilis. Gu. Aub. Syl.

Admirable de Guyane.

Polyandrie Digynie.

1026.

Calligonum, 63.

1 ♃ polygonoides. Arar. Sib.
Sanguinaire de Siberie.

Trigynie.

1027.

Mourea, 64.

1 fluviatilis. Gu. Aub. flu.
Mourere des fleuves.
Mourerou des Caraibes.

1028.

Ablania, 65.

1 ♄ Guianensis. Gu. Aub.
Ablanier de Guiane.
Goulougou-Ablani des Galibis.

1029.

Delphinium, 66.

P. 1 ⊙ Consolida. Eu. Agr.
Delphinette Consoude.
Consoude Royale.

P. 2 ⊙ Ajacis. Hel. Ger.
Pied d'Alouette des Jardins.

3 ⊙ A. flore pleno. va.
4 ⊙ A. fl. alb. va.
5 ⊙ A. fl. variegato. va.
6 ⊙ aconiti. folio. Dard.
7 ⊙ azuræum. J.
8 ⊙ puniceum. Sib. L. f.
9 ⊙ ambiguum. Mau.
10 ⊙ peregrinum. Ita. Sici. Meli.
11 ♃ grandiflorum. Sib.
12 ♃ elatum. Sib. Hel. Sil.
13 ♃ Aconitum. va.

Polyandrie Trigynie.

14 ⊙ ♂ Staphisagria. Istri. Dal.
Staphisaigre Pituitaire.
Herbe aux Poux ou Herbe à la Pituite.

1030.

Aconitum, 67.

1 ♃ Lycoctonum. Alp. Lapp. Hel. Ita. Auf.
Aconite, tue Loup.

2 ♃ magno flore cæruleo. va.
3 ♃ Napellus. Hel. Bar. Gal. Ger.
Napelle de Lobelle.
Botaniste.

4 ♃ pirenaicum. Sib. Tar. Pyr.
5 ♃ Anthora. Alp. Pyr. Hel. Allo.
Anthora. Antithora.

6 ♃ variegatum. Ita. Boh. mont.
Petit Napelle.

7 ♃ Cammarum. Sti. Tau.
Napelle à g. fleur.

8 ♃ purpureum. va.
9 ♃ cæruleo-purpureum. va.
10 ♃ uncinatum. Phi.

1031.

Enourea, 68.

1 ♄ capreolata. Gu. Aub. Sup. arb.
Enourou Eymara.

1032.

Racoubea, 69.

1 ♄ Guianensis. Gu. Aub. Syl.
Racoube ou Mavéré des Créoles.

Polyandrie Trigynie.

1033.

Napimoga, 70.

1 ♄ Guianensis. Gu. Aub. Syl.
Napimogal des Galibis.

Tetragynie.

1034.

Pekea, 71.

1 ♄ butirosa. Gu. Aub. Syl.
Pekée des Galibis.

2 ♄ tuberculosa. Gu. Aub. Syl.
Amandier de la Guyane.

1035.

Saouari, 72.

1 ♄ glabra. Gu. Aub.
Saouari de Cayenne.

2 ♄ villosa. Syl. Gu. Aub.

1036.

Tetracera, 73.

1 ♄ volubilis. Am. m.
Tétracer à fe. de Laurier.
Arbre & Chateignier d'Amérique.
A 4 Cornes.

1037.

Caryocar, 74.

1 ♄ nuciferum. Ber.
Caryocar. Arbre précorce.

Polyandrie Tetragynie.

1038.

Cimicifuga, 75.

1 ♃ fætida. Sib.
Cimicifuge puant.
Chasse puce.

Pentagynie.

1039.

Aquilegia, 76.

1 viscosa. Monp.
Ancolie sauvage.

P. 2 ♃ vulgaris. Eu. nem. Saxo.
Gant de Notre-Dame.

P. 3 ♃ hortensis simplex. va.
P. 4 ♃ ho. multiplex fl. magno. va.
P. 5 ♃ ho. mul. fl. plena. va.
P. 6 ♃ ho. mul. fl. inverso. va.
P. 7 ♃ ho. fl. roseo multiplici. va.
8 ♃ degener virescens. va.
9 ♂ alpina. Hel.
10 ♃ canadensis. Vir. Can. d. Dau.

1040.

Brathys, 77.

1 ♄ juniperina. No. Gra. L. f.
Brathe genevrier.

1041.

Nigella, 78.

1 ⊙ damacena. Eu. Auf.
Nigelle de Damas.

2 ⊙ flore majore pleno cæruleo.
Yeux de la R. d'Hongrie.

Polyandrie Pentagynie.

3 ⊙ sativa. Ger. Æg. Cre.
Toute Epice.

P. 4 ⊙ arvensis. Ger. Gal. Ita. agr.

5 ⊙ hispanica. Hif. Monp. 10 pistilles.

6 ⊙ orientalis. Ale.

1042.

Reaumuria, 79.

1 ⊙ vermiculata. Æg. Syr. Sici.
Reaumur, Naturaliste.
Kali marqueté.

Hexagynie.

1043.

Stratiotes, 80.

1 Aloides. Eu. 7. aqu. pig. pur.
Aloës d'eau. Ananas aquatique.

2 ♃ alismoides. In.

3 Acoroides. int. Inf. Zey.

Poligynie.

1044.

Dillenia, 81.

1 ♄ Indica. Mal.
Dillen, Bota.

1045.

Illicium, 82.

1 ♄ anisatum. Jap. Chi.
Allirante anisé.

2 ♄ floridanum.
Badianne. Anis étoilé.

Polyandrie Poligynie.

1046.

Xylopia, 83.

1 ♄ frutescens. Gu. Aub.
Jéjerecou de Cayenne.
Couquerecou des Caraibes.

1047.

Liriodendron, 84.

1 ♄ Tulipifera. Am. 7.
Tulipier de Virginie.
Bois jaune.

2 ♄ caroliniana. va.

3 ♄ lilifera. Amb.
Arbre Lis. d'Amboine.
Sambac de Montagne.

1048.

Magnolia, 85.

1 ♄ grandiflora. Flo. Car.
Laurier Tulipier.

2 ♄ glauca. Vir. Pens. Caro.

3 ♄ acuminata. Pens.

4 ♄ tripetala. Caro. Vir.
Ombelle de Caroline.

1049.

Waria, 86.

1 ♄ Zeylanica. In. Zey.
Maniquette. Waria.
Poivre d'Æthiopie.

2 ♄ japonica. Jap.
Poivre des Négres.
Bois d'Ecorce.

1050.

Polyandrie Poligynie.

1050.

Michelia, 87.

1 ♄ campaca. In.

Michelle. Bota.

2 ♄ Tſiampaca. In.

1051.

Cananga, 88.

1 ♄ Ouregou. Gu. Aub.

Oregou des Galibis.

1052.

Aberemoa, 89.

1 ♄ Guianenſis. Gu. Aub. Syl.

Abéreme de Sinemarie.

1053.

Drimys, 90.

♄ Granadenſis. No. Gra. L. f.

Drimy de la Nou. Grenade.

2 ♄ Winteri. Am. Auſ. L. f.

Canelle blanche ſauvage.

Arbre toujours verd.

3 ♄ axillaris. No. Zeel. nem. L. f.

1054.

Unona, 91.

1 ♄ diſcreta. Sur. L. f.

Unonne de Suriname.

1055.

Annona, 92.

1 ♄ muricata. Am. c. Gu. Aub.

Polyandrie Polyginie.

Coroſſol. Cœur de Bœuf.

Guanabanne à fru. moû.

2 ♄ ſquamoſa. Am. m. Gu. Aub.

Annona tuberculeux. à Rezeau.

3 ♄ reticulata. Am. m. Gu. Aub.

4 ♄ paluſtris. Am. aqu.

5 ♄ triloba. Car.

6 ♄ aſiatica. Zey.

Pomme Canelle.

7 ♄ africana. Am.

Cachimant à fe. de Pêcher.

8 ♄ hexapetala. In. Ori. L. f.

9 ♄ paludoſa. Gu. Aub. pra. palu.

Coroſſol ſauvage.

10 ♄ punctata. Gu. Aub.

11 ♄ longifolia. Gu. Aub. rip.

Pinaou des Caraïbes.

12 ♄ Ambotay. Gu. Aub.

Ambotay des Galibis.

13 ♄ muſcoſus. Gu. Aub.

14 ♃ vernalis. Sue. Hel. Syl.

15 ♃ hortenſis. Ita.

16 ♃ dichotoma. Can. d. Sib.

17 ♃ narciſſiflora. Alp. Auſ.

18 ♃ faſciculata. Ori.

19 ♄ glabra. Caro.

20 ♃ pratenſis. Ita.

1056.

Abuta, 93.

1 ♄ rufeſcens. Gu. Aub. Syl.

Pareira Brava ou Abutte des Caraïbes.

Polyandrie Poligynie.

2 ♄ amara. Gu. Aub. Syl.
Aboutona des Garipons.

1057.

Anemone, 94.

1 ♃ Hepatica. Eu. nem. lap.
Hépatique des jardins.
2 ♃ Hep. fl. pleno cæruleo. va.
3 ♃ Hep. fl. albo. va.
4 ♃ Hep. fl. ple. albo. va.
5 ♃ Hep. fl. rubro. va.
6 ♃ Hep. fl. rub. ple. va.
7 ♃ Hep. foliis maculatis. va.
8 ♃ patens. Sil. Sib. Lusa.
9 ♃ sulphurea. Hel.
10 ♃ baldensis. Alp. Penn. Bal.
11 ♃ vernalis Sue. Hel. Ger. Syl.
12 ♃ ver. fl. minore. va.
13 ♃ ver. apii. hortensis folio. va.
P.14 ♃ Pulsatilla. Eu. bor.
Pulsatille. Coquelourde.
Fleur de Pâques. Passefleur.
P.15 ♃ Pul. floribus albis. va.
Herbe du Vent. Œillet de Dieu.
16 ♃ pratensis. Sca. Ger. camp.
17 ♃ alpina. Sty. Hel. Auf. Sile.
18 ♃ alp. major. alba.
19 ♃ alp. minor. alba. va.
20 ♃ coronaria. Ori. Conf.
Anemone des Jardins.
21 ♃ cor. tenuifolia multiplex. va.

Polyandrie Poligynie.

Ane. à fl. rouge double.
22 ♃ cor. angustifolia muti. va.
Renoncule. Pivoine.
23 ♃ cor. ang. fl. luteo. va.
24 ♃ hortensis. Ita. Hel.
Renoncule des jardins.
25 ♃ hor. fl. pleno purpureo. va.
26 ♃ h. fl. pl. luteo. va.
27 ♃ h. fl. pl. albo. va.
28 ♃ h. fl. pl. purp. variegato. va.
29 ♃ h. fl. pl. albo. vari. va.
30 ♃ h. fl. pl. luteo. vari. va.
31 ♃ h. fl. pl. luteo. veridis. va.
32 ♃ palmata. Luf.
Renoncülle à fe. de Mauve.
33 ♃ sibirica. Sib.
Anemonoide à fl. nue.
34 ♃ sylvestris. Ger. Hel.
Anem. sauvage à fl. blanche.
35 ♃ sylv. minor alba. va.
36 ♃ virginiana. Vir.
37 ♃ decapetala. Bra.
38 ♃ pensilvanica. Can. d.
39 ♃ dichotoma. Can. d. Sib.
P.40 ♃ trifolia. Gal.
Sylvie à fl. blanche.
41 ♃ quinquefolia. Vir. Can. d.
Syl. purpurine.
P.42 ♃ nemorosa. Eu. usp. nem.
Syl. des bois.
43 ♃ apennina. Ape. Rom. Ang.

Polyandrie Poligynie.

P. 44 ♃ ranunculoides. Eu. bre. pra.

Ranunculoide d'Europe.

45 ♃ narcissiflora. mont. Sib. Hel.
46 ♃ fasciculata. Ori. mont. lac.
47 ♃ thalictroides. Vir. Can. d.
48 ♃ Tha. cauleunifloro. va.
49 ♃ baldensis. Bal.

1058.

Atragene, 95.

1 ♄ ♃ alpina. Bal. Auf. Sib. Alp.

Atragene des Alpes.

2 ♄ ♃ capensis. Cap. b. Sp.
3 ♄ Zeylanica. Zey.
4 ♄ tenuifolia. Chi.

1059.

Clematis, 96.

1 cirrhosa. Bet. arb. ope.

Viorne qui s'acroche à Arbre.

2 ♃ Viticella. Ita. Hif. sep.

Clématite, petite Vigne.

3 ♃ Viti. fl. pleno. va.
4 ♃ Viorna. Vir. Car.
5 ♃ crispa. Car.
6 orientalis. Ori. Ruf.
7 virginiana. Am. 7.
8 dioica. Am. c. Gu. Aub.
P. 9 ♃ Vitalba. fep. Eu. Auf.

Herbe aux Gueux. Viorne des Pauvres.

10 ♃ latifolia dentata. va.
11 ♃ sylvestris latifolia. va.
12 ♃ Flammula. Monp. Rhe.

Polyandrie Poligynie.

Flamme de Montpelier.

13 maritima. Adr. Ven. lito.
14 ♃ erecta. col. Auf. Pann. Tar.
15 ♃ integrifolia. Hun. Tar.
16 ♃ ♄ Balearica. Anto. Richar.
17 ♄ hispanica. In.
18 ♃ elatior. J.
19 hexapetala. No. Zeel. L. f.
20 ♄ dominica.

1060.

Thalictrum, 97.

1 ♃ alpinum. Alp. Lapp. Arv.

Thalictron des Alpes.

2 ♃ fœtidum. Monp. Vale. Hel.
3 ♃ tuberosum. Hif. Pyr.

Racine d'Or. Fausse Rubarbe.

4 ♃ Cornuti. Can. d.

Med. Bota. François.

5 dioicum. Can. d.
P. 6 ♃ minus. Eu. pra.

Rue des prés. (petite)

7 sibiricum. Sib.
8 ♃ purpurascens. Can. d.
9 ♄ angustifolium. Ger.
P. 10 ♃ flavum. Eu. 7. Sub. hum.

Pigamon. Sophia.

P. 11 ♃ fla. speciosum. Hif. va.
P. 12 lucidum. Par. Hif. va.
13 ♄ simplex. Sue. Dan.
14 ♃ aquilegifolium. Sca. Hel. Auf.
15 ♃ contortum. Sib.
16 ♃ petalorum. Dau.
17 rugosum. J.
18 stamineum. Sib. L. f.
19 ♃ styloideum. Sib. L. f.

Polyandrie Poligynie.

1061.

Adonis, 98.

P. 1 ⊙ æstivalis. Eu. int. Seg.
Adonis d'Été.
2 ⊙ autumnalis. Eu. Auf. int. Seg.
Fleur d'Adonis d'Automne.
3 ♃ vernalis. Ola. Bor. Boh. Col. Hel. Ger.
Ad. du Printemps.
4 ♃ apennina. Sib. Ape.
5 ♃ capenfis. Cap. b. Sp. L. f.
6 filia. Cap. b. Sp. L. f.
7 veficatoria. Cap. b. Sp. L. f.

1062.

Ranunculus, 99.

P. 1 ♃ Flammula. Eu. Paf.
Rénoncule. Flamme.
2 ♃ Fla. paluftris. va.
P. 3 reptans. Sue. Ruf. Hel. Ger.
P. 4 ♃ Lingua. Eu. bor. fof. aqu.
Grand. Douve aquatique.
P. 5 ♃ Lim. minor.
Petite Douve d'eau.
P. 6 nodiflorus. Par. Sic. loc. pul.
7 ficulus folio rotundo. va.
P. 8 ♃ gramineus. Gal. pra. nud.
9 ♃ montanus. va.
10 ♃ mont. multiplex. va.
Poivre d'eau.
11 ♃ pyrenæus. Pyr.

Polyandrie Poligynie.

12 parnaffifolius. Eu. Auf. Pyr.
13 ♃ amplexicaulis. Hel. Pyr. Ape.
14 ♃ bullatus. Luf. Cre.
15 ♃ flore pleno. va.
P. 16 ♃ Ficaria. Eu. rud. umb.
Petite Chélidoine.
Herbe aux Hémorrhoïdes.
P. 17 ♃ Fica. rotundifolia. major. va.
P. 18 ♃ Fic. flore pleno. va.
19 ♃ Thora. Alp. Hel. Pyr.
Thora, tue Loup.
Poifon des Flêches.
20 ♃ Tho. minor. va.
21 ♃ creticus. Cre.
22 ♃ cret. fl. pleno. va.
Bouton d'Argent.
23 ♃ caffubicus. Caff. Sib. Ged.
P. 24 ♃ auricomus. Eu. paf. hum.
25 abortivus. Vir. Can. d.
Plante qui fait avorter.
P. 26 ⊙ feleratus. Eu. fof. pal.
Sélérate qui tue & donne le Ris Sardonique.
27 ♃ aconitifolius. Alp. Hot. Dei.
28 ♃ aconi. fl. pleno. albo. va.
Bouton d'Argent d'Angleterre.
29 ♃ platanifolius. Ger. Ita. Pyr.
30 ♃ illyricus. Oel. Hung. Narb.
31 ♃ afiaticus. Afi. Maur.

Polyandrie Poligynie.

Semidouble des Jardins.

32 ♃ grumosâ radice fl. flavo. vario.
33 ♃ grum. rad. fl. albo. va.
34 ♃ g. rad. fl. albo. leviter crenato.
35 ♃ g. rad. fl. niveo. va.
36 ♃ g. rad. fl. phæniceo. va.
37 ♃ asphodeli radice. fl. sanguineo.
38 ♃ asp. rad. fl. subphæniceo verbente. va.
39 ♃ rutæfolius. Alp. Hel. Auf.
40 ♃ nivalis. Alp. Lapp. Hel.
41 ♃ niva. pygmæus. va.
42 ♃ alpestris. Alp. Auf. Hel.
43 lapponicus. Alp. Lapp.
44 monspeliacus.
P. 45 ♃ bulbosus. Eu. pra. paf.

Bacinet, pied de Coq.

46 ♃ repens. Eu. cul.

Grenouillet. Pied de Corbeau.

P. 47 ♃ polyanthemos. Eu. bor.
P. 48 ♃ acris. Eu. pra. paf.
P. 49 ♃ acris hortensis. flo. pleno. va.

Bouton d'Or des Jardins.

P. 50 ♃ lanuginosus. Monp. Hel. Ger.
51 ♃ lan. geranifolio. va.
P. 52 ♃ chærophillus. Gal. Ita.
53 parvulus. Monp. Ita. Ruf.
P. 54 ☉ arvensis. Eu. Auf. agr.
55 ☉ muricatus. Eu. Auf. fof. hum.

Chauffetrape des prés.

56 ☉ parviflorus. Eu. Auf.
57 orientalis. Ori.

Polyandrie Poligynie.

58 ♄ grandiflorus. Ori.
59 ☉ falcatus. Eu. int. Seg. Ori.

Queue de Souris.

P. 60 hederaceus. Ang. Bel. Sib.
P. 61 aquatilis. Eu. fof. aqu. riv.

Mille-feuille aquatique.

62 aqu. foliis submersis. va.
63 fluitans uniflorus. va.
64 flu. foliis capillaceis. va.
65 ☉ Pensylvanica. Pen. L. f.

1063.

Trollius, 100.

1 ♃ europæus. Alp. Ger. Sue.

Trollie de montagne.

2 ♃ asiaticus. Sib. Capa.

1064.

Isopyrum, 101.

1 ☉ fumarioides. Sib. nem.

Isopyre de Siberie.

2 thalictroides. Alp. Ita. loc.
3 aquilegioides. Alp. Hel. Ape.

1065.

Helleborus, 102.

1 ♃ hyemalis. Lom. Hel. Ita.

Hellebor d'hiver.

2 ♃ niger. Auf. Hetu. Apen.

Rose d'hiver.

3 ♃ viridis. mont. Vig. Eug.
4 ♃ viri. va.

Polyandrie Poligynie.

P. 5 ♃ ♂ fætidus. Ger. Hel. Gal.

Pied de Grifon. pommellé.

Herbe de Cru.

P. 6 ♂ ♃ fæti. trifoliata. va.

7 ♃ trifolius. Can. d. Sib. Syl.

8 triflorus.

9 balearicus.

Polyandrie Poligynie.

1066.

Caltha, 103.

P. 1 ♃ palustris. Eu. hum.

Souci d'eau. Populage.

2 ♃ flore pleno. va.

1 ♃ minor. va.

1067.

Hydrastis, 104.

1 ♃ canadensis. Can. d. aqu.

Hydraste du Canada.

QUATORZIÉME CLASSE.

Didynamie Gymnospermie.

1068.

Ajuga, 1er. G.

1 ♃ orientalis. Ori.

Ajugue d'Orient.

2 ♃ Bugula orientalis villosa. va.

Bugle d'Ori. velue.

3 ♂ pyramidalis. Sue. Hel. Ger.

Consoude moyenne.

4 ♃ alpina. Alp. Hel. Auf.

5 ♃ genevensis. Eu. pra. col.

P. 6 ♃ reptans. Eu. Auf.

Une des Vulnéraires.

P. 7 ♃ rept. fl. albo. va.

1069.

Teucrium, 2.

1 ♃ campanulatum. Ori. Apu.

Teucride Campanule.

2 ♃ supinum perenne. va.

3 orientale. Ori.

Didynamie Gymnospermie.

P. 4 ⊙ Botrys. Ger. Gal. Hel. Ita.

Botrys Musqué.

P. 5 ⊙ Chamæpitys. Ita. Gal. Hun.

P. 6 ⊙ Cha. vulgaris. Hel. Ger. va.

7 ⊙ nissolianum. Hif. Luf.

8 ♃ Pseudo-chamæpythys. Mar.

Faux Ivette.

9 ⊙ Iva. G. N. Luf. Monp.

Ivette de Narbonne.

Vulnéraire seconde.

10 ♃ mauritanicum. Mau.

11 ♄ fruticans. Bæt. Sici. mari.

12 ♄ latifolium. Bæt. va.

13 ♄ creticum. Æg. Cre.

14 ♄ Marum. Val.

Marum de Valence.

Herbe aux Chats.

P. 15 ♄ Chamædrys. cretica. va.

Didynamie Gymnoſpermie.

16 ♄ multiflorum. Hiſ.
17 ♄ Chamæ. hiſpanicum. va.
18 Laxmanni. Sib.
19 ♃ Sibiricum. Sib.
20 ♃ Salicifolium. Ori.
21 aſiaticum. In. Ori.
22 ♂ ♃ cubenſe. Cub. humi.
23 Arduini.
24 ♃ canadenſe. Can. d.
25 virginicum. Vir.
26 ♃ hircanicum. Hir.
P.27 ♃ Scorodonia. Ger. Hel. Gal.

Scordium ou Scorodon.

Sauge ſauvage.

28 ♄ maſſilienſe. Gre. Gal. Fra.
P.29 ♃ Scordium. Eu. pal.

Germandrée d'eau vélue.

Chamaras d'Europe.

P.30 ♃ Chamædris. Ger. Hel. Gal.

Grande Germandrée d'eau.

Cheſneau d'Allemagne.

P.31 ♃ Chamæ minor repens. va.
32 ♃ Cha. alpina. va.
33 ♃ lucidum. Sab Gal.
34 ♄ flavum. Ita. Sici. Mel.

Petit Chêne jaune.

35 ♄ lucidum parvo folio. va.
P.36 ♃ montanum. Ger. Monp. Gene.
37 ſupinum. Vien.
38 ♃ pyrenaicum. Pyr.
39 ♃ Polium. Ita. Hiſ. Luſ. Narb.

Polium. Pouillot jaune.

40 ♃ Pol. montanum. va.
41 ♃ Pol. mont. album. va.
42 ♃ Pol. mont. ſupinum. va.

Didynamie Gymnoſpermie.

43 ♃ Pol. dioſcoridis. Lib. va.
44 ♃ Pol. maritimum. va.
45 ♃ capitatum. Hiſ. Gal. Sib.
46 ♃ maritimum erectum. va.
47 pumilum. Hiſ.
48 ☉ ſpinoſum. Luſ. Col. arv.
49 ☉ mucronatum. va.
50 ♃ tenellum. J.
51 ♃ odoratum. J.

Teucride, odeur de pomme.

1070.

Satureia, 3.

1 ♃ juliana. Hel. Flo. mar. aſp.

Sariette de St. Julien.

2 Thymbra. Cre. Tri.

Thim de Crete ou Sari. de Candie.

3 græca. Arch.
4 ♃ montana. Hel. Narb.
5 ☉ hortenſis. G. N. Ita.

Sari. com. des Jardins.

6 ♃ capitata. Cre. Bœt. Hiſ.
7 ♄ ſpinoſa. Cre.
8 viminea. Jam.

1071.

Thymbra, 4.

1 ♄ ſpicata. Macad. Lib.

Herbe St. Julien.

2 ♄ verticillata. Eu. Auſ.

1072.

Hyſſopus, 5.

1 ♃ officinalis. Val. aug. Auſ. Sib.

Hyſope des bout.

2 ♃ rubro flore. va.

Didynamie Gymnospermie.

3 ♃ foliis variegatis. va.
4 ♃ flore albo. va.
5 ♃ Lophantus. Chi. 7.
6 ♂ nepetoides. Vir. Can. d.
7 ♂ nep. purpurea. va.
8 ♃ Myrtifolia. J.
9 humilior.

1073.

Nepeta, 6.

P. 1 ♃ Cataria. Eu.

Cataire. Herbe aux Chats.

2 ♃ Cat. minor. va.
3 ♃ pannonica. Auf. Pan. Sib.

Menthe de montagne.

4 ♃ violacea. Hiſ. Sib. Carn.
5 ucranica. ucr.
6 Nepetella. Eu. Auſ.
7 ♃ nuda. Hel. Hiſ.
8 ♃ nuda alba. J. va.
9 hirſuta. Sici.
10 Hir. alba. J. va.
11 ♃ Italica. Ita.
12 ♃ tuberoſa. Hiſ. Luſ.
13 ♃ tub. ſpicata. va.
14 ♄ Scordotis. Cre.
15 ♃ virginica. Vir.
16 malabarica. Mal.
17 Indica. Ind.
18 ⊙ multifida. Sib. L. f.
19 ♄ Amboinica. Amb. L. f.
20 ♄ pectinata. Jam. Gu. Aub.
21 americana. Gu. Aub.

1074.

Lavandula, 7.

1 ♄ Spica. Eu. Auſ.

Spic ou Aſpic.

2 ♄ anguſtifolia. va.
3 ♄ latifolia. va.

Didynamie Gymnoſpermie.

4 ♂ multifida. Bæti.
5 ⊙ canarienſis. va.
6 ⊙ cana. maritima. va.
7 ♄ dentata. Hiſ. Ori.
8 ♄ Stæchas. Eu. Auſ.

Stæchas d'Arabie.

9 ♄ Stæ. cauliculis non foliolis. va.
10 indica.
11 tomentoſa.
12 judaica. J.
13 ♄ carnoſa. L. f.
14 ♄ coccinea.

1075.

Sideritis, 8.

1 ♄ canarienſis. Cana.

Crapaudine des Canaries.

2 ♄ cretica. Cre.
3 ♄ ſyriaca. Cre.
4 ♄ fruticoſa. va.
5 perfoliata. Ori.
6 ⊙ montana. Ita.
7 ♂ romana. Eu. Auſ.
8 ♄ incana. Hiſ.
9 ♃ hyſſopifolia. Heſ. Pyr. Thu.
10 ♃ ſcordioides. Monp. Hel.
11 hirſuta. G. N. Hiſ. Ita.

Crapaudine des bout.

12 ⊙ lanata. Æg. Pal.

1076.

Mentha, 9.

1 Auricularia. In. aqu.

Menthe puante.

2 ♃ ſylveſtris. Dan. Ger. Ang.
3 ♃ viridis. Ger. Ang. Gal. Hel.
4 ♃ rotundifolia. Ang. aqu.
5 ♃ criſpa. Sib. Hel. Harcy.

6 hirsuta. Ang. Hol. aqu.
7 sisymbrium. Ger. va.
P. 8 ♃ aquatica. Eu. aqu.
Pouillot. Beaume aquatique.
9 ♃ piperita. Ang.
Menthe poivrée.
10 ♃ sativa. Eu. Auf.
Beaume des Jardins.
11 ♃ gentilis. Eu. Auf. Gu. Aub.
12 ♃ arvensis. Eu. agr.
Pouillot-Thim.
13 ♃ exigua. Ang.
14 canadensis.
P. 15 ♃ Pulegium. Ger. Gal. Ang.
Pouillot com. des bout.
16 ♃ cerviana. Monp.
17 ♄ canariensis. Can.
18 ☉ perilloides. In.
P. 19 ♃ spicata. Eu.
20 plumosa. Ten. L. f.

1077.

Perilla, 10.

1 ☉ ocymoides. In.
Pérille, grand Basilique.

1078.

Glecoma, 11.

P. 1 ☉ hederacea. Eu. 7. sep.
Lierre Terrestre. Terrette.
Herbe de la St. Jean. Rondelle.
2 arvensis. Tria.

1079.

Lamium, 12.

1 ♃ Orvala. Pann. Ita. Ist.
Orvale d'Italie.
2 ♃ garganicum. va.
Orv. du Mont St. Ange.
3 ♃ lævigatum. Ita. Sib. Hel.
4 ♃ garganicum. Garg.
5 ♃ maculatum. Ita. Ger. Sile.
P. 6 ♃ album. Eu. cul.
Ortie blanche des bout.
Arcangélique adoucissante.
P. 7 ☉ album minus. va.
P. 8 ☉ purpureum. Eu. cul.
P. 9 ☉ amplexicaule. Eu. cul.
10 ☉ folio majus. va.
Pied de Poulle.
Nourriture des petits Poulets.
11 ☉ multifidum. Ori.
12 orientale.
13 laciniatum album minus.

1080.

Galeopsis, 13.

P. 1 ☉ Ladanum. Eu. Ster. arv.
Ladanum d'Europe.
Galeope rouge.
2 ☉ Lad. Segetum. va.
P. 3 Tetrahit. Seg.
Ortie com. d'Europe.
4 corolla flava. va.
5 maculata. J. va.
P. 6 ♃ Galeobdolon. Eu. nem.
Ortie morte à fleur jaune.

Didynamie Gymnospermie.

1081.

Betonica, 14.

P. 1 ♃ officinalis. Eu.

Bétoine des bout.

P. 2 ♃ alba. J. va.
3 ♃ orientalis. Ori.
4 ♃ alopecuros. Sab. Sile. Ita.

Hormin jaune des Alpes.

5 ♃ hirsuta. Ape. Pyr.
6 heraclea. Ori.
7 ⊙ annua.
8 ♃ Danica. J.

1082.

Stachys, 15.

P. 1 ⊙ Sylvatica. Eu. nem. umb.

Stachide. Lamier rouge.
grande Ortie puante.

P. 2 ♃ palustris. Eu. rip. hum.

Ortie morte aquatique.

P. 3 ♃ alpina. Ger. Hel. Carn.
P. 4 ♃ Germanica. Ang. Gal. Sib.

Épi fleuri d'Allemagne.

5 ♃ cretica. Cre.
6 glutinosa. Cre.
7 spinosa. Cre.
8 orientalis. Ori.
9 ♄ palæstina. Pale.
10 maritima. Monp. Vene. mari.
11 ♃ æthiopica. Cap. b. Sp.
12 ♃ hirta. Ori. Hif. Ita. coli.

Marube noir d'Orient.

13 ♃ recta. Eu. Auf.

Didynamie Gymnospermie.

P. 14 ⊙ annua. Ger. Hel. Gal.
P. 15 ⊙ annua latifolia. J. va.
P. 16 arvensis. Eu. arv.
P. 17 Lamium paludosum. va.
18 salvifolia. J.

1083.

Ballota, 16.

P. 1 ♃ nigra. Eu. rud.

Ballote. Marube noir.

P. 2 ♃ alba. Eu. va.
3 lanata. Sib. Chi.
4 suaveolens. Am. m. Gu. Aub.
5 distica. In.

1084.

Marrubium, 17.

1 ♃ Alyssum. Hif.

Marrube d'Espagne.

2 ♃ peregrimum. Sici. Cre. Auf.
3 ♃ creticum. Lib. va.
4 candidissimum. Cre.

Mar. blanc de Crête.

P. 5 ♃ album villosum. va.
6 ♃ suppinum. Hif. G. N. Car.
P. 7 ♃ vulgare. Eu. bor. rud.
8 ♃ africanum. Cap. b. Sp.
9 ♃ crispum. Ita. Hif.
10 ♃ hispanicum. Hif.
11 ♄ Pseudo-Dictamus. Cre.

Faux Dictame de Crête.

12 ♃ acetabulum. Cre.
13 ♃ peregrinum angustifoli. va.

1085.

Leonurus, 18.

P. 1 ♃ Cardiaca. Eu. rud.

Didynamie Gymnospermie.

Queue de Lion. Cardiaque.

Agripaume d'Europe.

P. 2 ♃ crispa. va.
3 Marrubiastrum. Boh. Ger.
4 ♂ tataricus. Tar.
5 ♂ sibiricus. Sib. Chi.
6 ♄ indicus. In.
7 Zeylanicus.

1086.

Phlomis, 19.

1 ♃ fruticosa. Sici. Hiſ.

Phlomide sauvage.

Bouillon blanc de Sicile.

2 ♄ purpurea. Luſ. Ita.
3 Nissolii. Ori.
4 lychnitis. Eu. Auſ.
5 laciniata. Ori.
6 samia. Sam.
7 ♃ herba venti. Per. Tar. Narb.

Herbe au vent de Narbonne.

8 ♃ herba venti orientale. va.
9 ♃ tuberosa. Sib. cam.
10 ⊙ Zeylanica. In.
11 ⊙ indicus. In. va.
12 indica. In.
13 ⊙ nepetifolia. Suri. L. f.
14 ♄ Leonurus. Cap. b. Sp.
15 Leonitis. Cap. b. Sp.

Petite Queue de Lion.

16 ♃ fruticosa angustifolia. va.
17 ♃ fru. grandiflora. va.
18 ♃ fru. cretica. J. va.
19 ♃ fru. ferruginea. J. va.

Didynamie Gymnospermie.

1087.

Moluccella, 20.

1 ⊙ lævis. Syr.

Molluc Mélisse.

2 ⊙ spinosa. Mol.
3 ♄ frutescens. Per. Ita.

1088.

Clinopodium, 21.

P. 1 ♃ vulgare. Eu. Cand. d. Æg.

Pied de Lit. com.

2 ♃ foliis ovatis rugosis. va.
3 ♃ incanum. Am. b.

Origant de Rajus.

4 ♃ rugosum. Car. Jam. Gal.
5 ⊙ ægyptiacum. J.

1089.

Origanum, 22.

1 ♃ ægyptiacum. Æg.

Origant d'Ægypte.

Marjolaine à coquille.

2 ♄ Dictamus. Cre. mont. Ida.

Dictame de Crête.

3 ♃ Sipyleum. Phr.

Mont-Sipile. Montagne de l'Asie mineure.

Dict. du Mont-Sipile.

4 ♃ creticum. Eu. Auſ. Paln.
5 ♃ cre. folio subrotundo. va.
6 smyrnæum. Cre. Smy.

Dict. de Smyrne.

7 ♃ heracleoticum. Eu. Auſ.
P. 8 vulgare. Eu. Can. d. rup.
9 ♄ onites. Syr.
10 syriacum.

Marum de Syrie.

Didynamie Gymnofpermie.

11 ♃ Maru. Cre.
12 ♂ ♃ Majorana. Luf. Pale.

Marjolaine com.

13 ♃ tenuifolia. va.
14 ♃ variegata. va.
15 humilis. J.

1090.

Thymus, 23.

P. 1 ♄ Serpillum. Eu. ari. apr.

Serpolet com. Pillolet.

P. 2 ♄ vulgare minus. va.
P. 3 ♄ S. vul. majus. va.
4 ♄ S. foliis citri odore. va.
5 ♄ S. anguftifolium hirfutum. va.
6 ♄ S. ang. glabrum. va.
7 ♄ ♃ vulgare. Hif. Gal. Nar.

Thym com. des bout.

8 ♄ T. vul. folio latiore. va.
9 ♄ T. candicans odoratus. va.
10 ♄ T. capitulis minoribus. va.
11 ♄ Zygis. Hif.

Zygis de Diofcoride.

P. 12 ⊙ Acinos. Eu. gla. cret.

Bafilique fauvage.

13 ⊙ alpinus. Hel. Auf. Monp.
14 ♄ Piperella. Hif.
15 ♄ cephalotos. Hif. Luf.
16 ♄ capitulo majori. va.
17 ♄ cap. minori. va.
18 ♄ villofus. Luf.
19 ♄ capite magno. va.
20 ♄ Maftichina. Hif. petro.
21 ♄ Tragoriganum. Cre.

Origan. Thim de Crête.

22 ♃ virginicus. Vir.

Didynamie Gymnofpermie.

1091.

Meliffa, 24.

P. 1 ♃ officinalis. mont. Gen. Ita.

Méliffe com. des bout.
Herbe Citronnée.

2 ♃ officinalis romana. va.
P. 3 ♄ grandiflora. Hel. mont.
4 ♃ Calamintha. Ita. Hif. Gal.

Calament d'Efpagne.

P. 5 Nepeta. Hel. Ang. Ita. Gal.
P. 6 calamintha montana. va.
7 cretica.
8 ♂ fruticofa. Hif.
9 pulegioides. J.

1092.

Dracocephalum, 25.

1 ♃ virginianum. Am. 7.

Tête de Dragon d'Amérique.

2 ♄ canarienfe. Cana. Am.
3 ♄ pinnatum. Ierkafch.

Cataleptique.
Herbe aux Paralitiques.

4 ♃ peregrinum. Sib.
5 ♃ auftriacum. Auf.
6 ♃ Ruyfchiana. Sib. Sue.

Ruyfchiane de Bœrhave.

7 ⊙ grandiflorum. Sib. L. f.
8 ♃ fibiricum. Sib.
9 ⊙ Moldavica. Mol. Sib.

Moldavique à Ratafia.
Méliffe des Turcs.

10 ⊙ canefcens. Ori.

Didynamie Gymnospermie.

11 ☉ peltatum. Ori.
12 altaïense. Sib.
13 nutans. Sib.
14 ☉ thymiflorum. Sib.

1093.

Horminum, 26.

1 ♃ pyrenaicum. mont. Tyr.
Hormin des Pyrenées.
2 ☉ virginianum. Vir. Car.

1094.

Melittis, 27.

P. 1 ♃ Melissophyllum. Auf. Monp.
Mélissiere de Montpelier.
Mélisse des bois.

1095.

Ocymum, 28.

1 thyrsiflorum. In.
Basilique fleuri.
2 ☉ monachum.
3 ♄ gratissimum. Asi. Gu. Aub.
Marjolaine rouge.
4 ☉ album. In. Jar.
5 ☉ Basilicum. In. Per. Gu. Aub.
Franbasin du Pérou.
6 ☉ maximum. va.
7 ☉ latifolium crispum. va.
Basilique à fe. de Laitue.
8 ☉ viride. foliis bullatis. va.
9 ☉ minimum. Zey. Gu. Aub.
10 ♃ minimum folio violaceo. va.
11 ♃ folio dissecto. va.
12 ☉ sanctum. In.
13 ☉ americanum. Am.

Didynamie Gymnospermie.

14 ☉ ♄ tenuiflorum. Mal.
15 ♃ polystachion. In.
16 menthoides. Zey.
17 scutellarioides. In.
18 ☉ prostratum. In. Ori.
19 ♄ Zeylanicum. Zey.
20 ægyptiacum.
21 ☉ punctatum. Abi. L. f.
22 verticillatum. In. L. f.
23 capitellatum. Chi. L. f.

1096.

Trichastema, 29.

1 ☉ dichotoma. Vir. Pens.
Trichostée de Virginie.
2 brachiata. Am. 7.

1097.

Scutellaria, 30.

1 ♃ orientalis. Am. Maur.
Toque d'Orient.
2 ♃ Ori. incana. va.
3 ♃ albida. Ori.
4 ♄ alpina. Alp. Hel. V. Ang.
5 ♃ lupina. Sib. Tar.
6 ♃ lateriflora. Can. d. Vir.
7 ♃ galericulata. Eu. lito.
8 ♃ hastifolia. Sue. Auf. Ger.
9 ♃ minor. Ang. pal.
10 integrifolia. Vir. Can. d.
11 havanensis. Gu. Aub.
12 hyssopifolia. Vir.
13 indica. Chi.
14 altissima. Ori.
15 cretica. Cre.
16 peregrina.
17 supina. T.

1098.

Prunella, 31.

P. 1 ♃ vulgaris. Eu. paf.
Frunelle com. d'Europe.

Didynamie Gymnospermie.

P. 2 ♃ vul. grandiflora. va.
P. 3 ♃ laciniata. Eu. paf.
P. 4 ♃ lac. alba. va.
P. 5 ♃ flore cæruleo. va.
6 ♃ hyffopifolia. Monp.

1099.

Cleonia, 32.

1 ⊙ lufitanica. Luf. Hif.

Cléone de Portugal.

1100.

Prafium, 33.

1 ♄ majus. Sici. Rom. Ting.

Prafier (grand) de Rome.

2 ♄ minus. Sici.

1101.

Phryma, 34.

1 ♃ Leptoftachya. Am. 7. L. f.

Phryme d'Amérique.

2 dehifcens. Cap. b. Sp. L. f.

Angiofpermie.

1102.

Bartfia, 35.

1 ♃ coccinea. Vir. Nove. bor.

Bartfie. Bota. de Virginie.

2 pallida. Sib.
3 ⊙ vifcofa. Ang. Gal. Ita. pal.
4 ♃ alpina. Lap. Hel. Allo. Bal.
5 ♃ Gymnandra. cire. Obu. Alp.

Didynamie Angiofpermie.

1103.

Rhinanthus, 36.

1 orientalis. Or.

Rhinanthe d'Orient.

2 ⊙ Elephas. Ita. Sib. umb.
3 ⊙ Ele. flore parva. va.
P. 4 ⊙ Crifta. gall. Eu. pra.

Crete de Coq.

5 ⊙ Cri. anguftifolia. va.
6 ⊙ Cri. maf. va.
7 ⊙ Trixago. Pal. Ita. Monp. hum.

Trixague de Montpelier.

8 capenfis. Æt.
9 indica. Zey.
10 ind. tenuifolia. va.
11 virginica. Vir.

1104.

Euphrafia, 37.

1 ⊙ latifolia. Apu. Ita. Monp.

Euphraife d'Europe.

P. 2 ⊙ officinalis. Eu. paf. ari.
3 ⊙ tricufpidata. Ita.
P. 4 ⊙ Odontites. Eu. arv. paf.
P. 5 ⊙ Odo. fylveftris major. va.
6 ⊙ lutea. Eu. Auf. mont. ari.
7 ⊙ linifolia. Ita. Gal.
8 ⊙ vifcofa. Gallo. Gal. fte.
9 ⊙ annua.

1105.

Melampyrum, 38.

P. 1 ⊙ criftatum. Eu. bor. par. afp.

Bled des Vaches.

P. 2 ⊙ arvenfe. Eu. agr.

Didynamie Angiospermie.

Melampyre des champs.

3 ☉ nemorosum. Eu. bor. nem.
P. 4 ☉ pratense. Eu. bor. par. Sicc.
5 ☉ sylvaticum. Eu. bor. Syl.

1106.

Lathræa, 39.

P. 1 ♃ clandestina. Gal. umb. Ita.

Lathræe Clandestine.
Orobanche de montagne.

2 ♃ Cla. Madronna. va.
3 ♃ Phelypæa. Lus. umb.
4 ♃ Phe. flore coccineo. va.
5 ♃ Aublatum. Ori.
6 ♃ Squamaria. Eu. fri. umb.

Herbe Magique ou Clandestine.
Herbe Cachée.

1107.

Schwalbea, 40.

1 americana. Am. 7.

Schwalbe. Med Bota.

1108.

Tozzia, 41.

1 ♃ alpina. Hel. Aus. Ita. Pyr.

Tozzie des Alpes.

1109.

Pedicularis, 42.

P. 1 ☉ palustris. Eu. 7. pal.

Pédiculaire des prés.

P. 2 ☉ sylvatica. Eu. Syl. pal.

Fistulaire des bois.

Didynamie Angiospermie.

3 rostrata. Alp. Hel. Aus.
4 ♃ Septrum C[illegible] linum.

Sceptre de Charlemagne.

5 ♃ verticillatum. Sib. Hel.
6 ♃ vert. fl. albo. va.
7 resupinata. Sib.
8 recutita. Sum. Alp. Hel.
9 tristis. Sib.
10 ♃ flammea. Alp. Lapp. Hel.
11 ♃ hirsuta. Lapp. Alp.
12 incarnata. Sib. Aus. Hus.
13 ♃ lapponica. Alp. Lapp.
14 ♃ comosa. Alp. Ita. Pyr.
15 ♃ foliosa. Alp. He. Aus.
16 ♃ canadensis. Am. 7.
17 ♃ tuberosa. Alp. Hel. Ita. Sib.

1110.

Gerardia, 43.

1 tuberosa. Am. c.

Gerard. Bota.

2 ☉ delphinifolia. In. Ori.
3 ☉ purpurea. Vir. Can. d.
4 flava. Vir. Can. d.
5 pedicularia. Vir. Can. d.
6 glutinosa. Chi.
7 Nigrina. Cap. b. Sp. L. f.
8 tubulosa. Cap. b. Sp. L. f.
9 scabra. Cap. b. Sp. L. f.

1111.

Chelone, 44.

1 ♃ glabra. Vir. Can. d.

Tortue du Canada.

2 ♃ obliqua. Vir. Can. d.
3 hirsuta. Vir.
4 ♃ pentasthemum. Vir.
5 ♃ Dracocephalus. va.

Didynamie Angiospermie.

6 ♃ Ruelloides. Tier. Fue. L. f.

1112.

Gesneria, 45.

1 ♄ humilis. Am. Auf.

Gesnere. Bota.

2 acaulis Jam.
3 tomentosa. Am. m. rip.

1113.

Antirrhinum, 46.

P. 1 ⊙ Cymbalaria. Ger. Hel. Gal.

Cymbalaire des murs.

2 pilosum. Alp.
P. 3 ⊙ Elatine. Ger. Ang. Gal. Ita.

Velvotte à fl. jaune.

4 ⊙ flore cæruleo. va.
P. 5 ⊙ spurium. Ger. Ang. Gal. Ita.

Véronique femelle.

6 ⊙ cirrhosum. Æg.
7 ægyptiacum. Æg.
8 ⊙ triphyllum. Syra.
9 triornithophorum. Luf. am.
10 purpureum. Vesu. rad.
P. 11 ⊙ repens. Ang. Gal. Ita.
12 ♃ monspessulanum. Gal.
13 ♂ sparteum. Hif.
14 ⊙ bipunctatum. Hif. Ita. arv.
15 triste. Gibr.
P. 16 supinum. Gal. Hif. are.
P. 17 ⊙ arvense. Ang. Gal. Ita. Ger.
P. 18 ⊙ linaria pumila. va.
P. 19 ⊙ lin. quadrifolia lutea. va.
P. 20 ⊙ pelisserianum. Gal. Ita.
21 ♃ saxatile. Hif.
22 ⊙ viscosum. Hif.

Didynamie Angiospermie.

23 ⊙ muticaule. Sici. Ori.
24 ⊙ glaucum. Eu. Auf. Ori.
25 alpinum. Hel. Auf. Bal. va.
26 Linaria cærulea. va.
27 Lin. foliis carnosis. va.
28 ⊙ bicorne. Cap. b. Sp.
29 ♃ villosum. Hif.

Muffle de Veau d'Europe.

30 ⊙ origanifolium. Pyr. Mont. aur.
P. 31 ⊙ minus. Eu. cal. rud.
32 ⊙ dalmaticum. Cre. Arme.
33 ⊙ hirtum. Hif.
34 ♃ genistifolium. Sib. Auf. Hel.
35 ⊙ Junceum. Hif.
36 ♃ Linaria. Eu. rud.

Linaire à grande fl. jaune.

37 ♃ linifolium. Ita. mari.
38 ⊙ chalepense. Ita. Monp.
39 ⊙ reflexum. Bar.
40 pedunculatum. Hif.
P. 41 ♂ majus. Eu. Auf.

Grand Linaire à fl. en Epi.

P. 42 ♂ majus. folio longiore. va.

Mufflaude à fe. ronde.

P. 43 ♂ caule diffuso virgato. va.
P. 44 ⊙ Orontium. Eu. agr.

Oronce sauvage.

45 papilionaceum. Per.
46 ♃ Asarina. rup. Gen.

Asarine à grande fleur.

47 ♃ molle. Hif.
48 ⊙ bellidifolium. Monp. Vien.
49 ⊙ Linaria lusitanica. va.

Didynamie Angiospermie.

50 ⊙ canadense. Vir. Can. d.
51 linarioides. Eu. Aus.
52 ♃ Peloria hybrida.

Pélore hybride.

53 ♃ Bursero.
54 glutinosum. J.
55 versicolor. J.
P. 56 striatum. J. Eu.
57 færugineum. J.
58 Lagopodioides. Sib. L. f.
59 unilabiatum. Cap. b. Sp. L. f.
60 aphyllum. Cap. b. Sp. L. f.
61 pinnatum. Cap. b. Sp. L. f.

1114.

Cymbaria, 47.

1 daurica. Dau. mont. apr.

Cymbarine de Grèce.

1115.

Taligala, 48.

1 ♃ campestris. Gu. Aub.

Taligale de Cayenne.

1116.

Piripea, 49.

1 palustris. Gu. Aub. pra. hum.

Piripe aquatique.

1117.

Craniolaria, 50.

1 ♄ fruticosa. Am. c. Har.

Carniolle arbrisseau.

2 ⊙ annua. Am. Cart.

1118.

Martynia, 51.

1 ♄ perennis. Am. Cart.

Didynamie Angiospermie.

Martynie. Bota.

2 ⊙ annua. Am. V. C.

Cornard. Carniolle. Proboscidea de Vera-Crux.

3 ⊙ longiflora. Cap. b. Sp.

1119.

Torenia, 52.

1 asiatica. In.

Torenie asiatique.

1120

Hemimeris, 53.

1 Sabulosa. Cap. b. Sp. L. f.

Hemimere des Sables.

2 diffusa. Cap. b. Sp. L. f.
3 montana. Cap. b. Sp. L. f.

1121.

Besleria, 54.

1 melittifolia. Am. Gu. Aub.

Beslere. Bota. à fle. de Mélisse.

2 lutea. Am. Gu. Aub.
3 lutea. ma or. va.
4 cristata. Am. Gu. Aub.
5 bivalvis. Sur. L. f.
6 ♄ violacea. Gu. Aub. Syl.

Emossé. Bercoy des Galibis.

7 ♄ coccinea. Gu. Aub. Syl. Pal.

Carotogo - Manoceneri des Galibis.

8 incarnata. Gu. Aub.

Didynamie Angiospermie.

1122.

Scrophularia, 55.

1 ♃ marilandica. Vir.
Scrophulaire du Mariland.

P. 2 ♃ nodosa. Eu. Succ.
Herbe aux Ecrouelles.

P. 3 ♂ aquatica. Ang. Hel. Gal. hum.
Herbe du Siége. Bétoine d'eau.

4 auriculata. Hisp.
5 Scorodonia. Lus. Ins. Ang.
6 ♃ betonicæfolia. Lus.
7 ♃ orientalis. Ori.
8 ♄ frutescens. Lus.
9 ♂ vernalis. Ita. Hel. Aus.
10 ⊙ trifoliata. Afr. Cors.
11 ⊙ trif. flore rubro. va.
12 ♃ sambucifolia. Hisp. Lus. Ori.
13 ♃ sam. maximo flore. va.
14 ⊙ canina. Hel. Narb. Ita.
Rue de Chien.

15 ♃ lucida. Ori. Cre. Neap. muri.
16 chinensis. China.
17 coccinea. V. C.
18 ⊙ peregrina. Ita.
19 meridionalis. No. Gra.

1123.

Celsia, 56.

1 ⊙ Orientalis. Capp. Arm.
Celse d'Orient.

2 ♂ Arcturus. Cre.
Queue d'Ours de Crête.

3 ♂ cretica. Cre. In. L. f.

Didynamie Angiospermie.

1124.

Montira, 57.

1 ⊙ Guianensis. Gu. Aub. Camp.
Montir de Guyane.

1125.

Conobea, 58.

1 aquatica. Gu. Aub. rip.
Conobe aquatique.

1126.

Matourea, 59.

1 ⊙ pratensis. Gu. Aub.
Matourie des prés.

1127.

Digitalis, 60.

P. 1 ♂ purpurea. Eu. Aus.
Digitale à fl. rouge.

P. 2 ♂ alba. va.
Gants de N. Dame.
Gantelé. Doitier.

3 ♃ minor. Hisp.
4 ♃ Thapsi. Hisp.
P. 5 ♃ lutea. Gal. Ita. sabu.
6 ♃ ambigua. Aus. Hel. Get.
7 ♃ ferruginea. Ita. Const.
8 ♄ obscura. Hisp.
9 ♄ canariensis. Cana.
10 ♃ ochroleuca. Jacq.
11 ♃ luteo rubens. J.
12 ♃ grandiflora. J.
13 ♄ Sceptrum. Mader. Syl. umb.

1128.

Bignonia, 61.

1 ♄ Catalpa. Jap. Caro.

Didynamie Angiospermie.

Bignon. Intendant de la Marine.

Catalpa de Linnée.

2 ♄ sempervirens. Vir.
3 ♄ unguis. Barb. Dom. Gu. Aub.

Griffe de Chat de St. Domingue.

4 æquinoctialis. Cay. Gu. Aub.
5 paniculata. Am. C. Gu. Aub.
6 crucigera. Vir. Auf. Am.
7 ♄ capreolata. Am.

Jasmin de Virginie.

8 ♄ pubescens. Cam. Gu. Aub.
9 ♄ triphylla. V. C.
10 ♄ pentaphylla. Jam. Cara.
11 ♄ Leucoxylon. Am. Gu. Cayn.

Bois jaune, Ebene verte.

12 ♄ radiata. Per.

Jasmin de Virginie de Bignon.

13 ♄ radicans. Am.
14 ♄ fraxinifolia. va.
15 ♄ stans. Am.
16 ♄ peruviana. Per. Gu. Aub.
17 ♄ indica. Ind.
18 ♄ Arbor siliquosa. va.

Arbre aux siliques.

19 ♄ cærulea. Car.
20 africana. Tria.
21 ♄ Kereré. Gu. Aub. Syl. loc.

Kereré des Galibis.

22 ♄ incarnata. Gu. Aub. loc. are.

Tereré de Cayenne.

Didynamie Angiospermie.

23 ♄ echinata. Gu. Aub. loc. are.

Rape à fruit long.

24 ♄ Copaia. Gu. Aub. Syl.

Onguent de Cayenne.
Copaia des Galibis.

25 ♄ alba. Gu. Aub. rip. flu.
26 ♄ fluviatilis. rip. flu.
27 scandens. Gu. Aub.

Liane à Lait.

28 ♄ Chelonoides. In. L. f.
29 ♄ spathacea. Jar. Mala. Zey.

1129.

Citharexylum, 62.

1 ♄ cinereum. Am. m.

Bois de Guitard.

2 ♄ cine. latifolium. va.
3 ♄ candatum. Jam.
4 ♄ quadrangulare. Mart.
5 ♄ fruticosum. Tri.

1130.

Tamonea, 63.

1 ⊙ spicata. Gu. Aub. Inf. Caia.

Tamone de l'Isle de Cayenne.

1131.

Galipea, 64.

1 ♃ trifoliata. Gu. Aub. rip. flu.

Galibier de Guyane.
Inga des Garipous.

1132.

Halleria, 65.

1 lucida. Æt.

Didynamie Angiospermie.

Haller. Naturaliste Anglois.

2 foliis lanceolatis. va.

1133.

Crescentia, 66.

1 ♄ Cujete. Am. c.

Coni. Calbasier.

Arbre d'Amérique.

2 ♄ fructu minori. va.

3 ♄ Cujetti minima. va.

Cujete (petit) à fru. dur.

4 ♄ curcubitina. Am. c.

1134.

Gmelina, 67.

1 ♄ asiatica. In.

Gmelin. Bota. Suédois.

Jasmin épineux.

1135.

Petrea, 68.

1 ♄ volubilis. Am.

Petré grimpant.

1136.

Premna, 69.

1 ♄ integrifolia. In. Ori.

Premne à fe. entiere.

2 ♄ serratifolia. In. Or.

3 ♄ acutifolia.

1137.

Lantana, 70.

1 ♄ mista. Am.

Lantane à fe. d'Ortie.

2 trifoliata. Am. c.

3 ⊙ annua. Am. c.

Didynamie Angiospermie.

4 ♄ Camara. Am. c.

Camara à fl. en tête.

5 ♄ Cam. fl. variabili. va.

6 ♄ Cam. fl. var. non spino. va.

7 ♄ Periclymenum. va.

8 ♄ involucrata. Am. m.

Montjoli de Cayenne.

9 odorata.

10 ♄ aculeata. Am. c.

11 ♄ acul. flava. va.

12 ♄ salvifolia. Æt.

13 ♄ africana. Æt.

Jasmin d'Afrique.

1138.

Cornutia, 71.

1 ♄ pyramidata. Cur. Græ.

Cornutus. Bota.

2 ♄ auriculata. In.

1139.

Loeselia, 72.

1 ciliata. V. C.

Loeselic. Bota.

1140.

Capraria, 73.

1 ♄ biflora. Cura. Græ.

Chevrette à 2 fleurs.

Thé d'Amérique.

2 durantifolia. Jam. inud.

3 crustacea. Amb. Chi.

4 lanceolata. Cap. b. Sp. L. f.

5 undulata. Cap. b. Sp. L. f.

1141.

Lindernia, 74.

1 ⊙ Pyxidaria. Vir. Alf. Ped.

Lindernie, Medecin Bota.

Didynamie Angiospermie.

1142.

Selago, 75.

1 ♃ corymbosa. Æt.

Selague à fl. en Corymbe.

2 ♄ polystachia. Cap. b. Sp.
3 ♃ rapunculoides. Æt.
4 ♄ spúria. Æt.
5 ♃ fasciculata. Cap. b. Sp.
6 coccinea. Cap. b. Sp.
7 ♄ capitata. Cap. b. Sp.
8 lychnidea. Cap. b. Sp.
9 ♄ fruticosa. Cap b. Sp.
10 divaricata. Cap. b. Sp. L. f.
11 canescens. Cap. b. Sp. L. f.
12 geniculata. Cap. b. Sp. L. f.
13 triquetra. Cap. b. Sp. L. f.
14 hispida. Cap. b. Sp. L. f.
15 Polygaloides. Cap. b. Sp. L. f.
16 cinerea. Cap. b. Sp. L. f.
17 rotundifolia. Cap. b. Sp. L. f.
18 ciliata. Cap. b. Sp. L. f.
19 Verbenacea. Cap. b. Sp. L. f.
20 hirta. Cap. b. Sp. L. f.
21 ♄ pinastra. Cap. b. Sp.
22 lychnidea. Cap. b. Sp.
23 tomentosa. Cap. b. Sp
24 ♄ dubia. Æt.
25 ♄ ericoides. Cap. b. Sp.

1143.

Manulea, 76.

1 ☉ Cheiranthus. Cap. b. Sp.

Manulle. Giroflier jaune d'Afrique.

2 ☉ tomentosa. Cap. b. Sp.
3 microphylla. Cap. b. Sp. L. f.

Didynamie Angiospermie.

4 integrifolia. Cap. b. Sp. L. f.
5 cærulea. Cap. b. Sp. L. f.
6 heterophylla. Cap. b. Sp. L. f.
7 cuneifolia. Cap. b. Sp. L. f.
8 capilaris. Cap. b. Sp. L. f.
9 Plantaginis. Cap. b. Sp. L. f.
10 capitata. Cap. b. Sp. L. f.
11 Antirrhinoides. Cap. b. Sp. L. f.
12 thyrsiflora. Cap. b. Sp. L. f.
13 corymbosa. Cap. b. Sp. L. f.
14 altissima. Cap. b. Sp. L. f.
15 rubra. Cap. b. Sp. L. f.
16 argentea. Cap. b. Sp. L. f.
17 pinnatifida. Cap. b. Sp. L. f.

1144.

Hebenstreitia, 77.

1 dentata. Æt.

Hebenstret. Bota.

2 ☉ ciliata. Cap. b. Sp.
3 integrifolia. Æt.
4 cordata.
5 Erinoides. Cap. b Sp.
6 fruticosa. Cap. b. Sp. L. f.

1145.

Erinus, 78.

1 ♃ alpinus. Alp. Hel. Pyr. Monp.

Erinée des Alpes.
Agerate ou Ageratum.

2 ♃ Ageratum minus. va.
3 africanus. Æt.
4 ♃ capensis. Cap. b. Sp. are.
5 peruviana. Cap. b. Sp.

Didynamie Angiospermie.

6 laciniatus. Per.
7 maritimus. Cap. b. Sp. L. f.
8 Lychnidea. Cap. b. Sp. L. f.
9 tristis. Cap. b. Sp. L. f.

1146.

Buchnera, 79.

1 americana. Vir. Can.

Buchner. Bot.

2 ♄ cernua. Cap. b. Sp. mont.
3 ♄ æthiopica. Cap. b. Sp. Cam. are.
4 ♃ canadense. Vir.
5 ⊙ capensis. Cap. b. Sp.
6 asiatica. Zey Chi.
7 cordifolia. Tauf. L. f.
8 grandiflora. Am. m. L. f.
9 cuneifolia. Cap. b. Sp. L. f.
10 pinnatifida. Cap. b. Sp. L. f.
11 africana. Æt.

1147.

Brouwallia, 80.

1 ⊙ demissa. Am. Auf. Pana.

Brouwallie d'Amérique. Bota.

2 ⊙ elata. Per.
3 ⊙ alienata.

1148.

Linnæa, 81.

1 ♄ borealis. Sib. Hel. Ruf. Can. d.

Linné. Bota. de Suéde.

1149.

Sibthorpia, 82.

1 ♃ europæa. Cor. Den. Luf.

Sibthorpe. Bota.

Didynamie Angiospermie.

2 evolvulacea. No. Gra. L. f.

1150.

Limosella, 83.

P. 1 ⊙ ♃ aquatica. Eu. 7. inu.

Limoselle aquatique.

2 diandra. Cap. b. Sp.

1151.

Vandellia, 84.

1 diffusa. Isl. St. Tho.

Vandelle à tige écartée.

1152.

Stemodia, 85.

1 maritima. Jam.

Stemodier maritime.

1153.

Obolaria, 86.

1 virginica. Vir.

Obollier de Virginie.

1154.

Orobanche, 87.

1 lævis. Monp. Hel. Ger. Auf.

Orobanche à tige luisante.

P. 2 major. Eu. agr. pra. Sicc.

Herbe aux Taureaux.

3 ♃ americana. Caro. rad. arb.
4 cernua. Hif. Sib.
P. 5 ramosa. Eu. Sicc.
6 virginiana. Vir.
7 uniflora. Vir.
8 Ægineria. Mal.
9 purpurea. Cap. b. Sp. L. f.

Didynamie Angiospermie.

1155.

Hyobanche, 88.

1 sanguinea. Cap. b. Sp.

Hyobanche Sanguine.

1156.

Dodartia, 89.

1 ♃ orientalis. Ara. Tar.

Dodar. Mede. Bota.

2 indica. In.

1157.

Lippia, 90.

1 ♄ americana. V. C.

Lippie. Mede. Bota.

2 ♄ hemisphærica. Am. m.
3 ♄ ovata. Cap. b. Sp.
4 hirsuta. Am. L. f.

1158.

Sesamum, 91.

1 ☉ orientale. Zey. Mal. Gu. Aub.

Sesame. Jugoline.

2 ☉ indicum. In.

1159.

Mimulus, 92.

1 ♃ ringens. Vir. Can. d.

Mimulle de Virginie.

2 luteus. Per.

1160.

Ruellia, 93.

1 ♃ Blechum. Am. m.

Ruelle. Mede. Bota.

2 ♃ strepens. Vir. Car.
3 clandestina. Barb.
4 ♃ paniculata. Jam. Gu. Aub.

Didynamie Angiospermie.

Verlie à panicule.

5 ♃ tuberosa. Ja. Gu. Aub.
6 dentaculata. In.

Plante de Pluknet. Botaniste Anglois.

7 ciliaris. In.
8 biflora. Car. Gu. Aub.
9 crispa. In.
10 repanda. Jav.
11 ringens. In.
12 ☉ antipoda. In.

Plante des Antipodes.

13 repens. Ind.
14 rubra. Gu. Aub. ripa.
15 violacea. Gu. Aub.
16 ♄ littoralis. Sad. lit. mari. L. f.
17 difformis. In. L. f.
18 balsamica. In. L. f.
19 uliginosa. Tra L. f.
20 pilosa. Cap. b. Sp. L. f.
21 depressa. Cap. b. Sp. L. f.

1161.

Barleria, 94.

1 longifolia. In.

Barlerie. Botaniste.

2 solanifolia. Am. Aus.
3 ♄ Hystrix. In.

Tête Erissonée. Herbe à quatre épines.

4 ♃ Prionitis. In.

Prionitte. Jasmin des Indes.

5 buxifolia. In.
6 ♄ cristata. In.
7 coccinea. Ame. m. Gu. Aub.
8 noctiflora. Tans. ari.
9 purgans. Cap. b. Sp.
10 ♄ longiflora. Mont St. Tho.

Didynamie Angiospermie.

1162.

Duranta, 95.

1 ♄ Plumieri. Am. m.

Durant de Plumier.

2 ♄ inermis. va.

Dur. ou Castorea.

3 ♄ Ellisia. Jam.

Bois à Cotelette.

4 repens. Tri.

5 erecta. Tri.

6 ♄ Mutissii. Am. m. L. f.

1163.

Ovieda, 96.

1 ♄ spinosa. Am. m.

Oviede épineux.

2 ♄ mitis. Jav.

3 Zeylanica. Tri.

1164.

Millingtonia, 97.

1 ♄ hortensis. L. f.

Millington des Jardins. de Transchaur.

1165.

Volkameria, 98.

1 ♄ aculeata. Jam. Bar.

Volkamere Voy. Bota. Amourette de St. Christophe.

2 ♃ inermis. In.

3 ♄ serrata. In.

4 ♃ scandens. vast. Syl. Zey.

1166.

Raputia, 99.

1 ♄ aromatica. Gu. Aub.

Raputier aromatique.

Didynamie Angiospermie.

1167.

Clerodendrum, 100.

1 ♄ infortunatum. In.

L'Infortunée de l'Inde.

2 ♄ folio lato acumineatum. va.

3 ♄ fortunatum. In.

La Fortunée de l'Inde.

4 ♄ calamitos. m. Ja.

5 ♄ paniculatum. In.

6 ♄ Phlomidis. In. L. f.

1168.

Thunbergia, 101.

1 Capensis. Cap. b. Sp. L. f.

Thunberg. Voy. Bota.

1169.

Castillea, 102.

1 ♄ fissifolia. No. Gra. L. f.

Castille de la Nouv. Grenade.

2 integrifolia. Am. m.

1170.

Vitex, 103.

1 ♄ Agnus castus. Sici. Neapal.

l'Herbe Chaste.

2 ♄ latiore folio. va.

3 ♄ albida. va.

4 ♄ trifolia. In. L. f.

5 ♄ tri. flore albo. va.

6 ♄ Negundo. In.

Negundo sauvage.

7 ♄ pinnata. Zey.

8 ♄ agregata. J.

9 Leucoxylon. Zey. vas. Syl.

Didynamie Angiospermie.

10 altissima. Zey. vast. Syl.
11 rotundifolia. Jap.

1171.

Bontia, 104.

1 ♄ daphnoides. Anti. Gu. Aub.

Bontie. Olivier sauvage. Botaniste Hollandois.

2 germini.

1172.

Avicenia, 105.

1 ♄ tomentosa. In.

Avicene. Med. Bota.

2 ♄ nitida. Mart. lit. mari.
3 ♄ germinans. In.

1173.

Amasonia, 106.

1 erecta. Sur.

Amasonne. Bota.

1174.

Columnia, 107.

1 scandens. Mart. Syl.

Columné à tige grimpante.

2 scan. fructu albo. va.
3 longifolia. In.

1175.

Acanthus, 108.

1 ♃ mollis. Ita. Sici. hum. dur.

Acanthe à fe. sans épine.

Didynamie Angiospermie.

Branc-Ursine d'Italie.

2 ♃ spinosus. Ita. hum.
3 ♄ Dioscoridis. Lib.

Acan. de Dioscoride.

4 ♃ illicifolius. In. cæno.

Arbrous des Indes.

Chardon aquatique de Commelin. Bota. Hollandois.

5 madraspatensis. In.
6 carduifolius. Cap. b. Sp. L. f.
7 integrifolius. Cap. b. Sp. L. f.
8 procumbens. Cap. b. Sp. L. f.
9 furcatus. Cap. b. Sp. L. f.
10 Capensis. Cap. b. Sp. L. f.

1176.

Pedalium, 109.

1 ☉ Murex. Zey. Mal.

Pedalie Murex.

1177.

Melianthus, 110.

1 ♃ major. Æt. Suc.

Melianthe fleur de Miel.

Grande Pimprenelle d'Afrique.

2 ♃ minor. Æt.

QUINZIÉME CLASSE.

Tetradynamie Silicule.

1178.

Myagrum, 1er. G.

1 ♃ perenne. Ger.

Herbe aux Puces vivaces.

2 ⊙ orientale. Ori.
3 ⊙ rugosum. Eu. Auſ.
4 ♂ hiſpanicum. Hiſ.
5 ⊙ perfoliatum. Hel. Gal. Seg.
P. 6 ⊙ ſativum. Eu. int. Lin.

Seſame d'Allemagne.

P. 7 ⊙ Myagrum camelina. va.

Myagrion de Dodonée.

P. 8 ⊙ Alyſſon foliis orientalis. va.

Cameline de Myagria.

P. 9 ⊙ daniculatum. Eu.
10 ♃ ſaxatile. Alp. Hel. Bal. Car.
11 ♃ foliis ſpatulatis. va.
12 ♃ fo. ſagittatis. va.
13 ♃ fo. lanceolatis. va.
14 ægypticum. Æg.
15 minus. J.

1179.

Vella, 2.

1 ⊙ annua. Hiſ.

Vella. Paſſe-Rage ſauvage.

2 ♄ Pſeudo-Cytiſus. Hiſ.

Faux Cytiſe de Bauh.

Tetradynamie Silicule.

1180.

Anaſtatica, 3.

1 ⊙ hierochuntica. lit. mari. Pal. ari.

Roſe de Jérico.

2 ⊙ ſyriaca. Auſ. Siri. Suma.

1181.

Subularia, 4.

1 ⊙ aquatica. Eu. bor. inu.

Alene aquatique.

1182.

Draba, 5.

1 ♃ aizoides. Alp. Eu.

Drabe des Alpes.

2 ♃ cillaris. Alp.
3 ♃ alpina. Alp. Eu.
P. 4 ⊙ verna. Eu. ari. Am. 7.
5 ♃ pyrenaica. Pyr.
6 ⊙ muralis. Eu. nem.
7 hirta. Alp. Hel. Lapp.
8 ♂ incana. Alp. Eu.
9 ⊙ nemoroſa.

1183.

Lepidium, 6.

1 ⊙ perfoliatum. Per. Syr.

Paſſe-Rage de Dioſcoride.

Thlaſpi d'Alexandrie.

2 ⊙ veſicarium. Ibe. Medi.

Pied de Corneille.

Ambroiſie ſauvage.

Tetradynamie Silicule.

3 ⊙ nudicaule. Monp. Hiſ.
P. 4 ⊙ procumbens. Monp.
5 alpinum. Salr. Tyr. Hel. Bal.
6 ⊙ petræum. Ola. Ang. Auſ.
7 ♂ cardamines. Hiſ. Arg.
8 ⊙ ſpinoſum. Ori.
9 ⊙ ſativum.

Creſſon Alenois des jardins.

Naſitor vulgaire.

10 ⊙ ſati. criſpum. va.
P. 11 ⊙ ſati. latifolium. va.
12 lyratum. Ori.
13 ♃ latifolium. Gal. Ang. umb.
14 ♃ ſubulatum. Hiſ.
15 ♃ graminifolium. Eu. Auſ.
16 ♄ ſuffruticoſum. Hiſ.
17 didymum.
18 ⊙ ruderale. Eu. rud.
19 ⊙ virginicum. Vir. Jam. Gal.
P. 20 ⊙ Iberis. Ger. Gal. Ita. Sici.

Jberis. Lepidion.

21 ⊙ bonarienſe. Bona.
22 chalepenſe. Ori.
23 Burſapaſtoris.
24 Draba. Tria.

1184.

Thlaſpi, 7.

1 peregrinum. Carn. coli.

Thlaſpi.

1 ⊙ arvenſe. Eu. agr.
3 ⊙ alliaceum. Eu. Auſ.

Alliaire bâtarde.

4 ſaxatile. Ita. Nar. Pro. Auſ.

Paſſe-rage de Haller.

Tetradynamie Silicule.

5 ♂ hirtum. Ita. Nar. Auſ. Monp.
P. 6 ⊙ campeſtre. Eu. arv. arg.

Seneve ſauvage.

P. 7 ⊙ arvenſe vaccaria.
P. 8 ⊙ arv. aſetoſæ folio. va.
9 montanum. Hel. Auſ. Monp.
10 perfoliatum. minus. va.

petite Mouſette.

11 ♂ perfoliatum. Hel. Ger. Gal.
12 ♃ alpeſtre. Auſ. Hel.
P. 13 ⊙ Burſapaſtoris. Eu. cul.

Bourſe à Paſteur d'Europe.

Bour. à Berger. à Judas.

Malette à Berger.

P. 14 ⊙ B. p. media. va.

Tabouret. Molette.

P. 15 ⊙ B. p. major. va.
16 ⊙ Ceratocarpon. Sib. L. f.

1185.

Cochlearia, 8.

1 ⊙ ♂ officinalis. Eu. bor. lit.

Cochlearia. Herbe aux Cuilliers.

2 ♂ ⊙ danica. Dan. Sue. lit. mari.
3 ♂ ⊙ dan. repens. va.
4 ♂ ⊙ dan. minor erecta. va.
5 ♂ anglica. Ang. lit. mari.
6 ⊙ groelandica. Norv. Iſl. Græ.
P. 7 ⊙ Coronopus. Eu apr.

Corne de Cerf des Champs.

Tetradynamie Silicule.

Ambroselle sauvage.

8 ♃ Armoracia. Eu. fos. vir.

Grande Bretagne.
Grand Cochlearia.
Moutarde des Allemands.
Rave sauvage.

9 ♂ glastifolia. Ratis. agr.

Passe-Rage de Dalechamp. Bot. Franç.

10 ♃ Draba. Auſ. Gal. Ita. vers.

1186.

Iberis, 9.

1 ♄ semperflorens. Sici. Per.

Ibéride toujours fleurie.

2 ♄ sempervirens. Cre. rup.

Thlaspi toujours verd.

3 ♄ gibraltarica. Gibr. Hiſ.
4 ♄ saxatilis. Ita. Gal. Auſ.
5 ♃ rotundifolia. Hel.
6 ☉ umbellata. Het. Hiſ. Cre.

Thlaspi de Candie blanc & rouge des jardins.

P. 7 ☉ amara. Hel. Ger.
8 linifolia. Hiſ. Luſ. Monp.
9 ☉ odorata. Alp. Allo.
10 ☉ arabica. Ara. Capp.
P. 11 ☉ nudicaulis. Eu. are. Syl.
12 ☉ pinnata. Eu. Auſ. mari.
13 canadensis. Tri.

1187.

Alyssum, 10.

1 ♄ spinosum. Hiſ. Gal. arid.

Tetradynamie Silicule.

Alysse. Thlaspi. épineux.

2 ♄ halimifolium. Eu. Auſ. ari.
3 ♄ saxatile. Cre. Auſ.

Corbeille d'or.

4 ♃ alpestre. Alp. Galo.
5 hyperboreum. Am. 7.
6 ♃ ♂ incanum. Eu. 7. arc.
P. 7 ☉ minimum. Hiſ. Sib.
8 ☉ calycinum. Auſ. Gal. Ger.

Bouclier de Cliffor.

P. 9 ♃ montanum. Hel. Ger. apr.
10 ☉ Campestre. Gal. Ger. Hel.
11 ☉ clypeatum. Eu. Auſ. Lib.

Bouclier du Mont-Liban.

12 ♃ ♂ sinuatum. Hiſ. incul.
13 ♄ creticum. Hiſ. Cre.
14 gemovense.
15 utriculatum. Ori.
16 Vesicaria. Ori.

Vesicaire d'Orient.

17 ♄ deltoideum. Ori.
18 parvum.

1188.

Clypeola, 11.

1 ☉ Jonthlaspi. Ita. Nar. sab.

Bouclier de Narbonne.

Jonthlaspic à fe. de Serpolet.

2 ♃ tomentosa. Ori. Tria.
3 ♃ maritima. G. N. Hiſ. mari.

Tetradynamie Silicule.

1189.

Peltaria, 12.

1 ♂ alliacea. Alp. Ist.

Pellette Alliaire.

2 Capensis. Cap. ♄. Sp. L. f.

1190.

Biscutella, 13.

1 ⊙ auriculata. Ita. Gall.

Biscutte à Oreille.

2 ⊙ apula. Ita.
3 ⊙ lyrata. Hisſ. Sici.
4 ⊙ coronopifolia. Hisſ. Ita. Ger.
5 ⊙ lævigata. Ita.
6 ♄ sempervirens. Ori. Hisſ.
7 didima. J.
8 ægyptiaca. J.

1191.

Lunaria, 14.

1 ♃ rediviva. Eu. 7. Ger.

Bulbonac. Lunaire.

2 ♂ annua. Ger.

grande Lunaire.
Herbe aux Lunettes.

Siliquose.

1192.

Ricotia, 15.

1 ⊙ ægyptiaca. Æg.

Ricotie d'Egypte.

1193.

Dentaria, 16.

1 ♃ enneaphylla. Aus. Ita. umb.

à neuf feuilles.

Tetradynamie Siliquose.

Dentaire à neuf feuilles.

Herbe aux Cancers.

2 ♃ bulbifera. Eu. Aus.
3 ♃ baccifera. va.
4 ♃ pentaphyllos. Hel. Alp. Allo.
5 ♃ foliis quinis digitatis. va.
6 ♃ fo. omnibus digi. va.
7 ♃ fo. asperis. va.

1194.

Cardamine, 17.

1 ♃ bellidifolia. Lap. Hel. Brit.

Cardamine à fe. de Bellis.

2 asarifolia. Alp. Ita.
3 nudicaulis. Sib.
4 ♃ petræa. Ang. Arvo. Succ.
5 resedifolia. Hel. Pyr. Ger.
6 trifolia. Hol. Lapp. loc. umb.
7 africana. Afr.
8 chelidonia. Sib. Ita.
9 ♂ impatiens. Eu. nem. mont.
P. 10 ⊙ parviflora. Eu.
11 ⊙ Græca. Sici. Corſ. Ger.
12 hirsuta. Eu. hort. arv.
P. 13 ♃ pratensis. Eu. pas. aqu.

Cresson des Prés.

P. 14 ♃ Nasturtium pratensis. va.
P. 15 ♃ amara. Eu. 7. nem.
16 virginica. Vir.

1195.

Sisymbrium, 18.

P. 1 ♃ ⊙ Nasturtium. Eu. Am. 7. font.

Cresson de Fontaine.

Tetradynamie Siliquose.

P. 2 ♃ Sylvestre. Hel. Ger. Gal.

Roquette sauvage.

P. 3 amphibium. Eu. 7. aqu.
P. 4 aquáticum. va.

Raifort aquatique.

5 terrestre.
6 ♃ pyrenaicum. Pyr. Hel. Alp.
7 tanacetifolium. Sab. Hel.
P. 8 ♃ tenuifolium. Ger. Gal. Hel.
P. 9 ☉ supinum. Pari. agr.

Murquette des prés à fl. blanche.

10 ☉ Eurua inodora. va.
11 ☉ polyceratium. Hel. Ita. rud.
12 ☉ bursifolium. Sici. Ita. Pyr.
P. 13 ☉ murale. Gal Ita.
14 ♃ monense. Ang. rup. Vict.
P. 15 vimineum. Sici. Monp.
16 ☉ Barrelieri. Hif. Ita.
17 ☉ arenosum. Ger. Hel.
18 ☉ valentinum. Val. Madr.
19 ☉ ♂ Parra. Parr.
20 ☉ asperum. Monsp. pal.
P. 21 ☉ Sophia. Eu. mur. tec.

Thalietrum. Sophia des bout.

22 ☉ altissimum. Arm. Sib. Auf.
P. 23 ☉ Irio. Eu. cul.

la Tortelle à fe. de Roquette.

24 ☉ Læselii. Bor. Gal. Ger.
25 ☉ orientale. Ori.
26 barbarea. Ori.

Barbarine d'Orient.

27 catholicum. Hif. Luf.
28 ♃ strictissimum. Auf.

Tetradynamie Siliquose.

29 integrifolium. Sib.
30 ☉ indicum. In.

1196.

Erysimum, 19.

1 ☉ officinale. Eu. rud.

Velar grande Tortelle. Herbe aux Chantres.

P. 2 ♃ Barbareæ. Eu.

Herbe St. Barbe d'Europe.

3 ♃ erucæ folio. va.
4 ♃ folio rotundo. va.
5 ♃ flore pleno. va.
P. 6 ♂ ♃ Alliaria. Eu. Sep. cul. umb.

Alliaire. Herbe des Aulx.

7 ☉ repandum. Hif. Bohe. Auf.
P. 8 ☉ cheiranthoides. Eu. arv.
P. 9 ♂ ♃ hieracifolium. Gal. Ger.

1197.

Cheiranthus, 20.

1 ☉ erysimoides. Ger. Hel. Hun.

Giroflier sauvage.

2 ♃ alpinus. mont. Ita. Viat.
P. 3 ♂ ♃ ♄ Cheiri. Ang. Hel. Gal. Hif. mur.

Cheiri des murs. Ravanelle. Giroflée jaune.

P. 4 leucoium luteo magno. flo. va.
P. 5 leu. lute. serrato. fo. va.
P. 6 leu. lute. pleno flo. majus. va.
P. 7 leu. pleno flo. minus. va.

Tetradynamie Siliquose.

8 fruticulosus. His.
9 ☉ Chius. Chio. Rus.
10 ☉ maritimus. lit. Mari. medi.
11 ♄ salinus. Eu. Aus. Mari.
12 ☉ littoreus. Mari. Medit.
13 ♄ tristis. Hiss. Ita. Monp.
14 ♃ incanus. Hiss. Mari.

Giroflée rouge & blanche.

15 ♂ fenestralis.
16 ☉ annus. Eu. Aus. Mari.

Girof. Carantaine.

17 ☉ annus angustifolius. va.
18 ☉ trilobus. His. Insu. stæc.
19 lacerus. Lus.
20 ☉ tricuspidatus. Trip. Mari.
21 ☉ sinuatus. His. Monp. Mari.
22 ♂ Regalis.

Giroflée Royale à une tige.

23 ♄ Farsetia. Æg. Ara.
24 tomentosus.
25 ♂ Græcus.
26 ♂ Græ. Albus. va.
27 ♄ Strictus. Cap. b. Sp. L. f.
28 ♄ callosus. Cap. b. Sp. L. f.

1198.

Heliophila, 21.

1 ☉ integrifolia. Cap. b. Sp. loc. Sax.

Heliophile à fe. entiere.

2 ☉ coronopifolia. Cap. b. Sp.
3 digitata. Cap. b. Sp. L. f.
4 ☉ filiformibus. Cap. b. Sp. L. f.
5 foliis amplexicaulibus. Cap. b. Sp. L. f.

Tetradynamie Siliquose.

6 ☉ pusilla. Cap. b. Sp. L. f.
7 pinnata. Cap. b. Sp. L. f.
8 ♄ flava. Cap. b. Sp. L. f.
9 Circæoides. Cap. b. Sp. L. f.

1199.

Hesperis, 22.

1 ♂ tristis. Hung. Aus. arv.

Julienne à fl. triste.

2 ♂ matronalis. Ger. Hel. Sib.

Juli. des Dames odorante.

3 ♂ mat. flore pleno. va.
4 ♂ mat. fl. violaceo. va.
5 ♂ mat. fl. vio. pleno. va.
6 ♂ sibirica. va.
7 ♂ inodora. Vien. Monp.
8 ☉ africana. Afr.
9 ☉ verna. Gallo. Mari.
10 ☉ lacerea. Lus. Gal.
11 ☉ dentata. Sib.

1200.

Arabis, 23.

1 alpina. Hel. Aus. Lapp.

Arabis. Giroflier des Alpes.

2 caule erecto. va.
3 caule diffuso. va.
4 ♃ grandiflora. Sib.
P. 5 ☉ thaliana. Eu. 7. Sab.
6 ♃ bellidifolia. Alp. Aus.
7 ♃ lyrata. Can. d.
8 ♃ hispida. Han. rup. L. f.
9 Halleri. Har. e. l c. hum.
10 canadensis. Can. d.
11 ☉ pendula. Sib. Dani.
12 ☉ Turrita. Hel. Aun. Gal.

Choux sauvage. Plateau.

Tetradynamie Siliquose.

13 ♃ pumila. Jacq.
14 ♃ lucida. Pann. L. f.

1201.

Turritis, 24.

P. 1 ⊙ glabra. Eu. paf. Sici.
Tourette à fe. glabre.
P. 2 hirfuta. Sue. Ger. Ang.
3 ♂ ♃ alpina. Auf. Goth.

1202.

Braffica, 25.

1 ⊙ orientalis. Ori. Monp. Ger.
Choux d'Orient.
2 ♂ oleracea ftabilica. J.
Ch. frifé.
3 ♂ ole. gougilodes. J.
Ch. Rave.
4 ♂ ole. ftenifia. J.
Ch. d'Efpagne.
5 ♂ ole. botrytis. J.
Ch. - Fleur des Jardiniers.
6 ♂ ole. viridis. J.
Ch. verd d'hiver.
7 ♂ ole. Capitata. J.
Ch. Pomme des jardins.
8 ♂ óle. Capi. rubra. J. va.
Ch. Pom. rouge des Pulmoniques.
9 ♄ fempervirens. J.
Ch. Cavalier en Arbre.
10 ⊙ campeftris. Eu. agr.
11 ♃ arvenfis. Eu. Auf. arv. hum.
12 ♃ alpina. Ger. Hel.

Tetradynamie Siliquose.

13 ♂ fabauda.
Ch. de Milan frifé.
14 ♂ Anglie. Ang. Mari.
Ch. Turnep des Anglois.
15 ♂ Hollandie.
16 ♂ Melitenfis albus.
Brocolis blanc.
17 Colzat.
Ch. Colfat.
P. 18 ♂ Napus. Goth. Bel. Ang. Mari.
19 ♂ Nap. fativa. are. va.
Navet com. de Vaugirard.
P. 20 ♂ Na. vernus. va.
Nav. du printemps de Fréneufe.
21 ♂ Rapa. Ang. Bel.
Rave com. des jardins.
22 ♂ Rap. nigra.
Rabioule, gros Radis noir.
23 ♂ Rap. Radix.
Radis blanc & rouge.
24 ♂ Napo braffica.
Ch. Navet.
25 ♂ chinenfis Chi.
36 ♂ violacea. Chi.
Ch. d'Hanovre à fe. frifée coloré.
P. 27 ⊙ Erucaftrum. Eu. Auf. rud.
28 ⊙ Eruca. Hel. Auf.
Roquette. Senevé fauvage.
Creffon fauvage.

Tetradynamie Siliquose.

29 ⊙ vesicaria. Hiſ.
30 ♂ auſtriaca. Jacq.

1203.

Sinapis, 26.

P. 1 ⊙ avenſis. Eu. agr.

Seneyé des champs.

Navette des Serins.

2 ⊙ orientale. Ori.
3 ⊙ braſſicata. Chi.
P. 4 ⊙ alba. Bel. Ang. Gal. agra.
P. 5 ⊙ nigra. Eu. 7. agg. rud.

Moutarde com. des bout.

6 ♃ pyrenaica. Monnier.
7 ♄ pubeſcens. Sici.
8 ⊙ chinenſis. Chi.
9 ⊙ juncea. Aſi. Chi.
10 ⊙ erucoides. Hiſ. Ita.
11 hiſpanica. Hiſ.
12 ⊙ incana. Gal. Luſ. Hiſ. Hel.
13 ⊙ ♂ lævigata.
14 braſſica. J.

1204.

Raphanus, 27.

1 ⊙ ♂ ſativus. Chi.

Radix noir d'hiver.

2 ♂ ſat. minor. va.
3 ♂ ſat. rotundus. va.
4 ⊙ candatus. Fina.

Rave longue rouge.

P. 5 Raphaniſtrum.
P. 6 Raph. flore luteo. va.
7 ſibiricus. Sib.
8 ægyptiacus. Tria.
9 ⊙ Erucoides. Ita. L. f.

Tetradynamie Siliquose.

1205.

Bunias, 28.

1 ⊙ cornuta. Sib.

Bunia. Maſſe à Bedeau.

2 ⊙ ſpinoſa. Ori.
3 ⊙ Erucago. Monp. agr. hum.
4 ♃ orientale Ruſ.
5 ⊙ Cakile. Eu. Afr. Am. Mari.

Roquette d'eau.

6 ⊙ Cak. maritima. va.
7 ⊙ Cak. foliis linearibus. va.
8 ⊙ Cak. fo. lanceolatis. va.
9 ⊙ Myagroides. Sib.
10 ⊙ ægyptiaca. Æg.
11 ⊙ balearica. Balear.

1206.

Iſatis, 29.

P. 1 ♂ tinctoria. Bal. Eu. oce.

Paſtel des Teinturiers.

P. 2 ♂ ſativa latifolia. va.
3 ⊙ luſitanica. Hiſ. Ori.
4 armena. Arme. pra. Sicc.
5 ægyptiaca. Æg.

1207.

Crambe, 30.

1 ♃ maritima. Oce. 7. lit.

Chou marin ſauvage.

Ch. de Chien.

2 orientalis. Ori.
3 ⊙ hiſpanica. Hiſ.
4 pannonica.
5 tatarica.
6 ♄ Fruticoſa. Made. L. f.

Tetradynamie Siliquofe.

1208.

Cleome, 31.

1 ♄ fruticofa. Ind.Gu. Aub.

Mezembe de Cayenne. grand Cleomme.

2 ⊙ heptaphylla. In.
3 ⊙ indicum majus. va.
4 ⊙ pentaphylla. In. Gu. Aub.
5 ⊙ triphylla. In.
6 pofygama. Jam.
7 ⊙ icofandra. Zey.
8 ⊙ dodecandra. In.
9 ♄ gigantea. Gu.
10 aculeata. Am.

Tetradynamie Siliquofe.

11 fpinofa. Am. m. Gu.
12 ⊙ ferrata. Am. m.
13 ⊙ ornithopodioides. cir. Per.
14 ⊙ violacea. Luf.
15 ⊙ flor. luteo. va.
16 ⊙ arabica. Ara.
17 ⊙ monophylla. In.
18 capenfis. Cap. b. Sp. In.
19 procumbens. Dom. pra.
20 Chelidonii folio. Tauf. L. f.
21 felina. Zey. L. f.
22 ♄ juncea. Afr. L. f.
23 ⊙ tenella. In. Ori. L. f.
24 ⊙ Guianenfis. Gu. Aub. loc. are.

SEIZIÉME CLASSE.

Monadelphie Triandrie.

1209.

Aphyteia, Ier. G.

1 Hydnora. Cap. b. Sp. L. f.

Aphytte du Cap-de-bonne-Efpérance.

Pentandrie.

1210.

Lerchea, 2.

1 ♄ longicauda. In. Ori.

Lerchée à longue queue.

1211.

Waltheria, 3.

1 ♄ americana. Baha. Sp.

Monadelphie Pentandrie.

Walthere, Peintre Bota.

2 angustifolia. Am.
3 ♄ indica. In.

1212.

Hermannia, 4.

1 ♄ althæifolia. Æt.

Hermanne. Bota. Med.

2 ♄ trifurcata. Cap. b. Sp.
3 ♄ alnifolia. Cap. b. Sp.
4 ♄ hyffopifolia. Æt.
5 ♄ lavendulifolia. Æt.
6 ♄ linifolia. Cap. b. Sp.
7 ♄ trifoliata. Æt.
8 ♄ triphylla. Cap. b. Sp.
9 ♄ groffularifolia. Æt.
10 ♄ denudata. Cap. b. Sp. L. f.
11 glabrata. Cap. b. Sp. L. f.

Monadelphie Pentandrie.

12 Salvifolia. Cap. b. Sp. L. f.
13 pulchella. Cap. b. Sp. L. f.
14 diffusa. Cap. b. Sp. L. f.
15 pinnata. Æt.

1213.

Melochia, 5.

1 ♃ piramidata. Bra.

Mélochie. Bétrave d'Egypte.

2 tomentosa. Am. m.
3 depressa. Hava.
4 ♃ concatenata. In. utra.
5 ☉ corchorifolia. In.
6 supina. In.
7 odorata. Insu. Tan. L. f.

1214.

Symphonia, 6.

1 ♄ globulifera. Suri.

Symphonie de Suriname.

Octandrie.

1215.

Aytonia, 7.

1 ♄ Capensis. Cap. b. Sp.

Aytonne, Jardinier du Roi d'Angleterre.

Decandrie.

1216.

Connarus, 8.

1 ♄ monocarpos. In.

Connarie de Zeyland.

Monadelphie Decandrie.

1217.

Hugonia, 9.

1 ♄ Mystax. In.

Hugon. Bota.

1218.

Geranium, 10.

1 ♄ fulgidum. Æt.

Geraine brillant.

2 ♄ inquinans. Afr.
3 ♄ inq. foliis variegatis. va.
4 ♄ inq. roseum. J. va.
5 ♄ hybridum. Cap. b. Sp.
6 ♄ hyb. foliis varieg. va.
7 ♄ acerosum. Afr.
8 ♄ papilionaceum. Afr.
9 ♄ pap. fol. varie. va.
10 ♄ hermannifolium. Cap. b. Sp.
11 ♄ crispum. Cap. b. Sp.
12 ♄ scabrum. Cap. b. Sp.
13 ♄ betulinum. Cap. b. Sp.
14 ♄ cucullatum. Cap. b. Sp.
15 ♄ cucu. foliis majus. va.
16 ♄ carnosum. Ær.
17 ♄ gibbosum. Cap. b. Sp.
18 ♄ peltatum. Afr.
19 ♄ Zonale. Afr.
20 ♄ Zon. foliis variegatis. va.
21 ♄ vitifolium. Afr.
22 ♄ viti. varie. va.
23 ♄ capitatum. Afr.
24 ♄ cap. foliis vari. va.
25 ♃ tabulare. Cap. b. Sp.
26 ♄ cotyledonis. Cap. b. Sp.
27 ♄ spinosum. Cap. b. Sp.
28 ♃ glaucum. Cap. b. Sp. L. f.
29 ♃ alchimilloides. Afr.
30 ♃ alc. foliis variegatis. va.
31 ♃ flavum. Cap. b. Sp.
32 ♄ viscosum. J.
33 radula.

Monadelphie Decandrie.

34 ♄ terebentinum. Cap. b. Sp.
35 ♄ tereb. minus. Cap. b. Sp.
36 ♄ abrotanifolium. Cap. b. Sp. L. f.
37 appendiculatum. Afr. L. f.
38 ♃ odoratiſſimum. Afr.
39 ♃ alceoides. Cap. b. Sp.
40 ♃ groſſularioides. Afr.
41 ♃ althæoides. Afr.
42 ⊙ coriandrifolium. Æt.
43 ♃ myrrhifolium. Cap. b. Sp.

Geraine ou Geranie.

44 ♃ myr. tuberoſum. va.
45 ♃ proliferum. Cap. b. Sp.
46 ♃ pro. radice turbinata. va.
47 ♃ pro. pinnatum. va.
48 ♃ auritum. Cap. b. Sp.
49 ♃ aur. longifolium. va.
50 ♃ aur. axaloides. va.
51 ♃ lobatum. Cap. b. Sp.
52 ♃ lob. hirſutum. va.
53 ♃ lob. pinnatifidum. va.
54 ♃ triſte. Cap b. Sp.
55 ♃ triſ. foliis villoſis. va.
56 ♃ triſ. anguſtifolium. va.
57 ♃ romanum. Rom.

Cicutine de Rome.

58 ♃ rom. maculata. va.
P. 59 ⊙ cicutarium. Eu. ſter.

Cicutine d'Europe.

P. 60 ⊙ cicu. pimpinellæ folio. va.
61 ⊙ moſchatum. Hel. Sib. Carn.
62 ⊙ chium. Chi.
63 ⊙ malacoides. Ita. G. N.
64 maritimum. Ang. Gall. Belg.
65 glaucophyllum. Æg.
66 glaucum Burmani. va.
67 ♃ arduinum. Cap. b. Sp.
68 ⊙ gruinum. Cre.

Monadelphie Decandrie.

Bec de Grue de Crete.

69 ⊙ ciconium. Monp. Val. Ita.

Col de Sigogne.

70 ♃ pyrenaïcum. Pyr. Ang.
71 ♃ tuberoſum. Ang. Ita.
72 ♃ macrorhizum. Ita.
73 ♃ phæum. Alp. Pann. Hel.
74 ♃ phæ. batracchioides. va.

Crapaudine des Alpes.

75 ♃ fuſcum. Eu. Auſ.
76 ♃ reflexum. Ita.
77 ♃ nodoſum. Delp.
78 ♃ ſtriatum. Ita.
79 ♃ ſylvaticum. Eu. bor. Syl.
80 ♃ paluſtre. Ruſ. Ger.
81 ♃ pratenſe. Eu. bor. pra.
82 ♃ argenteum. Bal. ſum. rup.
83 ♃ maculatum. Car. Vir. Sib.
84 ⊙ bohemicum. Boh.
P. 85 ♂ Robertianum. Eu. bor. Ara.

Herbe à Robert.
Her. à l'Eſquinancie.

P. 86 ⊙ lucidum. Eu. rub. umb.
P. 87 ⊙ molle. Eu. plate.
88 ⊙ carolinianum. Car. Vir.
P. 89 columbinum. Gal. Hel. Ger.

Colombiere à fe. longue.

90 ⊙ incanum. Cap. b. Sp.
P. 91 ⊙ diſſectum. Eu. Auſ.
P. 92 ⊙ rotundifolium. Eu. cul.

Mauvin ou Mauvette.

93 ⊙ puſillum. Ang. Gal. Ger. Hel.
94 ♃ ſibiricum. Sib.
P. 95 ♃ ſanguineum. Eu. pra. umb.

Monadelphie Decandrie.

Sanguinaire d'Europe.

P. 96 ♃ sang. hæmatodes. va.
97 ♄ hispidum. Cap. b. Sp. L. f.
98 Oenothera. Cap. b. Sp. L. f.
99 variegatum. Cap. b. Sp. L. f.
100 tetragonum. Cap. b. Sp. L. f.
101 stipulaceum. Cap. b. Sp. L. f.
102 incarnatum. Cap. b. Sp. L. f.
103 emarginatum. Cap. b. Sp. L. f.
104 quercifolium. Cap. b. Sp. L. f.
105 ternateum. Cap. b. Sp. L. f.
106 lævigatum. Cap. b. Sp. L. f.
107 ♄ glaucum. Cap. b. Sp. L. f.
108 ♃ pulloflore.
109 ♃ malvaceum. Tria.
110 ♃ fætidum. Tria.
111 ♃ chamedryoides.

Endecandrie.

1219.

Brownea, 11.

1 ♄ coccinea. Am. m.
Brown. Bota.

Dodecandrie.

1220.

Pentapetes, 12.

1 ☉ phænicea. In.
Pentapete. Fleur Impie.

Monadelphie Dodecandrie.

2 ♄ suberifolia. In.
3 ♄ acerifolia. In.
4 moritiana. J.

Polyandrie.

1221.

Adansonia, 13.

1 ♄ digitata. Sen. Æg.
Adanson. Voya. Bota.
Baobab du Sénégal.
Pain de Singe.

1222.

Bombax, 14.

1 ♄ pentandrum. In.
Fromager cotonier.
2 ♄ Ceiba. In.
Calbasier. Arbre de l'Amérique.
3 ♄ heptaphyllum. Am.
4 gossypium. Am.
5 ♄ globosa. Gu. Aub.
Fromager de Cayenne.

1223.

Sida, 15.

1 ☉ spinosa. In. utr.
Sida épineux.
2 ☉ alba. In.
3 ☉ rhomboifolia. In. utr.
Herbe à Balai de l'Inde.
4 ☉ alinifolia. In.
5 ciliaris. Jam.
6 ☉ retusa. In.
7 ♄ triquetra. Am. c.
8 jamaicense. Jam.
9 viscosa. Jam.

Monadelphie Polyandrie.

10 ☉ cordifolia. In. Cap. b. Sp.
11 umbellata. Jam.
12 paniculata. Jam.
13 ☉ ♄ periplocifolia. Am. c. Zey.
14 ☉ ♄ per. foli. subrotunda. va.
15 ♄ urens. Jam.
16 ☉ occidentalis. Am.
17 americana. Jam.
18 ☉ Abutilon. In. Hel. Sib.

Abutilone à gr. fe. en cœur.

19 ☉ asiatica. In.
20 ☉ indica. In.
21 crispa. Car. Prov. Bah.
22 ☉ cristata. Mexi.
23 ☉ cri. folio cordato. va.
24 ♃ capitata. Car. loc. pal.
25 radiata. Am.
26 amplissima. Tria.
27 mollis. Tria.
28 ♄ peruviana. Tria. J.
29 tomentosa. Tria.
30 revoluta.
31 hastata. J.
32 ternata. Cap. b. Sp. L. f.
33 ♄ arborea. Afr. L. f.
34 ♄ carpinifolia. Made. L. f.

1224.

Malachra, 16.

1 ♃ capitata. Cari. loc. pal.

Malachre à fl. en tête.

2 radiata. Ame.

1225.

Althæa, 17.

P. 1 ♃ officinalis. Hol. Ang. Gal. Sib.

Guimauve des bout.

2 ♃ offi. laciniato folio. va.

Monadelphie Polyandrie.

3 ♃ cannabina. Hun. Ita. G. N.
P. 4 hirsuta. Gal. Ita. Hisp. Aus.
5 Ludwigii. Sici.

1226.

Alcea, 18.

1 ♂ rosea. Ori.

Alcée. Rose Tremiere. Passe-Rose. Rose d'Outremer.

2 ♂ ficifolia. Ori.
3 ♂ chinensis. Chi.

1227.

Malva, 19.

1 spicata. Jam.

Mauve à fl. en épi.

2 ♄ tomentosa. In.
3 ☉ gangetica. In.
4 ☉ coromandeliana. Am.
5 ☉ americana. Am.
6 ☉ peruviana. Per. B. Juss.
7 ☉ limensis. Per. Lim.
8 ♄ bryonifolia. Hisp.
9 ♄ capensis. Æt.
10 ♄ cap. majore folio. va.
11 ♄ cap. scabrosa. va.
12 ☉ caroliniana. Caro.
13 ☉ parviflora. Barb.
P. 14 ☉ rotundifolia. Eu. rud.
15 ♃ sherardiana. Bith.
P. 16 sylvestris. Eu. camp.

Mauve com. des bout.

17 ☉ mauritiana. Ita. Lus. Hisp.
18 ☉ m. folio ficus altera. va.
19 ☉ hispanica. Hisp.
20 ☉ verticillata. Chi.
21 ☉ crispa. Sir. Ger.
P. 22 ♃ Alcea. Ger. Ang. Gal.
P. 23 ♃ moschata. In. Gal. Ger.
P. 24 ♃ vulgaris minor. va.

25 ☉ tournefortiana. Gall. Hif.
26 ægyptiaca. Æg.
27 ♄ abutiloides. Provi. Baha.

1228.

Lavatera, 20.

1 ♂ arborea. Pifaf. Libur.
Lavatere. Grande Mauve.
2 ♄ micans. Hif. Luf.
3 ♄ olbia. Olb. Gall.
3 ♄ triloba. Hif. Gal.
Althæa des jardins.
5 ♄ lufitanica. Luf. Cap. b. Sp.
6 ♄ americana. Jam.
7 ♄ thuringiaca. Pan. Tar. Sue.
8 ☉ cretica. Cre.
9 ☉ trimeftris. Syr. Hif. G. N.
10 ☉ tri. caule herbaceo. va.
11 galica. J.

1229.

Malope, 21.

1 malacoides. Hel. pra. Maur.
Malacoide de Tofcane.

1230.

Urena, 22.

1 ♄ lobata. Chi.
Urene à fe. en lobe.
2 ♄ finuata. In.
3 ♄ Typhalæa. Sur. Jam.
4 ♄ procumbens. Chi. mont.
5 ♄ leptocarpa. Sur. L. f.
6 ♄ Americana. Sur. L. f.

1231.

Goffypium, 23.

1 ☉ herbaceum. Am.
Cotton herbacée.
2 ♄ arboreum. In. are.
3 ☉ ♂ hirfutum. Am.
4 ♄ religiofum. In.
5 ♂ ♄ barbadenfe. Barb.

1232.

Hibifcus, 24.

1 ♃ Mofcheutos. Can. d. Vir.
Hibife. Alcée Rofe.
2 ♃ paluftris. Vir. Can. d.
3 ♄ populneus. In.
Herbe à faire des Cordes.
Bupariti de Rheed.
4 ♄ tiliaceus. In. riv.
5 ♄ fimplex. Afi.
6 ♄ Rofa finenfis. In.
Rofe de la Chine.
7 ♄ Ro. fi. flore pleno. va.
8 ♄ brafilienfis. Bra.
9 hirfutus. In.
10 ♄ mutabilis. In.
Rofe changeante de Cayenne.
Fleur d'une heure.
11 ♄ Malvavifcus. Mex.
Maravife. La Mignonne.
12 ♄ fpinifex. Am. m.
13 ♄ fyriacus. Syr. Carni.
Althæa com. des Jardiniers.
14 ficulneus. Zey.
15 ☉ Sabdarifa. In.
Ofeille de Guinée.

Monadelphie Polyandrie.

16 ⊙ sab. foliis. seratis. va.
17 ⊙ cannabinus. In.
18 suratensis. In.
Lis de Suratte.
19 sur. caule aculeato. va.
20 ♄ Manihot. In.
21 ♄ Abelmoschus. In.
Graine Musquée. Ambrette.
Guimauve veloutée.
22 ⊙ esculentus. In.
Gombeau. (grand)
23 ⊙ clypeatus. Am.
24 ⊙ vitifolius. In.
25 ⊙ Zeylanicus. Zey.
26 ♃ virginicus. Vir. pal. Sal.
27 ♃ pentacarpos. Vene. pal.
28 ♄ æthyopicus. Cap. b. Sp.
29 ⊙ Trionum. Ita. Afr. Car.
Ketmie Trionome.
30 ⊙ Tri. Ketmia vesicaria. va.
31 ⊙ Tri. Ket. folia. simplici. va.
32 ⊙ micranthus. In. Ori. L. f.
33 ♄ urens. Cap. b. Sp. L. f.
34 ♄ præmorsus. Afr. L. f.
35 pedunculatus. Cap. b. Sp. L. f.
36 ♄ cordifolius. Am. m. L. f.
37 ♄ vigidus. Zey. L. f.
38 ♄ hastatus. Taln.
39 ♄ phæniceus. Zey. L. f.
40 fraternus. Sur. L. f.
41 serotinus. Sur. L. f.
42 cancellatus. Sur. L. f.

1233.

Stewartia, 25.

1 ♄ Malacodendron. Vir.
Stewar. Bota.
2 ♄ mauritanica. J.

Monadelphie Polyandrie.

1234.

Gordonia, 26.

1 ♄ Lasianthus. Car. Sur.
Lasianthe de Gordon. Bota.

1235.

Barringtonia, 27.

1 ♄ speciosa. In. Ori. lit. occ.
Barrington précieux.
Abricotier d'Amérique. L. f.

1236.

Camelia, 28.

1 ♄ Japonica. Jap. Chi.
Camelie. Rose du Japon.
2 ♄ Cam. flore pleno. va.

1237.

Mesua, 29.

1 ♄ ferrea. In.
Messuée de l'Inde.

1238.

Morissonia, 30.

1 ♄ Americana. Am. c.
Morisson. Bota.

1339.

Gustavia. 31.

1 ♄ augusta. Sur. L. f.
Gustave Auguste, Roi de Suéde.

Monadelphie Polyandrie.

1240.

Carolinea, 32.

1 ♄ princeps. Mex. Sur. L. f.

Caroline du Mexique.

Cacao sauvage de Guiane.

Pachirier de Cayenne. Gu. Aub.

DIX-SEPTIÉME CLASSE.

Diadelphie Pentandrie.

1241.

Monniera, 1er. G.

1 ☉ trifolia. Cum. Am.

Monnier. Mede. Bota. du Roi.

Hexandrie.

1242.

Saraca, 2.

1 ♄ indica. In.

Saraca de Zeyland.

1243.

Fumaria, 3.

1 ♃ Cucullaria. Vir. Can. d.

Fumeterre. Fiel de terre.

Capuchon d'Amérique.

2 spectabilis. Sib.

3 ♃ nobilis. Sib.

4 ♃ bulbosa. Eu. nem. umb.

5 ♃ bul. cava. va.

6 ♃ bul. intermedia. va.

7 ♃ bul. solida. major va.

8 ♃ bul. flore albo. va.

9 ☉ sempervirens. Can. d. Vir.

Diadelphie Hexandrie.

Split des Allemands.

10 ☉ capnoides. Hel. Gal. Ita.

Capnoide d'Italie.

11 enneaphylla. Hif. Sici.

12 ☉ cupreolata. G. N. Ang. Dan.

P. 13 ☉ officinalis. Eu. agr. cul.

Fumeterre com. de Dioscoride.

P. 14 spicata. Hif. G. N. Vero.

P. 15 sp. floribus albus. va.

16 claviculata. Ang. loc. uli.

17 ☉ vesicaria. Æt.

18 ♃ lutea. Mau.

19 ☉ cybticapnos.

Octandrie.

1244.

Polygala, 4.

1 ☉ incarnata. Vir. Can. d. Gu. Aub.

Polygale à fl. incarnat.

2 aspalatha. Bra.

3 brasiliensis. Bra.

4 ♃ trichosperma. N. Gra.

5 amara. Gal. Auf. sub. Alp.

Diadelphie Octandrie.

P. 6 ♃ vulgaris. Eu. pra. pas. Sici.

Herbe à Lait. Polygal. com.

P. 7 ♃ vul. minor. va.
8 ☉ monspeliaca. Monp. coli. ster.
9 paniculata. Jam.
10 sibirica. Sib.
11 ♄ bracteolata. Æt.
12 ♄ bra. floribus cristatis. va.
13 ♄ bra. fl. cri. racemosis. va.
14 ♄ bra. fl. cri. alternis. va.
15 ☉ ♂ umbellata. Cap. b. Sp. mont.
16 ♄ myrtifolia. Æt.
17 ♄ oppositifolia. Cap. b. Sp. mont.
18 ♄ spinosa. Æt.
19 theezans. Jap. Jav.
20 ♄ Penæa. Am. m.
21 ♄ diversifolia. Am. c. Gu. Aub.
22 ♄ microphylla. Lus. His.
23 ♄ chinensis. In.
24 chamæbuxus. Aus. Hel. Als.
25 ♄ Heisteria. Æt.
26 ♄ stipulacea. Cap. b. Sp.
27 ♃ Senega. Vir. Pens. Maril.

Seneka de Virginie. Racine du Serpent à Sonnette.

28 ☉ lutea. Vir.
29 ☉ viridescens. Vir.
30 ☉ triflora. Zey.
31 ♃ glaucoides. Zey.
32 ☉ ciliata. In.
33 ☉ sanguinea. In.
34 ☉ verticillata. Vir.
35 cruciata. Vir.
36 ♄ æstuans. N. Gra. L. f.
37 ♄ squarrosa. Cap. b. Sp. L. f.

Diadelphie Octandrie.

38 ♄ trinervia. Cap. b. Sp. L. f.
39 ♄ teretifolia. Cap. b. Sp. L. f.
40 ♄ mixta. Cap. b. Sp. L. f.
41 ☉ violacea. Gu. Aub.
42 ☉ Timoutou. Gu. Aub.
43 ☉ foliis cordatis.
44 ♄ alopecuroides. Cap. b. Sp.

1245.

Securidaca, 5.

1 ♄ erecta. Jam. Gu. Aub.

Fausille. Ache antique.

2 ♄ volubilis. Am. m.

1246.

Vatairea, 6.

1 ♄ Guianensis. Gu. Aub. rip. flu.

Dartrier de Cayenne.

1247.

Parivoa, 7.

1 ♄ grandiflora. Gu. Aub. rip.

Parive à grande fleur.

2 ♄ tomentosa. Gu. Aub.

Vouapa cotoneux.

1248.

Dalbergia, 8.

1 ♄ Monetaria. Sur. L. f.

Dalberge. Sang de Dragon.

2 ♄ Lanceolaria. Zey. L. f.

Diadelphie Octandrie.

1249.

Coumarouna, 9.

1 ♄ odorata. Gu. Aub. Syl.
Coumarou. Gayac de Cayenne.

Decandrie.

1250.

Nissolia, 10.

1 ♄ arborea. Am.
Nissolie, Bota. Arbre d'Amérique.
2 fruticosa.
3 ♄ Quinate. Gu. Aub. rip. flu.

1251.

Abrus, 11.

1 ♄ precatorius. In. arg. lap.
Réglisse d'Amérique.
Pois de Bedeau.
Patenotte des Indiens.

1252.

Pterocarpus, 12.

1 ♄ Draco. In.
Tête de Dragon.
2 ♄ ecastapyllum. Am. m.
3 ♄ glabra. Am.
4 ♄ Santalinus. In. mont.
5 ♄ lunatus. Am. m.

1253.

Erithrina, 13.

1 ♃ herbacea. Car. Missi.
Arbre de Corail.
2 ♄ Corallodendron.

Diadelphie Decandrie.

Bois immortel d'Amérique.
3 ♄ Cor. orientalis. va.
4 ♄ picta. In.
5 ♄ crista Galli. Bra.
6 ♄ planisiliqua. Am. Gu. Aub.
7 ♄ occidentalis.
8 ♄ orientalis.
Mouricou à fruit noir.
9 ♃ abibyssinica. J.
10 melanospermum.
11 inermis. Gu. Aub.

1254.

Piscidia, 14.

1 ♄ Erythrina. Am. ca.
Piscidie à fruit rouge.
2 ♄ carthaginensis. Am. c.

1255.

Taralea, 15.

1 ♄ oppositifolia. Gu. Aub.
Tarale à fe. opposée.
Coumarourana des Garipons.

1256.

Moutouchi, 16.

1 ♄ suberosa. Gu. Aub. Syl. hum.
Moutouchie de Guyane.

1257.

Deguelia, 17.

1 ♄ scandens. Gu. Aub. flu.
Deguele à tige grimpante.

Diadelphie Decandrie.

1258.

Acouroa, 18.

1 ♄ violacea. Gu. Aub. rip. flu.

Acouroa violette.

1259.

Borbonia, 19.

1 ♄ ericifolia. Cap. b. Sp.

Bourbon. Geneſt d'Afrique.

2 ♄ lævigata. Cap. b. Sp.
3 ♄ trinervia. Æt.

Arbre d'Æthiopie.

4 ♄ lanceolata. Æt.
5 ♄ cordata. Æt.
6 ♄ crenata. Æt.
7 ♄ tomentoſa. Æt.
8 ♄ Geniſta africana.
9 ♄ Lotus fruticoſa.

1260.

Spartium, 20.

1 ♄ contaminatum. Cap. b. Sp.

Geneſt d'Afrique.

2 ♄ ſepiarium. Cap. b. Sp.
3 ♄ junceum. G. N. Ita. Sici. Tur.

Geneſt d'Eſpagne des jardins.

4 ♄ monoſpermum. Hiſ. ſter.
5 ♄ ſphærocarpon. Eu. Auſ.

Rotane jaune.

6 ♄ purgans. Monp.

Griot du Dauphiné. Geneſtrole.

7 ♄ ſcorpius. Hiſ. G. N.
8 ♄ ſco. majus ſecundum. va.

9 ♄ ſco. maj. tertium. va.
10 ♄ angulatum. Ori.
11 ♄ patens. Luſ.
12 ♄ complicatum. Hiſ. Gal.
P. 13 ♄ Scoparium. Eu. Auſ. are.

Herbe à Balais.

14 ♄ radiatum. Ita. Carn.
15 ♄ ſpinoſum. Eu. Auſ.

Spalatus des Anciens.

16 ♄ anglicum.
17 ♄ capenſe.
18 ♄ Supranulium. mont. Pico.
19 ♄ Cytiſoides. Cap. b. Sp. L. f.
20 aphyllum. deſe. Wol. L. f.
21 ♄ luſitanicum.
22 multicaule.

1261.

Geniſta, 21.

1 ♄ canarienſe. Hiſ. Cana.

Genette de Canarie.

2 ♄ cana. ſempervirens. va.
3 ♄ candicans. Ita. Monp.
4 ♄ linifolia. Ori. Hiſ.
P. 5 ♃ ſagittalis. Ger. Gal. are. ſte.

Geneſtrolle. Faux Geneſt.

6 ♄ tridentata. Luſi.
P. 7 ♄ tinctoria. Ger. Ang.

Geneſt des Teinturiers. (grand)
Herbe à jaunir.
Sereque Genſtrole.

8 ♄ ſibirica. Sib.
9 ♄ florida. Hiſ.
P. 10 ♄ piloſa. Pan. G. N. Ger.
11 humifuſa. Ori.
P. 12 ♄ anglica. Ang. evic. hum.

Guiapin des Anglois.

Diadelphie Décandrie.

13 ♄ germanica. Ger.
14 ♄ hispanica. Hif. G. N.
15 ♄ lusitanica. Luf. Hif.
16 ♄ purgans. Monp.
17 capensis. Cap. b. Sp.
18 ♄ angustifolia. Luf.
19 ♄ Cytisus incanus.

1262.

Asphalathus, 22.

1 ♄ spinosa. Cap. b. Sp.
Asphalatte d'Afrique.
Geneſt épineux.
2 ♄ verrucosa. Æt.
3 ♄ capitata. Cap. b. Sp.
4 ♄ astroites. Æt.
5 ♄ chenopoda. Æt.
Pied d'Oye. Faux Larix.
6 ♄ alba. Cap. b. Sp.
7 ♄ thymifolia. Æt.
8 ♄ ericifolia. Æt.
9 ♃ nigra. Cap. b. Sp. mont.
10 ♄ carnosa. Cap. b. Sp. camp.
11 ♄ ciliaris. Cap. b. Sp. camp. are.
12 ♄ genistoides. Cap. b. Sp.
13 ♄ galioides. Cap. b. Sp.
14 ♄ retroflexa. Æt.
15 ♄ uniflora. Æt.
16 ♄ araneosa. Æt.
17 ♄ canescens. Cap. b. Sp. mont.
18 ♄ indica. In.
Doronic des Indes.
19 ♄ Ebenus. Am. m.
Faux Ebenier d'Amérique.
20 ♄ cretica. Æt.
21 ♄ quinquefolia. Cap. b. Sp.
22 ♄ tridentata. Æt.
23 ♄ pilosa. Cap. b. Sp.

Diadelphie Decandrie.

24 ♄ anthylloides. Cap. b. Sp.
25 laxata. Cap. b. Sp.
26 ♄ argentea. Æt.
27 ♄ callosa. Æt.
28 ♄ orientalis. Ori.
29 ♃ pinnata. Cap. b. Sp.
30 ♄ Cytisoides. Cap. b. Sp. L. f.
31 ♄ mucronata. Cap. b. Sp. L. f.
32 ♄ Asparagoides. Cap. b. Sp. L. f.
33 heterophylla. Cap. b. Sp. L. f.
34 glomerata. Cap. b. Sp. L. f.
35 sericea. Cap. b. Sp. L. f.
36 ♄ Hystrix. Cap. b. Sp. L. f.

1263.

Ulex, 23.

P. 1 ♄ europæus. Ang. Gal. Ban.
Junc épineux. Ajonc.
Lande épineuse.
Jonc marin.

1264.

Amorpha, 24.

1 ♄ fruticosa. Car.
Amorpha, arbrisseau.
Barbe de Jupiter.

1265.

Crotalaria, 25.

1 perforata. Cap. b. Sp.
Grelot de St. Jacques.
2 perfoliata. Car.
3 ♄ amplexicaulis. Æt.
4 ⊙ sagittalis. Bra. Vir.
5 ♄ chinensis. Chi.
6 ⊙ juncea. In.
7 ♄ imbricata. Cap. b. Sp.

Diadelphie Decandrie.

8 ⊙ retusa. In.
9 ⊙ sessiliflora. Chi.
10 iriflora. Cap. b. Sp.
11 ⊙ verrucosa. In.
12 biflora Insu. St. Joha.
13 ⊙ latifolia. Jam. Gu. Aub.
14 lunaris. Afr.
15 laburnifolia. Asi.
16 ♄ cordifolia. Cap. b. Sp. rup.
17 ⊙ incana. Jam. Cari. Asi.

Indigo de la Guadeloupe.

18 quinquefolia. In.
19 Guianensis. Gu. Aub.
20 ♄ opposita. Cap. b. Sp. L. f.
21 linifolia. In. L. f.
22 bifaria. hor. Regi. Tan. L. f.
23 ♄ incanescens. Afr. L. f.
24 ⊙ heterophylla. In. Ori. L. f.

1266.

Ononis, 26.

1 ♃ antiquorum. Eu. Aus.

Arette-Bœuf des Anciens.

P. 2 ♃ arvensis. Eu. arv.

Bugrande. Arette-Bœuf com.

P. 3 ♃ arv. mitis. va.
P. 4 ♃ arv. spinosa. va.
5 ♃ repens. Ang. lit. mari. Ori.
P. 6 minutissima. Ita. Monp.
7 ⊙ mitissima. Bar. Lus.
8 ⊙ alopecuroides. Sici. Lus. His.
9 variegata. Eu. Aus. mari.
10 ⊙ pubescens. Eu. Aus. baleari.
11 ♄ cernua. Cap. b. Sp.

Diadelphie Decandrie.

12 ♄ cer. æthiopicus. va.
13 ♄ umbellata. Cap. b. Sp.
14 ♃ filiformis. Cap. b. sp.
15 ⊙ capensis. Cap. b. Sp.
16 ♃ prostrata. Cap. b. Sp.
17 ⊙ reclinata. Delp. His. Ita.
18 ♃ cenisia. mont. ceni.
17 ♃ cherleri. G. N. His. Ita.
20 ⊙ viscosa. Monp. His.
21 ⊙ vis. erectior latifolia. va.
22 ornithopodioides. Sici.
23 ♄ pinguis. Eu. Aus.
24 ♄ pin. lutea. va.
P. 25 ♄ Natrix. G. N. His. int. seg.

Natrix de Narbonne.

26 ♄ tridentata. His.
27 ♄ crispa. His. mont.
28 ♄ fruticosa. mont. Delp.
29 ♄ rotundifolia. Hel. Alp.
30 ♄ mauritanica. Cap. b. Sp.

Lotus de la Maurée.

31 ♄ microphylla. Cap. b. Sp.
32 argentea. Cap. b. Sp.
33 involucrata. Cap. b. Sp. L. f.
34 ♄ Hispanica. His. L. f.
35 pusilla. Tria.

1267.

Anthyllis, 27.

1 ⊙ tetraphylla. Ita. Sici.

Anthylle. Lotus à 4 feuilles.

2 ♃ Vulneraria. Eu. bor. pra.

Vulnéraire des bout.

3 ♃ Vul. supina. va.
4 ♃ Vul. rustica. va.
5 ♃ montana. Hel. G. N. mont.
6 ⊙ cornicina. His.
7 ⊙ lotoides. His.

Diadelphie Decandrie.

8 ⊙ Gerardi. Gall. pro. mari.
9 involucrata. Cap. b. Sp.
10 ♄ linifolia. Cap. b. Sp. rup.
11 ♄ Barba Jovis. Ita. Hif. Ori.

Barbe de Jupiter.

12 ♄ hermanniæ. Græ. Cre. Pale.
13 ♄ Erinacea. Hif.
14 ♄ vifciflora. Cap. b. Sp. L. f.
15 quinquefolia. Cap. b. Sp. L. f.

1268.

Arachis, 28.

1 ⊙ hypogæa. Sur. Bra. Per.

Arachis. Piftache de terre.

2 ⊙ Arachidnoides. va.

Rampe à terre.

1269.

Ebenus, 29.

1 cretica. Cre.

Ébenier de Crete.

2 ♄ capenfis. Cap. b. Sp.

1270.

Lupinus, 30.

1 ♃ perennis. Vir.

Lupin vivace.

2 ⊙ albus. Meff. Monp.
3 ⊙ hirfutus. Ara. Arch.
4 pilofus.
5 ⊙ anguftifolius. Hif. Meff.
6 ⊙ luteus. Sici. are.
7 ⊙ integrifolius. Cap. b. Sp.
8 ⊙ fylveftris flore purpu.
9 ⊙ varius. Meff. Monp.

Diadelphie Decandrie.

1271.

Phafeolus, 31.

1 ⊙ vulgaris. In.

Faféole. Haricot com. Blanc.

2 ⊙ coccineus. va.
3 ⊙ lunatus. Beng.
4 ⊙ inamænus. Afr.
5 farinofus. In.
6 ⊙ vexilatus. Hava.
7 ⊙ helveolus. Caro.
8 ♄ femierectus. Am. c.
9 ⊙ alatus.
10 ♃ Caracalla. In.

Caracolle à grande fleur.

11 ⊙ nanus. In.
12 ⊙ radiatus. Chi. Zey.
13 ⊙ Max. In.

Mungo à fruit noir.

14 ⊙ Mungo. In. Ori.
15 lathyroides. Jam.
16 ⊙ fphærofpermus. In.
17 ⊙ femine veridi.
18 ⊙ biflorus.
19 ⊙ fpheroides.
20 aconitifolius. Tran. L. f.

1272.

Dolichos, 32.

1 ⊙ Lablab. Æg.

Dolichote d'Egypte. à filique violette fruit noir.

2 ⊙ Lab. albus. va.
3 ⊙ finenfis. In.
4 unguiculatus. Barb.
5 enfiformis. Jam.
6 tetragonolobus. In.
7 ⊙ fefquipedalis. Am. Gu. Aub.
8 ⊙ altiffimus. Marti. Syl.
9 puriens. In.

Diadelphie Decandrie.

Pois à Gratter. P. Pouilleux.

10 ♄ urens. Am. m. Gu. Aub.

Œil de Bourique.

11 minimus. Jam. Gu. Aub.
12 capensis. Cap. b. Sp.
13 scarabæoides.
14 bulbosus. In.
15 trilobus. In.
16 aristatus. Am.
17 uncinatus. Am. Gu. Aub.
18 filiformis. Jam.
19 purpureus. In.
20 regularis. Vir.
21 ♄ lignosus. In.
22 polystachios. Vir.
23 ensiformis. Gu. Aub.
24 Soia. In.
25 Catiang. In. Ori.

petit Haritot Catiang.

26 biflorus. In.
27 repens. Jam. mari.
28 pubescens. Am.
29 trilobatus. In.
30 maritimus. Gu. Aub.

1273.

Glycine, 33.

1 ⊙ subterranea. Bra. Sur.

Glycine. Haricot de terre.

Pois d'Angole.

2 ♃ monoica. Am. 7. umb.
3 ⊙ triloba. In.
4 Javanica. In.
5 comosa. Vir. umb.
6 ♃ tomentosa. Am.
7 ♃ pubescens. va.
8 ♃ bituminosa. Cap. b. Sp.
9 Numularia. In. Ori.
10 ♃ Apios. Vir.
11 ♄ frutescens. Car.
12 monophylla. Cap. b. Sp.

Diadelphie Decandrie.

13 ♄ labialis. In. Ori. L. f.
14 stricta. Am. teri. L. f.
15 ♄ suaveolens. Madra. L. f.

1274.

Clitoria, 34.

1 ♃ Ternatea. In.

Clitorie. Fleur bleue.

2 ♃ Ter. flore alba. va.
3 brasiliana. Bras.
4 virginiana. Vir. Jam.
5 mariana. Am. 7.
6 Galactia. Jam.

1275.

Pisum, 35.

1 ⊙ sativum. Eu. agr.

Pois Michaux des jardins.

2 ⊙ sat. hortense majus. va.
3 ⊙ sat. cortice duriore. va.
4 ⊙ sat. umbellatum. va.
5 ⊙ sat. quadratum. va.

Poids Caré.

6 ⊙ arvense. Eu. seg.
7 ♃ maritimum. Eu. Can. d. bore.
8 ⊙ mari. minor. va.

Pois à bouquet rouge.

9 ⊙ Ochrus. Cre. Ita. int. seg.

Moret d'Espagne.

1276.

Orobus, 36.

1 ♃ lathyroides. Sib.

Orobe. Ers de Siberie.

Poids de Pigeon.

2 ♃ hirsutus. Thra.
3 ♃ luteus. Sib. Hel. Vero. Pyr.
4 ♃ vernus. Eu. bor. nemo.
P. 5 ♃ tuberosus. Eu. bor. pra.

Gesse

Diadelphie Decandrie.

Geſſe ſauvage.

6 ♃ anguſtifolius. Sib. Gal.
7 ♃ niger. Eu. bor. mont.
8 ♃ pyrenaicus. Pyr.
9 ♃ ſylvaticus. Aug. Gal.
10 ♃ caneſcens. Gal. L. f.
11 ♃ albus. deſe. coli. Wælgam.
12 ♃ pannonicus. Jacq.

1277.

Lathyrus, 37.

P. 1 ⊙ Aphaca. Ita. Gal. Ang. Ger.

Geſſe. Aphac d'Italie.

P. 2 ⊙ Niſſolia. Gal. Ger. Ang.

Niſſolie des bout.

3 ⊙ amphicarpos. Syr.
4 ⊙ Cicera. Hiſ.
P. 5 ⊙ ſativus. Hiſ. Gal. Hel.

Geſſe com. Nentil Suiſſe.

P. 6 ⊙ flore fructuque albo. va.
7 ⊙ inconſpicuus. Ori.
8 ſetifolius. Monſp. Bal. Ita.
P. 9 ⊙ angulatus. Gal. Hiſ. Ori.
10 ⊙ articulatus. Bæt. Monp.
11 ⊙ anguſtifolius humilior. va.
12 ⊙ odoratus. Sici. Zey.

Pois à fl. odorante.

13 ⊙ odo. fl. cæruleo. va.
14 ⊙ Zeylanicus. va.
15 ⊙ annuus. Hiſ. Monp.
16 ⊙ tingitanus. Maur.
17 ⊙ Clymenum. Maur. Ori.
P. 18 ⊙ hirſutus. Ang. Gal. Ger. Seg.
P. 19 ♃ tuberoſus. Bel. Gene. Ger.
P. 20 ♃ pratenſis. Eu. pra.
P. 21 ♃ ſylveſtris. Eu. pra. mont.

Diadelphie Decandrie.

22 ♃ latifolius. Eu. ſep.
23 ♃ paluſtris. Eu. bor. pal.
24 ♃ heterophyllus. Eu. mont.
25 ♃ piſiformis. Sib. Ger.
26 ♃ albus. J.
27 ⊙ ſiculus.

1278.

Vicia, 38.

1 ♃ piſiformis. Pan. Auſ. Ger. ſyl.

Veſſe. Poids ſauvage.

P. 2 ♃ dumetorum. Gal. Ger.
3 ♃ ſylvatica. Sue. Ger. Gal. ſyl.
4 caſſubica. Ger. Dan.
P. 5 ♃ Cracca. Eu. pra. agr.

Cracca d'Europe.

6 ♃ Cra. flore albo. va.
7 onobrichioides. Gal. Hel.
8 ⊙ niſſoliana.

Niſſolie à fl. rouge odorante.

P. 9 ♂ biennis. Stæch.
10 ⊙ ſativa. Eu. ſeg.

Veſſe com. des Pigeons.

11 ⊙ ſat. nigra. va.
P. 12 ♃ lathyroides. Sco. Luſa. Norv.
P. 13 ⊙ lutea. Gal. Ger. Hiſ. Ita. Ori.
14 ⊙ hybrida. Monp. Maſſi.
P. 15 ⊙ peregrina. Gal.
P. 16 ♃ ſepium. Eu. Sep.

Veſſeron. Veſſe ſauvage.

17 ♃ bithynica. Ita. Bar.

Clymene d'Italie.

18 ⊙ narbonenſis. Gal. Ang. Sib.

Diadelphie Decandrie.

19 ⊙ benghalensis. Stæch.
20 ⊙ Pannonica. Jacq.
21 ♃ Gerardi. Jacq.
P. 22 ⊙ Faba. Mari. Casp. Pers.
Féve de Marais com.
P. 23 ⊙ Fa. minor equina. va.
Févrolle. (petite)
P. 24 ⊙ Fa. viridis. va.
25 angustifolia. J.
26 incana.
27 siriaca.
P. 28 soloniense. J. Eu.

1279.

Ervum, 39.

P. 1 ⊙ Lens. Gal. Sept. Carn.
Lentille cultivée des jardins.
Nentille à Paris.
P. 2 ⊙ Len. minor. va.
Lent. à la Reine.
P. 3 ⊙ tetraspermum. Eu. seg.
P. 4 ⊙ hirsutum. Eu. agr.
5 soloniense. Au. Pari. Monp.
6 ⊙ monanthos. Ási. Herb. spon.
7 ⊙ Ervilia. Gal. Ita. Ori.
Erville d'Orient.
8 ⊙ aractius. J.
Arousse d'Auvergne.

1280.

Cicer, 40.

1 ⊙ arietinum. Hif. Ita. Ori. seg.
Pois Chiche.
2 ⊙ Cic. flore albo. va.

Diadelphie Decandrie.

1281.

Liparia, 41.

1 ♄ sphærica. Cap. b. Sp.
Liparie à tête sphérique.
2 ♄ graminifolia. Cap. b. Sp. are.
3 ♄ opposita. Cap. b. Sp.
4 umbellata.
5 ♄ villosa. Æt.
6 ♄ arborescens. va.
7 sericea.

1282.

Cytisus, 42.

1 ♄ Laburnum. Hel. Sab.
Cytise des Alpes.
Faux Ebenier. Laubour.
2 ♄ Lab. minor. va.
3 ♄ Lab. foliis variegatis. va.
4 ♄ nigricans. Auf. Pann. Boh.
5 ♄ sessilifolius. Ita. Gall. pro.
Trifolium des Jardiniers.
6 ♄ Cajan. In. Gu. Aub.
Pois de Cajan ou de Congo.
Bois d'Angole. Ambrevade.
7 ♄ patens. Luf.
8 ♄ hirsutus. Hif. Sib. Auf. Ita.
9 ♄ supinus. Auf. Sib. Ita. Sici.
10 ♄ austriacus. Sib. Auf. Ita.
11 ♄ argenteus. G. N. Carn.
Plante de Pluknette.
Treffle en Arbre.

Diadelphie Decandrie.

12 ♄ græcus. Arch. Inſu.
13 ♄ æthiopicus. Ær.
14 ♄ pſoraloïdes. Cap. b. Sp.
15 ♄ læviρes.

Pied uni.

16 ♄ Wolgaricus. Wol. coli. Pallaſ.
17 ♄ proliferus. Tene. Syl. mont. L. f.
18 ♄ glaber. Auſ. L. f.
19 ♄ pendulinus. Luſ. L. f.
20 ♃ violaceus Gu. Aub. pra.
21 ♄ ſibiricus. J.
22 ♄ capitatus. Jacq.
23 viſcoſus.

1283.

Müllera, 43.

1 ♄ moniliformis. Sur. L. f.

Mullere à Collier.

1284.

Geoffroya, 44.

1 ♄ ſpinoſa. Bra.

Geoffroy. Bota.
Arbre Epineux du Bréſil.

1285.

Robinia, 45.

1 ♄ Pſeudacacia. Vir.

Robin, premier Botaniſte, quï a établi le Jardin Royal des Plantes, à Paris.
Faux Acacia. Arbre des Cabarets.

2 ♄ violacea. Am. c.
3 ♄ hiſpida. Car. Cart.
4 ♄ mitis. In.
5 ♄ Caragana. Sib.

Diadelphie Decandrie.

Caragagne de Siberie.

6 ♃ ſpinoſa. Sib. mont. are.
7 ♄ fruteſcens. Sib. Tar.

Aſphalate de Siberie.

8 ♄ pygmæa. Sib.
9 ♄ hiſpida. Car. Cart.

Acacia Roſe.

10 ♄ ſinica. J.
11 ♄ chamlaque. J.
12 ♄ Halodendron. L. f. Pallas.
13 ♄ Panacoco. Gu. Aub. Syl.

grand Panacoco de Cayenne.
Bois de Fer de Guyane.

14 ♄ Nicou. Gu. Aub. Syl.

Nicou. Liane à enyvrer le poiſſon.

15 ♄ coccinea. Gu. Aub.
16 ♄ abiſſinica. J.

1286.

Colutea, 46.

P. 1 ♄ arboreſcens. Ang. G. N. Ita.

Bagnaudier d'Italie.

P. 2 ♄ flore ſanguineo. va.

Faux Senné.

P. 3 ♄ caule fruticoſo. va.
4 ⊙ herbacea. Ær.
5 ♂ ♄ fruteſcens. Ær. Sib.
6 halepica. Tria.
7 hiſpida. Tria.
8 orientalis. J.

1287.

Glycyrrhiza, 47.

1 ♃ echinata. Garg. Apu. Tar.

Diadelphie Decandrie.

Réglisse com. des Bout. Racine douce- Herbe de Scithie.

2 ♃ glabra. Fran. Gal. Hif.
3 hirfuta. Ori.
4 ♃ afperima. Wolg. are. L. f.

1288.

Coronilla, 48.

1 ♄ Emerus. Gen. Monp. Sale. Vien.

Coronille de Salerne.

2 ♄ filiqua minor. va.
3 ♄ juncea. Maff. Monp.
4 ♄ valentina. Hif. Ita.
5 ♄ glauca. Gal. Nar.
6 ♄ coronata. Eu. Auf.
7 ♄ coro. minor. va.
P. 8 ♃ minima. Gal. Auf. Hel. Ita.
9 ♄ argentea. Cre.
10 ⊙ Securidaca. Hif. feg.

Faufille d'Efpagne.

P. 11 ⊙ varia. Luf. Boh. Dan. Gal.
12 ⊙ cretica. Cre.
13 fcandens. Am. c. Gu. Aub.
14 odorata. J.

1289.

Ornithopus, 49.

P. 1 ⊙ perpufillus. Ang. Bel. Hif.

Pied d'Oifeau. Ornitopie.

P. 2 ⊙ majus. va.
P. 3 ⊙ radice turberculis. va.
4 ⊙ compreffus. Ita. Sici.
5 ⊙ fcorpioides. G. N. Hif. Ita. feg.
6 tetraphyllus. Jam.

Diadelphie Decandrie.

1290.

Hippocrepis, 50.

1 ⊙ unifilicofa. Ita. Hel.

Fer à Cheval à une filique.

2 ⊙ multifiliquofa. G. N. Hif. Ita.
3 ♃ comofa. Ger. Ita. Gal. Ang.
b ♄ Balearica. Tria.

1291.

Scorpiurus, 51.

1 ⊙ vermiculata. Eu. Auf.

Queue de Scorpion. Chenille. Plante. Che. Marquettée.

2 ⊙ muricata. Eu. Auf.
3 ⊙ fulcata. Eu. Auf.
4 ⊙ fubvillofa. Eu. Auf.

1292.

Clompanus, 52.

1 paniculata. Gu. Aub.

Clompane. Liane de Cayenne.

1293.

Æfchynomene, 53.

1 ♄ grandiflora. In.

Æfchynomene à grande fl.

Gloire des Acacias.

2 ♄ arborea. In.
3 ⊙ afpera. In. Gu. Aub.
4 americana. Jam. Gu. Aub.
5 indica. In.
6 Sefban. Æg. fep.

Diadelphie Decandrie.

Sesbane d'Ægypte.
Bois à enyvrer.

7 ☉ pumila. In.
8 ♄ coccinea. Nov. Zeel. L. f.
9 herbacea. Gu. Aub. loc.

Niti-Todda Vali de Rheed.

1294.

Hedysarum, 54.

1 ♄ Alhagi. Tar. Per. Syr. Mesop.

Sain-Foin de Mésopotamie.
Manne en grain.
Teregabel d'Alhagi.

2 buplevrifolium. In.
3 numularifolium. In.
4 ♃ moniliferum. In.
5 ♄ styracifolium. Asi.
6 reniforme. In.
7 sororium. In. Ori.
8 gangeticum. In.
9 maculatum. In.
10 ♄ latebrosum. In.
11 ☉ vaginatum. In.
12 triquetrum. In.
13 strobiliferum. In.
14 ☉ diphyllum. In.
15 ☉ siliculis asperis. va.
16 ♄ pulcherum. In.
17 ♄ spartium. In. Ori.
18 lineatum. Zey.
19 ♃ retroflexum. In.
20 ♄ umbellatum. In.
21 ♄ biarticulatum. In.
22 heterocarpon. In.
23 ♄ viscidum. In.
24 ♃ canadense. Vir. Can. d.
25 ♃ canescens. Vir. Jam.
26 marilandicum. Car. Vir.
27 ♄ frutescens. Vir.
28 viridiflorum. Vir.

Diadelphie Decandrie.

29 ♄ hirtum. Vir.
30 junceum. Sib. Tar.
31 violaceum. Vir.
32 paniculatum. Vir.
33 nudiflorum. Vir.
34 repens. Vir.
35 hamatum. Jam. Zey.
36 siliculis minoribus. va.
37 ☉ triflorum. In.
38 ☉ trifoliatum repens. va.
39 barbatum. Jam.
40 lagopodioides. Chi.
41 volubile. Am. 7.
42 ♃ argenteum. Sib.
43 ♃ alpinum. Sib. Hel.
44 ♃ semine clypeato lævis. va.
45 ♃ obscurum. Sib. Hel.
46 ♃ coronarium. Ita. pra.

Sain-Foin d'Espagne.

47 ☉ flexuosum.
48 ♃ humile. G. N. Hisp.

Tête de Poulle.

49 ☉ spinosissimum. Hisp.
50 virginicum. Vir.
51 ♄ pumilum. Hisp.
P. 52 ♃ Onobrychis. Sib. Gal. Ang.

Sain-Foin cultivée.
Bourgogne. Gros Foin.
Esparsette du Languedoc.

P. 53 ♃ foliis longissimis. va.
P. 54 ♃ fol. viciæ. va.
55 ♃ saxatile. Gall. pro. Sib.
56 ♃ Caput. Galli. Gall. pro.

Tête de Coq.

57 ☉ crista Galli.

Grete de Coq.

58 crinitum. In.
59 cornutum. Ori.
60 ♃ prostratum. In.

Diadelphie Decandrie.

61 imbricatum. Cap. b. Sp. L. f.
62 ⊙ linifolium. In. Ori. L. f.
63 ⊙ vespertilionis. Cochin. Chi.
64 ♃ gyraus. Beng.
65 fruticosum. Selengam.
66 ♃ argentatum. Sib. arg.

1295.

Indigofera, 55.

1 ♄ sericea. Cap. b. Sp. camp. are.

Pastelle des Indes.

2 trifoliata. In.
3 ♄ psoraloides. Cap. b. Sp.
4 ♃ procumbens. Cap. b Sp. mont.
5 ♄ enneaphylla. In. Ori.
6 pentaphylla.
7 ⊙ glabra. In.
8 ♄ Cytisoides. Cap. b. Sp.
9 hirsuta. In.
10 ♄ angustifolia. Cap. b. Sp. loc.
11 ♄ Anil. In.
12 ♄ tinctoria. In Gu. Aub.

Indigot des Teinturiers franc.

13 disperma. In.
14 ♄ argentea. In.
15 filiformis Cap b. Sp. L. f.
16 sarmentosa. Cap. b. Sp. L. f.
17 ♄ denudata. Cap. b. Sp. L. f.
18 ♄ striata. Cap. b. Sp. L. f.
19 ♃ frutescens. Cap. b. Sp. L. f.
20 ♄ digitata Cap. b. Sp L. f.
21 ovata Cap. b. Sp L. f.
22 ♄ Mexicana. No. Gra. L. f.
23 trita. In. L. f.

Diadelphie Decandrie.

1296.

Galega, 56.

1 ♃ officinalis. Hif. Ita. Afr.

Rue de Chévre des Bout.

2 cinerea. Jam. Gu. Aub.

Sinapon des Caraibes.

3 ♃ littoralis. Cart. are. mari.
4 virginiana. Vir. Can. d.
5 villosa In.
6 maxima. Zey.
7 purpurea. Zey.
8 ♄ caribæa. Cari.
9 tinctoria. Zey.
10 ♄ senticosa. Zey.
11 spinosa. Coro. L. f.
12 cærulea. Am. m. L. f.

1297.

Phaca, 57.

1 bætica. Hif. Luf.

Phac Bætique d'Andalousie à grosse Racine.

2 ♃ alpina. Sib. Lapp. Hel.
3 ♃ australis. Alp. Hel. Gall. pro.
4 trifoliata. Chi.
5 ♃ vesicaria. Ori.
6 sibirica. Alp. Sib. L. f.
7 Salsula. Tare. Daur. L. f.
8 prostrata. Sib. are. loc. L. f.
9 microphylla. Sib. are. L. f.
10 muricata. Sib. Camp. mont. L. f.
11 uralensis. Tria.
12 falcata. Tria.
13 trimestris Tria.
14 ♃ frigida. Jacq.

Diadelphie Decandrie.

1298.

Aſtragalus, 58.

1 alopecuroides. Sib. Hiſ.

Aſtragale à queue de Renard.

2 criſtianus. Ori.

Racine des Chrétiens.

3 capitatus. Ori.

4 piloſus. Sib. Thu.

Pois Chiche de montagne.

5 ♃ auſtriacus. Sib. Auſ. Mora.

6 ♃ auſ. ſulcatus. va.

7 galegiformis. Sib.

8 ♃ chinenſis. Chi.

9 ♃ Onobrychis. Auſ. Sib. Hel.

10 ♃ uliginoſus. Sib. pra. ſub. hu.

11 ♃ caroliniamus. Car.

12 ♃ canadenſis. Vir. Can. d.

13 ♃ Cicer. Auſ. Hel. Ita. Ger.

14 ♃ microphyllus. Sib. Harc.

P. 15 ♃ glycyphyllos.

Régliſſe ſauvage.

16 ☉ hamoſus. Meſſ. Monp.

17 ☉ contortuplicatus. Sib.

18 ☉ bœticus. Sici. Luſ. Hiſ.

19 ſtella. Monp.

20 ☉ ſeſameus. G. N. Ita.

Pied d'Oiſeau de Narbonne.

21 ☉ pentaglotis. Hiſ.

22 ☉ epiglotis. Ori. Hiſ.

23 ☉ hypoglottis. Hiſ.

24 ♃ ſyriacus. Sib.

25 ♃ arenarius. Ang. Sca. are.

26 ♃ Glaux. Hiſ. Sib.

27 ſinicus. Chi.

28 ♃ alpinus. Lapp. Hel.

Diadelphie Decandrie.

29 ☉ trimeſtris. Æg.

30 ♃ verticillaris. Sib.

31 ♃ montanus. Hel. Vale. Sib.

32 phyſodes. Sib.

33 ♃ caprinus. Bar. Ruſ.

34 ♃ uralenſis. Sib. Pyr. Hel.

P. 35 ♃ monſpeſſulanus. Monp. Hel.

36 ♄ incanus. Gall. pro.

37 ♃ campeſtris. Oel. Ger. Hel.

38 ♃ depreſſus. Eu. mari. caſp.

39 ♃ veſicarius. Del. Sib.

40 ♃ uncatus. Ale.

41 ♃ exſcapus. Thu.

42 ♃ traganthoides. Sib. Arm. Hel.

43 ♄ Tragacantha. Maſſ. Ætn.

Tragacanthe. Epine de Bouc.

Gomme Adragante de Marſeille.

Barbe de Renard.

44 ♄ Tra. lanuginoſa. va.

45 altera. Hiſ.

46 ♃ biflorus.

47 ægyptiacus.

48 ♃ Laxmanni. Sib. L. f.

49 ♃ Ammodytes. Sib. coli are. L. f.

1299.

Biſerrula, 59.

1 ☉ pelecinus. Sici. Hiſ. Gall. pro.

Biſerrule, double ſcie.

1300.

Pſoralea, 60.

1 ♄ pinnata. Cap. b. Sp. rivu.

Pſorale d'Afrique.

Diadelphie Decandrie.

2 ♄ aculeata. Æt.
3 ♄ bracteata. Æt.
4 ♄ ſpicata. Cap. b. Sp.
5 ♄ aphylla. Cap. b. Sp.
6 tenuifolia. Æt.
7 ♄ hirta. Cap. b. Sp.
8 ♄ repens. Cap. b. Sp.
9 ♄ bituminoſa. Sici. Ita. Nar.

Dartier. Treffle bitumineux.

Thé des Jéſuites.

10 ♄ bit. redolens. va.
11 ♄ glanduloſa. Per. Hiſ. bale.

Culene du Chili.

12 ♃ paleſtine.
13 americana. Am.
14 tetragonolob. In.
15 ☉ corylifolia. In.

Corboviré. Dartier de Pondicheri.

Racine des Philippines.

Rac. de Charcis.

16 ♄ pentaphylla. Mex. Malab.

Contrayerva du Mexique.

17 proſtrata. Cap. b. Sp.
18 ☉ Dalea. Am V. C.
19 ♃ enneaphylla. Carth.
20 ♄ fruteſcens. J.
21 ♄ cytiſoides. Cap. b. Sp.
22 rotundifolia. Cap. b. Sp. L. f.
23 auxillaris. Cap. b. Sp. L. f.
24 Stachydis. Cap. b. Sp. L. f.
25 ♄ lævigata. Cap. b. Sp. L. f.
26 ♄ capitata. Cap. b. Sp. L. f.

Diadelphie Decandrie.

27 palæſtina. Cap. b. Sp. L. f.

1301.

Trifolium, 61.

1 ☉ cæruleum. Boh. Lyb.

Melilot ou Mirlirot.

Baume du Pérou. (faux)

Treffle odorant ou muſqué.

Lotus odo. des jardins.

2 ☉ indica. In. Afr.

Melilot de l'Inde.

3 ☉ ind. humilis. va.
4 ☉ ind. folio minore. va.
5 ☉ ind. lutea. minor. va.
6 ☉ polonica. Pol.

Melilot de Pologne.

P. 7 ☉ officinalis. Eu. camp.

Melilot des Bout.

P. 8 ☉ offi. flore albo. va.
P. 9 ☉ offi. fruteſcens. va.
10 ☉ italica. Ita.
11 ☉ cretica. Cre.
12 ☉ cretica. minor. va.
13 ☉ orithopodioides. Ang. Gal.

Fenue Grec.

14 ☉ Lupinaſter. Sib.

Treffle Lupinaſtre.

15 reflexum. Vir.
16 ☉ ſtrictum. Ita. Hiſ. pra.
17 hybridum. Eu. cul.

Treffle des prés.

18 hy. caule fiſtuloſo. va.
P. 19 ♃ repens. Eu. paſ.
20 comoſum. Am.

Pied de Lievre.

21 ♃ alpinum. Ita. Hel. Pyr.
P. 22 ☉ ſubterraneum. Gal. Ita.

23 ☉ globoſum. Ara. Syr.

24 ☉ Cherleri. Monp.

25 lappaceum. Monp.

P. 26 ☉ rubens. G. N. Hel.

27 ♃ pratenſe. Eu. gra.

28 ♃ alpeſtre. Eu. Sue.

29 ☉ pannonicum. Hung.

30 ☉ ſquarroſum. Hiſ.

P. 31 ☉ incarnatum. Ita. Hel. Gal.

32 ochroleucum. Ang. Hel. Monp.

P. 33 ☉ arvenſe. Eu. Am. 7.

Rougerolle ou Triolet.

34 ☉ ſtellatum. Sici. Ita. G. N. Car.

35 ☉ clypeatum. Ori.

36 ☉ ſcabrum. Ang. Gal. Ita.

37 glomeratum. Ang. Hiſ.

P. 38 ſtriatum. Ger. Gal. Hiſ.

39 alexandrinum. Æg.

40 ♄ fruticans. Æg.

41 uniflorum. Syr. Ara. Indæ.

42 unif. flore albo. va.

43 ☉ ſuffocatum.

44 ſpumoſum. Gal. Ita. Apu.

45 reſupinatum. Ang. Belg.

46 ♃ tomentoſum. G. N. Hiſ. Luſ.

P. 47 ♃ fragiferum. Sue. Gal. Ang.

Treſſle Fraiſe.

P. 48 ♃ frag. anguſtifolium. va.

P. 49 ♃ montanum. Eu. pra. Sicc.

P. 50 ☉ agrarium. Eu. pra.

51 ☉ ſpadiceum. Eu. pra.

P. 52 ♃ procumbens. Eu. camp.

53 ☉ filiforme. Ang. Ger.

54 biflorum. Vir. Can. d.

55 bif. oppoſitifolia. va.

56 bif. racemoſa cærulea. va.

57 bif. aggregata. va.

58 bif. capitata lappaceum. va.

59 bif. ſpicata rubens. va.

60 ☉ meſſanenſe. Sici. L. f.

61 ☉ Guianenſe. Gu. Aub.

62 Marſilienſe. Marſ.

1302.

Lotus, 62.

1 ♃ maritimus. Eu. mari.

Lotier des bords de la mer.

P. 2 ♃ ſilicoſus. Eu. Auſ. Sub. hum.

3 ☉ tetragonolobus. Sici. coli.

4 ☉ conjugatus. Monp.

5 ♃ tetraphyllus. Majore. L. f.

6 ♃ proſtratus. Cap. b. Sp.

7 edulis. Ita. Sici. Cre.

8 peregrinus. Eu. Auſ.

9 anguſtifolius. G. N.

10 ♃ arabicus. Ara.

11 ☉ ornithopoides. Sici.

12 ☉ ♃ Jacobeus. Inſu. Jacob.

Lotier St. Jacques.

13 ♄ creticus. Syr. Cre. Hiſ.

14 oligoceratos.

15 ♃ hirſutus. G. N. Ita. Ori.

Lothier hémoroidale.

16 ♃ græcus. Ori. Cræ. Ara.

Lotier de Libie.

17 ♃ rectus. Gal. Narb. Sici. Cala.

P. 18 ♃ corniculatus. Eu.

P. 19 ♃ cor. flore majore. va.

P. 20 ♃ cor. tenuifolius. va.

21 cytiſoides. Eu. Auſ. mari.

22 ♃ Dorycnium. Hiſ. G. N. Auſ.

Doronique de Montpelier,

Diadelphie Decandrie.

23 africanus. Tria.
24 fruticosus. Tria.
25 B.learicus. Antoine Richar.

1303.

Trigonella, 63.

1 ruthenica. Sib.

Trigonelle des Gaules.

2 ♂ platycarpos. Sib.
P. 3 ☉ polycerata. Hiſ. Ita. Monp.
4 ☉ hamoſa. Æg.
5 ☉ ſpinoſa. Cre.
6 ☉ corniculata. Eu. Auſ.
7 ☉ monſpeliaca. Monp.
8 laciniata. Æg.
P. 9 ☉ Fenum græcum.

Fenugrec de Montpelier.

10 ☉ Fen. ſylveſtre. va.
11 indica. In.
12 ægyptiaca.
13 ☉ ſtriata. Abiſ.

1304.

Medicago, 64.

1 ♄ arborea. Rhod. Neap.

Luſerne en arbre.
Cytiſe blanc de Rhod.

2 virginica. Vir.
3 ☉ radiata. Ita.

Diadelphie Decandrie.

4 ☉ circinnata. Hiſ. Ita.
P. 5 ♃ ſativa. Hiſ. Gal. apr.

Luzerne com. des Animaux.

P. 6 ♃ falcata. Eu. præ. apr. Sicc.

Treffle ſauvage.

P. 7 ♂ lupulina. Eu. pra.
8 ♃ marina. mari. Medi.
P. 9 ☉ polymorpha.
P. 10 ☉ pol. orbicularis. va.
P. 11 ☉ p. ſcutellata.

le Colimaçon.

12 ☉ p. tornata. va.
13 ☉ p. tor. minor. va.
14 ☉ p. turbinata. va.
15 ☉ p. intertexta. va.
16 ☉ p. muricata. va.
17 ☉ p. arabica. va.
18 ☉ p. coronata. va.
19 ☉ p. rigidula. va.
20 ☉ p. ciliaris. va.
21 ☉ p. hirſuta. va.
22 ☉ p. minima. va.
23 ☉ p. laciniata. va.
24 p. Italica. Tria. va.
25 ☉ p. nigra. va.
26 ☉ p. catalonica. va.
27 ☉ p. tribuloides. va.
28 ☉ p. elegans. va.
29 ☉ p. ſpinoſa. va.
30 ☉ p. compreſſa. va.
31 ☉ p. crenata. va.
32 ♃ proſtrata. Jacq. L. f.

DIX-HUITIÉME CLASSE.

Polyadelphie Pentandrie.

1305.

Theobroma, Ier. G.

1 ♄ Cacao. Am. m. Anti.

Cacao ou Chocolat.

Nourriture des Dieux.

Arbre du Cacao d'Amérique.

2 ♄ Guazuma. Jam. camp.

Orme d'Amérique.

3 ♄ angusta. In. Ori.

1306.

Ambroma, 2.

1 ♄ angusta. L. f.

Ambrome. Cacao sauvage.

Dodecandrie.

1307.

Monsonia, 3.

1 ♃ speciosa. Cap. b. Sp.

Monsone. Bota. L. f.

2 filia. Cap. b. Sp. L. f.

1308.

Ticorea, 4.

1 ♄ fœtida. Gu. Aub.

Ticore fœtide de Guyane.

Poliadelphie Dodecandrie.

1309.

Quararibea, 5.

1 ♄ Guianensis. Gu. Aub. rip.

Quararibe de Guyane.

1310.

Ivira, 6.

1 ♄ pruriens. Gu. Aub. Syl.

Touroutier des Galibis.

Mahot, cochon des Créoles.

Ivira des Garipons.

1311.

Acioa, 7.

1 ♄ Guianensis. Gu. Aub. Syl. desc.

Coupi de Guyane.

Icosandrie.

1312.

Citrus, 8.

1 ♄ medica. Asi. Med. Assi. Per.

Citron. Bigarade sauvage.

2 ♄ Limon vulgaris. va.

Limon. Pommier d'Adam.

3 ♄ Cedrac. J. va.

Polyadelphie Icosandrie.

Cédra à fe. de Chatigni.

4 ♄ tuberosa. J. va.

Ponfire à confire.

5 ♄ Balotina. va.

Balotin à confire.

6 ♄ Limon. J. va.

Lime douce.

7 ♄ Limon florentina. va.

Cédra de Florence.

8 ♄ Aurantia. In.

Oranger fauvage à fruit rond.

9 ♄ Aur. olyffiponenfe. J. va.

Orange douce de Portugal.

Ora. douce de Malthe.

10 ♄ Aur. violaceum. J. va.

Bigarade violette.

11 ♄ multiflorum. J. va.

Oranger riche dépouille.

12 ♄ Aur. lunatum. J. va.

Ora. Turquin.

13 ♄ Aur. Pampelmon. J. va.

Ora. Pampelmous.

14 ♄ Aur. decumanum. In. va.

Ora. Pompoleum à g. fruit.

15 ♄ trifoliata. Jap.
16 ♄ bergamin. J.

Bergamotte à petit fruit.

Polyandrie.

1313.

Glabraria, 9.

1 ♄ terfa. In. Ori.

Glabrarie, petite Gayaque.

Arbre qui donne la Fiévre.

1314.

Munchhaufia, 10.

1 ♄ fpeciofa. Chi.

Munchhaufie, Abre. précieux.

1315.

Ocotea, 11.

1 ♄ Guianenfis. Gu. Aub. Syl.

Ocote de Guyane.

Ajou hau-ha des Garipons.

1316.

Durio, 12.

1 ♄ Zibenthinus. In. Ori.

Durie de l'Inde.

1317.

Melaleuca, 13.

1 ♄ Leucadendra. In.

Melaleuc. Arbre blanc.

2 ♄ latifolia. In. va.
3 ♄ anguftifolia. va.
4 lucida. Nov. Zeel.
5 villofa. Tah.
6 Scoparia. Nov. Zeel.
7 virgata. Nov. Cale.

Polyadelphie Polyandrie.

1318.

Symplocos, 14.

1 martinicensis. Mart.

Symploco de Martinique.

1319.

Hopea, 15.

1 ♄ tinctoria. Caro.

Hopée des Teinturiers.

1320.

Hypericum, 16.

1 ♄ balearicum. Maj.

Mille-Pertuis.

Myrthe-Ciste odorant.

2 ♄ Kalmianum. Vir.
3 ♄ cayanense. Caya.
4 ♄ bacciferum. Mex. L. f.
5 ♄ calycinum. Am. 7.
6 ♃ Ascyron. Sib. Can. d. Pyr.
7 ♃♄ Guineense. Gui. ab. L. f.
P. 8 ♄ androsæmum. Ang. G. N. Ita.

Toute-Sainne.

6 ♄ olympicum. Pyr. Oly.
10 ♄ petiolatum. Bra. L. f.
11 ♄ canariense. Cana.
12 ♄ hircinum. Sici. Cala. Cre.
13 ♄ orientale. Ori.
14 ♄ scabrum. Ara. Mau.
15 ♄ repens. ♃ Ori.
16 ♄ prolificum. Am. 7.
17 ♃ ericoides. Luf. Hif.
18 ☉ canadense. Can. d.
19 ♄ virginicum. Pens.
20 ♃ mexicanum. Nov. Gra.
P. 21 ♃ quadrangulare. Eu. pra.
P. 22 ♃ perforatum. Eu. pra.
P. 23 ♃ humifusum. Eu. Aus.

Polyadelphie Polyandrie.

24 ♃ crispum. Cala. Sici. Græ.
25 ♃ perfoliatum. Ger.
P. 26 ♃ elodes. Sib. Ang. Gal. palu.
27 ♃ barbatum. Aus.
P. 28 ♃ montanum. Eu. mont.
P. 29 ♃ hirsutum. Eu. coli. mont.
30 ♃ hir. foliis ovato oblongo. va.
31 ♃ tomentosum. G. N. Hif.
32 ♃ tom. majus. va.
33 ♄ ægypticum. Æg. B. Jussi.
P. 34 ♃ pulcherum. Eu. Aus.
35 ♃ numularium. Pyr.
36 Coris. Eu. Aus. Coli. Ori.

Coris jaune à fe. de Bruyere.

37 mutilum. Vir. Can. d.
38 setosum. Vir.
39 ♄ reflexum. Bar. Am. L. f.
40 ♄ chinense. Chi.
41 ♄ latifolium. Gu. Aub. Syl.
42 ♄ sessilifolium. Gu. Aub.

Bois Batiste. Bois Dartre. Bois d'Acossois. Bois de Sang. Bois à la Fiévre.

1321.

Ascyrum, 17.

1 ♃ Crux Andrea. Vir.

Croix de St. André.

2 ♄ hypericoides. Vir. Jam.
3 ♄ villosum. Vir.

1322.

Moronobea, 18.

1 ♄ coccinea. Gu. Aub. Syl. pal.

Moronobe des Galibis. Mani ou Arbre à la Résine.

DIX-NEUVIÉME CLASSE.

Syngenesie Polygamie. Ægale.

1323.

Geropogon, 1er. G.

1 ⊙ glabrum. Ita.

Barbe de Vieillard.

2 ⊙ hirsutum. Ita.
3 caligulatum.
4 sibiricum. Tria.

1324.

Tragopogon, 2.

1 ♂ pratense. Eu. pra. apr.

Barbe de Bouc.
Barbouquine d'Europe.

2 ♂ orientale. Ori. Ast.

Cersifie du Levant.

3 ♂ porrifolium. Hel.

Cersifie noir ou Salsifio.

4 ♂ por. sinuato. va.
5 ♂ crocifolium. Ita. Monp.
6 ♂ villosum. Hisp. Sib.
7 ♃ Dalechampie. Hisp. G.N.
8 ⊙ picroides. Cre. Monp.
9 asperum. Monp.
10 asperum minus. va.
11 Dandelion. Vir.

Dent de Lion.

12 lanatum. Or. Pal.
13 virginicum. Vir. Can. d.
14 ♃ major. Jacq.
15 hybridum. Tria.
16 ♂ cæruleum. J.
17 italicum. J.

Syngenesie Polygamie. Ægale.

1325.

Scorzonera, 3.

1 tomentosa. Ori.

Scorsonnere cotoneux.

2 ♃ humilis. Eu. 7. pra. api.
3 ♃ hispanica. Hisp. Sib.

Salsifie d'Espagne. com.

4 graminifolia. Lus. Sib.
5 purpurea. Bran. Aus. Sib.
P. 6 angustifolia. Hisp. Monp.

Scorsonnere des Bout.

P. 7 ang. parviflora. va.
8 hirsuta. Apu.
9 ♃ resedifolia. Monp. Hisp.
10 ♂ laciniata. Ger. Gal.
11 orientalis. Ori.
12 ⊙ tingitana. Tin.
13 ⊙ picroides. Monp.
14 nervosa.
15 cæruleo.

1326.

Picris, 4.

P. 1 ⊙ echioides. Ang. Gal. Ita.

Picride viperine.

P. 2 ⊙ ech. cardui benedicti. va.
3 ♃ hieracioides. Ger. Ang. Bel.
4 asplenioides. Æg.
5 ♃ pyrenaica.

Syngenesie Polygamie Ægale.

1327.

Sonchus, 5.

1 ♃ maritimus. Eu. Auf.

Laitron maritime.

P. 2 ♃ paluftris. Bel. Ang, Ger.
P. 3 ♃ arvenfis. Eu. agr. arg.
4 ☉ oleraceus. Eu. Cul.

Laitron com. des Liévres.

5 ☉ ole. lævis. va.

Palais de Liévre. Lafferon.

6 ☉ ole. lævis minor. va.
7 ☉ ole. afper. va.
8 ☉ ole. afper laciniatus. va.
9 ☉ ole. integrifolius. va.
10 ☉ tenerrimus. Monp. Flo.
11 ♃ Plumeri. Pyr. mont. aur. Moni.
12 ☉ alpinus. Lapp. Hel. Auf.
13 floridanus. Vir. Can. d.
14 ♃ fibiricus. Sib. Sue. 7. Finl.
15 ♃ tataricus. Tar. Sib.
16 tuberofus. Tar. L. f.
17 canadenfis. Can. d.
18 ♄ fruticofus. Made. Syl. rup.

1328.

Lactuca, 6.

1 ☉ fativa.

Laitue com. des jardins.

2 ☉ fat. capitata. va.

Laitue pommée.

3 ☉ fat. crifpa. va.
4 ☉ fat. Romana. va.

Laitue Romaine.

P. 5 ☉ Scariola. Eu. Auf.

Syngenesie Polygamie Ægale.

P. 6 ☉ Sca. fylveftris italica. va.
P. 7 ☉ Sca. Syl. annua. va.
8 ☉ quercina. Gu. Aub.
P. 9 virofa. Eu. Auf. agg.
10 vir. integrifolia. va.
P. 11 ♂ faligna. Gal. Lip.
12 canadenfis. Can. d.
13 indica. Jav.
P. 14 ♃ perrennis. Ger. Hel. Gal.
15 ♃ fpinofa.

1329.

Chondrilla, 7.

P. 1 juncea. Ger. Hel. Gal.

Chondrille à fe. de Junc.

2 ☉ crepoides.
3 nudicolis. Am. 7.

1330.

Prenanthes, 8.

1 tenuifolia. Alp. Eu. Auf.

Prenanthe à fe. menue.

2 viminea. Auf. Gal. Luf.
3 purpurea. Ger. Hel. Ita.
4 Lactuca montana. va.

Laitue de montagne.

P. 5 muralis. Eu. nem. umb.
6 altiffima. Vir. Can. d.
7 ♃ chondrilloides. Eu. Auf.
8 japonica. Jap.
9 alba. Car. Vir. Pen.
10 alba dilute purpureo. va.
11 repens. Sib.
12 ♄ pinnata. Teur. rup.

1331.

Leontodon, 9.

P. 1 ♃ Taraxacum. Eu. paf.

Piffenlit com.

P. 2 ♃ Tar. Dens leonis. va.

Dent de Lion.

3 ♃ Tar. D. Leo. folio teniſſimo. va.
4 bulboſum. Monp. Ita.

Noïſette de terre.

5 ♃ aureum. Alp. Hel. Bal. Ita.
6 ⊙ haſtile. Eu. Auſ.
7 ♃ tuberoſum. Heſ. Gal. Narb.
8 ♃ autumnale. Eu. pra. paſ.
9 ♃ hiſpidum. Eu. bor. pra.
10 ♃ Hieracium foliis linearibus. va.
1 ♃ Hier. fo. oblonco dentatis. va.
P. 12 ♃ hirſutum. Ger. Hel. Gal.
13 ♃ hirtum. Hel. G. N. Hiſ.
14 ♃ dentatum. Hel.
15 ſaxatile. J.
16 ♃ alpinum. Jacq.
17 tomentoſum. Jam. L. f.

1332.

Hieracium, 10.

1 incanum. Auſ. Hel. pal.

Piloſelle à fe. blanchâtres.

2 ♃ pumilum. Alp. Hel. Sab.
3 ♃ alpinum. Alp. Lap. Auſ.
4 ♃ Taraxaci. Alp. Hel. Lap.
5 venoſum. Vir.
P. 6 ♃ Piloſella. Eu. paſ. ari.

grand Piloſelle d'Europe.

Oreille de Rat.

P. 7 ♃ dubium. Sue.
8 ♃ Auricula. Eu. pra. ari.
9 ♃ cymoſum. Ruſ. Dan. Ger.
10 ♃ præmorſum. Hel. Ger. Val.

Syngeneſie Polygamie Ægale.

11 ♃ aurantiacum. Syr. Hel.
12 ♃ Gronovii. Vir. penſ.
13 ♃ Gmelini. Sib.
14 ♃ Sanctum. Paleſ.
15 capenſe. Cap. b. Sp.
16 paniculatum. Can. d.
17 chondrilloides. Schn. Auſ.
18 ♃ porrifolium Alp. Auſ. Ita.
P. 19 murorum. Eu. apr. dur.

Pulmonaire des François.

P. 20 mur. piloſiſſimum. va.
P. 21 mur. ſylvaticum. va.
P. 22 mur. folio. longiore. va.
P. 23 mur. rotundifolia. va.
24 paludoſum. Eu. bor. pal.
25 lyratum. Sib.
26 ♃ cerinthoides. Pyr.
27 amplexicaule. Pyr.
28 amp. rotundiſolium. va.
29 ♃ pyrenaicum. Pyr. Hel. Auſ.
30 ♃ py. blattarioides. va.
31 ♃ py. piloſum. va.
32 ♃ py. auſtriacum. va.
33 ♃ py. helveticum. va.
34 ♃ villoſum. Alp. Boh. Monp.
35 ♃ vil. lutea. va.
36 ♃ vil. caule unifloro. va.
37 ♃ vil. Variatio. va.
38 ⊙ glutinoſum. G. N.
39 Kalmii. Penſ.
40 ſprengerianum. Luſ.
41 ♃ ſabaudum. Ger.

Herbe à l'épervier de Savoie.

42 ♃ ſab. majus.
43 ♃ ſab. varietas. va.
P. 44 ♃ umbellatum.
45 ♃ umb. pene ovatis. va.

46

Syngenesie Polygamie Égale.

46 ♃ umb. quasi linearîæ foliis. va.
47 ♃ alpestre. Jacq.
48 ♃ molle. ib.
49 ♃ montanum. ib.
50 ♃ stipulaceum. ib.
51 nudicaulis. J.
52 halleri. J.

1333.

Crepis, 11.

1 pygmæa. Alp. Ita.

Crepie nain.

2 ♃ bursifolia. Sici.
3 ⊙ barbata. Monp. Vesu. Sici.
4 ⊙ bar. bætica. va.
5 vesicaria. Hel.
6 ves. cichorium. Apu. va.
7 alpina. Ita.
8 ⊙ rubra. Apu.
9 ⊙ fætida. Ger. Gal. Hel. Aus.
10 ⊙ fæ. foliis pinnatifidis. va.
11 aspera. Ori. Sici. Palæ.
12 ⊙ rhagadioides.
13 ♃ sibirica. Sib. Alb.
14 ♃ sib. pyrenaicum. va.
15 ♃ sib. conyzæ facie. va.
P. 16 ⊙ tectorum. Eu. ari. tect.
P. 17 ♂ biennis. Sca. Eu. Aus.
18 virens. Hel. Ita. agr.
19 ⊙ Dioscoridis. Gal. sib. Pala.
P. 20 ⊙ pulchera. Gal. Ita.
P. 21 ⊙ pul. Lapsana. va.
22 ⊙ neglecta. Ita.

1334.

Andryala, 12.

1 ⊙ integrifolia. Monp. Sici.

Andrille à fes. entieres.

Syngenesie Polygamie Egale.

2 ⊙ int. sinuata. va.
3 ♃ ragusina. insu. Arch.
4 ♃ lanata. Eu. Aus.
5 . sinuata. Monp. Sici.

Chenulle de Montpelier.

1335.

Hyoseris, 13.

P. 1 ♃ fætida. Alp. Ita. Aus. Supe.

Chicorette puante.

2 ♃ radiata. His. G. N.
3 ♃ lucida. Ori.
4 Scabra. Sici.
5 virginica. Vir.
P. 6 minima. Eu. arv. apr.
7 ⊙ Hedypnois. Eu. Aus.

la Dormeuse.

8 ⊙ Hed. major. J. va.
9 ⊙ Hed. cretica. J. va.
10 erysimoides.
11 ⊙ ragadioloides. Eu. Aus.

1336.

Seriola, 14.

1 pontana. Sab. mont.

Sériole de Savoie.

2 ⊙ lævigata. Cre.
3 ⊙ æthnensis. Ita.

Porcelle du Mont-Etna.

4 cretensis. Cre.
5 urens. Sici.

1337.

Hypochœris, 15.

1 pontana. Sab. mont.

Porcelle du mont. St. Ong.

Syngenesie Polygamie Égale.

P. 2 ♃ maculata. Eu. fri. pra.
P. 3 ♃ mac. alpinum. va.
P. 4 ⊙ glabra. Dan. Ger. Bel. Hel.
P. 5 ♃ radiata. Eu. cul. paf.

1338.

Lapfana, 16.

P. 1 ⊙ communis. Eu. cul.
Lapfane com. Poulle-graffe.
Herbe aux Mammelles.
2 ⊙ Zazintha. Ita. Ori.
3 ⊙ ftellata. Monp. Bon.
4 Rhagadiolus. Ori. Car.
5 Rha. communis. crifpa. va.
Herbe aux Rhagades.
6 ⊙ Kolpinia. Dau. L. f.
Kolpin à fruit étoilé.

1339.

Catananche, 17.

1 ♃ cærulea. G. N. col. Sax.
Catanance à fl. bleuée.
2 ♃ cær. flore pleno. va.
la Cupidonne bleue.
3 ⊙ lutea. Cre.
4 ⊙ græca. Græ. mari. va.

1340.

Cicorium, 18.

P. 1 ♃ Intybus. Eu. marg. agro.
Chicorée fauvage des bout.
2 ⊙ Endivia.
Endive. Scarolle.
3 ⊙ End. crifpa. va.

Syngenesie Polygamie Égale.

Chicorée blonde frifée.
4 ♂ fpinofom. Cre. Sici. coli.

1341.

Scolymus, 19.

1 ⊙ maculatus. G. N. Ita.
Épine jaune.
2 ♃ hyfpanicus. Ita. Sici. G. N.

1342.

Arctium, 20.

P. 1 ♂ lappa. Eu. cul. rud.
Glouteron de Diofcoride.
grand Bardane. Teigne.
P. 2 ♂ lap. capitulis tomentofa. va.
P. 3 ♂ lap. grandiflora. va.
P. 4 ♂ montana. va.
5 ♂ perfonata. Alp. Hel. Gen.
6 carduelis. Alp. Carn.

1343.

Serratula, 21.

P. 1 ♃ tinctoria. Eu. bor. pra.
Sarette des Teinturiers.
2 ♃ coronata. Sib. Ita.
3 ♃ alpina. Lap. Auf. Hel.
4 ♃ alp. cynogloffifolia. Sib. va.
5 ♃ alp. lapathifolia. Arvo. va.
6 ♃ alp. anguftifolia. va.
7 falicifolia. Sib. apr. Sicc.
8 multiflora. Sib.
9 ♃ noveboracenfis. Vir. Car.

Singenesie Polygamie. Égale.

10 præalta. Car. Vir. Penf.
11 ♃ glauca. Maril. Vir. Car.
12 ♃ squarrosa. Vir.
13 scariosa. Vir.
14 ♃ spicata. Am. 7.
15 amara. Sib.
16 ♃ centaurioides. Sib.
P. 17 ♃ arvensis. Eu. agr.

Chardon hémoroidale. Ceanothus de Théophraste.

18 ♃ Cirsium. arvense. va.
19 ♄ Chamæpeuce. Cre.

1344.

Barnadesia, 22.

1 ♄ spinosa. Am. m. L. f.

Barnade à tige épineuse.

1345.

Carduus, 23.

1 leucographus. Camp.

Chardon à fes. maculées.

P. 2 ♂ lanceolatus. Eu. pag.

Cha. Brosse à rouge.

P. 3 ♂ lan. Italicus. J. va.
P. 4 ♂ nutans. Eu. pag.
P. 5 ♂ nut, flore albo. va.
P. 6 ⊙ acanthoides. Eu. rud.
P. 7 ⊙ crispus. Eu. 7. agr. cul.
8 ♂ polyanthemus. Rom.
P. 9 ♃ palustris. Eu. pra. Sub. pal.
10 ♃ pycnocephalus. Eu. Auf.
11 ⊙ argentatus. Æg.
P. 12 ♃ dissectus. Ang. Gal.
13 cyanoides. Tar.
14 cya. monoclonos. va.
15 cya. polyclonos. va.
16 ♃ canus. Auf.

Syngenesie Polygamie Égale.

17 ♂ pectinatus.
18 ♃ defloratus. Hel. Auf. Monp.
19 ♃ monspessulanus. Monp.
20 ♃ tuberosus. Monp. Lip. Boh.
21 ♃ tub. pratensis. va.
22 ♃ parviflorus. Sub. Alp. Auf.
23 ♂ casabone. Eu. Auf.

Polyachante. Chardon d'eau.

24 ⊙ stellatus.
P. 25 ⊙ marianus. Ang. Gal. Ita. Ger.

Chardon Marie maculé.

Herbe aux poings de côté.

Artichaux sauvage.

26 ⊙ mar. viridis va.
27 ⊙ syriacus. Syr. Cre. Hif.
P. 28 ⊙ eriophorus. Ang. Gal. Hif.
P. 29 ⊙ eri. spurius. Luf.
30 ♃ altissimus. Car.
31 virginianus. Vir.
32 ♃ heterophyllus. Eu. fri. pra.
33 ♃ helenioides. Ang. Sib.
34 ♃ serratuloides. Sib. Hel.
35 ♃ tataricus. Sib. Hel.
36 flavescens. Hif.
37 mollis. Alp. Auf. Ger. Monp.
P. 38 ♃ acaulis. Eu. paf. apr.

Herbe aux Varices.

39 australis. Eu. Auf. L. f.
40 ♃ Pannonicus. Auf. L. f.
41 pyrenaicus.

Syngenesie Polygamie Égale.

1346.

Cnicus, 24.

P. 1 ♃ oleraceus. Eu. 7. pra.

Cnichaut charnue.com.

P. 2 ♃ Circium latifolium. va.
3 ♃ Erisithales. Auf. Gal. pra.
4 ♂ ferox. Eu. Auf. mont. ster.
5 ⊙ pygmeus. Auf. Schu.
6 spinosissimus. Alp. Hel. Tar.
7 ♃ centaurioides. Pyr. Sib.
8 ♃ uniflorus. Sib.
9 ♃ cernuus. Sib.
10 Acarna. His. arv.

Petit Picnomon.

11 tricephalos.
12 sonchifolius.

1347.

Onopordum, 25.

1 ♂ arabicum. Luf. G. N.

Onoporde d'Arabie.
Pet d'Ane de Portugal.

P. 2 ♂ Acanthium. Eu. rud. cul.

Chardon de Portugal. (grand)

3 ♂ Aca viride. va.
4 illyricum. Eu. Auf.
5 acaulon.
6 ⊙ Græcum. Ori. L. f.

1348.

Cynara ou Synara, 26.

1 ♃ Scolymus. G. N. Ita. Sici.

Artichaux Sauvage.
Chardonette, graine à cailler le lait.

Syngenesie Polygamie Égale.

2 ♃ hortensis aculeata. va.

Art. de Lens à grosse tête.

3 ♃ hor. non aculeata. va.

Art. com. des jardins.

4 ♃ hor. violacea. va.
5 ♃ Cardunculus. Cre.

Cardon de Tours épineux.

6 ♃ Card. hispanicus. va.

Cardon d'Espagne.

7 ♃ humilis Tingi. Bœt.
8 ♃ acaulis. Bar.

1349.

Carlina, 27.

1 ♃ acaulis. Ita. Ger. mont. apr.

Carline sans tige.
Chameleon blanc.

2 ⊙ lanata. Ita. G. N.
P. 3 ♃ corymbosa. Ita. vers. mari.
P. 4 ♃ cory. sylvestris. va.
5 ♂ vulgaris. Eu. mont. ari.
6 ⊙ racemosa. His. dese.
7 pyrenaica. Pyr. His.
8 atractyloides. Cap. b. Sp.
9 caulescens. J.
10 ♄ Xeranthemoides. Barra. L. f.

1350.

Atractylis, 28.

1 gummifera. Cre. Ita.

Chardonnette gommeux.

2 ♂ humilis. Madri. coli. Narb.

Syngeneſie Polygamie Égale.

3 ⊙ Carlina minima. va.
4 ⊙ cancellata. Hiſ. Cre. agr.
Chardon priſonnier.
5 ♄ oppoſitifolia. Æt.
6 fruticoſa. Tria.
7 purpurea. No. Gra. L. f.
8 Mexicana. Mex. L. f.

1351.

Carthamus, 29.

1 ⊙ tinctorius. Æg. Gu. Aub.
Carthame. Safran bâtard.
Graine de Péroquet.
Safran d'Allemagne.
P. 2 ⊙ lanatus. Gal. Ita. Cre. Hel.
Chardon béni des Pariſiens.
3 creticus. Cre.
4 ♃ tingitanus. Ting. Algi.
5 ♃ cæruleus. Hiſ. int. ſeg.
P. 6 mitiſſimus. Pari. Monp.
7 Carduncullus. Monp.
Chardonette de Montpelier.
8 ♄ arboreſcens. Hiſ.
9 ♃ corymboſus. Apu. Hell. Lem. Thra.
Chameleon noir.
10 ♄ ſalicifolius. Mader. rup. L. f.
11 carolinienſe. Tria.

1352.

Spilanthus, 30.

1 urens. Am.
Spilanthe des Indes.
2 Pſeudo-Acmella. Zey.

Syngeneſie Polygamie Égale.

3 ⊙ Acmella. Zey.
4 atriplicifolius. Am. m.
5 ♄ inſipidus. Am.
6 ⊙ oleraceus. Gu. Aub.
Creſſon de Para.

1353.

Bidens, 31.

P. 1 ⊙ tripartita. Eu. inud.
Cornuet aquatique.
Chanvre aquatique.
2 ⊙ Conyza aquatiqua. va.
3 ⊙ minima. Eu. 7. palu.
4 nodiflora. Beng.
5 ⊙ tenella. Cap. b. Sp.
P. 6 ⊙ cernua. Eu. font. foſſ.
7 ⊙ frondoſa Am. 7.
8 ⊙ piloſa. Am. Gu. Aub.
9 ⊙ chinenſis. Chi. J. va.
10 ⊙ bipinnata. Vir.
11 ♃ nivea. Caro.
12 ♃ ſcabra folio. trilobato. va.
13 ♃ ſca. fo. panduræformi. va.
14 verticillata. V. Cru.
15 ſcandens. V. Cru.
16 ⊙ bullata. Am. Ita. Gu.
17 atriplicifolia. Gu. Aub.
18 ♄ verbeſina.

1354.

Cacalia, 32.

1 ♄ papillaris. Æt.
Pas de Cheval d'Ethiopie.
2 ♄ Anteuphorbium. Æt.
Contre-Poiſon de l'Euphorbe.
3 ♄ cuneifolia. Cap. b. Sp.
4 ♄ Kleinia. Can.

Syngenesie Polygamie Egale.

Klenia à fe de Laurier rose.

5 ♄ ficoides. Æt.
6 ♄ repens. Cap. b. Sp.
7 ♄ suffruticosa. Bra.
8 ♄ laurifolia. Mex. L. f.
9 ♄ cordifolia. Am. m. L. f.
10 ♄ asclepiadea. Am. m. L. f.
11 ♄ appendiculata. Tene. loc. L. f.
12 echinata. Tene. mari. L. f.
13 albifrons. Auf. L. f.
14 bipinnata. Cap. b. Sp. L. f.
15 ♄ tomentosa. Cap. b. Sp. L. f.
16 acaulis. Cap. b. Sp. L. f.
17 radicans Cap. b. Sp. L. f.
18 articulata. Cap. b. Sp. L. f.
19 ⊙ Porophyllum. Am.
20 ⊙ sonchifolia. Zey. Chi.
21 incana. In.
22 ♃ saracenica. Gal. Auf.
23 hastata. Sib.
24 ♃ suaveolens. Vir. Can. d.
25 ♃ atriplicifolia. Vir. Can. d.
26 ♃ alpina. Alp. Hel. Auf.
27 ♃ alp. foliis hirsutis. va.
28 ♃ alp. fo. glabris. va.
29 pinnatifida. Cap. b. Sp.
30 humilis. J.
31 cylindrica. J.

1355.

Ethulia, 33.

1 ⊙ conyzoides. In.

Ethulie de l'Inde.

2 Sparganophora. In. Gu. Aub.
3 ⊙ divarigata. Mala. agr.
4 ♄ tomentosa. Chi.

Syngenesie Polygamie Egale.

5 ⊙ Bidenti. In.

1356.

Eupatorium, 34.

1 ♄ Dalea. Jam.

Eupatoire de Dalée. Bota.

2 ♃ hyssopifolia. Vir.
3 ♃ scandens. Vir. Gu. Aub.
4 Houstonis. V. Cru.
5 Zeylanicum. Zey.
6 ♃ sessilifolium. Vir.
7 album. Pens.
8 chinensie. Chi.
9 rotundifolium. Vir. Can. d.
10 ♃ altissimum. Pens.
11 hastatum. Jam.
12 trifoliatum. Vir.
P. 13 ♃ cannabinum. Eu. aqu.

Eupatoire d'Avicene.

P. 14 ♃ cann. foliis integris. va.
15 ♃ purpureum. Am. 7.
16 ♃ maculatum. Am. 7.
17 ♃ perfoliatum. Vir. aqu.
18 cælestinum. Car. Vir.
19 ♃ aromaticum. Vir.
20 ♃ urticæfolium. Can. d. Vir.
21 odoratum. Am.
22 ivæfolium. Ja.
23 macrophyllum. Am. Gu. Aub.
24 sophiæfolium. Am.
25 ⊙ syriacum. J.
26 cinereum. Cap. b. Sp. L. f.
27 scabrum. Cap. b. Sp. L. f.
28 stoechadifolium. Am. m. L. f.
29 ♄ microphyllum. Am. m. L. f.
30 Ageratoides. L. f.

Syngenesie Polygamie Égale.

31 ♄ triflorum. Gu. Aub. rip. flu.
32 ♃ parviflorum. Gu. Aub. rip. riv.
33 corymbosum. Gu. Aub.

1357.

Ageratum, 35.

1 ☉ conyzoides. Am.

Agerat conyze.
Herbe de Bouc.
Herbe à Madame.
HerbeAntiépileptique.

2 ♃ ciliare. Bisn.
3 ♃ cil. lævis. va.
4 ♃ altissimum.
5 cæruleum. J.
6 purpureum. Gu. Aub.
7 Guianense. Gu. Aub.

1358.

Pteronia, 36.

1 ♄ camphorata. Æt.

Pterone aromatique.

2 ♄ oppositifolia. Cap. b. Sp.
3 flexicolis. Cap. b. Sp. L. f.
4 retorta. Cap. b. Sp. L. f.
5 hirsuta. Cap. b. Sp. L. f.
6 glabrata. Cap. b. Sp. L. f.
7 inflexa. Cap. b. Sp. L. f.
8 ♄ scariosa. Cap. b. Sp L. f.
9 glomerata. Cap. b. Sp. L. f.
10 cinerea. Cap. b. Sp. L. f.
11 villosa. Cap. b. Sp. L. f.
12 ♄ spinosa. Cap. b. Sp. L. f.
13 membranacea. Cap. b. Sp. L. f.
14 ♄ pallens. Cap. b. Sp. L. f.
15 minuta. Cap. b. Sp. L. f.

Syngenesie Polygamie Égale.

16 ♄ fasciculata. Cap. b. Sp. L. f.
17 ♄ Cephalotes. Cap. b. Sp. L. f.

1359.

Stæhelina, 37.

1 gnaphaloides. Æt.

Stæhelin. Bota.

2 ♄ dubia. His. G. N.
3 ♄ arborescens. Cre. insu. stæc.
4 ♄ fruticosa. Cre. Ori.
5 ♄ Chamæpeuse. Cre.
6 ♄ imbricata. Cap. b. Sp.
7 ♄ illicifolia. Am. m. L. f.
8 ♄ corymbosa. Cap. b. Sp. L. f.

1360.

Chrysocoma, 38.

1 ♃ oppositifolia. Cap. b. Sp.

Tête dorée. Barbaux. Arbre.

2 ♄ Coma-aurea. Æt.
3 ♄ patula. Cap. b. Sp.
4 ♄ cernua. Æt.
5 ♄ ciliaris. Æt.
6 tomentosa.
7 scabra. Æt.
8 ♃ Lynosyris. Eu. temp.

Chrysocome de Dioscoride.

9 ♃ Lyn. minor. va.
10 biflora. Sib.
11 graminifolia. Can. d.
12 villosa. Sib. Tar.
13 ♄ dichotoma. Barr. rup. L. f.
14 ♄ sericea. Barr. rup. mari. L. f.

Singenesie Polygamie. Egale.

1361.

Tarchonanthus, 39.

1 ♄ camphoratus. Æt.
Tarchonanthe. Camphré.
2 ♄ Ericoides. Cap. b. Sp. L. f.
3 glaber. Cap. b. Sp. L. f.

1362.

Calea, 40.

1 jamaicensis. Jam.
Calée de Jamaique.
2 oppositifolia. Jam.
3 Amellus. Jam.
4 scoparia. Jam.

1363.

Santolina, 41.

1 ♄ Chamæ-Cyparissus. Eu. Aus.
Santoline femelle. com. Abrotanum. Garde-Robe.
2 ♄ rosmarinifolium. His.
3 ♄ ros. minus. va.
4 ♄ ros. viridis. va.
5 ♄ ros. flore major. va.
6 ♃ erecta. Ita. mont.
7 ♃ anthemoides. His. Ita. Sib.
8 ♃ alpina. mont. Ita.
9 canescens. J.
10 ericoides. J.

1364.

Pacourina, 42.

1 ♃ edulis. Gu. Aub. loc. hum.
Paçourine de Cayenne.

Syngenesie Polygamie Égale.

1365.

Athanasia, 43.

1 ♄ squarrosa. Cap. b. Sp.
Athanasie rude.
2 ♄ crenata. Æt.
3 ♄ capitata. Cap. b. Sp.
4 ♃ maritima. Eu. Aus. med.
5 ♃ genistifolia. Cap. b. Sp.
6 ♄ pubescens. Æt.
7 ⊙ annua. Afr.
8 ⊙ anu. inodora. va.
9 ♄ dentata. Cap. b. Sp. L. f.
10 ♄ den. lævigata. va.
11 ♄ trifurcata. Æt.
12 ♄ crithmifolia. Æt.
13 ♄ parviflora. Æt.
14 ♄ pinnata. Cap. b. Sp. L. f.
15 ♄ linifolia. Cap. b. Sp. L. f.
16 filiformis. Cap. b. Sp. L. f.
17 cinerea. Cap. b. Sp. L. f.
18 pectinata. Cap. b. Sp. L. f.
19 sessiliflora. Cap. b. Sp. L. f.
20 pumila. Cap. b. Sp. L. f.
21 uniflora. Cap. b. Sp. L. f.

Polygamie Superflue.

1366.

Tanacetum, 44.

1 ♄ suffruticosum. Æt.
Tanesie, Arbrisseau.
2 sibiricum. Sib.
3 ♃ incanum. Ori.
4 ⊙ cotuloides. Cap. b. Sp.
5 ⊙ annuum. His. Het. Gal.

Syngenesie Polygamie Superflue.

6 monanthos. Ori.
P. 7 ♃ vulgare. Eu. agg.
Tanesie com. des. Bout.
P. 8 ♃ vul. crispum. va.
9 ♃ Balsamita. Het. Narb. Hel. va.
Baume Coq des Bout.
Herbe du Coq ou Pasté.

1367.

Artemisia, 45.

1 ♄ vermiculata. Cap. b. Sp.
Armoise à fe. vermiculaire.
2 ♄ judaica. Ind. Ara. Numi.
3 ♃ æthiopica. Æt. His.
4 ♄ contra. Per.
5 ♄ Abrotanum. Syr. Gala. Capp. Ita. Monp. Car.
Aurone mâle.
Citronelle des jardins.
6 ♄ arborescens. Ita. Ori.
7 santonica. Tar. Pers.
Santoline. Poudre à Vers.
Semantine ou Semencienne.
Semence de Santé. Barbotine.
8 san. gallicum. va.
P. 9 ♃ campestris. Eu. camp. ari.
10 palustris. Sib.
11 crithmifolia. Lus. lit. are.
12 ♃ maritima. En. 7. lit. mari.
13 ♃ mari. germanica. va.
14 ♃ mari. gallicum. va.

Syngenesie Polygamie Superflue.

15 ♃ glacialis. Hel. Vale.
Genepie des Savoyards.
16 rupestris. Sib. Olan. rup. calc.
17 rup. minus. va.
18 rup. linearibus. va.
19 ♃ pontica. Hung. Pamo. Thr.
Absinte Pontique de Hongrie.
20 ⊙ ♂ annua. Sib. mont.
21 ⊙ ♂ ann. folio multifido. va.
22 ♃ tanacetifolia. Sib. Pede.
33 ♃ Absinthium. Eu. rud. ari.
Absinte com. des Bout.
P. 24 ♃ vulgaris. Eu. cul. rud.
Armoise. Herbe St. Jean.
25 integrifolia. Sib.
26 cærulescens. Eu. Aus. lit. mari.
27 ♃ Dracunculus. Sib. Tart.
Estragon des jardins.
Herbe aux Dragons.
28 chinensis. Chi. Sib.
Moxa des Chinois.
29 ⊙ madraspatanum. In.
30 ⊙ minima. Chi.
31 ♄ valantina. J.
Abrotanum de Valance.
32 virido.
33 elatiore.
34 nilotica. Æg.
35 ♄ ambigua. Cap. b. Sp.
36 ♃ austriaca. Jacq.
37 suaveolens. J.
38 palmata. J.
39 ⊙ pectinata. Dan. palu.

Syngenesie Polygamie Superflue.

1368.

Gnaphalium, 46.

1 ♄ eximium. Cap. b. Sp.

Herbe au Coton du Cap.

2 ♄ arboreum. Cap. b. Sp.
3 ♄ grandiflorum. Æt.
4 ♄ fruticans. Cap. b. Sp.
5 ♄ coronatum. Cap. b. Sp.
6 ♄ discolorum. Cap. b. Sp.
7 ♄ muricatum. Æt.
8 ♄ muri. capitatum. va.
9 ♄ muri. umbellatum. va.
10 ♄ ericoides. Cap. b. Sp.
11 ♄ teretifolium. Æt.
12 ♄ mucronatum. Cap. b. Sp.
13 ♄ stæchas. Ger. Gal. Hisf. Ori.

Stæchas citrin des Collines.

14 ♄ ignescens.
15 ♄ dentatum. Æt.
16 ♄ serratum. Æt.
17 ♃ patulum. Æt.
18 ♄ petiolatum. Æt.
19 ♄ crassifolium. Cap. b. Sp.
20 ♄ maritimum. Cap. b. Sp.

Herbe blanche maritime.

21 ♄ repens. Cap. b. Sp.
22 cylindricum. Cap. b. Sp.
23 ♃ ♄ orientale. Afr.

Bouton d'Or du Levant.

Immortelle jaune.

24 ☉ arenarium. Eu. camp. are.
25 ♃ rutilans. Afr.
26 imbricatum. Æt.
27 ♃ cymosum. Afr.

Syngenesie Polygamie Superflue.

28 ♃ nudifolium. Æt.
P. 29 ☉ luteo.album. Hel. G. N. Hisf.
30 odoratissimum.
31 sanguineum. Æg. Pales. Lib.
32 ☉ fœtidum. Æt.
33 ☉ undulatum. Afr.
34 ♃ crispum. Cap. b. Sp. L. f.
35 helianthemifolium. Æt.
36 squarrosum. Æt.
37 stellatum. Cap. b. Sp.
38 ☉ obtusifolium. Vir. Pens.
39 ♃ margaritaceum. Am. 7.

Bouton d'Argent.

Immortelle blanche.

Bouton blanc.

40 ♃ plantaginifolium. Vir.
P. 41 ♃ dioicum. Eu. apr. ari.

Pied Chat mâle des Bout.

Herbe blanche.

42 ♃ mas. & femine. va.
43 ♃ alpinum. Lapp. Hel. Alp.
44 ♃ indicum. In. Cap. b. Sp.
45 purpureum. Am. 7.
P. 46 ♂ sylvaticum. Eu. Syl. are.
P. 47 ♂ syl. minor. va.
48 supinum. Hel. Ita. Alp.
P. 49 ☉ uliginosum. Eu. pal. aque.
50 ☉ uli. medium. stag. va.
51 ☉ glomeratum. Cap. b. Sp.
52 leotopodium. Tria.
53 saxatile. Tria.
54 pedunculare. Cap. b. Sp.
55 Milleflorum. Cap. b. Sp. L. f.
56 ♄ appendiculatum. Cap. b. Sp. L. f.
57 ♄ umbellatum. Cap. b. Sp. L. f.

Syngenesie Polygamie Superflue.

58 ♄ hispidum. Cap. b. Sp. L. f.
59 ☉ verticillatum. Cap. b. Sp. L. f.
60 Oculus Cati. Cap. b. Sp. L. f.

Œil de Chat du Cap.

61 ♃ pilosellum. Cap. b. Sp. L. f.
62 denudatum. Cap. b. Sp. L. f.
63 declinatum. Cap. b. Sp. L. f.
64 ♃ coronatum. Cap. b. Sp. L. f.

1369.

Xeranthemum, 47.

1 ☉ annuum. Auf.

Immortelle feche des jardins.

2 ☉ inapertum. Ita. Hel. va.
3 ☉ orientale. G. N. va.
4 ☉ incana cyani capituli. va.

Immortelle à fl. blanches.

5 ♄ veftitum. Æt.
6 ♄ fpeciofiffimum. Æt.
7 ♄ proliferum. Æt.
8 ♄ imbricatum. Cap. b. Sp.
9 ♄ canefcens. Cap. b. Sp.
10 ♄ retortum. Æt.
11 fpinofum. Æt.
12 fefamoides. Æt.
13 fefa. flore albo. Æt.
14 virgatum. Cap. b. Sp.
15 Stæhelina. Cap. b. Sp.
16 variegatum. Cap. b. Sp.
17 ♄ paniculatum. Æt. Cap. b. Sp.
18 ♄ fulgidum. Cap. b. Sp. L. f.

Syngenefie Polygamie Superflue.

19 ftoloniferum. Cap. b. Sp. L. f.
20 ♄ recurvatum. Cap. b. Sp. L. f.
21 ericæfolio. Æt.

1370.

Carpefium, 48.

1 ♃ cernuum. Ita. Hel.

Carpefie. Aftere d'Athenes.

2 abrotanoides. Chi.

1371.

Baccharis, 49.

1 ♄ ivæfolia. Vir. Per.

Baccharie à fe. d'Iva.

2 ♄ nereifolia. Æt.
3 ♄ arborea. In. Ori. Syl.
4 ♄ halimifolia. Vir.
5 Diofcoridis. Syr. Æg. L. f.
6 indica. In. Cap. b. Sp.
7 brafiliana. Bra.
8 ♃ fætida. Vir.
9 ægyptiaca.
10 palmenfis. Tria.

1372.

Conyza, 50.

P. 1 ♂ fquarrofa. Ger. Belg. Ang.

Conyfe à Calice rude. Herbe aux Moucherons.

2 linifolia. Am. 7.
3 ♄ fordida. G. N. Ita. rup.

Herbe aux Coufins. com.

Syngenesie Polygamie Superflue.

4 ♄ saxatilis. Ita. Istr. Cari. Vale.
5 ♄ ♃ rupestris. Ara.
6 scabra. In.
7 ♃ asteroides. Am. 7.
8 bifrons. Can. d.
9 ♄ lobata. V. C.
10 bifoliata. In.
11 pubigera. In.
12 ♄ tortuosa. Mada. V. C.
13 candida. Cre.

Aster de Raguse.

14 ⊙ anthelmentica. In.

Plante Vermifuge.

15 ♄ balsamifera. In.
16 ⊙ cinerea. In.
17 odorata. Am. m.

Herbe aux Cousins.
Sauge de St. Domingue.

18 odo. foliis glabra. va.
19 chinensis. Chi.
20 hirsuta. Chi.
21 ♄ arborescens. Am. m.
22 ♄ fruticosa. Am. m.
23 ♃ virgata. Jam. Car.
24 ⊙ decurrens. In.
25 aurita. In. Ori. Sub. hum.
26 canescens. Cap. b. Sp. L. f.
27 glutinosa. J.
28 ♄ Marsana. J.

1373.

Erigeron, 51.

1 ♃ viscosum. G. N. Hif. Ita.

Erigere visqueux.
Conyse mâle.

P. 2 ⊙ graveolens. Monp. Ori.

Syngenesie Polygamie Superflue.

3 ♃ glutinosum. Hif. Gal. Auf.
4 ⊙ siculum. Sici. Monp. pal.
5 carolinianum. Car.
P. 6 ⊙ canadense. Can. d. Vir. Eu.
7 ⊙ bonariense. Am. Auf.
8 jamaicense. Jam.
9 ♃ philadelphicum. Can. d.
10 ⊙ ægyptiacum. Sici. Æg.
11 ⊙ Gouani.
P. 12 ♃ acre. Eu. apr. Sicc.
13 ♃ alpinum. Hel. Carn.
14 ♃ uniflorum. Lap. Hel. Alp.
15 ♃ gramineum. Sib.
16 ⊙ camphoratum. Sib.
17 tuberosum. Gallo. G. N. Syr.
18 Bulbosa syriaca. va.
19 chondrilla bulbosa. va.
20 conyzoides gesneri. va.
21 ♃ fætidum. Afr.
22 ⊙ oblicum. In. Ori.
23 ♃ glutinosum. Hif. Gal.
24 ♄ tricuneatum. Mex.
25 pinnatum. Cap. b. Sp.

1374.

Tussilago, 52.

1 ♃ Anandria. Sib.

Tussilage Pas d'Ane.

2 ♃ scapo unifloro. va.
3 dentata. Am.
4 nutans. Am.
5 ♃ alpina. Hel. Auf. Bohe.
6 ♃ alp. canescens. va.
P. 7 ♃ Farfara. Eu. arg. sub. hum.

Pas d'Ane com. des Bout.

8 ♃ japonica. Jap.
9 ♃ frigia. Lap. Hel. Sib.

Syngenesie Polygamie Superflue.

Petasite des Alpes.

10 ♃ alba. Eu.
11 ♃ hybrida. Ger. Holl.
P. 12 ♃ Petasites. Eu. temp.

Herbe aux Teigneux.

13 ♃ discolore. Jacq.

1375.

Senecio, 53.

1 ☉ hieracifolius. Am. 7.

Seneçon à fe. d'Hieracie.

2 purpureus. Æt.
3 persicifolius. Cap. b. Sp.
4 ♄ virgatus. Cap. b. Sp.
5 divarigatus. Chi.
6 ♃ Pseudo-China. In.

Faux Quinquina.

P. 7 ☉ vulgaris. Eu. cul. rud.

Seneçon com. des Oiseaux.

8 ♂ arabicus. Æg.
9 ☉ triflorus. Æg.
10 ☉ ægypticus. Æg.
11 ☉ lividus. His.
12 ☉ trilobus. His.
P. 13 ☉ viscosus. Eu. pag.
P. 14 ☉ silvaticus. Eu. bor. Syl.
P. 15 ☉ Jacobæa sicula. va.

Jacobæé de Sicile.

16 ☉ nebrodensis. Sici. Hiss. Pyr.
17 ♂ glaucus. Æg.
18 ☉ varicosus. Æg.
19 ♃ hastatus. Afr.
20 pybigerus. Cap. b. Sp.
21 elegans. Æt.
22 ♂ Jacobæa africana. va.

Jacobæé d'Afrique à g. fl.

Syngenesie Polygamie Superflue.

23 ☉ squalidus. En. Auf.
24 erucifolius. Eu. temp.
25 incanus. Hel. Auf. Pyr. Alp.
P. 26 ♃ abrotanifolius. Str. Cari.
27 canadensis. Can. d.
28 ♃ Jacobæa. Eu. paf. hum.

Jacobée. Herbe St. Jacques.

Fleur St. Jacques com.

29 ♃ Jaco. vulgaris laciniata. va.
30 umbellatus. Cap. b. Sp.
31 ♃ aureus. Vir. Can. d. umb.
32 ♃ linifolius. Hif. Ita. Ruf.
P. 33 ♃ paludosus. Eu. pal. mari.
34 ♃ solidago palustris. va.
35 ♃ nemorensis. Ger. Sib. nem.
36 ♃ sarracenicus. Hel. Monp.
37 ♃ Doria. Ori. Auf. Ger. Monp.

Seneçon de Dorie. Herbe dorée.

38 ♃ Doronicum. Auf. Ita. Pyr.

Doronique d'Allemagne.

39 ♃ Do. folio oblongo. va.
40 ♃ Do. fo. lanceotalis. va.
41 ♃ Do. Tussilago alpina. va.

Tussilage des Alpes.

42 ♃ Do. virga. aurea. va.
43 ♄ longifolius. Cap. b. Sp.
44 ♂ byzantinus. Byz.
45 ♄ halimifolius. Æt.

grand Seneçon d'Afrique.

Dorie, Arbre d'Afr.

46 ♄ illicifolius. Cap. b. Sp.

Syngenesie Polygamie Superflue.

47 ♄ rigidus. Æt.
48 ♄ populifolius. Cap. b. Sp.
49 montanus. J.
50 ☉ rubens. J.
51 hederaterrestris.
52 ♄ rigens. Cap. b. Sp.
53 baccaris ivefolia.
54 ♃ tenuifolia. Jacq.
55 reclinatus. Cap. b. Sp. L. f.
56 lyratus. Cap. b. Sp. L. f.
57 ♄ rosmarinifolius. Cap. b. Sp. L. f.
58 angulatus. Cap. b. Sp. L. f.
59 maritimus. Cap. b. Sp. L. f.
60 cernuus. Mada. L. f.
61 ♃ Sibiricus. Sib. L. f.
62 erosus. Cap. b. Sp. L. f.
63 marginatus. Cap. b. Sp. L. f.
64 lanatus. Cap. b. Sp. L. f.
65 cruciatus. Cap. b. Sp. L. f.
66 diffusus. Cap. b. Sp. L. f.
67 ♄ juniperinus. Cap. b. Sp. L. f.
68 ♃ alpinus. Hel. Sue. Ger. L. f.
69 ♃ cordifolius. Cap. b. Sp. L. f.
70 glastifolius. Cap. b. Sp. L. f.
71 peucedanifolius. Cap. b. Sp. L. f.

1376.

Unxia, 54.

1 camphorata. Sur. loc. are.

Unxie de Surinam.

Syngenesie Polygamie Superflue.

1377.

Aster, 55.

1 ♄ taxifolius. Cap. b. Sp.

Aster à fe. d'If.

2 ♄ reflexus. Cap. b. Sp.
3 ♄ crinitus. Cap. b. Sp.
4 ♄ fruticulosus. Cap. b. Sp.
5 ♄ fru. maritimus. va.
6 ☉ tenellus. Cap. b. Sp.
7 ♃ alpinus. Auf. Val. Hel. Pyr.
8 ♃ atticus. alpinus. Monp.
9 ♃ maritimus fruticulosus. va.
10 sibiricus. Sib.
11 ♃ Tripolium. Eu. lit. mari.

Aster de Tripoli.

12 ♃ Amellus. Eu. Auf. col.
13 ♃ divaricatus. Vir.
14 ♃ hyssopifolius. Am. 7.
15 ♃ dumosus. Am. 7.
16 ♃ ericoides. Am. 7.
17 ♃ tenuifolium. Am. 7.
18 ♃ linariifolius. Am.
19 ♃ linifolius. Am. 7.
20 acris. Hung. His. Monp.
21 acr. luteo flore. va.
22 ♃ concolor. Vir.
23 ♃ rigidus. Vir.
24 ♃ novæ angliæ. No. Ang.
25 ♃ undulatus. Am. 7.
26 ♃ grandiflorus. Am. 7.
27 ♃ cordifolius. Am. Asi. 7.
28 ♃ puniceus. Am. 7.
29 ☉ annuus. Can. d. Dan.
30 ♃ vernus. Vir. Vir.
31 indicus. Chi.
32 ♃ lævis. Am. 7.
33 ♃ mutabilis. Am. 7.
34 ♃ Tradescanti. Vir.
35 ♄ novi belgii. Vir. Pens.
36 tardiflorus. Am. 7.

Syngenesie Polygamie Superflue.

37 ♃ miser. Am. 7.
38 ♃ macrophyllus. Am. 7.
39 ⊙ chinensis. Chi.

Reine Margueritte, blanche, Rouge & bleue.

40 ⊙ chi. flore pleno. va.
41 ⊙ aurantius. V. C.
42 gobularia. Tria.
43 acutifolia. Tria.
44 rubicaulis.
45 sedifolius. J.
46 salicifolius. J.
47 ♃ amænus. J.
48 vimineus.
49 patulus. J.
50 longifolius. J.
51 dracunculoides.
52 americanus. Am. Tria.
53 ♃ canadensis. Tria.
54 acadiensis. Tria.
55 trinervis. J.
56 ♃ Tataricus. Sib. L. f.

1378.

Solidago, 56.

1 ♃ sempervirens. Nove bo. Can. d.

Solidache vivant du Canada.

2 ♃ canadensis. Vir.
3 ♃ altissima. Am. 7.
4 ♃ alt. novæ angliæ.
5 ♃ glabra. va.
6 ♃ alt. villosa. va.
7 ♃ alt. reflexa. va.
8 lateriflora. Am. 7.
9 bicolor. Am. 7.
10 lanceolata. Am. 7.
11 ♃ cæsia. Am. 7.
12 ♃ mexicana. Mex.
13 ♃ foliis brevioribus. va.
14 flexicolis. Can. d.

Syngenesie Polygamie Superflue.

15 ♃ latifolia. Can. d.
16 ♃ Virga-aurea. Eu. pas. Sicc.

Verge d'or d'Europe des bois.

17 ♃ Vir. serrata. va.
18 ♃ Vir. latifolia serrata. va.
19 ♃ minuta. Pyr.
20 ♃ rigida. Pens.
21 ♃ noveboracensis. Am. 7.
22 linifolia. Tria.
23 hirsuta. J.
24 alba. J.
35 integrifolia.
26 ♃ radice odorata.
27 ♃ foliis crenata.
28 ♃ marilandica.

1379.

Mutisia, 57.

1 ♄ Clematis. No. Gra.

Mutisie à une fl. cotoneuse.

1380.

Cineraria, 58.

1 ♃ geifolia. Cap. b. Sp.

Cinerre. Jacobée d'Afrique.

2 cymbalarifolia. Cap. b. Sp.
3 cym. geraniifolia. va.
4 ♃ sibirica. Sib. Ori. Pyr.
5 ♃ glauca. Sib.
6 sonchifolia. Cap. b. Sp.
7 ♃ palustris. Eu. cep. aqu.
P. 8 ♃ alpina. Pyr. Hel. Aus. Monp.
P. 9 ♃ alp. alata. va.
P. 10 ♃ alp. integrifolia. va.
11 ♃ helenitis. va.
12 ♃ aurea. Sib.

Syngenesie Polygamie Superflue.

13 ♄ maritima. mari. infe. lit.
Jacobææ maritime.
14 ♃ canadensis. Can. d.
15 ♄ linifolia. Cap. b. Sp.
16 ♃ purpurata. Cap. b. Sp.
17 ♄ Amelloides. Cap. b. Sp.
After d'Afrique.
18 ♃ cardifolia. Jacq.
19 ♃ car. auriculata. Jac. va.
20 ♃ crispa. Jacq.
21 ♃ integrifolia. Jacq.
22 ♃ inte. pratense. Jacq.
25 ♃ longifolia. Jacq.
24 ♄ Americana. Am. m. L. f.
25 alata. Cap. b. Sp. L. f.
26 elongata. Cap. b. Sp. L. f.
27 Cacalioides. Cap. b. Sp. L. f.
28 denticulata. Cap. b. Sp. L. f.
29 perfoliata. Cab. b. Sp. L. f.
30 capillacea. Cap. b. Sp. L. f.
31 lineata. Cap. b. Sp. L. f.
32 hastifolia. Cap. b. Sp. L. f.

1381.

Inula, 59.

P. 1 ♃ Helenium. Ang. Bel.
Aunée. Enule - Campane.
Herbe contre la gale.
Inula Campana.
2 odorata. Ita. Gall. pro. Nar.
3 ♃ Oculus Christi.
Œil de Christ.

Syngenesie Polygamie Superflue.

P. 4 britanica. Luf. Bar. Sca. Sib. Auf. Tub.
P. 5 ♃ disenterica. Eu. fos. sub. hum.
Herbe contre la Dissanterie.
6 ⊙ indica. In. Ori.
7 undulata. Æg.
P. 8 ⊙ Pulicaria. Eu. temp.
Pulicaire. Herbe aux Puces.
9 ⊙ Pul. palustre. va.
10 ⊙ arabica. In. Ara.
11 spiræifolia. Ita.
12 ♃ squarrosa. Ita. Monp.
P. 13 ♃ salicina. Eu. bor. ulig.
14 ♃ hirta. Gal. Sib. Ger. Gene.
15 ♃ mariana. Am. 7.
16 ♃ germanica. Misi. Pann. Sib.
17 ♃ ensifolia. Auf. Tub.
18 ♃ crithmifolia. Ang. Gal.
la Limbarde de France.
19 ♃ provincialis. Gall. pro.
20 ♃ montana. Vien. Monp. Hif.
21 æstuans. Am. c.
22 ⊙ bifrons. Ita. Gall. pro. Pyr.
23 ♄ cærulea. Cap. b. Sp.
24 ♄ aromatica. Cap. b. Sp.
25 ♄ pinnifolia. Ær.
26 ⊙ fætida. Meli.
27 ægyptiaca. Tria.
28 conysoides. Tria.
29 virginica. Tria.
30 undulata. Æg.
31 orientalis. Tria.

1382.

Arnica, 60.

1 ♃ montana. Alp. Hel. Eu. Arnic.

Syngenesie Polygamie Superflue.

Arnic. Bétoine de montagne.

Tabac des Vosges.

2 ♃ alpina. va.
3 piloselloides. Æt.
4 ♃ scorpioides. Hus. Aus. hum.
5 ♃ doronicum radice dulci. va.
6 maritima. Kamt. Am. 7.
7 ♃ crocea. Æt.
8 Gerbera. Æt.
9 coronopifolia. Æt.
10 ♃ Doronicum. Jacq.
11 Japonica. Jap.

1383.

Doronicum, 61.

1 ♃ Pardalianches. Hel. Panne. Val.

Doronic du Valais.

2 ♃ radice scorpii. Ger. va.
P. 3 ♃ plantagineum. Lus. His. Gal.
4 ♃ pla. lusitanicum. va.
5 ♃ Bellidiastrum. Ita. Tyol.
6 ♃ bel. caule pedali. Alp. Hel. va.

1384.

Perdicium, 62.

1 ♃ semiflosculare. Cap. b. Sp.

Perdici du Cap b. Espérance.

2 ♄ radiale. Jam.
3 ♃ brasiliense. Bra.
4 Magellanicum. Tier. del. Fue.

Syngenesie Polygamie Superflue.

1385.

Helenium, 63.

1 ♃ autumnale. Am. 7.

Helenie. After jaune.

1386.

Bellis, 64.

P. 1 ♃ perennis. Eu. apr. pas.

Paquerette vivace.

P. 2 ♃ hortensis. va.

Marguerite des jardins.

3 ♃ hor. fl. albo. va.
4 ♃ hor. fl. pleno. va.
5 ♃ hor. fl. multiplici fistuloso. va.
6 ♃ hor. prolifera. va.

petite Consoude.

7 ☉ annua. Sisi. His. Monp.

1387.

Bellium, 65.

1 ☉ Bellidioides. Ita. Rom. ari.

Bellis Paquerette.

2 ☉ minutum. Ori. fon.

1388.

Tagetes, 66.

1 ☉ patula. Mex.

Œillet d'Inde.

2 ☉ indicus minor. va.
3 ☉ erecta. Mex.

Rose d'Inde.

4 ☉ flore maximo. va.
5 ☉ mexicanus. va.
6 ☉ mex. alter. va.
7 ☉ minuta. Chil.

Syngenesie Polygamie Superflue.

1389.

Leysera, 67.

1 ♄ gnaphalodes. Æt.

Leysere à fl. aurore.

2 ♄ callicornia. Cap. b. Sp.
3 paleacea. Cap. b. Sp.

1390.

Zinnia, 68.

1 ☉ pauciflora. Peru.

Zinnie. Bota. du Péroux.

2 ☉ multiflora. Louisiane.
3 ☉ peruviana.

1391.

Pectis, 69.

1 ☉ ciliaris. Am.

Verbesimastre d'Amérique.

2 punctata. Am.
3 linifolia. Am.

1392.

Chrysanthemum, 70.

1 ♄ frutescens. Insu. Cana.

Pyrethre des Canaries.

2 ♃ serotinum. Am. 7.
3 atratum. Hel. Auf. Alp. pra.
4 alpinum. Hel. Alp.
P. 5 ♃ Leucanthemum. Eu. pra.

Grande Marguerite. com.

P. 6 ♃ Bellis montana. va.
P. 7 ♄ Bel. vulgare. va.
8 montanum. Monp. Tub. Sile.

Syngenesie Polygamie Superflue.

9 ♃ graminifolium. Monp.
10 ♃ monspeliense. Monp.
11 ♃ Balsamita. Ori.

Balsamite du Levant.

12 ☉ inodorum. Sue. Eu. rud.
13 ☉ Chamæmelum mariti. va.

Chamæleon des bor. maritimes.

14 ♃ Achileæ. Ita.
15 ♃ corymbosum. Tur. Boh. Sib.
16 ♃ cory. flore major. va.
17 indicum. In.
18 hortensis flore pleno. va.

grande Marguerite des jardins.

19 arcticum. Kam. Am. 7.
20 ♃ pectinatum. Hif. Ita.
P. 21 ☉ segetum. Sca. Ger. Bel. Ang.
P. 22 ☉ major. Gal. agr. va.
23 ☉ Myconis. Luf. Hif. Ita. agr.

Mycone de l'Archipel.

24 Italicum. Ita.
25 ☉ coronarium. Cre. Sici. Hel.

Chrisene de Candie.

26 ☉ coro. matricarioides. va.
27 ♃ bipinnatum. Sib.
28 ♄ flosculosum. Afr. Cre.
29 ♄ Cotula. (grandis). va.

grande Cotule à tige simple.

30 ♄ pinnatifidum. Mader. L. f.
31 Tanacetum. Sib. Syl. mont.

Syngenesie Polygamie Superflue.

1393.

Matricaria, 71.

1 ♃ ♂ Parthenium. Eu. cul.

Matricaire. Espargoutte.

2 ♃ ♂ Par. flosculosum. va.
3 maritimum. Eu. 7. lit.
4 ⊙ suaveolens. Eu.
5 ⊙ Chamomilla. Eu. agi. cul.
6 argentea. Ori.
7 ♃ asteroides. Pens.
8 ⊙ capensis. Cap. b. Sp.

1394.

Cotula, 72.

1 anthemoides. Insu. Hel. His.

Cotule des Isles Ste. Hélene.

2 nilotica. Æg. va.
3 ⊙ aurea. His. Eu. Aus.
4 striata. Cap. b. Sp.
5 ⊙ coronopifolia. Æt. Fri. inun.
6 viscosa. V. C.
7 ⊙ turbinata. Æt.
8 ⊙ tanacetifolia. Cap. b. Sp.
9 Verbesina. Jam.
10 pyrethraria. Am.
11 spilanthus. Cart. mari.
12 ⊙ capensis. Cap. b. Sp.
13 quinqueloba. Cap. b. Sp. L. f.
14 ♃ cericea. Cab. b. Sp. L. f.
15 pilulifera. Cap. b. Sp. L. f.
16 umbellata. Cap. b. Sp. L. f.

Syngenesie Polygamie Superflue.

1395.

Anacyclus, 73.

1 ⊙ creticus. Cre.

Anacycle de Crete.

2 orientalis Ori.
3 ⊙ ♃ aureus. Eu. Aus. Ori.
4 ⊙ valentinus. Vale. agr.

1396.

Anthemis, 74.

1 Cota. Ita. arv.

Anthemide d'Italie.

2 ⊙ altissima. Ita. His. G. N. agr.
3 ♃ maritima. Monp. Ita.
4 ♃ tomentosa. Græ. mari. Monp.
5 ⊙ mixta. Ita. Gal.
6 ♃ alpina. Tyro. Bal. Tub. Alp.
7 chia. Chio.
P. 8 ♃ nobilis. Eu. pas. apr.

Camomille Romaine.

9 ♃ nob. flore multiplici. va.
P. 10 ♂ arvensis. Eu. Sue. præ. agr.
P. 11 ⊙ Cotula. Eu. rud. Vera.

Maroute puante.

12 montana. Ita. Hel. Pyr.
13 ♃ Pyrethrum. Monp. Ape. Ara.

Pyrethre ou pied d'Alexandre.

14 ⊙ valantina. G. N.

Pyr. jaune de Valencienne.

15 ⊙ val. flore luteo. va.
16 ⊙ val. fœtidum. va.

Syngenesie Polygamie Superflue.

17 repanda. Hiſ. Luſ.
18 Americana. Am.
19 ♃ tinctoria. Sue. Ger. apr.
20 ♃ Triumfeti. va.
21 ☉ arabica. Ara.
22 floſculoſa.
23 chamæmelum.

1397.

Achillea, 75

1 ♃ ſantolina. Ori.
Achillé. Santoline d'Orient.

2 ♃ Ageratum. G. N. Heſ.
Eupatoire de Meſué.

3 ♃ falcata. Ori.
4 ♃ tomentoſa. G. N. Val. Tar.
5 ♃ pubeſcens. Ori.
6 abrotanifolia. Ori.
7 ♃ bipinnata. Ori.
8 ♃ ægyptiaca. Æg. Ori. Aſtr.
9 ♃ macrophilla. Hel. Ita. Alp.
10 impatiens. Sib.
11 ♃ Clavernnæ. Auſ. Pann. Cari.
P. 12 ♃ Ptarmica. Eu. temp.
Herbe à Eternuer.

13 ♃ Pta. fl. pleno. va.
14 ♃ alpina. Sib. Hel. Alp.
15 ♃ atrata. Hel. Vale. Auſ. loc.
16 nana. Hel. Val. Alp.
17 ♃ magna. Eu. Auſ.
P. 18 ♃ Milleſolium. Eu. paſ.
Mille-feuille à fl. blanche.
Herbe aux Charpentiers.
Herbe aux Voituriers.

Syngeneſie Polygamie Superflue.

P. 19 ♃ Mil. purpureum. va.
20 ♃ Mil. alpinum. va.
21 ♃ nobilis. Tar. Hel. Ger. G. N.
petite Taneſie de Tartarie.

22 ♃ odorata. Hel. Nar. Hiſ.
23 ♃ cretica. Cre.
24 ♃ inodora. Afr.
25 ♃ ſerrata.
26 ♃ uniflora. J.
27 aurea. J.

1398.

Tridax, 76.

1 procumbens. V. C.
Tridax. Corolle en 3 parties.

1399.

Amellus, 77.

1 ♄ Lychnitis. Cap. b. Sp.
Amelle du Cap.

2 ♃ umbellatus. Jam.

1400.

Eclipta, 78.

1 ☉ erecta. Vir. Sur.
Eclipte à tige droite.

2 proſtrata. In.
3 ☉ punctata. Dom. Mart. inu.

1401.

Siegeſbeckia, 79.

1 ♃ orientalis. Chi. Med.
Siegeſteckie. Doct. Medecin.

2 occidentalis. Vir.

Syngenesie Polygamie Superflue.

1402.

Verbesina, 80.

1 ♃ alata. Cur. Sur.

Verbesine. Chanvre d'Inde.

2 ♄ chinensis. Chi.
3 virginica. V.
4 Lavenia. Zey.
5 biflora. In. Gu. Aub.
6 calendulacea. Zey. Gu. Aub.
7 ☉ nodiflora. Cari. Gu. Aub.
8 ♄ fruticosa. Am. m.
9 ☉ mutica. Am. m.
10 ☉ acmella. Zey.

Tête cornue de Zeyland.

11 Pseudo Acmella. Zey.

Acmelle. (faux)

12 Bosvallea. In. L. f.

1403.

Buphthalmum, 81.

1 ♄ frutescens. Jam. Vir.

Œil de Bœuf. Fausse. Camomille en Arbre.

2 ♄ arborescens. Am.

Racine Salivaire. Pyrethre.
Feuille retournée.

3 ☉ spinosum. G. N. Hif. Ita. Ori.
4 ☉ aquaticum. Cre. Luf. Maff.
5 ♃ maritimum. mari. Medi.
6 ♄ durum. Cap. b. Sp.
7 ♃ salicifolium. Luf. Monp.

Asterette velue.

Syngenesie Polygamie Superflue.

8 ♃ grandiflorum. Auf. Ita. Alp.
9 ♃ speciosissimum. mont. Bra.
10 ♃ helianthoides. Am 7.
11 lævis. Tria.
12 angustifolium. Tria.
13 abissinicum. J.
14 ♄ sericeum. Tene.

Polygamie Fausse.

1404.

Helianthus, 82.

1 ☉ annuus. Per. Mexi.

Soleil. Tournesolle. Couronne du Soleil. Herbe du Soleil.

2 ☉ ann. fl. pleno. va.
3 ☉ ann. nana. Tria.
4 ☉ ann. fl. pleno. va.
5 ♃ multiflorus. Vir.
6 ♃ mul. fl. pleno. va.
7 ♃ tuberosus. Bra.

Topinanbour de Farnese.
Fleur du Soleil.

8 decapetalus. Can. d.
9 frondosus. Can. d.
10 strumosus. Can. d.
11 ♃ giganteus. Vir. Can. d.
12 ♃ caule-hirsuto. va.
13 ♃ altissimus. Pens.
14 lævis. Vir.
15 angustifolius. Vir.
16 ♃ divaricatus. Am. 7.
17 ♂ atrorubeus. Vir. Caro.
18 grandiflorum.
19 ☉ indicus. Æg.

1405.

Rudbeckia, 83.

1 ♃ laciniata. Vir. Can. d.

Syngenesie Polygamie Fausse.

Rudbeckie. Mede. Bota.

2 ♂ triloba. Vir.
3 ⊙ ♃ hirta. Vir. Can. d.

Obeliscotheca. Obeliscaire.

4 angustifolius. Vir.
5 purpurea. Vir. Caro.
6 oppositifolia. Vir.

1406.

Coreopsis, 84.

1 ♂ verticillata. Vir.

Coreopse à fl. vertisillé.

2 ⊙ coronata. Vir. Gu. Aub.
3 ⊙ leucantha. Am.
4 chrysantha. Am. Gu. Aub.
5 ♃ tripleris.
6 ♃ alba. Insu. St. Cru.
7 reptans. Am. Gu. Aub.
8 auriculata. Vir.
9 ⊙ lanceolata.
10 ⊙ Bidens. Eu. Pens. sos.
11 ♃ alternifolia. Vir. Can. d.
12 palmata. J.
13 baccata. Sur.

1407.

Osmites, 85.

1 ♄ Bellidiastrum. Æt.

Osmitte à fl. de Bellis.

2 ♄ camphorina. Cap. b. Sp.
3 ♄ leucantha. va.
4 ♄ Asteriscoides. Cap. b. Sp. loc.
5 ♄ calycina. Cap. b. Sp. L. f.

1408.

Gorteria, 86.

1 ⊙ personata. Cap. b. Sp.

Syngenesie Polygamie Fausse.

Gortere. Bota.

2 ♄ rigens. Cap. b. Sp.
3 ♄ squarrosa. Cap. b. Sp.
4 ♄ setosa. Cap. b. Sp.
5 ♄ ciliaris. Æt.
6 ♄ fruticosa. Æt.
7 ♄ Asteroides. Cap. b. Sp. L. f.
8 ♃ herbacea. Cap. b. Sp. L. f.
9 ♄ hispida. Cap. b. Sp L. f.
10 spinosa. Cap. b. Sp. L. f.
11 cernua. Cap. b. Sp. L. f.
12 uniflora. Cap. b. Sp. L. f.
13 ♃ barbata. Cap. b. Sp. L. f.

1409.

Zoegea, 87.

1 Leptaurea. Æg.

D. Zoege. Bota.

2 ⊙ Capensis. Cap. b. Sp. L. f.

1410.

Centaurea, 88.

1 ⊙ Crupina. Hel. G. N. Oricoli.

Centaurée. Chardon de la Pouille.

2 ⊙ moschata. Per. Rus.

Embrette jaune.

3 ⊙ mos. Amberboi. va.

Fleur du Grand Seigneur.

4 ♃ crucifolia.
5 ⊙ Lippii. Æg. Alex.
6 alpina. Bald.
7 ♃ Centaurium. Garg. Bal. Alp. Tar.

grand Centauré.

Syngenesie Polygamie Fausse.

Rhapontie vulgaire.

P. 8 ♃ frygia. Hel. Auf. Fil.
P. 9 ♃ Jacea alba. va.
10 capitata. Sib. Hif.
11 ♃ uniflora. Eu. Auf. Alp.
12 ♃ liniflora. Hif. Ita.
13 pectinata. Gal. Narb. Gal. pro.
P. 14 ♂ nigra. Ang. Hel. Auf. Ger.

Jacée noir à fe. laciniée s.

P. 15 ♂ nig. floribus feffilibus. va.
16 ⊙ pullata. G. N. Hif. Ori.
17 ♃ montana. Hel. Auf. Ger. Alp.
18 ♃ Jacea integrifolia. va.
P. 19 ⊙ Cyanus. Eu. feg.

Barbeau des Bleds. Pérole.

Aubifoin. Baveole.

Caffe-lunette.

P. 20 ⊙ Cya. hortenfis.

Bleuets. Barbeau des jardins.

21 ⊙ Cya. hor. flore pleno.
22 ⊙ paniculata. G. N. Auf. Hif. Vera.
23 fpinofa. Cre.
24 ♃ ragufina. Cre. Epid.
25 ♃ Cineraria. Ita.

Jacée blanche d'Italie.

26 ♃ Cine. fl. purpureo.
27 argentea. Cre.
28 ♃ fibirica. Sib.
29 ♃ fempervirens. Luf.
30 ♃ linifolia. Hif. Ita.
31 ftæbe. Auf.
32 acaulis. Ara.
33 ♃ orientalis. Sib.

Syngenesie Polygamie Fausse.

Jacée orientale de Siberie.

34 ♃ Behen. Afi. minor. Lib.

Behen blanc du M. Liban.

35 ♃ repens. Ori.
36 ♃ Jacea. Eu. 7.

Jacée noir com. des Prés.

37 ♃ Ja. nigra anguftifolia. va.
38 ♃ amara. Ita. Monp.
39 ♃ am. Jacea faxatilis. va.
40 alba. Hif. Hel.
41 ♂ fplendens. Hel. Hif. Sib.
42 Rhapontica. Alp. Hel. Vero.

Rhapontic blanc.

43 ♃ babilonica. Ori. Tria.

Jacée de Babilone.

44 ♃ glaftifolia. Ori. Sib.

Chardon laiteux.

45 ♃ conifera. Monp. fax. gla.
46 ⊙ ♃ fonchifolia. mari. Medi.
47 ♃ feridis. Hif.
48 ⊙ romana. Camp. Rom.
49 fphærocephala. Maur. Hif.
50 ♃ Ifnardi. Eu. Auf.
51 ⊙ napifolia. Cre.
52 afpera. Monp. Hel. Luf.
53 pumilus fupinus. va.
54 ⊙ benedicta. Chi. Lem. Hif.

Chardon béni des Parifiens.

55 ⊙ eriofora. Luf.
56 ⊙ ægyptiaca. Æg.

Syngenesie Polygamie Fausse.

P.57 ⊙ Calcitrapa. Hel. Ang. Eu. Auf.

Chaustrape étoilée. Chardon étoilé.

58 ⊙ Calcitrapoides. Monp. Palef.
59 hirfuta. Ær.
60 coronopifolia. Ær.
61 ♄ tenella. Cap. b. Sp.
62 ⊙ folftialis. Gal. Ang. Ita.
63 ⊙ melitenfis. Meli. Monp.
64 ♃ ficula. Sici.
65 centaurioides. Ita. Hif.
66 ♃ rupeftris. Ita.
67 ♃ collina. Ita. Hif. Monp.
68 Verutum. Ori.
69 cichoracea. Monp. arg.
70 ♃ falmatica. Eu. Auf.
71 ♂ peregrina. Eu. Auf.
72 ⊙ Crocodyllum, Syr.
73 ⊙ muricata. Hif.
74 radiata. Tana.
75 ♃ nudicaulis. Ita. Gal. pro.
76 pumila. Æg.
77 ♃ tingitana. Ting.
78 ♃ galactites. Eu. Auf.
79 ♃ gal. caule alato. va.
80 africana. Tria.
81 Apula. Tria.
82 intibacea. J.
P. 83 fcabiofa. Eu. 7. pra.
P. 84 fca. italica. J. va.
85 ♃ Tatarica. Sib.

Polygamie Néceffaire.

1411.

Milleria, 89.

1 ♃ quinqueflora. Pana. V. C.

Millere. Bota.

2 annua ramofior. va.
3 ⊙ biflora. Camp.

Syngenefie Polygamie Néceffaire.

4 peruviana. Tria.

Contra Yerva du Pérou.

5 ♄ Wedelia. Cart.

1412.

Baltimora, 90.

1 ⊙ recta. Maril. Balt.

Baltimore de la mer Baltique.

1413.

Silphium, 91.

1 ♃ laciniatum. Am. 7. Mififi.

Silphie à fes. laciniées.

2 ♃ perfoliatum. Mififi.
3 ♃ connatum. Am.
4 ♃ afterifcus. Vir. Car.

Afterette de Virginie.

5 folidaginoides. Vir.
6 helianthoides. va.
7 ♃ trifoliatum. Vir.
8 trilobatum. Am.
9 latifolium. J.
18 uvedalia. Tria.
11 terebenthinaceum. L. f.

1414.

Polymnia, 92.

1 ♃ canadenfis. Can. d.

Polymnie du Canada.

2 ♃ Uvedalia. Vir.
3 Tetragonotheca. Vir.

Doronique à grandes feuilles.

4 ♄ Wedelia. Cart. Syl.
5 ⊙ Abyffinica, Abi. L. f.

Syngenesie Polygamie Nécessaire.

6 ♄ spinosa. Cap. b. Sp. L. f.
7 ♄ carnosa. Cap. b. Sp. L. f.

1415.

Chrysogonum, 93.

1 virginianum. Vir.

Chrysogone de Virginie.

1416.

Melampodium, 94.

1 americanum. V. C.

Melampode d'Amérique.

2 ♃ australe. Cuma.

1417.

Calendula, 95.

P. 1 ⊙ arvensis. Eu. arv.

Soucie des Vignes.

P. 2 ⊙ officinalis. va.

Sou. ou Caltha des Bouti.

3 ⊙ polyanthos major. va.
4 ⊙ floribus reflexis. va.
5 ⊙ prolifera. flo. major. va.
6 ⊙ sancta. Pales.
7 ⊙ pluvialis. Æt.
8 ⊙ plu. Afri. va.
9 ♂ hybrida. Æt.
10 nudicaulis. Æt.
11 graminifolia. Æt.
12 ♄ fruticosa. Cap. b. Sp.
13 ♄ fru. minima. va.
14 tomentosa. Cap. b. Sp. L. f.
15 ⊙ gibraltarica.

1418.

Baillieria, 96.

1 ♃ aspera. Gu. Aub.

Syngenesie Polygamie Nécessaire.

Bailliere franche.

Conami franc des Négres.

Herbe à enivrer le Poisson.

2 sylvestris. Gu. Aub.

1419.

Arctotis, 97.

1 ⊙ Calandulacea. Æt.

Oursinne Soucie.

2 ⊙ Calandula. va.
3 ♃ superba. Æt.

Jacobé d'Afrique superbe.

Seneçon (grand) d'Afrique.

4 ⊙ hypochondriaca. va.
5 ⊙ tristis. va.
6 coruscans. va.
7 plantaginea. Cap. b. Sp.
8 angustifolia. Cap. b. Sp. fos.
9 foliis oblongis dentatis. va.
10 aspera. Æt.
11 ♄ anemospermos. va.

Seneçon d'Æthiopie.

12 ⊙ paradoxa. Æt.
13 paleacea. Cap. b. Sp.
14 dentata. Cap. b. Sp.
15 anthemoides. Cap. b. Sp.
16 tenuifolia. Cap. b. Sp.
17 ♃ acaulis. Cap. b. Sp.
18 serrata. Cap. b. Sp. L. f.
19 ♃ tenuifolia. Cap. b. Sp. L. f.

Syngenesie Polygamie Nécessaire.

1420.

Osteospermum, 98.

1 ♄ spinosum. Æt.

Porte-Pois épineux.

2 ♄ pisiferum. Cap. b. Sp.
3 ♄ moniliferum. Æt.
4 ♄ ilicifolium. Cap. b. Sp.
5 ♄ ciliatum. Cap. b. Sp.
6 junceum. Cap. b. Sp. mont.
7 ♄ corymbosum. Cap. b. Sp.
8 ♄ imbricatum. Cap. b. Sp.
9 ♄ polygaloides. Æt.
10 ♄ triquetrum. Cap. b. Sp. L. f.
11 herbaceum. Cap. b. Sp. L. f.
12 Arctotoides. Cap. b. Sp. L. f.
13 niveum. Cap. b. Sp. L. f.
14 perfoliatum. Cap. b. Sp. L. f.
15 calandulaceum. Cap. b. Sp. L. f.

1421.

Othonna, 99.

1 ♄ bulbosa. Æt.

Otonne bulbeux.

2 ♄ dentata. va.
3 ♄ pedunculi longissimis. va.
4 ♃ herbacea fo. radicalibus. va.
5 ♃ he. fo. linearibus. va.
6 ♃ he. fo. lanceolatis, va.
7 ♃ he. fo. lan. dentatis. va.
8 ♃ he. fo. lan. subelliplicis. va.
9 ♃ he. fo. sublanceolatis. va.
10 ♄ fruticosa. fo. apicis. va.
11 ♄ fru. fo. alternis. va.

Syngenesie Polygamie Nécessaire.

12 ♄ pectinata. Æt.

Jacobé d'Æthiopie.

13 ♄ Jacobæa absinthites. va.
14 ♄ abrotanifolia. Æt.
15 ♄ coronopifolia. Æt.
16 ♄ cheirifolia. Æt.
17 ♄ crassifolia. Cap. b. Sp.
18 ♄ parviflora. Cap. b. Sp. loc.
19 ♄ tenuissima. Cap. b. Sp.
20 ♄ frutescens. Cap. b. Sp.
21 ♄ arborescens. Cap. b. Sp.
22 ⊙ Tagetes. Cap. b. Sp.

petite Rose d'Inde.

23 ciliata. Cap. b. Sp. L. f.
24 digitata. Cap. b. Sp. L. f.
25 ♄ Athanasiæ. Cap. b. Sp. L. f.
26 pinnata. Cap. b. Sp. L. f.
27 Lingua. Cap. b. Sp. L. f.
28 ♄ trifida. Cap. b. Sp. L. f.
29 ♄ lateriflora. Cap. b. Sp. L. f.
30 heterophylla. Cap. b. Sp. L. f.
31 trifurcata. Cap. b. Sp. L. f.
32 Cacalioides. Cap. b. Sp. L. f.
33 ♄ Ericoides. Cap. b. Sp. L. f.
34 minuta. Cap. b. Sp. L. f.
35 linifolia. Cap. b. Sp. L. f.
36 ⊙ capillaris. Cap. b. Sp. L. f.
37 ♄ virginea. Cap. b. Sp. L. f.

1422.

Hippia, 100.

1 ♄ frutescens. Æt.

Arbre de Tanesie.

2 integrifolia. In. L. f.
3 minuta. Am. m. L. f.

Syngenesie Polygamie Nécessaire.

1423.

Eriocephalus, 101.

1 ♄ africanus. Æt.

Eriocephale. Tête laineuse.

Estragon du Cap. d. b. Espérance.

2 ♄ racemosus. Cap. b. Sp.

1424.

Filago, 102.

1 ☉ acaulis. Eu. Auf. Ori. stag.

Filague, petite Herbe à Coton.

2 ☉ germanica. Eu.
P. 3 ☉ pyramidata. Hif.
4 ☉ montana. Eu. sabu. mont.
5 gallica. Hel. Ang. Ger.
6 ☉ arvensis. Eu. camp. sabu.
7 ♃ Leontopodium. Alp. Hel.
8 ☉ Gnaphalio magno flore. va.
9 maritima. Tria.
10 ægyptiaca. J.

1425.

Micropus, 103.

1 ☉ supinus. Luf. Ita. Ori. mari.

Micrope de Portugal.

2 ☉ erectus. Ori. Gal. Hif. coli.

Leontopodium. Pate de Lion.

Polygamie Secrette.

1426.

Elephantopus, 104.

1 ♃ scaber. In. Gu. Aub.

Pied d'Eléphan rude.

2 tomentosus. Am.

1427.

Oedera, 105.

1 ♄ prolifera. Cap. b. Sp. are.

Oedere à tige entiere.

2 ♄ aliena. Cap. b. Sp. L. f.

1428.

Sphæranthus, 106.

1 ♃ indicus. In.

Tête ronde. Sphærique.

Boulette de l'Inde.

2 ☉ africanus. Afr. Asi.
3 chinensis. In.

1429.

Echinops, 107.

P. 1 ♃ sphœrocephalus. Ita. Ger.

Tête Erissonnée. Echinops.

2 ♃ ♄ spinosus.
3 ♃ Ritro. Sib. Gal. Ita. colli.

Ritro à tête bleue.

4 ♃ Rit. foliis linearibus.
5 ☉ strigosus. Hif. va.
6 græcus. Tria.
7 corymbosus. Tria.

Syngenesie Polygamie Secrette.

1430.

Gundelia, 108.

1 ♃ Tournefortii. Am. Syr. Alep.

Gundelle. Bota.

2 ♃ orientalis. va.

1431.

Jungia, 109.

1 ferruginea. Am. m.

Jungie ferrugineux.

1432.

Stoebe, 110.

1 ♄ æthiopica. Æt.

Stoebé d'Æthiopie.

2 ♄ ericoides. Cap. b. Sp.
3 ♄ proſtrata. Cap. b. Sp.
4 ♄ guaphaloides. Cap. b. Sp.
5 Gonphrenoides. Cap. b. Sp. L. f.
6 ſcabra. Cap. b. Sp. L. f.
7 reflexa. Cap. b. Sp. L. f.
8 Rhinocerotis. Cap. b. Sp. L. f.
9 diſticha. Cap. b. Sp. L. f.

Monogamie.

1433.

Seriphium, 111.

1 ♄ cinereum. Æt.

Seriphie. Arbre cendré.

2 ♄ plumoſum. Æt.
3 ♄ fuſcum. Cap. b. Sp.
4 ♄ guaphaloides. Cap. b. Sp.

Syngenesie Polygamie Monogamie.

5 ♄ ambiguum. Cap. b. Sp.

Arbre aromatique d'Afrique.

6 corymbiferum.

1434.

Strumphia, 112.

1 ♄ maritima. Am. Gu. Aub.

Strumphie. Bota.

1435.

Corymbium, 113.

1 ♄ ſcabrum. Cap. b. Sp. L. f.

Corymbie à tige rude.

2 ♃ glabrum. Cap. b. Sp. L. f.
3 filiforme. Cap. b. Sp. L. f.
4 villoſum. Cap. b. Sp. L. f.

1436.

Jaſione, 114.

1 ⊙ montana. Eu. coli. Sicci.

Jaſionne de montagne.

2 ♃ perennis. Thouin. val. J.

1437.

Lobelia, 115.

1 ⊙ ſimplex. Cap. b. Sp.

Lobelle. Bota.

2 ♄ pinifolia. Æt.
3 ♃ Dortmana. Eu. frig. lacn.
4 Tupa. Per.
5 ⊙ Kalmii. Can. d.
6 paniculata. Æt.
7 cornuta. Cayen. Gu. Aub.
8 Phyteuma. Æt.

Plante qui fait Aimer.

9 bulboſa. Cap. b. Sp. L. f.
10 ⊙ triquetra. Cap. b. Sp.
11 ⊙ longiflora. Jam. ripa.

Syngenesie Monogamie.

12 assurgens. Jam.
13 ♃ Cardinalis. Vir.

Cardinal à fl. très-rouges.

14 ♃ siphilitica. Vir. Syl. arid.
15 ♄ surinamensis. Suri.
16 ☉ inflatata. Vir. Can. d.
17 ☉ cliffortiana. Vir. Can. d.
P. 18 ☉ urens. Gal. His.
19 ☉ minuta. Cap. b. Sp.
20 ☉ Laurentia. Ita. Cre.
21 ☉ Lau. flore maculato. va.

Rapuntium de Laurand.

22 ☉ Erinus. Æt.
23 ☉ erinoides. Cap. b. Sp.
24 Zeylanica. Chi. Æt.
25 lutea. Æt.
26 ♄ hirsuta. Æt. L. f.
27 coronopifolia. Æ.
28 ♄ tenella. Cap. b. Sp.
29 ☉ comosa. Æt.
30 ☉ simplex. Cap. b. Sp.
31 balearica. A. Richard.
32 plumierii. In. L. f.
33 lævigata. Suri. L. f.
34 columneæ. No. Gra. L. f.
35 grandis. Am. m. L. f.
36 ferruginea. Am. L. f.
37 tomentosa. Cap. b. Sp. L. f.
38 ☉ anceps. Cap. b. Sp. L. f.
39 depressa. Cap. b. Sp. L. f.
40 debilis. Cap. b. Sp. L. f.
41 secunda. Cap. b. Sp. L. f.
42 patula. Cap. b. Sp. L. f.
43 ☉ bellidifolia. Cap. b. Sp. L. f.
44 volubilis. Cap. b. Sp. L. f.

Syngenesie Monogamie.

1438.

Viola, 116.

1 ♃ palmata. Vir.

Violette à fe. palmée.

2 ♃ pedata. Vir.
3 puinata. Sib. Eu. Alp.
4 lanceolata. Can. Sib.
5 primulifolia. Sib. Vir.
P. 6 ♃ hirta. Eu. frig. nemo.
P. 7 ♃ palustris. Eu. frig. palu.
P. 8 ♃ odorata. Eu. nemo.

Violette de Mars. Com.

P. 9 ♃ odo. martia alba. va.
P. 10 ♃ odo. mar. multiplici flore. va.
11 ♃ caulescentes. Eu. apri.
12 ♃ montana. Alp. Lapp. Aus. Ger.
13 ♃ mont. lutea. va.
14 ♃ cenisia. Ceni. Alp.

Violette du Mont-Cenis.

15 ♃ canadensis. Can. d.
16 ♃ mirabilis. Ger. Sue. nemo.
17 ♃ biflora. Alp. Lapp. Aus. Hel.

Violette jaune à deux fleurs.

18 ♃ uniflora. Sib.
P. 19 ☉ tricolore. Eu. cul.

Pensée com. des jardins.

Violier. Herbe de la Trinité.

P. 20 ☉ tri. reptans. va.
21 ♃ grandiflora. Alp. Hel. Pyr.
22 calcarata. Pyr. Hel. Alp.
23 cornuta. Pyr.

Singenesie Monogamie.

24 ♄ arborescens. Hif.
25 ♃ enneasperma. In.

Herbe ou Violette des Indes.

26 ♄ sufruticosa. In.
27 ♃ Calceolaria. Cum.
28 ♄ oppositifolia. Cum.
29 ♄ Hybanthus. Am. m. Gu. Aub.
30 ♄ Ipecacuana. Bra.

Ipécacuana blanc.

31 diandra.
32 Itoubou. Gu. Aub.

Ypécaca des Garipons.

33 parviflora.
34 decumbens. Cap. b. Sp.
P. 35 canina. sylvestris. E.

Syngenesie Monogamie.

1439.

Impatiens, 117.

1 ⊙ chinensis. Chi.

Belsamine de la Chine.

2 ⊙ latifolia. In.
3 oppositifolia. Zey. are.
4 ⊙ cornuta. Zey.
5 ⊙ Balsamita. In.

Belsamine des jardins.

6 triflora. Zey. palu.
7 Nolitangere. Eu. Can. d.

Ne me touchez pas.
Belsamine jaune.

VINGTIÉME CLASSE.

Gynandrie Diandrie.

1440.

Orchis, Ier. G.

1 ♃ bicornis. Cap. b. Sp.

Orchide à double corne.

2 ♃ biflora. Cap. b. Sp.

Orch. à doubles fleurs.

3 cornuta. Cap. b. Sp.
4 santa Pale.
5 susanea. Amb.

Fleur d'Amboine.

6 ♃ ciliaris. Vir. Can. d.

Plante Satirique.

7 babenaria. Jam.
P. 8 ♃ bifolia. Eu. pas. asp.

Diadelphie Decandrie.

9 ♃ trifolia major. va.
10 ♃ tri. minor. va.
11 ♃ bifolia altera. va.
12 flexuosa. Cap. b. Sp.
13 ♃ cucullata. Sib.
14 globosa. Hel. Aus. Carn. Ger.
P. 15 ♃ pyramidalis. Hel. Bel. Ang.
P. 16 ♃ pyr. Cynosorchis. va.
P. 17 ♃ pyr. Cyno. spica comp. va.
P. 18 ♃ coriophora. Eu. Aus. Ori.
P. 19 ♃ cor. odore hirci minor. va.
20 ♃ cubitalis. Zey.
P. 21 ♃ Morio. Eu. Syl. asp.

Morion. Folle Femelle.

Gynandrie Diandrie.

P.22 ♃ Mascula. Eu.

Mâle Foux maculé.

Testiculle de Prêtre.

P.23 ♃ ustulata. Eu. temp. pra.

Mauvette brulante.

P.24 ♃ militaris. Eu. temp. pra.

Cappette. La Guerriere.

P.25 ♃ mil. magna. va.

Grosse Mouche militaire.

P.26 ♃ mil. minor. va.
P.27 ♃ mil. major. Tournefor. va.
28 ♃ flore simiam referens. va.
29 papilionacea. Hiſ. Carni.
30 ♃ burmaniana. Cap. b. Sp.
31 ♃ palens. Eu. Syl.
P.32 ♃ latifolia. Eu. pra.

Testiculle com. d'Europe.

P.33 ♃ palmata paluſtris. va.
P.34 ♃ paſ. montana altera. va.
P.35 ♃ pal. palus. maculata. va.
36 ♃ incarnata. Eu.
37 ♄ ſambucina. Eu.
P.38 ♃ maculata. Eu. pra. ſucu.
39 odoratiſſima. Ita. Gal.
P.40 ♃ conopſea. Eu. pro. mont.
41 ♃ anguſtifolia minor. va.
42 ♃ pratenſis maxima. va.
43 ♃ flava. Vir.
44 ♃ fuſcus. Sib.
45 ♃ ſtrateumatica. Zey.
46 hyperborea. Iſla.
P.47 ♃ abrotiva. Gal. Hel. Ang.

Plante qui fait avorter.

48 pſycodes. Can. d.
49 ſpectabilis. Vir.
50 amboinia.
P.51 Zoophora. J.

Gynandrie Diandrie.

Minois de Singe.

52 ſpathulata. Cap. b. Sp. L. f.
53 flexuoſa. Cap. b. Sp. L. f.
54 tripetaloides. Cap. b. Sp. L. f.
55 ſagittalis. Cap. b. Sp. L. f.
56 barbata. Cap. b. Sp. L. f.
57 draconis. Cap. b. Sp. L. f.
58 tenella. Cap. b. Sp. L. f.
59 filicornis. Cap b. Sp. L. f.
60 hiſpidula. Cap. b. Sp. L. f.
61 Tipuloides. Kamts. L. f.
62 ſpecioſa. Cap. b. Sp. L. f.
63 habenaria. Gu. Aub.
64 varia. Gu. Aub.

1441.

Satyrium, 2.

P. 1 ♃ hircinum. Gal. Cant. Ger.

Satyraine puante.

P. 2 ♃ viride. Eu. fri. aſp.
3 ♃ palmata batractites. va.
4 ♃ nigrum. Alp. Hel. Lapp.

Palme de Chriſt.

5 ♃ albidum. Scan. Ger. Hel.
6 ♃ Epipogium. Sib. Auſ. Hel.
7 plantagineum. Am. Gu. Aub.

Helleborine d'Amérique.

8 ♃ repens. Sue. Ang. Sib. Hel.
9 ♃ radice repente. va.
10 capenſe. Cap. b. Sp.
11 hians. Cap. b. Sp. L. f.

Gynandrie Diandrie.

12 Orobanchoides. Cap. b. Sp. L. f.

13 pedicellatum. Cap. b. Sp. L. f.

14 Tabulare. Sum. mont. Tabu.

Satyraine du Sommet de la montagne de la Table. L. f.

15 triste. Cap. b. Sp. L. f.

16 giganteum. Cap. b. Sp. L. f.

17 aculeatum. Cap. b. Sp. L. f.

1442.

Ophrys, 3.

P. 1 Nidus. avis. Sue. Ger. Gal.

Nid d'Oiseau.

2 ♃ Corallorhiza. Eu. dese.

P. 3 spiralis. Sib. Ger. Gal. Aus.

P. 4 tetrorchis alba. odorata. va.

Testicule blanche odorante.

P. 5 palustre alb. odo. va.

6 pal. foliis lanceolatis. va.

7 cernua. Vir. Can. d.

P. 8 ♃ ovata. Eu. sub. hum. pra.

Doubles feuilles.

P. 9 ♃ trifolia. va.

10 cordata. Eu. fri. Syl. Lum.

11 cor. minima. va.

P. 12 ♃ lilifolia. Vir. Can. d. Sue.

P. 13 ♃ bulbis pyriformibus. va.

14 Lœselii. Sue. Bern. palu.

Gynandrie Diandrie.

15 paludosa. Sue. Ger. Hel.

16 ♃ monophyllos. Boru. Hel.

17 Monorchis. Eu. pra. ulig.

18 lutea hirsuto folio. va.

19 lut. fol. glabro. va.

20 lut. altera. va.

21 flore pallide vivente. va.

22 ♃ alpina. Alp. Lapp. Hel.

23 camtschatea. Sib.

P. 24 anthopophora. Ita. Lus.

Homme-nue. Pantine.

25 ♃ insectifera.

Insecte. Mouche.

26 ♃ muscam referens major. va.

27 ♃ mus. ref. minor. va.

28 ♃ mus. cæruleum. va.

29 ♃ myodes. lutea. va.

petite Mouche musquée.

30 ♃ myo. fusca. va.

P. 31 ♃ insectifera. va.

P. 32 ♃ fucum referens. va.

P. 33 ♃ fuc. ref. major. va.

P. 34 ♃ scarabæum. va.

Orchis Scarabæe.

35 ♃ cercopithecum. va.

36 ♃ atrata. Cap. b. Sp.

37 catholica. Cap. b. Sp.

38 circumflexa. Cap. b. Sp.

39 caffra. Cap. b. Sp.

40 Volucris. Cap. b. Sp. L. f.

41 bracteata. Cap. b. Sp. L. f.

42 bivalvata. Cap. b. Sp. L. f.

43 alata. Cap. b. Sp. L. f.

44 alaris. Cap. b. Sp. L. f.

45 patens. Cap. b. Sp. L. f.

46 peruviana. Gu. Aub.

47 Guianensis. Gu. Aub.

Gynandrie Diandrie.

1443.

Serapias, 4.

P. 1 ♃ latifolia. Eu. Sy.

Helleborine à larges feuilles.

P. 2 ♃ longifolia. Eu. asp. Syl.
P. 3 ♃ palustris. va.
4 ♃ grandiflora. Eu. Syl.
5 ♃ montana angustifolia. va.
6 ♃ rubra. Eu. Sy.
7 ♃ Lingua. Ita. Lus. Gal.
8 ♃ montana italica. va.
9 cordigera. Hif. Ita. Ori.
10 ♃ capensis. Cap. b. Sp.
11 ♃ Xiphophyllum. Ger. Hel. L. f.
12 ♃ Lonchophyllum. Ger. Hel. L. f.
13 ♃ Caravata. Gu. Aub. Syl.

Caravata-Miri. du Brésil.

1444.

Limodorum, 5.

1 ♃ tuberosum. Am. 7. Gu. Aub.

Limodore Tubéreux d'Amérique.

2 ♃ alterum. Am.
3 ♃ grandiflorum. Gu. Aub.
4 ♃ pendulum. Gu. Aub. Syl.
5 lanceolatum. Gu. Aub.
6 canaliculatum. Gu. Aub.

1445.

Arethusa, 6.

1 ♃ bulbosa. Vir. Can. d. aqu.

Arethuse de Virginie.

Orchidions bulbeux.

Gynandrie Diandrie.

2 ♃ ophioglossoides. Vir. Can. d.
3 ♃ divaricata. Am. bore. pal.
4 ♃ capensis. Cap. b. Sp. L. f.
5 villosa. Cap. b. Sp. L. f.
6 ciliaris. Cap. b. Sp. L. f.
7 biplumata. Magella. L. f.

1446.

Cypripedium, 7.

1 ♃ Calceolus. Eu. Asi. Am. 7.

Sabot de la Vierge.

2 ♃ Cal. dicta mariana. va.
3 ♃ Cal. mari. canadensis. va.
4 ♃ Cal. minor. va.

Sabot de Jesus.

5 ♃ bulbosum. Lapp. Rus. Sib.
6 puretatum. Tria.

1447.

Disa, 8.

1 grandiflora. Cap. b. Sp. L. f.

Disse à grande fleur.

2 racemosa. Cap. b. Sp. L. f.
3 longicornu. Cap. b. Sp. L. f.
4 maculata. Cap. b. Sp. L. f.

1448.

Epidendrum, 9.

1 Vanilla. In. parasi Gu. Aub.

Epidendre à Vanille. plante Parasite aromatique.

Gynandrie Diandrie.

2 caule ſcandente. va.
3 Flos aëris. Java. paraſi.
Fleur de l'Air.
4 tenuifolium. In.
5 ſpatulaceum. In.
6 furuum. In.
7 coccineum. Am, Gu. Aub.
8 ſecundum. Am. Gu. Aub.
9 lineare. Am. Gu. Aub.
10 punctatum. Am. Gu. Aub.
11 candatum. Am.
12 ovatum. In.
13 ciliare. Am. Gu. Aub.
14 nocturnum. Am. Gu. Aub.
15 cucullatum. Am. Gu. Aub.
16 nodoſum. Am. m. para.
17 carinatum. Inſu. Luzon.
18 aloifolium. Mala. arb. para.
19 guttatum. Jam.
20 juncifolium. Am. m. Gu. Aub.
21 ſcriptum. In.
22 retuſum. In.
23 amabile. In.
24 cochleatum. Am. Gu. Aub.
25 tuberoſum. In.
26 puſillum. Sur.
27 enſifolium. Chi.
28 moniliforme. Jap. rup.
29 ophogloſſoides. Am. Gu. Aub.
30 ruſcifolium. Am. Gu. Aub.
31 graminifolium.
32 Capenſe. Cap. b. Sp. L. f.
33 diforme. Gu. Aub.
34 Carthaginenſe. Gu. Aub.
35 tetrapetalum. Gu. Aub.
36 minutum. Gu. Aub.
37 bifidum. Gu. Aub.

Gynandrie Diandrie.

38 maculatum. Gu. Aub.
39 altiſſimum. Gu. Aub.
40 minimum. Gu. Aub.

1449.

Forſtera, 10.

1 ſedifolia. No. Zeel.
Forſtere. Bota. de Zéelande.

1450.

Gunnera, 11.

1 ♃ perpenſa. Cap. b. Sp.
Gunnere à fe. de ſouci d'eau.

Triandrie.

1451.

Siſyrinchium, 12.

1 ♃ bermudiana. Vir. Berm.
Bermudiane à fl. bleues.
2 ♃ ber. floribus parvis. va.
3 ♃ palmifolium. Bra.
4 ♃ fuſcum. Tria.

1452.

Ferraria, 13.

1 ♃ undulala. Cap. b. Sp.
Ferrare. Bota.
Fleur des Indes à fes. ondées.
2 pavonia. Mexi. L. f.

1453.

Salacia, 14.

1 ♄ chinenſis. Chi.
Salacie de la Chine.

Gynandrie Triandrie.

1454.

Stilago, 15.

1 ♄ Bunius. In.

Stilague de l'Inde.

1455.

Meborea, 16.

1 ♄ Guianensis. Gu. Aub.

Meborier de la Guyane.

Tetrandrie.

1456.

Nepenthes, 17.

1 distillatoria Zey.

Plante distillante.
Pl. qui fait du Vin.

1457.

Ayenia, 18.

1 ⊙ pusilla. Jam. Cum. Per.

D. d'Ayen, Amateur de Bota.

1458.

Passiflora, 19.

1 ♃ serratifolia. Sur. Gu. Aub.

Grenadille à fes. entieres dentelées.
Fleur de la Passion.

2 palida. Dom. Bra.
3 cupre.. Prov. Baha.
4 tiliæfolia. Per. Lim.
5 ♄ maliformibus. Dom. Gu. Aub.

Pomme de Grenadille.
Pomme de Liane.

Gynandrie Tetrandrie.

6 quadrangularis. Jam.
7 ♃ lau..fo ia. Sur. Gu. Aub.
8 multiflora. Dom.
9 perfoliata Jam. Syl. sax.
10 ♄ rubra Jam. Dom. Mart. Cayen.
11 Murucuia. Dom. Gu. Aub.
12 ♄ Vespertilio. Am. Gu. Aub.
13 capsularis. Gal. æqu.
14 rotundifolia. Am Aus. Gu. Aub.
15 ♃ punctata. Per.
16 ♃ lutea. Vir. Jam. glar. saxo
17 minima. Cur.
18 ♄ suberosa. Dom. Antil. Gu. Aub.

Grena. à tige & fe. de Liége.

19 ♄ Clematis indica. va.
20 ♄ holoseric a. Ver. Creu.
21 hirsuta. Dom. Cur. Gu. Aub.
22 ⊙ fœtida. Dom. Mart. Cur.
23 ⊙ fœ. vesicaria. Gu. Aub. va.
24 ♃ incarnata. Vir. Bra. Per.
25 ♄ cærulea. Bra.
26 serr.ta. Mart.
27 pedata. Dom.
28 mixta. N. Gra. L. f.
29 adulterin. No Gra. L. f.
30 coccinea. Gu. Aub.
31 stipulata. Gu. Aub.
32 digitata. Gu. Aub.

1459.

Gluta, 20.

1 ♄ Benghas. Jav.

Glute du Bengale.

Hexandrie.

1460.

Ariſtolochia, 21.

1 bilobata. Dom.
Ariſtoloche. ſe. à 2 lobes.

2 ♃ trilobata. Am. m.
3 ♃ pentandra. Am.
4 ♃ peltata. Am. m.
5 ♄ maxima. Hiſ. nova.
6 bilabiata. Am.
7 erecta. V. C.
8 ♄ arboreſcens. Am.
9 ♄ caudata. Am.
10 ♄ odoratiſſima. Am.
11 ♄ anguicida In.
12 ♃ maurorum. Hale.
13 ♃ indica. In.
14 bœtica. Hiſ. Cre. ſcand.
15 ♄ ſempervirens. Cre.
16 ♃ Serpentaria. Vir.
Coluvrine de Virginie.

17 ♃ Ser. polyrhizos. va.
18 ♃ Ser. virginiana. va.
19 ♃ Piſtolochia. Hiſ. G. N. Hel.
Piſtoloche de Narbonne.

20 ♃ rotunda. Ita. Hiſ. G. N.
21 ♃ rot. flore albo Purp. va.
22 ♃ longa. Hiſ. Ita. Gal. Gallopr.
23 ♃ hirta. Chio.
24 ♃ Clematitis. Auſ. Tar. Gal.
Poire à Putin. des Bout.

1461.

Piſtia, 22.

1 Stratiotes. Aſi. Afr. Am. m.

Gynandrie Hexandrie.

Ananas d'eau d'Aſie.

2 ægyptiaca. Æg.
Stratiote d'Ægypte.

Octandrie.

1462.

Scopolia, 23.

1 ♄ compoſita. Jav.
Scopolie de Java.

Decandrie.

1463.

Kleinhovia, 24.

1 ♄ Hoſpita. In. Ori. Jav.
Kleinhovie étranger.

1464.

Helicteres, 25.

1 ♄ baruenſis. In.
Helictere de l'Inde.

2 ♄ Iſora. Malab. Jam. Gu. Aub.
3 ♄ arbor altheæfolio. va.
4 ♄ anguſtifolia. Chi.
5 ♄ pentandra. Sur.
6 ♄ carthagineaſis. Cart.
7 ♄ apetala. Am. Auſ.

Dodecandrie.

1465.

Cytinus, 26.

1 Hypocitis. Hiſ. Luſ. Maur. para.
Cytine d'Eſpagne.

Polyandrie.

1466.

Xylopia, 27.

1 ♄ muricata. Am.

Xyloppe d'Amérique.

2 ♄ glabra. Am.

1467.

Grewia, 28.

1 ♄ occidentalis. Æt. Cur.

Grewi. Bot. Anglois.

2 ♄ orientalis. In.
3 ♄ asiatica. Surat.
4 ♄ Microcos. In.
5 Maloccoca. Insu. Huahei.
6 ♄ salvifolia. Zey.

1468.

Ambrosinia, 29.

1 ♃ Bassii Pano. Barb.

Ambrosine de Barbarie.

1469.

Arum, 30.

1 ♃ Dracunculus. Eu. Aus.

Arum. Pied de Veau.
Grande Serpentaire.
Viperine de Virginie.

2 ♃ Dracontium. Am. Gu. Aub.
3 ♃ Dra. Arisarum. va.
4 pentaphyllum. In.
5 ♃ triphyllum. Vir. Bra.
6 ♃ minus. triph. va.
7 ♃ Arisa. triph. va.
8 ♃ Colocasia. Cre. Syr. Æg.

Colocasie com. à fl. blanches.

Gynandrie Polyandrie.

Choux Caraibes.

9 ♃ esculentum. Am. Gu. Aub.

Choux du Brésil.

10 ♃ macrorrhizum. Zey.
11 ♃ peregrinum. Am. Gu. Aub.
12 ♃ trilobatum. Zey.
13 ♃ sagittifolium Bra. Jam.
14 ♃ divaricatum. In.
P. 15 ♃ maculatum. Eu. Aus.
16 ♃ macu. maculis candidis. va.
17 ♃ virginicum. Vir. hum.
18 probofcideum. apeni.
19 ♃ Arisarum. Maur. Ita. Lus.
20 ovatum. In.
21 ♃ tenuifolium. Dal. Rom. Monp.
22 ♄ arborescens. Am. m. Gu. Aub.
23 ♄ seguinum Am. Gu. Aub.

Canne d'Inde venimeuse.

24 ♃ hederaceum. Am. Gu. Aub.
25 ♃ lingulatum. Am. Gu. Aub.
26 ♃ auritum. Am. Gu. Aub.
27 pictum. L. f.
28 cannæfolium Sur. L. f.
29 muscivorum. L. f.

Fleur infecte de Cadavre.

1470.

Dracontium, 31.

1 ♃ polyphillum. Sur. Gu. Aub.

Tête de Dragon.

2 spinosum. Zey.
3 ♃ fœtidum. Vir. Car. aqu.

Gynandrie Polyandrie.

4 camtchatense. Sib.
5 ♄ pertusum. Am. m. Gu. Aub.

Feuille percée.

6 s. zaparella. Tria.
7 scandens. Gu. Aub.
8 cordatum. Gu. Aub.

Squire de Cayenne.

9 pentaphyllum. Gu. Aub.

Monstre de Guyane.

1471.

Quebitea, 32.

1 Guianensis. Gu. Aub.

Quebite de Guyane. Daquejoabite des Caraibes.

1472.

Calla, 33.

1 æthiopica. Æt.

Callé. Arum d'Æthiopie.

2 palustris. Eu. bor. palu.

Gynandrie Polyandrie.

3 ♃ orientalis. Hal. mont.
4 esculenta. Tria.

Choux Caraibe.

1473.

Pothos, 34.

1 ♄ scandens. In.

Pothos à tige grimpante.

2 acaulis. Am. arbo.
3 ♃ lanceolata. Am. Gu. Aub.
4 ♃ crenata. insu. St. Tho.
5 ♃ cordata. Am. Gu. Aub.
6 ♄ pinnata. In. Gu. Aub.
7 ♃ palmata. Am. Gu. Aub.
8 rigida. Gu. Aub.
9 cuscuaria. Gu. Aub.
10 hederacea. Gu. Aub.

1474.

Zostera, 35.

1 marina. mari. Balt. Ocea.

Zostere. Chiendent marin.

2 ♃ oceanica. Ocea. Gu. Aub.

VINGT-UNIÉME CLASSE.

Monoecie Monandrie.

1475.

Artocarpus, 1er. G.

1 ♄ incisus. Bata. Amb. L. f.

Artocarpe d'Amboine. Rimu ou Fruit de Pain.

2 integrifolia. Jav. Amb.

Monoecie Monandrie.

1476.

Phyllachene, 2.

1 uliginosa. Tier. del. Fuego. L. f.

Phyllachene des marécages.

Monoecie Monandrie.

1477.

Casuarina, 3.

1 ♄ equisetifolia. In. Ori. Cal.

Casuarine à fe. de Prêle.

1478.

Ægopricon, 4.

1 ♄ betulinum. Sur.

Egoprie semblable à l'Aune.

1479.

Zanichellia, 5.

P. 1 ⊙ palustris. Eu. Vir. fosi. fluvi.

Zannichelle des prés humides.

Algoide vulgaire.

1480.

Ceratocarpus, 6.

1 ⊙ arenarius Tar. are.

Ceratocarpe des Sables.

1481.

Cynomorium, 7.

1 coccineum. Jam. Mauri. Sici.

Cynomore de Sicile.

1482.

Chara, 8.

P. 1 tomentosa. Eu. stag. mari.

Lustre. Girondolle d'eau.

Presle aquatique.

Monoecie Monandrie.

P. 2 vulgaris. Eu. aqui. pigri.

Charé puante à tige rude.

P. 3 hispida Eu. mari.

4 flexilis. Eu. mari.

1483.

Elaterium, 9.

1 ⊙ cartaginense. Am.

Concombre sauvage.

2 trifoliatum. Vir.

Diandrie.

1484.

Anguria, 10.

1 trilobata. Am. Gu. Aub.

Angourie. Melon d'eau.

2 pedata. Am.

Pasté d'Amérique.

3 trifoliata. Dom.

1485.

Lemna, 11.

P. 1 trisulca. Eu. Sub. aqu. pigr.

Lentille d'eau.

Hederulle aquatique.

P. 2 minor. Eu. aqui. Gu. Aub.

3 gibba. Eu. aqui. Gu. Aub.

P. 4 polyrhiza. Eu. palu. foss.

5 Arrhiza. Ita. Cal. equi.

Triandrie.

1486.

Sparganium, 12.

P. 1 ♃ erectum. zonæ fri. sept.
Ruban d'eau.
2 ♃ non ramosum. va.
3 ♃ natans. Eu. bore. lacu.

1487.

Typha, 13.

P. 1 ♃ latifolia. Eu. palu.
Masse d'eau.
Roseau des Etangs.
P. 2 ♃ angustifolia. Eu. palu.

1488.

Zea, 14.

1 ⊙ Mays. Am.
Bled de Turquie à fruit rouge.
2 ⊙ ma. fructu variegato. va.
3 ⊙ Ma. fru. albo.
4 ⊙ minima. Am.

1489.

Tripsacum, 15.

1 ♃ dactyloides. Am.
Tripsac gramene.
2 ⊙ hermaphroditum. Jam.

1490.

Coix, 16.

1 ♃ Lacryma. Jobi. In.
Larme de Job de l'Inde.
2 ♃ arundinacea.

Monoecie Triandrie.

1491.

Olyra, 17.

1 latifolia. Jam.
Olire à fes. larges.

1492.

Carex, 18.

1 ♃ dioica. Eu. pra. hum.
Laiche dioique.
2 ♃ capitata. Lapp. Ang.
P. 3 ♃ pulicaris. Eu. palu. lim.
La Pussiere aquatique.
4 squarrosa. Can. d.
5 dentata.
6 ♃ cyperoideus. Sib. Bohe.
7 ♃ baldensis. Bal.
8 ♃ arenaria. Eu. are.
9 uliginosa. Sue. palu. Syl.
P. 10 ♃ leporina. Eu. pra. udi.
P. 11 vulpina. Eu. palu.
12 gramene spartium. va.
P. 13 brizoides. Eu.
P. 14 ♃ muricata. Eu. nem. hum.
15 loliacea. Sue. Sax.
P. 16 ♃ remota. Eu. umb. sub. Hum.
17 ♃ axillaris. va.
18 ♃ elongata. Eu.
P. 19 ♃ canescens. Eu. 7.
P. 20 ♃ paniculata. Eu. Auf. Alp.
P. 21 ♃ palustre minus. va.
22 indica. In. Ori.
P. 23 ♃ flava. Eu. palu.
24 ♃ pedata. Hel. Ang. Lapp. Ger.
P. 25 ♃ digitata. Eu. nem.
26 ♃ montana. Eu. mont. apr.
27 ♃ tomentosa. Auf. Sax. Hel.
28 globularis. Eu. fri.
29 filiformis. Eu. nem.
P. 30 pilulifera. Eu.
31 saxatilis. Eu. Alp.

Monoecie Triandrie.

32 atrata. Alp. Eu.
33 limosa. Eu. fri. palu. Syl.
34 capillaris. Sue. pra. hum.
P. 35 ♃ pallescens. Eu. palu.
P. 36 ♃ panicea. Eu. ulig.
37 foliculata. Can. d.
P. 38 ♃ Pseudo-Cyperus. Eu. fos.
Faux Souchet.
39 ♃ cæspitosa.
40 ♃ distans. Eu. palu. Aus.
P. 41 ♃ acuta. Eu. ubi.
Laiche Cyperoide.
P. 42 ♃ acuta russa. aquo. va.
P. 43 ♃ acu. nigra. Sicci. va.
P. 44 vesicarie. Eu. Syl.
P. 45 culmo longissimo. va.
P. 46 spicis oblongis. va.
P. 47 ♃ hirta. Eu. sabu.
48 ♃ lithosperma. In.
49 ♃ Psyllophora. Sue. Ger. L. f.
50 uncinata. N. Zeel. L. f.
51 ♃ Leucoglochin. Sue. Ger. L. f.
52 ♃ Cyperoides. Sib. Bohe. L. f.
53 ♃ Chordorrhiza. Sue. L. f.
54 ♃ Heleonastes.. Ger. L. f.
55 ♃ Leptostachys. Ger. L. f.
56 ♃ Drymeia. Ger. L. f.
57 ♃ Agastachys. Ger. L. f.

1493.

Axyris, 19.

1 ☉ hybrida. Sib.
Axyrie hybride.
2 ☉ prostrata. Sib.

1494.

Omphalea, 20.

1 ♄ dyandra. Jam.

Monoecie Triandrie.

Omphalier. Liane Papaye.
Graine de Lance.
2 ♄ triandra. Jam. Gu. Aub.
Noisettier de St. Domingue.

1495.

Tragia, 21.

1 ♄ volubilis. In.
Trajus. Bota. Allement.
Ortie grimpante.
2 ♄ betonicæ. folio. Gu. Aub. va.
3 cannabina. Mala. L. f.
4 ♄ involucrata. In.
5 Mercurialis. In.
6 Mer. Croton. va.
7 ☉ urens. Vir.
8 Chamælea. In.

1496.

Hernandia, 22.

1 ♄ sonora. In. Gu. Aub.
Hernandie. Arbre Royal.
Fruit Raisonnant.
Bois blanc de l'Inde.
2 ♄ ovigera. In. Ori.
Arbre qui porte des Œufs.
3 ♄ Guianensis. Gu. Aub. Syl.

1497.

Phylanthus, 23.

1 ♄ grandifolia. Am.
Phylanthe à grandes feuilles.

Monoecie Triandrie.

2 ⊙ Niruri. In. Gu. Aub.
Arbre triste de l'Inde.
Herbe des affligés.
3 ⊙ Urinaria. In. Gu. Aub.
Urinaire. Sensitive rouge.
4 ⊙ bacciformis. Tran. L. f.
5 ♃ racemosus. Zey. L. f.
6 maderaspatensis. In.
7 ♄ Emblica. In.
Herbe à enyvrer le poisson.
8 epyphyllanthus.

Tetrandrie.

1498.

Centella, 24.

1 villosa. Cap. b. Sp.
Centelle vélue.
Sariette de Dioscoride.
2 glabra. Cap. b. Sp.

1499.

Serpicula, 25.

1 repens. Cap. b. Sp. L. f.
Serpiculle rempant.
2 verticillata. In. L. f.

1500.

Littorella, 26.

1 lacustris. Eu. lit. lace.
Littorelle, Plantin à une fl.

1501.

Cicca, 27.

1 ♄ disticha. In.
Cicca à deux épis.

Monoecie Tetrandrie.

1502.

Betula, 28.

P. 1 ♄ alba. Eu. fri.
Boulau blanc.
2 ♄ Dalecartia. va. L. f.
3 ♄ pumila Broccembergensis. va.
4 ♄ nigra. Vir. Can. d.
5 ♄ populifolia.
6 ♄ lenta. Vir. Can. d.
7 ♄ nana. Lapp. palu. Sue. Rus.
8 ♄ nana latifolia. va.
9 ♄ pumila. Am. 7.
P. 10 ♄ Alnus. Eu. Lapp. Gad.
Aune com. ou Vergue.
11 ♄ incana. L. f. va.
12 ♄ Al. laciniato. J. va.
Aune lacinier des Alpes.
13 ♄ rotundifolia. va.
14 ♄ montana. lato. crispo. va.
15 ♄ canadensis. J.

1503.

Buxus, 29.

P. 1 ♄ sempervirens. Eu. Aus.
Buis toujours verd.
2 ♄ semp. vari. va.
P. 3 ♄ arborescens. va.
4 ♄ arb. foliis variegata. va.
P. 5 ♄ suffruticosa. va.
6 ♄ suff. varie. va.
7 ♄ rotundifolia. va.
8 ♄ Balearica. A. Richart.
Buis de minorque à fes. larges.
9 ♄ Bal. minor. A. Richart.
Petit Buis de Mahon.

Monoecie Tetrandrie.

1504.

Urtica, 30.

P. 1 ⊙ pilulifera. Eu. Auf.

Ortie à boulette.

2 ⊙ balearica. In.
3 ⊙ Dodartii.
4 pumila. Can. d. aqu.
5 grandifolia. Jam. Gu. Aub.
6 ⊙ urens. Eu. cul.

Ortie Grieche.

P. 7 ♃ dioica. Eu. rud.
8 ♃ ægypti maxima. va.
9 ♃ urti. rubra. va.
10 ♃ cannabina. Sib.
11 ♄ alienata. Zey.
12 ♃ cylindrica. Jam. Vir. Cand. d.
13 Parietaria. Jam.
14 ciliaris. Am. Gu. Aub.
15 ⊙ æftuans. Sur. Gu. Aub.
16 capitata. Can. d.
17 divaricata Vir. Can. d.
18 ♃ canadenfis. Can. d. Sib.
19 interrupta. In.
20 ♃ nivea Chi. mur.
21 ♄ baccifera. Am. Gu. Aub.
22 ♄ arborea. Tene. Syl. hum. L. f.
23 rhombea. Mex. L. f.
24 Capenfis. Cap. b. Sp. L. f.
25 ♄ fruticofa. Jav. L. f.
26 ♄ ftimulans. Jav. L. f.
27 Japonica. Jap. L. f.
P. 28 androgyna. Eu.

1505.

Morus, 31.

1 ♄ alba. Vir.

Murier blanc com.

2 ♄ rofea. va.
3 ♄ nigra. va.

Monoecie Tetrandrie.

Murier com. des Jardins.

4 ♄ nigra. minorie. va.
5 ♄ nigr. folio. variegato. va.
6 ♄ hifpanica fo. ampliffimi.
7 ♄ papirifera. Jap.

Murier à papier de la Chine.

8 ♄ rubra. Vir.
9 ♄ indica. In.
10 ♄ tatarica. Wolgæ. Tana.
11 ♄ tinctoria. Jam. Bra.

Bois jaune du Bréfil.

12 ♃ Zantoxylum. va.

Pentandrie.

1506.

Nephelium, 32.

1 ♄ lappaceum. In.

Néphélie lappa.

1507.

Xanthium, 33.

P. 1 ⊙ ftrumarium. Eu. Gu. Aub.

Lampourde. Petit Lappa.
petite Bardane.

2 ⊙ Orientale. Chi. Jap. Zey.
3 ⊙ fpinofum. Luf. Monp.
4 ♄ fruticofum. Per. L. f.

1508.

Ambrofia, 34.

1 ⊙ trifida. Vir. Can. d.

Ambrofie à fe. en 3 lobes.

Monoecie Pentandrie.

2 ⊙ elatior. Vir. Can. d.
3 ⊙ artemisifolia. Vir. Pens.
4 ⊙ maritima. Hes. Capa. mari.
5 ♃ frutescens. Tria.
6 ♃ absinthifolia. Pers. Vir.

1509.

Parthenium, 35.

1 ⊙ Hysterophorus. Jam. Gal.

Parthenie Luterifere. Herbe à Mouton. Herbe à Sanson.

2 ♃ integrifolium. Vir.

Absinthe d'Amérique.

1510.

Iva, 36.

1 ⊙ annua. Am. me.

Iva annuelle.

2 ♄ frutescens. Vir. Per.

Quinquina du Mexique.

1511.

Clibadium, 37.

1 surinamensis. Sur.

Clibadie de Surinam.

1512.

Amaranthus, 38.

1 ⊙ albus. Pens.

Amaranthe blanche.

2 ⊙ græcizans. Vir.
3 ⊙ melancholicus. In. J. Gu. Aub.
4 ⊙ tricolore. In. Ruf. Gu. Aub.

Tricolore des Jardins.

Monoecie Pentandrie.

Fleur de Jalousie.

5 ⊙ polygamus. In. Gu. Aub.
6 gangeticus. In.
7 mangostanus. In.

Mangostane de l'Inde.

8 ⊙ tristis Chi.
P. 9 ⊙ lividus. Vir. Gu. Aub.
10 ⊙ oleraceus. In. Gu. Aub.

Amaranthe potagere.

11 ⊙ Blitum. Eu. temp.

Blette d'Europe com.

12 ⊙ Bli. rubrum. va.
P. 13 ⊙ viridis. Eu bra.
14 polygonoides. Jam. Zey.
15 ⊙ deflexus.
16 ⊙ hybridus. Vir.
17 paniculatus. Am.
18 ⊙ sanguineus. Baha.
19 ⊙ retroflexus. Pens.
10 ⊙ flavus. In.
21 Cararue. Phi.

Bred des Brasiliens.

22 ⊙ hypochondriacus. Vir.
23 cruentus. Chi.
24 ⊙ caudatus. Per. Pers. Zey.

Discipline de Religieuses.

25 ⊙ spinosus. In. Gu. Aub.

Bred de Malabar.

26 ⊙ retroflexus. Pens.
27 scandens. Am. L. f.

1513.

Leea, 39.

1 ♃ æquata In. Ori.

Lée des Indes Orientales.

2 ♄ crispa. Cap. b. Sp.

Hexandrie.

1514.

Tonina, 40.

1 fluviatilis. Gu. Aub.

Tonine de Cayenne.

1515.

Zizania, 41.

1 aquatica. Jam. Vir. inu.

Zizanie aquatique.

2 ⊙ terrestris. Mala. Sicc.

Yvraie ou Ivroie.

3 ⊙ palustris. Am. 7. aqu.

1516.

Pharus, 42.

1 latifolius. Jam. Gu. Aub.

Pharue à ses. larges.

2 lappulaceus. Gu. Aub. loc.

Avoine des Chiens.

Heptandrie.

1517.

Guettarda, 43.

1 ♄ speciosa. Jar. Jam.

Guettard. Bota.

2 ♄ spe. argentea. Gu. Aub. va.

3 coccinea. Gu. Aub.

Decandrie.

1518.

Simarouba, 44.

1 ♄ amara. Gu. Aub. loc. are.

Simarube amere.

Monoecie Decandrie.

1519.

Siparuna, 45.

1 ♄ Guianensis. Gu. Aub. rivu. rip.

Siparune de Guyane.

Dodecandrie.

1520.

Mabea, 46.

1 ♄ Piriri. Gu. Aub.

Mabier. Calumet.

Bois à Calumet. Piriri des Galibis.

2 ♄ Taquari. Gu. Aub.

1521.

Hevea, 47.

1 ♄ Guianensis. Gu. Aub. Syl.

Caoutchou de Guyane. Hévé. Pao seringa.

Polyandrie.

1522.

Thoa, 48.

1 ♄ urens. Gu. Aub.

Thoa-piquand des Caraibes.

1523.

Pariana, 49.

1 ♃ campestris. Gu. Aub.

Pariane de Cayenne.

Monoecie Polyandrie.

1524.

Cerathophyllum, 50.

P. 1 demerſum. Eu. foſ.

Cerathophille d'eau.

P. 2 ſubmerſum. Eu. aqu.

1525.

Myriophyllum, 51.

P. 1 ♃ ſpicatum. Eu. aqu.

Volan d'eau.

Mille feuille aquatique.

P. 2 ♃ aquatica. minor. va.
3 ♃ aqu. major. va.
4 ♃ aqu. foliis variis. va.
5 obtuſifolia. Aſi.
6 lancifolia. Am.
7 trifolia. Chi.
8 acutifolia. Sur. aqu.
P. 9 verticillatum. Eu. aqu.

1526.

Begonia, 52.

1 ♃ oblica. In. Cap. b. Sp.

Begonne. Rubarbe ſauvage.

2 ♃ roſeo flore fo. glabra. va.
3 ♃ roſe. fl. fo. hirſuta. va.
4 ♃ roſe. fl. fo. orbiculari. va.
5 ♃ roſ. fl. fo. acutioribus. va.
6 ♃ albo. fl. fo. aurito. va.
7 ♄ ferruginea. No. Gra. L. f.
8 ☉ Urticæ. Am. L. f.

1527.

Theligonum, 53.

1 ☉ Cynocrambe. In. Ori. Sici.

Monoecie Polyandrie.

Theligone. Choux de Chien.

Cynocrambe. Mercuriale ſauvage.

1528.

Poterium, 54.

P. 1 ♃ ſanguiſorba. Eu. Auſ. aſp.

Pimpernelle ſanguine.

Pim. com. des jardins.

2 ♃ ſan. minor lævis. va.
3 ♃ ſan. inodora. va.
4 ♃ hybridum. Monp.
5 ♄ ſpinoſum. Cre. Lib.

Stæbé de Dioſcoride.

1529.

Quercus, 55.

1 ♄ Phellos. Am. 7.

Chêne verd. Saul de la Louiſiane.

2 ♄ foliis non ſinuatis. va.
3 ♄ humilis folio breviore. va.
4 ♄ molucca. Molu.
5 ♄ Jlex. Eu. Auſ.

Yeuſe. Chêne verd d'Europe.

6 ♄ Smilax. va.
7 ♄ gramontia. va.
8 ♄ ſempervirens. va.
9 ♄ anguſtifolia. va.
10 ♄ dentata. J. va.

Chêne verd à fe. de Houx.

11 ♄ Suber. Eu. Auſ.

Liége d'Andalouſie.

12 ♄ ſub. anguſtifolia. va.

Monoecie Polyandrie.

13 ♄ sempervirens latifolia. va.
14 ♄ semp. mas. va.
15 ♄ semp. exalbo variegato. va.
16 ♄ virginie. Vir.
17 ♄ Castanea.
Chê. à fe. de Chatigni.
18 ♄ Cast. alba. va.
19 ♄ Cast. pumilis. va.
20 ♄ salicis longifolio.
21 ♄ salicis folio media. va.
22 ♄ pedem vix superans.
23 ♄ foliis molli lanuginæ.
24 ♄ latifolia magno fructu.
25 ♄ orientale glandi forme.
26 ♄ ori. Castania folio. va.
27 ♄ latifolia adcostam pulcher.
28 ♄ pumilier salisis fo. breviore.
29 ♄ Esculi divisura fo. ampliore.
30 ♄ Mariana Castanea folio.
31 ♄ glande exiguæ nucis. va.
32 ♄ fo. lanugine pubescentibus.
33 ♄ Coccifera. G. N. His. Ita.
Kermes à petit gland.
Graine d'Ecarlate.
Pastel d'Ecarlate.
34 ♄ burgundiaca.
35 ♄ haliphelos. Tria.
36 ♄ Prinus. Am. bor.
37 ♄ nigra. Am. 7.
38 ♄ marilandica. va.
39 ♄ rubra. Vir. Car.
40 ♄ foliorum sinubui obtusi. va.
41 ♄ alba. Vir.
42 ♄ Esculus. Eu. Aus.
P. 43 ♄ Robur. Eu.
Rouvre. Chêne mâle com.

Monoecie Polyandrie.

Robur de nos bois.
P. 44 ♄ feminea. va.
45 ♄ aquatiqua. Tria.
46 ♄ Ægilops. His.
Gland. Cérise d'Espagne.
47 ♄ Cerris. His. Aus.
Gland Châteigne.
48 ♄ canadensis. J.
49 ♄ pedunculata. J.
Chêne à grape.

1530.

Piratinera, 56.

1 ♄ Guianensis. Gu. Aub.
Bois de Lettres blanc.

1531.

Juglans, 57.

P. 1 ♄ regia. Per.
Noyer Royal de Perse.
2 ♄ fructu maximo. va.
3 ♄ fru. fragili. va.
4 ♄ bifera. va.
5 ♄ fru. serotino. va.
Noix Tardive.
Noyer de la St. Jean.
6 ♄ alba. Vir.
7 ♄ nigra. Vir. Mari.
8 ♄ cinerea. Am. 7.
9 ♄ virginica. nigra.
10 ♄ virg. oblonga. va.
11 ♄ baccata. Jam.
12 ♄ frondibus tenuioribus.
13 ♄ nigra rodunda americana.
14 ♄ oliveformis.
15 ♄ compressa. J.
16 ♄ aspera. J.

Monoecie Polyandrie.

1532.

Fagus, 58.

P. 1 ♄ Caſtanea. Eu. mont. Ita.

Châtaigner ſauvage.

2 ♄ ſativa. va.

Marons de Lyon.

3 ♄ foliis ex aureo variega. va.

4 ♄ pumila. Am. 7.

5 ♄ pumila. folio majore. va.

6 ♄ Chincapin. Moni.

7 ♄ glaber.

8 ♄ ſerrata.

P. 9 ♄ ſylvatica. Eu. Can. d.

Hêtre. Foyard. Fau ou Faine.

P. 10 ♄ ſyl. foliis atropuniceis.

Fouesne ou Fouteau.

1533.

Carpinus, 59.

P. 1 ♄ Betulus. Eu. Can. d.

Charme. Bouleau ou Bétulle.

2 ♄ Oſtria. Ita. Vir.

Charme. Oubron à Fruit d'Oublon.

3 ♄ Ort. pumila. va.

Charmïlle.

4 ♄ Aceris. va.

5 ♄ foliis ex luteo. varieg. va.

6 ♄ virginianus.

7 ♄ lanceolatus. Tria.

8 ♄ acuminatis. Tria.

9 ♄ americana.

10 ♄ chinenſis.

Monoecie Polyandrie.

1534.

Corylus, 60.

P. 1 ♄ Avellana. Eu. ſep. Syl.

Coudrier ſauvage.

P. 2 ♄ ſativa vulgaris. va.

P. 3 ♄ ſat. vul. fructu rubente. va.

Noiſettier franc.

4 ♄ ſat. fru. maxima. va.

Aveline à fruit rond.

5 ♄ arboreſcens. va.

6 ♄ Colurna.

7 ♄ bizantina. J.

8 ♄ pellicula alba lecto.

1535.

Platanus, 61.

1 ♄ orientalis. Aſi. Tau. Maced. Cre. Lem.

Platane d'Orient.

2 ♄ occidentalis. Am. 7.

3 ♄ aceris folio.

1536.

Liquidambar, 62.

1 ♄ Styraciflua. Vir. Mex. ulig.

Baumier Popale ou Copale.

Storax ou Stirax odorant.

Xochiocolzol du Mexique.

2 ♄ orientalis. Tria.

3 ♄ peregrinum. Am. 7.

Liquidambar à fe. de Cetrac.

Monadelphie.

Monadelphie.

1537.

Pinus, 63.

1 ♄ sylvestris. Eu. bore. Syl. gla.

Pin sauvage d'Europe.

2 ♄ syl. maritima. va.

Pin de Geneve.

3 ♄ syl. Pinaster latifolius. va.

Pin d'Ecorce.

4 ♄ rubra. va.
5 ♄ Pinaster tenuifolium. va.
6 ♄ Pinea. Ita. Hisp. Gal. Aus.

Pinastre, mer d'Italie.

7 ♄ Pinea sativa. va.

Pignon doux à gros fruit.

8 ♄ maritima minor.
9 ♄ Tœda. Vir. Can. d. palu.

Pin. à Trochet à flambeaux.

10 ♄ Cembra. Alp. Sib. Tar. Vale.

Pin. Cembro ou Alviez à 5 fe.

11 ♄ Strobus. Vir. Can. d.

Pin. du Lort Weymouth.

12 ♄ Scotica onisparis.
13 ♄ Cedrus. Syr. Lib. Ama. mont.

Cedre du Mont-Liban.

14 ♄ Ced. alba. va.
15 ♄ Ced. nigra. va.
16 ♄ Larix. Alp. Hel. Val. Cori.

Meleste des Alpes.

Monoecie Monadelphie.

17 ♄ sibirica. va.
18 ♄ orientalis. va.
19 ♄ europæa. va.
20 ♄ papposa.
21 ♄ Picea. Alp. Hel. Sue. Bar.

Picea ou Epicea de Suisse.

22 ♄ Picea argentea. va.
23 ♄ Balsamea. Vir. Can. d.

Baumier de Gileade ou Galeade.

24 ♄ canadensis. Am. 7.
25 ♄ nova cicute folio.
P. 26 ♄ Abies. Eu. Asi. bor. hum.

Sapin com. des bois d'Europe.

27 ♄ Abi. fructu retundior. va.
28 ♄ Abi. fru. longissimo. va.
29 ♄ Abi. fru. breviori. va.
30 ♄ Abi. rubra. va.
31 ♄ Abi. alba fæminea. va.

Rothtanne blanche.

32 ♄ Abi. prælongis. va.
33 ♄ cerinto. J.

Sapinette pour les Tables de Clavecins ou Epinette.

34 ♄ novæ angliæ. J.
35 ♄ pectinata.

Sapinette à feuilles d'If.

36 ♄ Hispanica. Tria.
37 ♄ Abi. Sibirica. Tria.
38 ♄ Swampine.

Pin des Marais. Trocherau.

39 ♄ Abi. hierosolymitana. Or.

Pin de Jérusalem.

Monoecie Monadelphie.

1538.

Thuja, 64.

1 ♄ occidentalis. Can. d. Sib. Sub. hum.

Arbre de Vie du Canada.

Thuia à petit fruit.

2 ♄ orientalis. Chi.

Thuia de la Chine à gros fruit.

3 ♄ aphylla. Cap. b. Sp.
4 ♄ cupressioides. va.

Th. à fe. de Ciprès.

5 ♄ foliis variegatis. va.
6 ♄ dolabrata. Jap. L. f.

1539.

Cupressus, 65.

P. 1 ♄ sempervirens. Cre. Cari.

Cipré fumelle en Piramide.

Cip. des Tombeaux.

Galbale des bout.

2 ♄ expansa Cre. Cari.
3 ♄ semp. mas.
4 ♄ disticha. Vir. Can. d.
5 ♄ Thyoides. Can. d. Sub. hum.
6 ♄ juniperoides. Cap. b. Sp.
7 ♄ lusitanica. J.

Cédre de Bousingo.

Maison de C. du Roi de Portugal.

8 ♄ Japonica. Jap.

1540.

Plukenetia, 66.

1 volubilis. In. sur. L. f.

Plukenete. Bota.

Monoecie Monadelphie.

1541.

Dalechampia, 67.

1 scandens. Am. m. L. f.

Dalechamp. Bota.

Ortie des Négres.

2 colorata. No. Gra. L. f.

1542.

Acalypha, 68.

1 ⊙ virginica. Zey. Vir.

Acalyphée de Virginie.

2 virgata. Jam.
3 ⊙ indica. In.
4 ⊙ urtica minor. va.
5 australis. Am. m.
6 villosa. Carth. Syl.

1543.

Croton, 69.

1 variegatum. Ambo.

Crotone d'Amboine.

2 Codiæum tenuiosum. va.
3 Cod. sylvestre. va.
4 ♄ Cascarilla. Am.

Cascarille à écorce odorante.

Eluterienne.

5 ♄ Benzoë. In. Ori.

Benzoen de l'Inde.

6 castaneifolium. Am. m.
7 ⊙ palustre. V. C. loc. pal.
8 ♄ glabellum. Jam.
9 ⊙ tinctorium. Monp.
10 glandulosum. Jam.
11 ⊙ argenteum. Am.
12 ♄ sebiferum. Chi. hum.

Arbre de Suif.

13 ♄ Tiglium. In.

Bois des Molucs.

Monoecie Monadelphie. | *Monoecie Monadelphie.*

14 ♄ lucidum. Jam.
15 ♄ lacciferum. In.
Ricin aromatique.
16 balſamiferum. Mart. Cur.
17 aromaticum. Zey.
Arbre aromatique de Zeylan.
18 humile. Jam.
19 ☉ Ricinocarpos. ſur.
20 moluccanum. Zey. Molu.
21 flavens. Jam.
22 haſtatum. In.
23 ☉ lobatum. V. C.
24 ſpinoſum. In.
25 urens. In.
26 ♄ Matourenſe. Gu. Aub.
Croton blanc de Cayenne.
27 ♄ Guianenſe. Gu. Aub.
Crot. jaune de Guyane.
28 Capenſe. Cap. b. Sp. L. f.
29 Japonicum. Jap. L. f.

1544.

Cupania, 70.

1 ♄ americana. Am. c.
Cupanie d'Amérique.

1545.

Jatropha, 71.

1 ♄ goſſypifolia. Am. m. Gu. Aub.
Jatrope petit Ricin.
2 ♄ moluccana. Molu. Zey.
3 ♄ Curcas. Am. c. Gu. Aub.
Curcas noir. Medecinier.
Pignon d'Inde.
4 ♄ multifida. Am. Gu. Aub.
Aveline purgante.
5 ♄ Manihot. Am. Auſ. Gu. Aub.
Manihot. Pain de Caſave.
Arbre à ſucre venimeux.
Racine à faire du Pain.
6 ♄ Janipha. Am. c.
7 ♄ urens. Bra.
8 ♃ herbacea. V. C. Gu.
Herbe au bon Dieu.
9 elaſtica. Bra. Gu. L. f.

1546.

Ricinus, 72.

1 ♂ communis. In. Afr. Eu. Auſ. Gu. Aub.
Ricin. Faux Café.
Graine de Tilli. Pavane.
Pignon d'Inde. Com.
2 ♂ africanus maximus. va.
Palme de Chriſt.
3 ♂ afr. albus. va.
4 Tanarius. In.
Tanarie. Sama d'Inde.
5 Mappa. Tern. Molu.
Tapi verd ou Nape verte.

1547.

Sterculia, 73.

1 ♄ Balangas. In.
Sterculie. Noix de Malabar.
2 ♄ fœtida. In.
3 ♄ platanifolia. In. L. f.

Monoecie Monadelphie.

1548.

Hippomane, 74.

1 ♄ Mancinella. Carai. sæp. inu.

Mancinier. l'Argousse.
Poirier ou Noyer vénimeux.

2 ♄ biglandulosa. Am. c.

Arbre à sucre venimeux.

3 ♄ spinosa. Am. c.

1549.

Stillinga, 75.

1 ♄ sylvatica. Caro.

Stillingue des Bois.

1550.

Gnetum, 76.

1 ♄ Gnemon. In.

Gnette ou Gnemon de l'Inde.

1551.

Hura, 77.

1 ♄ crepitans. Mex. Gu. Jam.

Hura. Arbre Pet. Sablier.
Arbre du Diable pétillant.
Amande purgative.

Syngenesie.

1552.

Trigosanthes, 78.

1 ⊙ Anguina. Chi.

Monoecie Syngenesie.

Trigosanthe. Serpent.

2 nervifolia. In.
3 cucumerina. In.
4 ⊙ amara. Dom.
5 ♄ punctata.

1553.

Momordica 79.

1 ⊙ Balsamina. In. Gu. Aub.

Pomme de Merveille.

2 Charantia. In. Gu. Aub.
3 ⊙ operculata. Am. Gu. Aub.

Pomme Angleuse.

4 ⊙ Luffa. Zey. Chi.
5 ⊙ cylindrica. Zey. Chi.
6 trifoliata. In.
7 pedata. Peru.
8 ⊙ Elaterium. Eu. Aus.

Giclet Comcombre sauvage.
Com. d'Ane.

1554.

Cucurbita, 80.

1 ⊙ lagenaria. Am.

Calbasse des Pélerins.
Gourde d'Amérique.

⊙ Pepo. Am.

Courge longue.

3 ⊙ Compressa. J.

Potiron com. des Jardins.

4 ovife[illegible] Astra.
5 ⊙ americana. J.

Giromon de St. Domingue.

6 ⊙ amer. oblonga. va.
7 ⊙ verrucosa. va.
8 ⊙ Melopepo. J.

Monoecie Syngenesie.

Bonnet d'Electeur.
Artichaux de Jérusalem.

9 ⊙ Mel. citriformi. J.
10 ⊙ Mel. pyriformi. J.
11 ⊙ Mel. Orantiformi. J.
Coloquinte Orange.
12 ⊙ Citrulatus. Apu. Cala. Sici.
Citrouille verte. Pasteque.
13 ⊙ Citru. minima. va.
Petite Citrouille à verrues.
Concombre de Barbaries.
14 ⊙ anguria. In.
Angourie de l'Inde.
15 ⊙ Citrullus. Gu. Aub.
Melon d'eau de Cayenne.

1555.

Cucumis, 81.

1 ⊙ Colocynthis.
Coloquinte com. des Bout.
2 ⊙ prophetarum. Ara.
petite Concombre des Prophétes.
petit Melon épineux.
3 ⊙ Anguria. Jam.
Angourie de Jamaique douce.
4 ⊙ acutangulus. Tar. Chi.
Pétolle à fruit angleux.
5 ⊙ Melo vulgaris. Calmu.

Monoecie Syngenesie.

Melon com. des Jardiniers.
6 ⊙ Melo maximo. va.
Melon de Coulomier.
7 ⊙ Mel. minima. va.
petit Melon des Carmes.
8 ⊙ Mel. verrucosa.
Mel. Camtaloupe à verrues.
9 ⊙ Mel. saccarinus. va.
Mel. Camt. d'Astracan.
Mel. de Tours sucré.
10 ⊙ Dudain. Ori.
Mel. Citron odorant.
11 ⊙ sativus.
Concombre com. des jardins.
12 ⊙ flexuosus. In.
Concom. Serpent.
13 ⊙ Chat. Æg. Ara.
14 ⊙ anginus. In.
15 ⊙ madraspatanus. In.
16 Africanus. Cap. b. Sp. L. f.

1556.

Bryonia, 82.

P. 1 ♃ alba. Eu.
Bryonne blanche à bayes noires.
Navet du Diable.
Coulvrée. Vigne blanche.
2 ♃ aspera baccis rubris. va.
3 ♃ palmata. Zey.
4 grandis. In.

Monoecie Syngenesie.

5 cordifolia. Zey.
6 ♃ laciniosa. Zey.
7 ♃ africana. Æt.
8 cretica. Cre.
9 scabra. Cap. b. Sp. L. f.
10 ⊙ scabrella. In. Ori. L. f.
11 ♃ abissinica. J.

1557.

Sicyos, 83.

1 ⊙ angulata. Can. d. Mex.
Bisnagarde à fruit angleux.
2 ⊙ canadensis fru. echinat. va.
3 laciniata. Am. c. Gu. Aub.
4 Garcini. Zey.

Gynandrie.

1558.

Andrachne, 84.

2 ⊙ telephioides. Ita. Gre. Medi.
Andrachnée Telephium.
3 ♄ fruticosa.

1559.

Agyneja, 85.

1 ♄ impubes. Chi.
Agyne. Glatte.
2 ♄ pubera. Chi.

VINGT-DEUXIÉME CLASSE.

Dioecie Monandrie.

1560.

Najas, 1er. G.

P. 1 marina. Eu. mari. Bras.
Najade marine.
P. 3 fluvialis. va.
P. 4 fl. flagellum Christi. va.
Verge de Christ.

1561.

Pourouma, 2.

1 Guianensis. Gu. Aub. Syl. flu.
Pouroumier des Galibis.

Dioecie Monandrie.

1562.

Pandanus, 3.

1 ♄ odoratissimus. Zey. L. f.
Kaida très-odorant.

Diandrie.

1563.

Vallisneria, 4.

1 ♂ spiralis. Pisæ. Ita. fos.
Vallisnere. Bota.
2 ♂ palustris. va.
3 ♂ Vallisneroides. va.

Dioecie Diandrie.

1564.

Cecropia, 5.

1 ♄ peltata. Jam. c. Gu. Anb.

Cecropie. Figue de Surinam.

1565.

Salix, 6.

1 ♄ hermaphrodita. Upsa.

Saule hermaphrodite.

2 ♄ triandria. Hel. Sib. Ger.
P. 3 ♄ pentandra. Eu. palu. mont.
4 ♄ phylicifolia. Sue. bor.
5 ♄ foliis serratis. va.
P. 6 ♄ vitellina. Eu. temp.

Osier jaune com. des prés.

P. 7 ♄ amygdalina. Eu. Syl.

le Chevrin des bois.

8 ♄ hastata. Lapp. Hel. Ger.
9 ♄ ægyptiaca. Æg.
10 ♄ fragilis. Eu. bor.

Saule cassant.

11 ♄ babilonica. Ori.

grand Saule Parasol.
Saule du Levant de Smyrne.

P. 12 ♄ purpurea. Eu. Auf.

Osier rouge à fes. glauques.

P. 13 ♄ Helix. Eu. Auf. loc. aqu.

Osier des bords de la Seine.

14 ♄ myrsinites. Alp. Lapp. Hel.
15 ♄ arbuscula. Lapp. camp. are.

Dioecie Diandrie.

16 ♄ arb. foliis integris. va.
17 ♄ arb. fol. serratis. va.

Osier nain à fe. de Marsaul.

18 ♃ herbacea. Alp. Hel. Lapp.
19 ♃ retusa. Hel. Auf. Ita. Alp.
20 ♃ reticulata. Lapp. Hel. Alp.
21 ♄ myrtilloides. Sue. 7.
22 ♄ glauca. Lapp. Pyr. Alp.
23 ♄ aurita. Eu. bor. Syl.
24 ♄ lanata. Lapp. Alp.
25 ♄ depressa. va.
26 ♄ Lapponum. Lapp. Hel. Alp.

Saule de Laponie à fes. longues.

27 ♃ ♄ arenaria. Eu. palu.
28 ♃ ♄ incubacea. Eu. pas. ulig.
29 ♃ ♄ repens. Sue. mont. loc.
30 ♃ ♄ fusca. Eu. pas. hum.
P. 31 ♃ ♄ rosmarinifolia. Eu. camp.
P. 32 ♄ caprea.

Marsaul à fes. cotoneuses.

33 ♄ cap. foliis oblongis. va.
34 ♄ cap. fo. elliptico. va.
P. 35 ♄ viminalis. Eu. pag.

le Zenigole à lier.

36 ♄ vim. foliis linearis. va.
37 ♄ cinerea. Eu. nemo. palu.
P. 38 ♄ alba. Eu. pago.

Osier com. des Vanniers.

39 ♄ serpillifolia. Jacq.
40 ♃ ulmifolia. J.
41 ♄ lanuginosa. J.

Triandrie.

1566.

Empetrum, 7.

1 ♄ album. Luſ.
Empetré. Camaringue. Genievre doux.

2 ♄ nigrum. Eu. fri. mont.
Vacinet noir.

1567.

Oſyris, 8.

1 ♄ alba. Ita. Hiſ. Monp. Lib.
Oſyrie. Belveder blanche.

1568.

Reſtio, 9.

1 paniculatus. Cap. b. Sp.
Reſtié à fl. en panicule.

2 ♄ dichotomus. Cap. b. Sp.
3 vimineus. Cap. b. Sp.
4 triflorus. Cap. b. Sp.
5 ſimplex. Cap. b. Sp.
6 ♃ Elegia. Cap. b. Sp.
7 cernuus. Cab. b. Sp. L. f.
8 verticillaris. Cap. b. Sp. L. f.
9 tectorum. Cap. b. Sp. L. f.

1569.

Excoecaria, 10.

1 ♄ Agallocha. Amb.
Agalloche d'Amboine.

2 ♄ Exc. fæminea

Dioecie Triandrie.

1570.

Caturus, 11.

1 ♄ ſpiciflorus. In. Ori.
Cature à fl. en épie.

2 ♄ ramiflorus. Mart. rip.

1571.

Maba, 12.

1 ♄ elliptica. Inſu. Tonga. L. f.
Maba de l'Iſle de Tonga.

Tetrandrie.

1572.

Trophis, 13.

1 ♄ americana. Am.
Trophiſe d'Amérique.

2 ♄ bucephalum racemoſum. va.

1573.

Batis, 14.

1 ♄ maritima. Jam. mari.
Batis. Crete marine.

1574.

Viſcum, 15.

P. 1 ♄ album. Eu. arbo. para.
Guy à fruit blanc.

2 ♄ rubrum. Caro. para.
3 ♄ purpureum. Caro. para.
Pomme hémoroidale.

4 ♄ baccis niveis. va.
4 ♄ opuntioides. Jam. para.
6 ♄ verticillatum. Jam. para.
7 terreſtre. Phila. pra. ſub. hum.

Dioecie Tetrandrie.

8 racemosum. Gu. Aub.
9 ♄ pauciflorum. Cap. b. Sp. L. f.
10 ♄ Capense Cap. b. Sp. L. f.
11 ♄ rotundifolium. Cap. b. Sp. L. f.

1575.

Hippophaë, 16.

1 ♄ Rhamnoides. Eu. are.

Rhamnoide. Argousse. Lumiere du Cheval.

2 ♄ canadensis. Can. d.

Myrthe bâtard.

1576.

Myrica, 17.

1 ♄ Gale. Eu. Am. 7. uli.

Galé. Piment Royal.

2 ♄ cerifera. Caro. Vir. Pens.

Cirier ou Pela.

2 ♄ cer. humilis. va.
4 ♄ æthiopica. Cap. b. Sp.
5 ♄ quercifolia. Æt.

Laurier d'Afrique.

6 ♄ cordifolia. Æt.
7 ♄ foliis subcordatis. va.
8 ♄ trifoliata. Cap. b. Sp.

1577.

Montinia, 18.

1 ♄ acris. Cap. b. Sp. Coli. are.

Montinie à Sucre acre.

1578.

Maprounea, 19.

1 ♄ Guianensis. Gu. Aub.

Maprouier de Cayenne.

Pentandrie.

1579.

Pistacia, 20.

1 ♄ trifolia. Sici.

Pistachier mâle.

2 ♄ narbonensis. Monp. Mesop.
3 ♄ Terebinthus major. Arm. va.
4 ♄ vera. Per. Arab. Syri. In.
5 ♄ Terebinthus. Eu. Aus. Afr.

Térébinthe com. d'Europe.

6 ♄ Ter. fru. minore cæruleo. va.
7 ♄ Ter. angustifolia. va.
8 ♄ Lentiscus. His. Lus. Ita.

Lentisque d'Espagne.

9 ♄ Len. minor. va.
10 ♄ Sativa latifolia pubescens.

le Piscarie ou Votomos.

11 ♄ sylvestris ramis rubente. va.

Baume à Cochon.

12 ♃ syl. foliis acutis. va.

Sucrier de montagne.

13 ♃ Chia. J. Isl. de Chio.

Votomos de l'Isle de Chio.

1580.

Zantoxylum, 21.

1 ♄ Clava Herculis. Jam. Vir. Caro.

Massue d'Hercule.

Dioecie Pentandrie.

Frêne épineux.

2 ♄ trifoliatum. Chi.
3 ♄ aculeatum. Tria.

Rimbote d'Adanſon.

1581.

Aſtronium, 22.

1 ♄ graveolens. Am.

Aſtre odorant.

1582.

Canarium, 23.

1 ♄ commune. In.

Canarie de l'Inde com.

1583.

Antideſma, 24.

1 ♄ alexiteria. In.

Antideſme rameux.

2 ♂ Baccifera. va.

1584.

Ireſine, 25.

1 ♄ celoſioides. Vir. Jam.

Ireſine. Amaranthe. Arbre.

1585.

Spinacia, 26.

1 ♂ oleracea.

Epinard com. des jardins.

2 ♂ ſemine non ſpinoſa. va.
3 fera. Sib.

Patience ſauvage.

Dioecie Pentandrie.

1586.

Acnida, 27.

1 canabina. Vir. palu.

Acnide à ſe. de Chanvre.

1587.

Cannabis, 28.

P. 1 ⊙ ſativa. Perc.

Chanvre mâle à filer.

2 ⊙ fœminea.

Chenevie des Oiſeaux.

3 ⊙ eratica. va.

1588.

Humulus, 29.

1 ♃ Lupulus. Eu. ſep. mont.

Houblon pour la bierre.

2 ♃ fœminea.

Vigne du Nord.

1589.

Zanonia, 30.

1 indica. Mala.

Zanonie des Indes.

2 Penar-valli. fœminea.

1590.

Fevillea, 31.

1 ♄ trilobata. In. Ori.

Feville ſe. à 3 lobes.

2 cordifolia. In. Ori.
3 ♄ foliis trilobis. va.
4 ſcandens. In. Ori.

Liane à Serpent.

Dioecie Pentandrie.

1591.

Quapoya, 32.

1 ♄ scandens. Gu. Aub. syl.

Quapoyer à petit fruit.

2 ♄ pana-panari. Gu. Aub.

Hexandrie.

1592.

Tamus, 33.

1 ♃ communis. Eu. Auf. Ori. sep.

Tamier. Vigne noire sauvage.

Sceau de Notre-Dame.

Racine Vierge. Ra. de Femme batue.

2 ♄ cretica. Cre.

1593.

Smilax, 34.

1 ♄ aspera. Hif. Ita. Palef. Carn.

Salspareille d'Espagne.

2 ♄ asp. minus. va.
3 ♄ viticulis aspera. va.
4 ♄ excelsa. Ori. Syri.

Boyeaux du Diable.

5 ♄ Zeylanica. Zey. Gu. Aub.
6 ♄ Salsaparilla. Peru. Bras. Gu. Aub.

Salsp. du Mexique.

7 ♄ China. Chi. Jap. Gu. Aub.
8 ♄ rotundifolia. Can. d.
9 ♄ laurifolia. Vir. Caro. Gu. Aub.

Dioecie Hexandrie.

10 tamnoides. Caro. Vir. Pens.
11 ♄ caduca. Can. d.
12 ♄ bona nox. Caro.

Bonne la Nuit.

13 ♄ bo. nox, foliis augusti. va.
14 ♃ herbacea. Vir. Maril.
15 lanceolata. Vir.
16 Pseudo China. Vir. Jam.
17 ♃ tetragona. L. f.
18 Corsica. J.
19 longifolia. J.

1594.

Rajania, 35.

1 hastata. Dom. Gu. Aub.

Jan-Raia à tige grimpante.

2 cordata. Am. m. Gu. Aub.
3 quinquefolia. Am.

1595.

Dioscorea, 36.

1 pentaphylla. In.

Dioscoride. Med. Bot.

2 triphylla. Malab.
3 aculeata. Mala. Gu. Aub.

Inham-Mosambique.

4 alata. In. Gu. Aub.
5 bulbifera. In. Gu. Aub.
6 ♃ sativa. In. Gu. Aub.
7 villosa. Vir. Flor. Gu. Aub.
8 ♃ oppositifolia. In.
9 ♃ trifida. Sur. L. f.

Dioecie Hexandrie.

1596.

Virola, 37.

1 ♄ fibifera. Gu. Aub.

Muscadier Voirouchi.

Jeajeamadon des Créoles.

Octandrie.

1597.

Populus, 38.

P. 1 ♄ albus. Eu. temp.

Peuplier blanc. Ipréau.

P. 2 ♄ albo folio minor. va.

3 ♄ albo fo. variegato. va.

P. 4 ♄ tremula. Eu. frig.

Tremble d'Europe.

5 ♄ tre. ampliorefolio. va.

P. 6 ♄ nigra. Eu. temp.

Peuplier noir.

7 ♄ balsamifera. Am. 7. Sib.

Baumier du Pérou. Tacamache.

8 ♄ bal. minima. va.

9 ♄ heterophylla. Vir. Caro.

Peup. de Caroline à fes. larges.

10 ♄ latifolia. J.

11 ♄ Cordifolia. J.

Peup. d'Athènes.

12 ♄ Canadensis. J.

13 ♄ Crispa. J.

1598.

Rhodiola, 39.

1 ♃ rosea. Alp. Lapp. Auſ. Sile.

Dioecie Octandrie.

Racine à Odeur de Rose.

Orpin rose. Raci. de Rhodes.

1599.

Margaritaria, 40.

1 nobilis. Sur. L. f.

Plante qui porte des Perles.

Enneandrie.

1600.

Mercurialis, 41.

P. 1 ♃ perennis. Eu. nem.

Mercurielle mâle.

Choux de Chien.

2 ♃ montana testiculata. va.

3 ♃ mont. spicata. va.

4 ambigua. Hiſ.

P. 5 ⊙ annua. Eu. temp. umb.

6 ♂ spicata fæminea.

Foirolle femelle.

7 ♄ tomentosa. G, N. Hiſ.

8 ♂ Phyllon spicatum. va.

9 ♃ afra. Cap. b. Sp.

1601.

Hydrocharis, 42.

1 ⊙ ♃ Morsus ranæ. Eu. fos.

Morsure des Grenouilles.

Nénuphar blanc.

2 ♂ flore pleno odoratissimo. va.

3 alba. minor. va.

Decandrie.

1602.

Carica, 43.

1 ♄ Papaya. In.
Figuier de Papaye.
2 ♂ Ambapaya. In.
3 ♄ Posopofa. Sur.
4 ♄ spinosa. Gu. Aub.
Papayer sauvage.

1603.

Kiggelaria, 44.

1 ♄ africana. Æt.
Kiggelaire. Bota.
2 ♄ fœminea.

1604.

Schinus, 45.

1 ♄ Molle. Peru.
Mollé. Poivrier du Pérou.
2 ♄ Areira. Bra. Peru.

1605.

Coriaria, 46.

1 ♄ myrtifolia. Monp.
Redouble des Corroyeurs.
2 ♄ ruscifolia. Peru.

Dodecandrie.

1606.

Euclea, 47.

1 ♄ racemosa. Afr. Cap. L.f.
Euclé à tige rameuse.

Dioecie Dodecandrie.

1607.

Datisca, 48.

1 ♃ cannabina. Cre.
Datisque à fe. de Chanvre.
2 hirta. Pens.

1608.

Menispermum, 49.

1 ♄ canadense. Vir. Sib.
Arbre aux Coques.
2 ♄ virginicum. Vir. Caro. miri.
3 ♄ carolinum. Caro.
4 Cocculus. In.
Coque des Bout.
5 ♄ crispum. Ben.
6 orbiculatum. Insu. Crocod.
7 hirsutum. In.
8 myosotoides. In.

Polyandrie.

1609.

Cliffortia, 50.

1 ♄ illicifolia. Æt.
Cliffor. Bota.
2 ♄ ruscifolia. Æt.
3 ♄ polygonifolia. Æt.
4 ♄ trifoliata. Æt.
5 ♄ sarmentosa. Cap. b. Sp.
6 ♄ strobilifera. Cap. b. Sp.
7 ♃ ferruginea. Cap. b. Sp. L. f.
8 graminea. Cap. b. Sp. L. f.
9 ♄ obcordata. Cap. b. Sp. L. f.
10 ♄ ternata. Cap. b. Sp. L. f.
11 ♄ crenata. Cap. b. Sp. L. f.

Dioecie Polyandrie.

12 filifolia. Cap. b. Sp. L. f.
13 teretifolia. Cap. b. Sp. L. f.
14 ericæfolia. Cap. b. Sp. L. f.
15 ♄ pulchella. Cap. b. Sp. L. f.
16 ♄ juniperina. Cap. b. Sp. L. f.
17 ♄ falcata. Cap. b. Sp. L. f.
18 ♄ odorata. Cap. b. Sp. L. f.

1610.

Hedycaria, 51.

1 ♄ dentata. No. Zeel. L. f.
Hedycaris à feſ. dentelées.

1611.

Tigarea, 52.

1 ♄ aſpera. Gu. Aub.
Tiquarier âpre. Liane rouge.
2 ♄ dentata. Gu. Aub.

1612.

Mayna, 53.

1 ♄ odorata. Gu. Aub. Syl.
Mayne odorant.

1613.

Conceveiba, 54.

1 ♄ Guianenſis. Gu. Aub. Syl. rip.
Conceveibe de Guyane.
Oubarouna du Bréſil.

1614.

Conami, 55.

1 ♄ Braſilienſis.

Dioecie Polyandrie.

Conamie du Bréſil.
Amazone des Créoles.

Monadelphie.

1615.

Juniperus, 56.

P. 1 ♄ communis. Eu. fri. Syl.
Genevrier com. des bois.
2 ♄ vulgaris arbor. va.
3 ♄ minor montana. va.
4 ♄ major baccâ cærulea. va.
5 ♄ maj. bac. ruferſcente. va.
6 ♄ fœminea. va.
7 ♄ thuriſera. Hiſ.
8 ♄ barbadenſis. Am.
9 ♄ bermudiana. Am.
10 ♄ chinenſis. Chi.
11 ♄ Sabina. Luſ. Ita. Sib. Ori.
Sabine ou Savinier.
12 ♄ ſab. folio tamarici.
Sab. du Mont-Aural. Olympe.
13 ♄ virginiana. Vir. Caro.
14 ♄ Oxycedrus. Hiſ. G. N.
Oxycedre. Genevrier de Cade.
petit Cedre d'Eſpagne.
15 ♄ phœnicea. Eu. Auſ. Ori.
16 ♄ lycia. Gal. Sib.
17 ♄ caroliniana. Caro.
18 ♄ Suecia. J.

1616.

Taxus, 57.

1 ♄ baccata. Eu. Can. d.
If. à bayes rouges.

Dioecie Monadelphie.

2 ♄ Ta. bac. variegatis. va.
3 ♄ nucifera. Jap.

1617.

Ephedra, 58.

1 ♄ distachya. G. N. Hif. Hel.

Raisin de mer.

2 ♄ monostachya. Sib. mont. apr.
3 ♄ monospermos. va.
4 ♄ maritima minor.

1618.

Cissampelos, 59.

1 ♃ pareira. Am. m.

Caapeba Cissampelle.

2 ♄ Ciss. scandens. va.
3 ♃ Caapeba. Am. m. Gu. Aub.
4 smilacina. Caro.
5 Capensis. Cap. b. Sp. L. f.
6 ♄ fruticosa. Cap. b. Sp. L. f.

1619.

Napæa, 60.

1 ♃ lævis. Vir.

Napæé Hermaphrodite.

2 ♃ scabra. Vir.
3 ♃ dioica.

1620.

Adelia, 61.

1 ♄ Bernardia. Am.

Adelie de Bernard.

Diocesie Monadelphie.

2 ♄ Riccinella. Jam.
3 ♄ Acidoton. Jam.

Syngenesie.

1621.

Ruscus, 62.

P. 1 ♄ aculeatus. Gal. Ita. Hel.

Houx Frelon ou Fragon.

Ho. Housson ou Ruscus.

2 ♃ Hypophyllum. Ita.

Laurier d'Alexandrie.

3 ♃ latifolius. va.
4 ♃ Hypoglossum. Hun. Ligu.
5 ♄ androgynus. Cana.
6 ♄ racemosus. Insu. Archi.

Gynandrie.

1622.

Clutia, 63.

1 ♄ alternoides. Æt.

Clutie. Bota.

2 ♄ polygonoides. Cap. b. Sp.
3 ♄ pulchera. Æt.
4 ♄ tomentosa. Cap. b. Sp.
5 ♄ retusa. In.
6 ♄ Eluteria. In.

Elutere à fruit de Ricin.

7 ♄ stipularis. In.
8 ♄ hirta. Cap. b. Sp. L. f.
9 acuminata. Cap. b. Sp. L. f.

VINGT-TROISIÉME CLASSE.

Polygamie Monoecie.

1623.

Musa, Ier. G.

1 ♃ paradisiaca. In.
Arbre du Paradis.
Figuier d'Adam de l'Inde.
2 ♃ sapientum. In.
Figue Bannane. Bacobe.
grand Bannanier.
3 Troglodytarum. Molu.
4 Piffang-Batu. va.
5 alpharica five feranica.
6 fimiarum. Rump.
7 Bihai. Gu. Aub.
8 humilis. Gu. Aub.
petit Balisier.

1624.

Veratrum, 2.

1 ♃ album. Ruf. Sib. Auf. Ita.
Ellebore blanc d'Italie.
2 ♃ nigrum. Hung. Sib.
Varaire de Siberie.
3 luteum. Vir. Can. d.

1625.

Spinifex, 3.

1 ♄ fquarrofus. In. Ori. mari. L. f.
Arbre Rofeau. Spinife.

Polygamie Monoecie.

1626.

Andropogon, 4.

1 caricofum. In.
Barbe d'Homme. Andropoge.
2 ⊙ contortum. In. Or. L. f.
3 divaricatum. Vir.
4 gryllus. Rhæ. Hel. Vero. Monp.
5 nutans. Vir. Jam.
6 ⊙ quadrivalvis.
7 cymbarium. In. Ori.
8 proftratum. In. Ori.
9 alopecuroides. Am. 7.
10 diftachyum. Hel.
11 Schænanthus. In. Ara.
Schænanthe. la Broffiere.
12 virginicum. Am.
13 bicorne. Bra. Jam. Gu.
14 hirtum. Luf. Sici. Smy.
15 infulare. Jam. Gu. Aub.
16 barbatum. In. Ori.
17 Nardus. In.
18 muticum.
P. 19 Ifchæmum. Eu. Auf.
20 fafciculatum. In. Gu. Aub.
21 polydactylon. Jam. Gu. Aub.
22 fquarrofum. Zey. L. f.

1627.

Holcus, 5.

1 ⊙ fpicatus In. Gu. Aub.
Coufcou. Milliet d'Inde. Mille à Chandelle.
2 bicolore.

Polygamie Monoecie.

2 bicolore. Per.
3 ⊙ Sorghum. In.

Sorgot jaune.

4 ⊙ Sor. humilis va.
5 ⊙ nigricans. va.
6 ♄ halepensis. Syr. maur.
7 ♂ Saccharatus In. Gu. Aub.

Pain des Anges.

P. 8 mollis. Eu.
P. 9 ♃ lanatus. Eu. paſ. are.
10 laxus. Vir. Can. d.
11 ſtriatus. Vir. palu.
12 ♃ odoratus. Eu. fri. paſ.

Gramene odorant.

13 latifolius. In.
14 pertuſus. In. Ori.
15 ♃ ſerratus. Cap. b. Sp. L. f.

1628.

Apluda, 6.

1 mutica. In.

Aplude ſans barbe.

2 ariſtata. In.
3 Zeugites. Jam. Gu. Aub. digitata. In. L. f.

1629.

Iſchæmum, 7.

1 ♃ muticum. In.

Arette ſang.
Iſchæme ſans poil.

2 ♄ ariſtatum. Chi.

1630.

Cenchrus, 8.

1 racemoſus. Eu. Auſ. mari.

Couſin rameux.

2 lappaceus. In.

Polygamie Monoecie.

3 muricatus. In. Ori.
4 capitatus. G. N. Ita. Gu. Aub.
5 ⊙ echinatus. Jam. Cur. Gu. Aub.

le Couſin com. de Jamaique.

6 ⊙ tribuloides. Vir. mari.
7 ciliaris Cap. b. Sp.
8 granularis. In. Ori.
9 ♄ fruteſcens. Arme.

Roſeau épineux.

1631.

Ægilops, 9.

1 ⊙ ovata. Eu. Auſ.

Egilops à épi court.

2 caudata. Cre.
3 triuncialis. Monp. Marſ. Smy.
4 ſquarroſa. Ori.
5 ⊙ incurvata. Ang. Hiſ. Ita. pal.
6 exaltata. Mala. foſ. agr.

1632.

Maniſuris, 10.

1 myuris. In.

Maniſurie des Indes.

1633.

Valantia, 11.

1 ⊙ muralis. G. N. Ita. mur.

Croiſette des murs.

2 ⊙ hiſpida. Eu. Auſ.
3 ⊙ cucullaria. Cappe. Ara.
4 ⊙ Aparine. Ger. Gal. Sici. ſeg.

Grateron. Riebe de Sicile.

Polygamie Monoecie.

5 ⊙ articulata. Æg. Syr. Maur.
P. 6 ♃ Cruciata. Ger. Hel. Gal.
Galium. Croïsette des Bout.
7 ♃ glabra. Auſ. Ita.
8 hypocarpia. Jam.

1634.

Parietaria, 12.

1 indica. In.
Pariétaire des Indes.
P. 2 ♃ officinalis. Eu. temp. rud.
Helexine. Pariétaire des Bout.
Perce Muraille.
3 ♃ judaica. Gætti. Hel. Palæ.
4 ⊙ luſitanica. Luſ. Hiſ.
5 cretica. Cre.
6 microphylla. Jam.
7 americana. Tria.
8 Zeylanica. Zey.
9 urticæfolia. Inſu. Bour. L. f.

1635.

Terminalia, 13.

1 ♄ Catappa. In. L. f.
Terme. Dieu des Fêtes de Numa.
2 ♄ Benzoin. In. Ori. L. f.

1636.

Atriplex, 14.

1 ♄ Halimus. Hiſ. Luſ. Vir.
Pourpier marin. Arbre.
Aroche Soutenelle.
2 ♄ portulacoides. Occ. Eu. 7.

Polygamie Monoecie

Pour. marin d'Océan.
3 ♄ glauca. Gal. Auſ. Hiſ. mari.
4 ⊙ roſea. Eu. Auſ.
Epinard Fraiſe.
5 ⊙ ſibirica. Sib.
6 ⊙ tatarica. Tar.
7 ⊙ hortenſis. Tar.
Belle-Dame ou Folette des jardins.
8 ⊙ hor. rubra. J. va.
9 ⊙ laciniata. Eu. Vir. 7.
P. 10 ⊙ haſtata. Eu. fri.
P. 11 ⊙ patula. Eu. cul.
P. 12 ⊙ littoralis. Eu. 7. mari.
13 ⊙ marina. Ang. Sue. lit.
14 ⊙ pendunculata. Ang. Dan.
15 ⊙ maritima. va.
16 ⊙ ruberina. J.

1637.

Brabejum, 15.

1 ♄ ſtellulifolium. Cap. b. Sp.
Brabeje. Amandier d'Etiophie.

1638.

Cluſia, 16.

1 ♄ Roſea. Caro. Gu. Aub.
Cluſie. Bota.
Coapoiba du Bréſil.
2 ♄ alba. Am.
3 ♄ flava. Jam.
4 ♄ venoſa. Am. m. Gu. Aub.
Votomite des Caraibes.

1639.

Ophioxylum, 17.

1 ♄ Serpentinum. Zey.
Ophioxylle ſerpentant.

Polygamie Monoecie.

1640.

Fuſanus, 18.

1 compreſſus.

Fuſanne à fruit ſerré.

1641.

Acer, 19.

1 ♄ tataricum. Tar.

Erable de Tartarie.

P. 2 ♄ Pſeudo-Platanus. Hel. Auſ.

Sicomore ou Chicocomore.

Faux Platane. Plaine.

Blanc Planne.

3 ♄ rubrum. Vir. Penſ.

4 ♄ Saccharinum. Penſ.

Erable. Sucre de Penſilvanie.

P. 5 ♄ Platanoides. Eu. bor. mont.

6 ♄ penſylvanicum. Penſ.

P. 7 ♄ campeſtre. Sca. Eu.

8 ♄ cam. minus. va.

9 ♄ monſpeſſulanus. Monp.

10 ♄ creticum. Ori.

11 ♄ Negundo. Vir.

Negundo de Virginie.

12 ♄ Opulus. Tria.

Opâle de Trianon.

1642.

Celtis, 20.

P. 1 ♄ Auſtralis. Eu. Auſ. Afr.

Micoucoulier d'Afrique.

Lothier des Anciens.

2 ♄ occidentalis. Vir. Penſ.

3 ♄ orientalis. In.

Polygamie Monoecie.

1643.

Gouania, 21.

1 ♄ dommagenſis. Barb. Jam.

Gouan. Bota. de St. Domingue.

Liane brûlée de St. Domingue.

1644.

Poſſira, 22.

1 ♄ arboreſcens. Gu. Aub. Syl.

Bois de Dard de Guyenne.

Bois à Flêche.

1645.

Coublandia, 23.

1 ♄ fruteſcens. Gu. Aub.

Coublande de Cayenne.

1646.

Solandra, 24.

1 ♃ capenſis. Cap. b. Sp.

Solandre du Cap. Bota.

1647.

Hermas, 25.

1 ♃ depauperata. Cap. b. Sp.

Hermas du Cap de b. Eſpérance.

2 ♃ capitata. Cap. b. Sp. L. f.

3 gigantea. Cap. b. Sp. L. f.

4 quinque dentata. Cap. b. Sp. L. f.

5 ciliata. Cap. b. Sp. L. f.

Polygamie Monoecie.

1648.

Mimosa, 26.

1 ♄ Inga. Am. m. Gu. Aub.
Acacia à fruit doux.
2 ♄ fagifolia. Barb. Gu. Aub.
3 ♄ nodosa. Zey. Gu. Aub.
4 ♄ bigemina. In.
5 ♄ unguis cati. Jam. Cari.
6 ♄ tergemina. Am. m.
7 ♄ latifolia. Am.
8 ♄ purpurea. Am. m.
9 ♄ Linlibrizin. J.
Acacia de Constantinople.
Arbre de soys.
10 ♄ reticulata. Cap. b. Sp.
11 ♃ viva. Jam. pra. Gu. Aub.
12 ♄ circinalis. Am. c.
13 ♄ cineraria. In.
14 ♄ casta. In.
15 ♄ sensitiva. Bra. Gu. Aub.
Herbe sensible.
16 ♄ pudica. Bra. Gu. Aub.
Sensitive épineuse.
Herbe vive. Mimeuse.
17 ♄ Entada. In.
18 ♄ scandens. In. Gu. Aub.
19 ☉ plena. V. C.
20 ♄ virgata. In.
21 ♄ punctata. Am.
22 ♄ pernambuca. Am. Gu. Aub.
23 ♄ arborea. Jam. Cara. hum.
24 ♄ vaga. In. Gu. Aub.
25 latisiliqua. Am. c. Gu. Aub.
26 ♄ polystachia. Mart. Syl.
27 ♄ muricata. Am.
28 ♄ peregrina. Am.
29 ♄ glauca. Am.
30 ♄ cinerea. In.

Polygamie Monoecie.

31 ♄ cornigera. Mexi. Cuba.
32 ♄ horrida. In.
33 ♄ tortuosa. Jam.
34 ♄ farnesiana. Dom. Gu. Aub.
Acacia de Farnese.
35 ♄ nilotica. Æg. Ara.
36 ♄ pigra. Am.
37 ♄ asperata. Jam. V. C. Gu. Aub.
38 ♄ Senegal. Ara.
39 ♄ cæsia. In.
40 ♄ pennata. Zey. Gu. Aub.
41 ♄ pennata tenuifolia. va.
42 ♄ Intsia. In.
43 ♄ semispinosa. Am.
44 ♃ quadrivalvis. V. C.
45 ♄ tenuifolia. Zey.
46 ♄ Ceratonia. Am. m. Gu. Aub.
47 ♄ tamarindifolia. Am.
48 ♄ Lebbeck. Æg.
49 ♄ simplicifolia. Insu. Tauna. L. f.
50 ♄ odoratissima. Zey. L. f.
51 ♄ eburnea. In. L. f.
52 ♄ latronum. infra. mont. L. f.
53 ♄ cornigera. In. L. f.
54 ♃ natans. Trang. L. f.
55 ♄ Catechu. In. Ori. L. f.
56 ♄ Guianensis. Gu. Aub. Syl.
57 ♄ Bourgoni. Gu. Aub.
Paletuvier sauvage.
Bourgonie de Cayenne.
58 Sinemariensis. Gu. Aub.
59 Pacay. Gu. Aub.
60 Ouyrarema. Gu. Aub.
61 bipinnata. Gu. Aub.

1649.

Pamea, 27.

1 ♄ Guianensis. Gu. Aub.
Pamier de Guyane.

Dioecie.

1650.

Gleditschia, 28.

1 ♄ triacanthos. Vir.

Gleditschie. Bota. Prussien.

grand Fevier du Canada.

2 ♄ abruæfolio. va.

3 ♄ inermis. Jav.

4 ♄ sinensis.

1651.

Fraxinus, 29.

P. 1 ♄ exelsior. Eu. Sep.

grand Frêne d'Europe.

2 ♄ Ornus. Eu. Aus.

3 ♄ florifera. va.

Frêne à fleur.

4 ♄ flo. botrioides. va.

5 ♄ rotundifolius va.

6 ♄ americana. Caro. Vir.

7 ♄ Caroliniana. Caro.

8 ♄ ex novâ Angliâ. va.

9 ♄ juglandifolia. J.

1652.

Diospiros, 30.

1 ♄ Lotus. G. N. Ita. Maur.

Faux Lotier d'Athene.

2 ♄ Lotus africanus. va.

3 ♄ virginiana. Am. 7.

Guyacana ou Guajacana.

4 ♄ angustifolia. J.

Plaqueminier. Pishamin.

5 ♄ Kaki. Jap. L. f.

6 ♄ hirsuta. Zey. L. f.

Polygamie Dioecie.

7 ♄ Ebenum. Zey. Syl. vas. D. f.

Ebenne verte de Zeyland.

1653.

Nyssa, 31.

1 ♄ aquatica. Am. 7. aqu.

Tupelo Nyssé d'Amérique.

2 ♄ pedunculis unifloris. va.

1654.

Anthospermum, 32.

1 ♄ ætheopicum. Æt.

Anthosperme d'Ethiopie.

2 ♄ ciliare. Cap. b. Sp.

3 herbaceum. Afr. Cap. b. Sp. L. f.

1655.

Stilbe, 33.

1 ♄ pinastra. Cap. b. Sp. rivu.

Stilbe pin aquatique.

2 ♄ ericoides. Cap. b. Sp.

3 cernua. Cap. b. Sp. L. f.

1656.

Arctopus, 34.

1 ♃ echinatus. Æt.

Arctope étoilée.

1657.

Pisonia, 35.

1 ♄ aculeata. Am. m. Gu. Aub.

Pisonne. Bota.

2 ♄ inermis. In.

Polygamie Dioecie.

1658.

Panax, 36.

1 ♃ quinquefolium. Can. d. Penſ. Vir.

Panacée. Ninſin ou Ginſeng des Bout.

2 ♃ trifolium Vir.
3 ♃ fruticoſum. Teru.
4 ♄ arborea. No. Zeel.
5 ♄ ſpinoſa. Jap.
6 ♄ Morototoni. Gu. Aub.

Arbre de Mai ou de St. Jean.

1659.

Chriſtris, 37.

1 ♃ capenſis. Cap. b. Sp.

Chryſtrie du Cap de bonne Eſpérance.

Trioecie.

1660.

Ceratonia, 38.

1 ♄ ſiliqua. Apu. Sici. Cre. Syr.

Carouge ou Caroubier à ſilique douce.

Pain de St. Jean-Baptiſte.

1661.

Ficus, 39.

1 ♄ Carica. Eu. A.uſ Gu. Aub.

Figuier com. ſauvage.

2 ♄ humilis. va.
3 ♄ ſativa fructu longo-violaceo.

Polygamie Trioecie.

4 ♄ ſ. fru. globoſo albo. va.
5 ♄ ſ. fru. præcoci albido. va.
6 ♄ ſ. fru. parvo interrubente. va.
7 ♄ ſ. fru. longo majori nigro. va.
8 ♄ ſ. fru. globoſo intrus rubente. va.
9 ♄ ſ. fr. laciniatis longo. va.
10 ♄ indica. Gu. Aub.
11 ♄ maculata. Gu. Aub.
12 ♄ Americana. Gu. Aub.
13 ♄ folio citri, fructu viridi. Gu. Aub.
14 ♄ lauri effigie. Gu. Aub.

la Fouche de l'Iſle de France.

15 ♄ arbutifolia. Tria.
16 ♄ Sycomorus. Æg.

Poiſon violent du Bengal.

17 ♄ nymphæifolia. In.

Figuier de Pharaon.

18 ♄ religioſa. In.

Fig. de la Religion des Pagodes.

19 ♄ benjamina. In.
20 ♄ benghalenſis. In.

Fig. Pipal du Bengal.

21 ♄ indica foliis lanceolatis. va.

Varingue de l'Inde.

22 ♄ racemoſa. In.
23 ♄ retuſa. In.
24 ♄ pumila. Chi. Jap.
25 ♄ toxicaria. Sumat. Padano.
26 ♄ trigona. Sur. L. f.
27 ♄ pertuſa. Sur. L. f.
28 ♄ hiſpida. Java L. f.

Polygamie Trioecie.

29 heterophylla. In. Ori. aqu. L. f.

30 microcarpa. Java. L. f.

1662.

Perebea, 40.

1 ♄ Guianensis. Gu. Aub.

Perebier de Guyane.

Abéremou des Galibis.

1663.

Coussapoa, 41.

1 ♄ latifolia. Gu. Aub. Syl. flu.

Polygamie Trioecie.

Coussapier à larges feuilles.

2 ♄ angustifolia. Gu. Aub.

Tetraginie.

1664.

Tovomita, 42.

1 ♄ Guianensis. Gu. Aub.

Tovomite de Guyane.

VINGT-QUATRIÉME CLASSE.

Cryptogamie Filicée.

FOUGERES.

1665.

Equisetum, Ier. G.

P. 1 ♃ sylvaticum. Eu. 7. pra. Syl.

Prêle ou Asprêle des bois.

P. 2 ♃ arvense. Eu. Ori. agr.

P. 3 ♃ palustre. Eu. aqu.

Queue de Cheval.

4 ♃ pal. minus. va.

P. 5 ♃ fluviatile. Eu. lac. fluv.

P. 6 ♃ limosum. Eu. palu. fosi.

P. 7 ♃ hyemale. Eu. syl. ulig.

Prêle à polir.

8 giganteum. Am.

1666.

Cycas, 2.

1 ♄ circinalis. In.

Cryptogamie Filicee.

Sagon Cycas.

Palmier fougere d'Amboine.

Arbre d'Amboine.

1667.

Zamia, 3.

1 ♄ pumila. Am. m.

Zamié palmier nain.

2 Cycadis. Cap. b. Sp. L. f.

Cycade palmier.

1668.

Onoclea, 4.

1 ♃ sensibilis. Vir.

Orcanette sensible.

2 polypodioides. Cap. b. Sp.

3 mariana. J.

4 spicant. J.

Cryptogamie Filicée.

1669.

Ophioglossum, 5.

P. 1 vulgatum. Eu. pra. Syl.

Langue de Serpent, petite Herbe sans Couture.

P. 2 minus. va.
3 lusitanicus. Lus.
4 reticulatum. Am. m.
5 palmatum. Am. m.
6 pendulum. In. arbo. para.
7 ♄ scandens. In.
8 ♄ flexuosum. In. L. f.
9 nudicaulis. Cap. b. Sp. L. f.

1670.

Osmunda, 6.

1 Zeylanica. Zey. Ambo.

Osmonde de Zeyland.

P. 2 ♃ Lunaria. Eu.

Langue de Cerf.

3 ♃ Lu. racemosa. va.
4 ♃ Lu. race. minor. va.
5 ♃ Lu minor. rutaceofolio. va.
6 virginica. Am.
7 phyllitidis. Am. m. Gu. Aub.
8 hirta. Mart.
9 hirsuta. Am. m. rupi.
10 adianthifolia. Dom. Jam.
11 verticillata. Am. m.
12 cervina. Am. m.
13 bipinnata. Am. m.
14 filiculifolia. Am. m.
P. 15 ♃ regalis. Eu. Vir. flu.

Osmonde Royale.

P. 16 ♃ filix florida. va.

Cryptogamie Filicée.

Fougere fleurissante.

17 claytoniana. Vir.
18 capensis. Cap. b. Sp.
19 cinnamomea. Maril.
20 ♃ struthiopteris. Sue. Rus. Nov.
P. 21 ♃ spicant. Eu. Sue. Mis. Pyr.
22 ♃ crispa. Jam. Ang. Hel. Monp.
23 scandens. Gu. Aub.

Fougere grimpante.

1671.

Acrostichum, 7.

1 lanceolatum. In.

Acrostiche à panicules longues.

2 citrifolium. Am. m.
3 heterophillum. Malab. Zey.
4 crinitum.
5 punctatum. Chi. Isle de Bourb.
6 ♃ septentrionale. Eu. rip.
7 pectinatum. Æt.
8 dichotomum. Chi.
9 digitatum. Zey.
10 ferrugineum. Am.
11 polypodioides. Vir. Jam.

Polypode de Virginie.

12 aureum. Jam. Dom. hum.
13 rufum. Am.
14 sorbifolium. Jam. Dom.
15 areolatum. Vir. Maril.
16 marginatum. Jam. Gu. Aub.
17 sanctum. Jam.
18 platyneuron. Vir.
19 trifoliatum. Ja.
20 silicosum. Zey. aqu.
21 thalictroides. Zey. aqu.

Cryptogamie Filicée.

22 Marantæ. Eu. Auſ.
23 ilvenſe. Eu. fri. rup.
24 ebenum. Jam. ſep. hum.
25 furcatum. Jam.
26 aculeatum. Jam.
27 cruciatum. Am. m.
28 barbatum. Afr.
29 calomelanos. Am. m.
30 viviparum. Iſle d. Bourb. L. f.
31 auſtrale. Iſl. d. Bour. L. f.
32 ſpicatum. Iſl. d. France. L. f.

1672.

Pteris, 8.

1 piloſelloides. In. Ori.

Fougere piloſelle des Indes.

2 lanceolata. Dom.
3 tricuſpidata. Dom.
4 lineata. Dom. Gu. Aub.
5 furcata. Am. m.
6 quadrifolia. Am. m.
7 arborea.
8 grandifolia. Dom. Mart. ulig.
9 longifolia. Dom. Syl. rivu.
10 vittata. Chi. Jam.
11 ſtipularis.
12 trichomanoides. Jam. Dom. rup.

Politric argenté aquatique.

13 cretica. Cre. Ilva. Inſu.
14 pedata. Jam. Dom. Sib. rup.

Hemionite poudrée.

15 Adiantum monophyllum. va.

Capilaire doré.

Cryptogamie Filicée.

P. 16 aquilina. Eu. Syl.

Fougere femelle, bois de Boulogne.

17 caudata. Jam. Dom. ſaxo.
18 filix femina ramoſa Maj. va.
19 mutilata. Jam. Dom.
20 atropurpurea. Vir.
21 biaurita. Dom. Mart. Jam.
22 ſemipinnata. Chi.
23 ſerrulata. Jam.
24 heterophylla. Jam.

grande Rue de Muraille.

1673.

Blechnum, 9.

1 occidentale. Am. m.

Blechnue d'Occident.

2 orientale. Chi.
3 auſtrale. Cap. b. Sp.
4 virginicum. Vir.
5 radicans. Vir. Made. rupi.
6 Japonicum. Jap. L. f.

1674.

Hemionitis, 10.

1 lanceolata. Am. m.

Hemionite d'Amérique.

2 paraſitica. Jam.
3 palmata. Am. m.

1675.

Lonchitis, 11.

1 hirſuta. Am. m.

Lonchite. Fougere rameuſe.

Cryptogamie Filicée.

2 aurita. Am. m.
3 repens. Am. m.
4 pedata. Jam.

1676.

Asplenium, 12.

1 rizophyllum. Jam. Vir. Can. d.

Scolopendre de Virginie.

2 Hemionitis. Ita. Hiſ.

Hemionite vulgaire.

P. 3 Scolopendrium. Eu. omb.

Scolo. com. des Bouti.

P. 4 phyllitis criſpa. va.
P. 5 phy. lingua maxima. va.
P. 6 lingua cervina medio. va.

Langue de Cerf moyenne.

P. 7 ling. Cervi. multifido folio. va.
P. 8 ling. Cervi. criſpa. va.
9 nidus. Java. ſum. arbo.
10 ſerratum. Am. c.
11 plantagineum. Jam.
12 bifolium. Am. m.
P. 13 Ceterach. Ori. Monp. Walliæ.

Ceteraque com. des Bouti.

Doradille ou Herbe dorée des Eſpagnols.

14 obtuſifolium. Am.
15 nodoſum. Am. m.
16 ſalicifolium. Anti.
P. 17 Trichomanoides. Eu. rup.

Politrique com. des Bout.

Cryptogamie Filicée.

P. 18 T. foliis eleganter. va.
P. 19 T. minus & tenerius. va.
20 dentatum. Am. m.
21 marinum. Ang. inſul. Stoch.
22 minus. va.
23 cultrifolium. Mart.
24 pygmeum. Jam.
25 rhizophorum. In. Ori.
26 monanthemum. Cap. b. Sp.
27 Ruta muraria. Eu. rup.

Rue de Muraille com.
Sauve-vie des Bouti.

P. 28 Adiantum nigrum. Ita. Gal.

Capilaire noir d'Angleterre.

29 Trichomanes ramoſum. Arvo.
30 marginatum. Am.
31 ſtriatum. Am.
32 eroſum. In. Occid.
33 ſquamoſum. Am.

1677.

Polypodium, 13.

1 lanceolatum. Am. m.

Polipode mâle à feſ. longues.

2 lycopodioides. Am. Mart. Dom.
3 piloſelloides. Am. m.
4 heterophyllum. Am. m.
5 craſſifolium. Am. m.
6 Phyllitis maculata. va.
7 phyllitidis. Am. m.
8 comoſum. Am. m.
9 trifurcatum. Am. m.
10 vulgare. Eu. rup.

Polypode com. des bouti.

Cryptogamie Filicée.

11 minus. va.
12 virginianum. Vir.
13 Otites. Am.
14 pectinatum. Jam.
15 taxifolium. Am. m.
16 ſtructionis. Am.
17 ſquamatum.
18 loriceum. Am.
19 alatum. Am
20 cambricum. Ang. Monp.
21 aureum. Am. arbo. vetus.
22 quercifolium. In.
23 phymatodes. In. Ori.
24 criſpatum. Am m.
25 ſuſpenſum. Am. m.
26 aſplænifolium. Am. m.
27 pendulum ſubtus villoſum. va.
28 ſcolopendrioides. Jam.
29 trifoliatum. Inſu. Carib.

grande Fougere à trois feuilles.

30 Lonchitis. Hel. Bal. Monp.

Lonchite major rude.

31 Lonch. minor va.
32 exaltatum. Am. Gu. Aub.
33 auriculatum. In.
34 unitum. In.
35 triangulare. Am.
36 cordifolium. Am.
37 ſimile. Am.
38 reticulatum. Am.
39 cicutarium. Vir. Jam.
40 fontanum. Sib. Gallo. pro.

Capilaire de fontaine.

P. 41 Phegopteris. Eu. fage. Vir.

Fougere ſauvage du hetre.

42 retroflexum.

Cryptogamie Filicée.

43 fragans. Sib. Ang.
44 paraſiticum. In. ſup. arb.
45 varium. Chi.
46 criſtatum. Eu. 7.
P. 47 27 Filix maſ. Eu. Syl.

Fougere mâle du Bois de Boulogne.

P. 48 Filix feminea. Eu. frig. Sib. hum.
49 Thelypteris. Eu. 7. palu.
P. 50 aculeatum. Eu.
51 rhæticum. Gal. Hel. Ang. Ger.
52 noveboracenſis. Can. d.
53 pubeſcens. Jam.
54 marginale. Can. d.
55 bulbiferum. Can. d.
P. 56 fragile. Eu. fri.

Filiculle maculée.

57 caffrorum. Cap. b. Sp.
58 pteridioides. Gal. Auſ.
P. 59 regium. Gallia.

Fougere Royale.

60 leptophyllum. Hiſ. Luſ. Gallo.
61 Baromez. Chi.
62 ♄ arboreum. Am. m.
63 ♄ ſpinoſum. Am. m.
64 horridum.
65 pyramidale. Am.
66 aſperum. Am.
67 muricatum. Am.
68 villoſum. Am.
69 decuſſatum. In.
P. 70 Dryopteris. Eu. nem.

Dryoptere des mouſſes de Chêne.

71 ſpeluncæ.
72 Capenſe. Cap. b. Sp. L. f.
73 falcatum. Jap. L. f.
74 Fica. Inſu. Madag. L. f.
75 Guianenſe. Gu. Aub.

Cryptogamie Filicée.

76 adiantoides. Gu. Aub.
77 ferratum. Gu. Aub.
78 repens. Gu. Aub.
79 rigidum. Gu. Aub.
80 minimum. Gu. Aub.
81 lusitanicum. Lus.

1678.

Adiantum, 14.

1 radiatum. Jam. Dom.
Capilaire de St. Domingue.
2 reniforme. Made.
3 Philipense. Phili.
4 ♃ pedatum. Can. d. Vir.
Capil. du Canada des Bout.
5 lancea. Sur.
6 trilobum. Am.
7 ferrulaceum. Jam.
Politrique noir de Jamaique.
8 caudatum. In. Ori.
9 flabellulatum. Chi.
10 trifoliatum. Am.
11 chusanum. Chi.
12 Capillus veneris. Eu. Aus.
Capillaire de Montpelier.
Cheveux de Vénus.
13 villosum. Jam.
14 pulverulenteum. Am.
15 cristatum. Am. m.
16 truncatum.
17 clavatum. Jam. Dom.
18 trapeziforme. Am. m. Gu. Aub.
19 hexagonum. Am.
20 pteroides. Cap. b. Sp.
11 æthiopicum. Cap. b. Sp.
22 ♃ Guianense. Gu. Aub. Syl. rup.

Cryptogamie Filicée.

23 ♄ sagittatum. Gu. Aub. Syl. rup.
Capillaire à flêche de Guyane.
24 repens. Isle de France, Thouin.
25 furcatum. Cap. b. Sp. L. f.
26 hastatum. Cap. b. Sp. L. f.
27 caffrorum. L. f.
28 fragrans. L. f.

1679.

Trichomanes, 15.

1 membranaceum. Am. Gu. Aub.
Politrique membraneux.
2 crispum. Mart. Gu. Aub.
3 polypodioides. In.
4 hirsutum. Am.
5 pyxidiferum. Am. Ang.
6 tunbrigensa. Ang. Ita. Jam.
7 adiantoides. Ind. Afr.
8 chinensis. Chi.
9 adiantoides. In. Afr.
10 scandens. Am.
11 canariense. Can. Lus.
12 lusitanicum. Can. Lus. va.
13 capilaceum. Am.

1680.

Marsilea, 16.

1 natans. Am. m.
Marsillée. Sauge aquatique.
2 quadrifolia. In. Sib. Gal. Alsa.
3 minuta. In. Ori.
4 cormandelina. va.

Cryptogamie Filicée.

1681.

Pilularia, 17.

P. 1 globulifera. Eu. inu.

Pilulaire. Mousse dorée. Boulette ou Globulle d'eau.

1682.

Isoetes, 18.

1 lacustris. Eu. fri. lac.

Isoette ou Calamaje.

2 Coromandelina. Corom.

Musci.

MOUSSE.

1683.

Lycopodium, 1er. G.

1 linifolium. Am. Gu. Aub.

Lycopode à fe. de lin. Plicaire ou Selagine.

2 nudum. In.

3 Phlegmaria. Malab. Zey.

Pied de Loup. Mousse rampante.

P. 4 clavatum. Eu. Syl.

5 rupestre. Vir. Can. d. Sib.

6 selaginoides. En. pas. mus.

7 alopecuroides. Vir. Can. d.

P. 8 inundatum. Eu. inu.

9 Selago. Eu. bor. Syl.

Selague en épi.

10 obscurum. Plilad. Gu. Aub.

Cryptogamie Musci.

11 annotinum. Eu. nem.

12 cernuum. In. Gu. Aub.

Patte de Loup crisoée.

13 Bryopteris. In. Gu. Aub.

14 sanguinolentum. Camts.

15 alpinum. Alp. Lapp. Hel.

P. 16 complanatum. Eu. 7. Syl.

Selagine sauvage des bois.

17 carolinianum. Car. Gu. Aub.

18 helveticum. Alp. Hel. Carni.

19 denticulatum. Lus. His. Ibe.

20 apodum. Car. Vir. Pensi.

21 stabellatum. Am. c.

22 canaliculatum. Amb.

23 plumosum. In. Gu. Aub.

24 ornitopodioides. In.

25 circinale. Bras.

26 Gnidioides. Isle de France.

27 verticillatum. Isle de Bour. L. f.

28 Magellanicum. Mage. Thouin.

29 convolutum. Isle de Bourb. L. f.

1684.

Porella, 2.

1 pinnata. Pensil.

Porelle Aîlées de Pensilvanie.

1685.

Sphagnum, 3.

P. 1 palustre. Eu. palu. Syl.

Sphagnum des bois humides.

Cryptogamie Musci.

P. 2 pal. molle deflexum. va.
3 alpinum. Ang. fumi. Alp
4 arboreum. Eu. sup. tron. arb.

1686.

Phascum, 4.

1 pedunculatum. Eu. evi. hum.

Phascon d'Europe.

2 acaulon. Eu. agr. foss.
3 muticum. va.
4 subulatum. Eu.
5 caulescens. Pensi.
6 repens. arbo. trun.

1687.

Fontinalis, 5.

1 antipyretica. Eu. flu.

Fontinale des Fleuves d'Europe.

2 minor. Eu. fl.
3 squamosa. Brit. Gal. Hel.
4 pennata. Hel. Ger. arb.

1688.

Buxbaumia, 6.

1 aphylla. Sue. Nor. Ruth. Dan. Ita.

Buxbaume. Bota.

1689.

Splachnum, 7.

1 rubrum. Nor. Finl. Ruf. Sib.

Splachnée rouge.

2 luteum. Sue. pal. Syl.
3 ampullaceum. Eu. pal.
4 vasculosum. Sue. bor.

Cryptogamie Musci.

1690.

Polytrichum, 8.

1 ♃ commune. Eu. ulig. fler.

Perce Mousse com.

2 ♃ quadrangulare. va.
3 ♃ pilosum. va.
4 alpinum. Hel. Ger. Alp.
5 urnigerum. Eu. Jam.

Polytrique doré.

1691.

Mnium, 9.

1 pellucidum. Eu. pas. umb.

Mniole. Mousse transparante.

2 androgynum. Eu. Syl.
3 ramosum. Eu. pal.
4 fontanum. Eu. font. palu.
5 palustre. Eu. palu.
6 hygrometricum. Eu. sy. iter.
7 purpureum. Eu. pas.
8 setaceum. Eu. mur. agge.
9 cirrhatum. Eu. Syl.
10 annotinum. Eu. hum.
11 hornum. Eu. Syl. agge.
12 capillare. Eu. Siec. mur.
13 pyriforme. Eu. rup.
14 polytrichoides. Eu. eric.
15 mnioides. va.
16 acaulon capillaceum. va.
17 serpillifolium. Eu.
18 cuspidatum. va.
19 proliferum. va.
20 undulatum. va.
21 triquetrum. Eu. turfos.
22 lanceolatum bimum. va.
23 trichomanis. Sue. Ang. Ger.
24 fissum. Eu. riguis.
25 Jungermania. Eu. Sub. hum.

Cryptogamie Mufci.

1692.

Bryum, 10.

1 apocarpon. Eu. ſax. arb.

Mouſſe Bryome.

2 Sphagnum nodoſum. va.
3 ſtriatum. Eu. arb. Syl.
4 Polytrichum. va.
5 Pol. capſulis ſeſſilibus. va.
6 Pol. capillaceum. va.
7 pomiforme. Eu. ſcop. hum.
8 pyriforme. Eu. pra. aggr.
9 exſtinctorium. Eu. are.
10 caliptra. va.
11 ſubulatum. Eu. agg. humi.
12 rurale. Eu. mur. ruſt. tect.
13 capitulo breviſſimo. va
14 ſcoparium Eu. Syl. are.
15 undulatum. Eu. Syl. umb.
16 glaucum. Eu. erice.
17 albidum. Inſu. Provi.
18 pellucidum. Eu. palu.
19 pell. foliis reflexis. va.
20 imberbe. Eu. are. grami.
21 unguiculatum. Eu. are. mur.
22 ung. barbatum. va.
23 aviculare. Ang. Hel. Ger.
24 flexuoſum. Eu. Syl.
25 heteromalum. Eu. eric. juni.
26 tortuoſum. mont. Hel. Sue.
27 truncatulum. Eu. arg. foſ.

Hyſſope de Salomon.
Mouſſe couronnée.

28 viridulum. Eu. agr. aggr.

Cryptogamie Mufci.

29 paludoſum. Eu. hum.
30 hypnoides. Eu. ſax. rup.
31 hyp. hirſuta.
32 hyp. ericæfacie. va.
33 caneſcens piloſum. va.
34 verticillatum. colli.
35 æſtivum. Eu. pal.
36 Celſii. Upſa.
37 trichodes. Sue. Ger. Hel.
38 ſquarroſum. Eu. bor. pal.
39 argenteum. Eu. tect. mur.
40 arg. pendulum. va.
41 pluvinatum. Eu. mur. rup.
42 cæſpiticum. Eu. mur. tect.
43 carneum. Eu. udiſ.
44 ſimplex. Eu. paſ.
45 alpinum. Eu. rup. tect.

1693.

Hypnum, 11.

1 ſpiriforme. Jam. Gu. Aub.

Uſnée ou l'urne.

2 taxifolium. Eu. umb.
3 denticulatum. Eu. umb.
4 bryoides. Eu. umb.
5 acacioides. Patagonia.
6 adientoides. Eu. pal.
7 complanatum. Eu. trun. arb.
8 ornithopodioides. Pata.
9 ſylvaticum. Eu. Syl. arb.
10 lucens. Eu. pal.
11 rugoſum. Hel. Ger. Hol.
12 undulatum. Eu. loc. ſaxo.
13 criſpum. Eu. loc. ſaxo.
14 triquatrum. Eu. pra. Syl.
15 rutabulum. Eu. ſep. Syl.
16 filicinum. Eu. hum.
17 proliferum. Eu. pra. Syl.
18 delicatum. Am. Eu. 7.

Cryptogamie Musci.

19 parietinum. Eu. arb.
20 prælongum. Eu. ter. trunc.
21 crista castrensis. Eu. Pens.

Crete. Casque d'Europe.

22 abietinum. Eu. Syl. abie.
23 plumosum. Eu. rad. arb.
24 cupressiforme. Eu. Syl. arb.
25 aduncum. Eu. uli.
26 compressum. Eu. trun. arb.
27 scorpioides. Ang. Sue. pal.
28 viticulosum. Eu. mont. ari.
29 squarrosum. Eu. sub. hum.
30 squ. repens. va.
31 palustre. Eu. udis.
32 laureum. Eu. mont.
33 deudroides. Eu. pra. Syl.
34 alopecurum. Eu. Syl. hum.
35 curtipendulum. Eu. Am.
36 purum. Eu. pas. Syl.
37 filifolium. Eu. trun. arbo.
38 illecebrum. Eu. Am. 7.
39 riparium. Eu. fluv. rip.
40 cuspidatum. Eu. pal.
41 sericeum. Eu. tronc. mur.
42 velutinum. Eu. rad. arbo.
43 serpens. Eu. Vir. Gu. Aub.
44 sciuroides. Eu. trun. arbo.
45 gracile. Eu. fage.
46 myosuroides. Eu. sup. lap.
47 myo. crassius. va.

Cryptogamie Musci.

48 clavellatum. Eu. lig. putri.
49 julaceum. Am. 7.
50 aquaticum. Jacq.

Algæ.

LGUES.

1694.

Salvinia, 1er. G.

1 auriculata. Gu. Aub. aqu.

Salvine d'eau.

1695.

Jungermania, 2.

1 asplenoides. Eu. In. umb.

Epatique mousse.

2 caule ramoso. va.

Mousse d'Arbre.

3 polyanthos. Eu. pal.
4 lanceolata. Eu. hum. umb.
5 bidentata. Eu. eric. umb.
6 bicuspidata. Eu. umb.
7 quinquedentata. Eu.
8 undulata. Eu.
9 nemorosa. Eu. Syl.
10 albicans. Eu. umb. Gu. Aub.
11 trilobata. Sue. Ang. Ita.
12 reptans. Eu. eric. Gu. Aub.
13 multiflora. Eu. Syl.
14 complanata. Eu. arbo.
15 dilatata. Eu. Am. arbo.
16 tamarici Eu. trun. arbo.
17 platyphylla. Eu. Am. 7.
18 ciliaris. Eu. passi.
19 varia. Eu. Syl.
20 julacea. Alp. Brit.

Cryptogamie Algæ.

21 rupestris. Eu. fri. hum.
22 trichophylla. Eu. fri. rup.
23 alpina. Alp. Brit. Suc.
24 epiphylla. Eu. umb.
25 pinguis. Eu. pal.
26 multifida. Ang. eric.
27 furcata. Eu. tran.
28 pusilla. Eu. rup. hum.
29 Sertularioides loc. hum. L. f.
30 subspinosa. Gu. Aub.

1696.

Tragionia, 3.

1 hypophylla. Ita. Hisp. Const.

Tragione. Layche des Pierres.

1697.

Marchantia, 4.

2 polymorpha. Eu. loc. umb.
3 pol. stellata. va.

Marchand. Bota.

4 chenopoda. Marti.

Pied d'Oye.

5 cruciata. Eu. umb.
6 tenella. Vir.
7 hemisphærica. Eu. pal.
8 conica. Eu. loc. umb.
9 androgina. Ita. Jam.

1698.

Blasia, 5.

1 pusilla. Eu. fos.

Blasie des fossés aquatiques.

Cryptogamie Algæ.

1699.

Riccia, 6.

1 crystallina. Eu. loc. hum.

Riccié Epatique Crystaline.

2 minima. Eu. inu.
3 glauca. Ang. Ita. Gal.
4 fluitans. Eu. fos. rip.
5 natans. Ang. Ger. stag.

1700.

Anthoceros, 7.

1 punctatus. Ang. Ita. Ger. uli.

Anthocere ponctuée.

2 lævis. Eu. Am. bor.
3 multifidus. Ger.

1701.

Lichen, 8.

1 scriptus. Eu. cort. arbo.

Lichen. Herpette d'arbre.

2 Geographicus. Eu. rup.
3 atrovirens. Eu. rup.
4 byssoides. rup. saxi.
5 rupicola. Eu. Syl.
6 sanguinarius. Eu. rup.
7 pertusus. Eu. arb.
8 rugosus. Eu. Syl. sup. arb.
9 fusco-ater.
10 vernalis. Eu. uspa.
11 calcarius. Eu. rup.
12 cinereus. rup. Saxis.
13 atroalbus. Alp. rup.
14 ventosus. Alp. rup.
15 fagineus. Eu. trun. arb.
16 carpineus. Carp. trun. rami.
17 corallinus. Eu. rup. lapi.

Cryptogamie Algæ.

Corail musqué.

18 ericetorum. Eu. Sylster.
19 lacteus. rup. Saxis.
20 candelarius. Eu. trun. arb.
21 gelidus. Ista. Saxi.
22 tartareus. Eu. pari. rup.
23 pallescens. Eu. lapi.
24 subfuscus. Eu. arbo. rup.
25 Parellus. muris.
26 upsaliensis. sum. Ingis.
27 centrifugus. Eu. fri. rup.
28 saxatilis. Eu. rup.
29 omphalodes. Eu. rup. arb.
30 olivaceus. Eu. rup. abo.
31 fablunensis. Eu. rup.
32 styginus. Sue. Insu. Bal.
33 crispus. mur.
34 cristatus. Eu. Aus.
35 parietinus. Eu. rup. lign.
36 physodes. Eu. cort. Betulæ.
37 stellaris. Eu. rami. arbo.
38 chrysophthalmus. Cap. b. Sp.
39 Burgessi.
40 ciliaris. Eu. arbo.
41 islandicus. Eu. Syl. steri.
42 isla. Lichenoides. va.
43 isla. Lich. tenuissimus. va.
44 nivalis. Lapp. Ups. Alp.
45 pulmonarius. Eu. Syl. umb.

Pulmonaire de Chêne.

46 furfuraceus. Eu. arbo.
47 ampullaceus. Ang.
48 leucomelos. Am. m.
49 farinaceus. Eu. arbo. Quer.
50 calicaris. Eu. arbo. rup.
51 Lichen pyxidatus. va.
52 fraxinus. Eu. arbo. frax.
53 Lichen pulmonarius. va.

Cryptogamie Algæ.

54 fuciformis. In. Cana.
55 prunastris. Eu. arbo. siccas.

Perelle. Orseille feuillée.

56 pru. corniculatus. va.
57 juniperinus. Eu. juni.
58 caperatus. Eu. Am. arbo.
59 crocatus. In.
60 glaucus. Eu. fri. Sue.
61 fascicularis. Ang. Ger.
62 aquaticus. Sue. aqu. pal.
63 resupinatus. Eu. Syl.
64 venosus. Eu. Syl. teres.
65 aphtosus. Eu. Syl. aceri.
66 arcticus. Sue. bore. juni.
67 caninus. Eu. Syl. lap.

Pulmonaire de terre.

Epatique pour la rage.

68 sylvaticus. Ang. Ger. Hel.
69 horizontalis. Hel. Ang. Sue.
70 perlatus. Eu. arbo. Quer.
71 saccatus. Alp. Eu.
72 croceus. Lapp. Hel. Ger.
73 miniatus. Ang. Hel. rup.
74 velleus. Alp. Sue. Ang.
75 pustulatus. Eu. rup.
76 proboscideus. Sue. Lapp.
77 deustus. Sue. Gal. rup.
78 polyphyllus. Eu. rup.
79 polyrhizus. Arv. Sue. rup.
80 cocciferus. Eu. Syl. ster.
81 cornucopioides. Lapp. Ang.
82 pyxidatus. Eu. Syl.
83 pyx. caule simplici. va.
84 fimbriatus. Eu. Syl. ster.
85 gracilis. Eu. eric. mont.
86 digitatus. Eu. Syl. ster.
87 cornutus. Eu. erice.
88 deformis.
89 rangiferus. Alp. Eu. Syl.

Cryptogamie Algæ.

Nourriture des Rênes.

90 rang. sylvaticus. va.
91 uncialis. Eu. ericc.
92 unci. ceratoides. va.
93 nnci. caule fruticoso. va.
94 subulatus. Eu. Syl.
95 globiferus. Ting. Ang.
96 paschalis. Hel. Ita. Cana.

Coralinne de Pâques.

97 fragilis. Eu. Alp. rup.
98 Roccella Insu. Archi. Cana.

Roccelle à teindre en rouge.

99 plicatus. Eu. Am. Syl.
100 barbatus. Eu. Am. 7. Syl.
101 divaricatus. Hel. Mis. arbo.
102 Usnea. Mart. Mada. In. Ori.

Usnée odorante.

103 jubatus. Eu. Syl. rup.
104 lanatus. Eu. rip. fri.
105 bubescens. Eu. 7. Lapp.
106 chalybeiformis. Eu.
107 hirtus. Eu. arbo.
108 vulpinus. Eu. tect. muri.
109 articulatus. Eu. Aus. Syl.
110 floridus. Eu. fag.
111 Guianensis. Gu. Aub.
112 niger. rup. L. f.
113 Bæomyces. Eu. steri. L. f.
114 Icmadophila. Eu. hum. L. f.
115 granulatus. are. hum. L. f.
116 Burgessii. Scotia. L. f.
117 Tremelloides. Cap. b. Sp. L. f.
118 ornatus. Eu. L. f.

Cryptogamie Algæ.

119 nigrescens. arbo. trum. L. f.
120 flammeus. Cap. b. Sp. L. f.
121 viridis. Cap. b. Sp. L. f.
122 verrucosus. Cap. b. Sp. L. f.
123 Capensis. Cap. b. Sp. L. f.

1702.

Tremella, 9.

1 juniperina. juni.

Fleur du Ciel. Tremblante.

Mousse membraneuse.

2 Nostoc. pra. post pluri.
3 Nos. arborea. minor. va.
4 lichenoides. Musci. umb.
5 verrucosa. sup. lapi. rivu.
6 difformis. Oce. Conservis.
7 hemisphaerica. rup. sub. mari.
8 purpurea. Arbo. morib.
9 adnata. Oce. rup. sub. mari.

1703.

Rupinia, 10.

1 Lichenoides. rup. Am. m.

Rupinié. Lichen.

1704.

Fucus, 11.

1 uvarius. Oce. asiat.

Fard de l'Océan.

2 natans. Petagonatans.

Sarga. Lentille marine.

3 acinarius. Ita. Oce. aust.

Cryptogamie Algæ.

Raisin Impérial.

4 lindigerus. Insu. Adsc.
5 turbinatus. Am. rup. mari.
6 serratus. Occa.
7 volubilis. Mari. Medi.
8 vesiculosus. Mari. atlant.
9 Fu. maritimus. va.

Chêne marin.

10 divaricatus. Ang. Lus.
11 inflatus. Oce. atlant.
12 ceranoides. Oce.
13 cer. lacerus. va.
14 spiralis. Oce.
15 canaliculatus. Oce. Eu.
16 cana. excisus. va.
17 disticus. Oce. 7.
18 nodosus. Mari. atlant.
19 pyriferus. Oce. æthio.

Plante marine.

20 siliquosus. Oce.
21 siliqulosus.
22 elongatus. Ang. His.
23 loreus.
24 fœniculatus. Oce.
25 fœni. barbatus. va.
26 triqueter. Mari. Cap.
27 granulatus. Oce. In.
28 selaginoides. Oce. Nor-ver.
29 concatenatus. Oce.
30 aculeatus. Oce. nerue.
31 acul. muscoides. va.
32 lycopodioides.
33 hirsuta. Pelago Gunner.
34 discor.
35 Tendo. Chi.
36 Filum. Oce. atlant.

Lin ou Lilé marin.

37 lanosus. Oce. Islan.
38 fastigiatus. Oce. Balti.
39 furcellatus. Oce. Ang.
40 palmatus. Oce.

Cryptogamie Algæ.

41 buccinalis. Oce. Cap. b. Sp.

Trompette marine.

42 digitatus. Oce. Atlant.
43 saccharinus. Mare. Atlanti.
44 sanguineus. Oce. Atlant.
45 ciliatus. Oce. Atlant.
46 cil. menbranaceus. va.
47 crispus. Oce. Atlant.
48 crispatus.
49 alatus. Oce. 7.
50 dentatus. Oce. Atlant.
51 rubeus. Oce.
52 venosus. Cap. b. Sp.
53 vittatus. Cap. b. Sp.
54 onatus. va.
55 ramentaceus. Oce. 7.
56 plumosus. Oce. Atlant.
57 abrotanifolius. Cap. b. Sp.
58 cartilagineus. Cap. b. Sp.
59 gigartinus.
60 spinosus. Cap. b. Sp.
61 spermophorus.
62 confervoides. Mari. Ang.
63 ericoides. Oce. Eu.

Bruyere marine.

64 flavus. Zey.
65 pinnatus. Zey.

1705.

Ulva, 12.

1 pavonia. Mari. Eu. Aus.

Ulvé Intestin ou Boyaux de Chat.

2 umbilicalis. Oce.
3 intestinalis. Mari. Gu. Aub.
4 lumbricalis. Cap. b. Sp.

Cryptogamie Algæ.

5 compressa. Eu. Mari.
6 rugosa. Cap. B. Sp.
7 confervioides. Mari.
8 latissima. Mari. Eu.
9 Lactuca. Oce.

Laitue tremblante.

10 papillosa. Mari. æthi.
11 lanceolata. Oce.
12 labyrinthiformis. Thermis.
13 Linza. Oce.
14 pruniformis. lacu. Sue. Born.
15 granulata.
16 Pisum. rip. pal. Eu.

Pois marin.

1706.

Conserva, 13.

1 rivularis. Eu. rivu.

Eponge d'eau douce.

2 fontinalis. Eu. font.
3 bulbosa. Eu. aqu.
4 canalicularis. Eu. rivu.
5 amphibia. Eu. fos. umb.
6 littoralis. Eu. Mari.
7 æruginosa. Ang. Mari.
8 dichotoma. Ang. fos.
9 scoparia. Eu. Mari.
10 cancellata. Eu. Mari.
11 reticulata. Eu. flu.

Filet à Raiseaux ou Lin maritime.

12 fluviatilis. Eu. flu.
13 gelatinosa. Eu. font.
14 capillaris. Eu. lacu.
15 corallina. Mari. Eu.
16 catenata. Mari. Eu.
17 polymorpha. Mari. Eu.
18 vagabunda. Mari. Eu.

Fard à Filet crispée.

19 glomerata. Eu. font.
20 rupestris Eu. mari.

Cryptogamie Algæ.

21 ægagropila. Sue. lac. Stock.

1707.

Byssus, 14.

1 septica. Domi.

Mousse. Fleur d'humidité.

2 Flos aquæ. Mari.

Fleur d'eau. Mousseron d'eau.

3 cancellata. aqu. nata.
4 phosphorea. Eu. lign.

Astre de Vénus.

5 velutina. Terra.
6 aurea. rup. Arv. Ita.
7 cryptarum. rup. Medel.
8 antiquitatis. mur. anti.

Poussiere des murs antiques.

9 saxatilis. Saxo.
10 Jolithus. Eu. fry. Syl.
11 candelaris. cort. arbo.
12 botryoides. hum. umb.
13 incana. Solo. glar.
14 lactea. Mus. arbo. cort.
15 major. Gu. Aub.

Fungi.

CHAMPIGNONS.

1708.

Agaricus, Ier. G.

1 Cantharellus. prat.

Champignon. Chantrelle.

2 Fungus pileo va.
3 Fun. anguloso. va.
4 quinquepartitus. Prat.
5 integer. Syl.
6 caulescens. va.

Cryptogamie Fungi.

7 muscarius. Prat.

Champignon pernicieux.

8 dentatus. Syl.
9 deliciosus. Mont. steri.

Cha. délicieux & funeste.

10 lactifluus. Syl.
11 piperatus. Paf. Syl.
12 campestris. Pra. Gu. Aub.
13 Georgii. Syl.
14 violaceus. marg. Syl.
15 cinnamomeum. Syl.
16 viscidus. Syl.
17 equestris. Pasp. Syl.
18 mammosus. Syl.
19 clypeatus. pra. Syl.
20 exstinctorius. fime ad pag.
21 crinitus. Am. m.
22 fimetarius. fime. Gu. Aub.
23 campanulatus. pra.
24 separatus. stercoralis.
25 fragilis.

Petit Cham. délicat.

26 umbelliferus. inte. folia.
27 Androsaceus. foliis dejectis.
28 clarus, Nemoribus inter. fo.
29 quercinus. Quercubus.
30 betulinus. Belutis.
31 alnus. Alno.

1709.

Boletus, 2.

1 Favus. Chi.

Amadouvier de la Chine.

2 Suberosus Betulis.

Agaric à mêche du Boulau.

3 fomentarius. Betu.
4 ignarius. Betu. arbo. Gu. Aub.
5 sanguineus. Sur. Gu. Aub.

Cryptogamie Fungi.

6 versicolore. trun. arbo.
7 suaveolens. Salice.
8 perennis. Syl. arb. putri.
9 vicidus. Syl.
10 luteus. Syl.
11 bovinus partis.
12 Polyporus aurantio. va.
13 Pol. purpureus. va.
14 Pol. bulbosus. va.
15 Pol. rufus. va.
16 olivaceus. va.
17 granulatus. Syl.
18 subtomentosus. Syl.
19 subsquamosus. Syl.

1710.

Hydnum, 3.

1 imbricatum. Syl. acerosis.

Hydnum à Chapeaux.

2 repandum. Syl. deser.
3 tomentosum. Syl. acer.
4 auriscalpium. Syl. acer.
5 parasiticum. Eu. arbo.

1711.

Phallus, 4.

1 esculentus. Syl.

Morille des Ragoux.

2 impudicus. Syl.
3 voluo exceptus. va.
4 Mokusin. Chi. Pekin. L. f.

1712.

Clathrus, 5.

1 cancellatus. Eu. Auf. Gu. Aub.

Clathrue. Lanterne rouge.

2 denudatus. Eu. Auf.
3 nudus. Ita. lig. putr.
4 recutitus. Sue. trun. arbo.

Cryptogamie Fungi.

1713.

Helvella, 6.

1 Mitra. Trun. putri.
Helvelle mitrée.

2 pineti. pinu. Abiete.

1714.

Peziza, 7.

1 lentifera. Agrif. Lignis. Gu. Aub.
Oreille de Judas.
Pezize. porte Lentille.

2 calyce campanulato. va.

3 punctata. Sterco.

4 cornucopioides. Gal.

5 acetabulum. Eu. Auf.

9 cyathoides. Terra.

7 cupularis. Gal. Hel. Ger.

8 fcutellata. Parietibus. put.

9 cochleata. umb.

10 Auriculata. Arb. put.

1715.

Clavaria, 8.

1 piftillaris. Syl. umb.
Clavaire fafranée.

2 militaris. Syl. Auf.

3 ophiogloffoides. Syl. Auf.

4 digitata. Syl. Auf.

5 Hypoxylon. Cellis. navibus.

6 ramofus. va.

7 coralloides.
Galinole. Barbe de Chèvre.

8 faftigitata. Syl.

9 mufcoides Mufcof.

10 Symplex.

1716.

Lycoperdon, 9.

1 Tuber fub. Terra.
Truffle com. des ragoux.

Cryptogamie Fungi.

2 cervinum. Bohe. Syl.

3 Bovifta. Camp. fteri.
Veffe de Loup.

4 aurantium. Gal. Camp. fteri.

5 ftellatum. Collib.
Lycoperdon étoilée.

6 carpobulus. Ita. Sue. Hel.

7 radiatum. Sue. lig. abiet.

8 pedunculatum. Campes.

9 piftillare. In. Ori.

10 cancellatum. foliis. Pyr.

11 variolofum. Arbo. rami.

12 truncatum. Fagetis.

13 pififormis. trun. putri.

14 Epidendrum. Lig. parieti.

15 epiphyllum. dorfo folio.

16 carcinomalis. Cap. b. Sp. L. f.

1717.

Mucor, 10.

1 fphærocephalus. Parier.
Moifie à tête Sphérique.

2 lichenoides. corti.
Corail noir fur le pin.

3 Embolus. lign. putri.

4 fulaus.

5 furfuraceus. Sue.

6 Mucedo. in variis putri.

7 leprofus. cavernulis.
Lepre dans les Caves.

8 glaucus. Citris. Melo. Pomis.

9 cruftaceus. Cibis. corrupt.
Croute, Chanfie, Mouf-feron.

10 cefpitofus. Putrefcentibus.

11 viridefcens. Eu. lig. putr.

12 Eryfiphe. foliis. Humuli.
Erefipele fur diff. corps.

13 fepticus. Vaporariis.

Cryptogamie Fungi.

Mucilage. Pourriture.

14 clavatus. foliis Arbo.

Palmier.

1718.

Chamœrops, Ier. G.

1 ⊙ humilis. Eu. Auſ. Hiſ.
Palmier en évantail.
Mâle à feuilles pliſſées.

2 ⊙ fœminea.

3 Caroliniensſe. Trian.

1619.

Mauritia, 2.

1 ♄ flexuoſa. Syl. Sur. L f.
Mauritié à tige flexible.

1720.

Boraſſus, 3.

1 ſtabelliformis. In.
Palmier en éventail.

2 fœminea.

1721.

Corypha, 4.

1 umbraculifera. In.
grand Palmier en Evant.
Latanier. Pomme de Bache.

2 fœminea.

4 thebaica.

1722.

Cocos, 5.

1 ♄ nucifera. In. palu. umb.
Cocos à gros fruit.

2 ♄ fœmina. Gu. Aub.

3 Guineenſis. Am. m.

4 ♄ butyracea. Am. m. L. f.

Cryptogamie Palmier.

1723.

Phoenix, 6.

1 ♄ dactylifera. In.
Dactier des Bout.

2 ♄ fœminea.

1724.

Elais, 7.

1 Guianenſis. Gu. Aub.
Elais. Palmier épineux.

2 fœminea.

1725.

Areca, 8.

1 Cathecu. In.
Areca. Noiſette d'Inde.

2 fœminea.

3 oleracea. Am.

4 canuga. va.

1726.

Elate, 9.

1 ſylveſtris. In.
Elate. petit Palmier ſauvage.
Prunier de Malabar.

2 fœminea.

1727.

Caryota, 10.

1 urens. In.
Caryote grand Palmier épineux à fr. rameux.

2 fœminea.

1728.

Ginkgo, Ier. G.

1 ♄ biloba. Jap.
Arbre de Gordon.

AUDACIBUS ANNUE CŒPTIS.

F I N.

TABLE

DES GENRES.

F.

G.

H.

5 Herniaria.

Fin de la Table Latine.

TABLE

FRANÇOISE.

H.

Vigne

Fin de la Table Françoise.

Genre oublié. *Page 278*, n°. 1525, *bis.*

* Sagittaria. 51, *bis.*

1 sagittifolia. Eu. Ame. flu. Flêche d'eau ou Sagette.
2 aquatica minor. va.
3 aqu. major. va.
4 aqu. foliis variis. va.
5 obtusifolia. Asi.
6 lancifolia. Am.
7 Trifolia. Chi.

APPROBATION.

J'AI lu par ordre de Monſeigneur le Garde des Sceaux, un Manuſcrit intitulé: *Manuel des Végétaux*, ou *Catalogue des Plantes*, &c. par M. J. J. DE ST. GERMAIN, je n'y ait rien trouvé qui puiſſe en empêcher l'impreſſion. A Paris, ce premier Octobre 1783. VALMONT DE BOMARE.

PRIVILÉGE DU ROI.

LOUIS, par la grace de Dieu, Roi de France & de Navarre: A nos amés & féaux Conſeillers, les gens tenant nos Cours de Parlemens, Maîtres des Requêtes ordinaires de notre Hôtel, Grand Conſeil, Prévôt de Paris, Baillifs, Sénéchaux, leurs Lieutenans Civils, & autres nos Juſticiers qu'il appartiendra: Salut. Notre amé le ſieur DE ST. GERMAIN, nous a fait expoſer qu'il déſireroit faire imprimer & donner au Public, *le Manuel des Végétaux* ou *Catalogue des Plantes*, &c. de ſa compoſition, s'il nous plaiſoit lui accorder nos Lettres de Privilége ſur ce néceſſaires. A ces Cauſes, voulant favorablement traiter l'Expoſant, nous lui avons permis & permettons de faire imprimer ledit Ouvrage autant de fois que bon lui ſemblera, & de le vendre, faire vendre par tout notre Royaume. Voulons qu'il jouiſſe de l'effet du préſent Privilége, pour lui & ſes hoirs à perpétuité, pourvu qu'il ne le retrocede à perſonne; & ſi cependant il jugeoit à propos d'en faire une ceſſion, l'acte qui la contiendra ſera enregiſtré en la Chambre Syndicale de Paris, à peine de nullité, tant du Privilége que de la ceſſion; & alors par le fait ſeul de la ceſſion enregiſtrée, la durée du préſent Privilége ſera réduite à celle de la vie de l'Expoſant, ou à celle de dix années à compter de ce jour, ſi l'Expoſant décede avant l'expiration deſdites dix années, Le tout conformément aux articles IV & V. de l'Arrêt du Conſeil du 30 Août 1777, portant Réglement ſur la durée des Priviléges en Librairie. Faiſons défenſes à tous Imprimeurs, Libraires & autres perſonnes de quelque qualité & condition qu'elles ſoient, d'en introduire d'impreſſion étrangere dans aucun lieu de notre obéiſſance; comme auſſi d'imprimer ou faire imprimer, vendre, faire vendre, débiter ni contrefaire ledit Ouvrage, ſous quelque prétexte que ce puiſſe être, ſans la permiſſion expreſſe & par écrit dudit Expoſant, ou de celui qui le repréſentera, à peine de ſaiſie & de confiſcation des exemplaires contrefaits, de ſix mille livres d'amende, qui ne pourra être modérée, pour la premiere fois, de pareille amende & de déchéance d'état en cas de récidive, & de tous dépens, dommages & intérêts, conformément à l'Arrêt du Conſeil du 30 Août 1777, concernant les Contrefaçons. A la charge que ces Préſentes ſeront enregiſtrées tout au long ſur le Regiſtre de la Communauté des Imprimeurs & Libraires de Paris, dans trois mois de la date d'icelles; que l'impreſſion dudit Ouvrage ſera faite dans notre Royaume, & non ailleurs, en beau papier & beaux caracteres, conformément aux Réglemens de la Librairie, à peine de déchéance du préſent Privilége; qu'avant de l'expoſer en vente, le manuſcrit qui aura ſervi de copie à l'impreſſion dudit Ouvrage, ſera remis dans le même état où l'Approbation y aura été donnée, ès-mains de notre très-cher & féal Chevalier Garde des Sceaux de France, le ſieur HUE DE MIROMENIL, Commandeur de nos Ordres; qu'il en ſera enſuite remis deux exemplaires dans notre Bibliotheque publique, un dans celle de notre Château du Louvre, & un dans celle de notre très-cher & féal Chevalier, Chancelier de France, le ſieur DE MAUPEOU, & un dans celle dudit ſieur HUE DE MIROMENIL. Le tout à peine de nullité des Préſentes; du contenu deſquelles vous mandons & enjoignons de faire jouir ledit expoſant & ſes Hoirs pleinement & paiſiblement, ſans ſouffrir qu'il leur ſoit fait aucun trouble ou empêchement. Voulons que la copie des Préſentes, qui ſera imprimée tout au long au commencement ou à la fin dudit Ouvrage, ſoit tenue pour duement ſignifiée, & qu'aux copies collationnées par l'un de nos amés & féaux Conſeillers-Secrétaires, foi ſoit ajoutée comme à l'original. Commandons au premier notre Huiſſier ou Sergent ſur ce requis, de faire pour l'exécution d'icelles tous actes requis & néceſſaires, ſans demander autre permiſſion, & nonobſtant clameur de Haro, Charte Normande, & Lettres à ce contraires. Car tel eſt notre plaiſir. Donné à Paris le neuviéme jour du mois de Juin, l'an de grace mil ſept cent quatre-vingt-quatre, & de notre regne le onziéme. Par le Roi, en ſon Conſeil. LE BEGUE.

Regiſtré ſur le Regiſtre XXII de la Chambre Royale & Syndicale des Libraires & Imprimeurs de Paris, N°. 3065, fol. 110, conformément aux diſpoſitions énoncées dans le préſent Privilége; & à la charge de remettre à ladite Chambre les huit Exemplaires preſcrits par l'Article CVIII du Réglement de 1723. A Paris, le 11 Juin 1784.

VALLEYRE jeune, Adjoint.

ERRATA.

PAG. 15 Hermodalte, *lisez* Hermodate.
P. 12 Joulay, *lis.* Joutay.
P. 16 Hapalanthe, *lis.* Haphalanthe.
P. 29 Gobularia, *lis.* Globularia.
P. 29 Alypaumie, *lis.* Alypaume.
P. 30 Scabiens, *lis.* Scabieuse.
P. 37 Acumania, *lis.* Ammannia.
P. 37 Acuman. *lis.* Ammane.
P. 40 Cruciatata, *lis.* Cruziata.
P. 48 Lyehnidea, *lis.* Lychnide.
P. 53 Roudelle, *lis.* Rondelle.
P. 62 Bois de Llettre, *lis.* Bois de Lettre.
P. 63 Physique. *lis.* Phylique.
P. 67 Aquilcie. *lis.* Aquilicie.
P. 68 Passe-lours, *lis.* Passe-velours.
P. 40 balearieca, *lis.* balearica.
P. 84 Imperatoia, *lis.* Imperatoria.
P. 59 Moyenne, *lis.* Mayenne.
P. 76 Velize, *lis.* Veleze.
P. 109 Sauruvus, *lis.* Saururus.
P. 136 Colyledon, *lis.* Cotyledon.
P. 141 Salicaie, *lis.* Salicaire.
P. 158 Marcgravia, *lis.* Maregravia.
P. 181 Trichastema, *lis.* Trichostema.
P. 176 Spic ou Aspic, (après) *lis.* Lavande.
P. 196 Grande Bretagne, *lis.* Cran de Bretagne.
P. 205 rhomoifolia, *lis.* rhomboifolia.
P. 207 Mavavise, *lis.* Malvavise.
P. 213 Veraucosa, *lis.* Verrucosa.
P. 221 Grete, *lis.* Crete.
P. 224 Freffle, *lis.* Treffle.
P. 247 Solidache, *lis.* Solidage.
P. 104 Duroyé, *lis.* du Roi.
P. 2 Baerhaavia, *lis.* Boerhaavia.
P. 239 Antiepileptique, *lis.* Anti-Septique.

AVIS.

ON voit chez l'Auteur, rue St. Nicolas, Fauxbourg Antoine, une Collection complette de tous les Arbres fruit en ſtuc durci à l'huile bouillante, moulés ſur nature; les branches, les feuilles & les fruits y ſont ſi bien colorés & exécutés, qu'on les prendroit pour des naturels; il eſt aiſé d'en diſtinguer toutes les eſpèces. L'Auteur ſe propoſe d'en donner au Public un catalogue raiſonné, ſur-tout de ceux de l'Europe, ſpécialement de ceux qu'on peut cultiver dans les vergers des environs de Paris, ſélon l'ordre de leur maturité, où il en expliquera les qualités & les propriétés; toutes les marques caractériſtiques y ſeront détaillées.

www.ingramcontent.com/pod-product-compliance
Ingram Content Group UK Ltd.
Pitfield, Milton Keynes, MK11 3LW, UK
UKHW022053120726
13694UKWH00001B/112